江西理工大学优秀学术著作出版基金资助

矿山机械 CAD/CAE 案例库

郭年琴　郭　晟　著

北　京
冶　金　工　业　出　版　社
2015

内 容 提 要

本书共分8章，简述了CAD/CAE的基本概念、系统的功能和组成以及发展概况和趋势，重点介绍颚式破碎机、超重型振动筛、悬挂摇床、扒渣机、大型梭车、气体压缩机工装夹具等矿山机械的CAD/CAE设计案例，以及中小型企业产品数据管理系统（PDM）开发案例，对矿山机械CAD/CAE的开发方法、实践经验等进行了分析、总结。

本书可供机械、矿山类科研、设计人员参考，也可作为相关专业高校师生教学书。

图书在版编目(CIP)数据

矿山机械CAD/CAE案例库／郭年琴，郭晟著．—北京：冶金工业出版社，2015.3

ISBN 978-7-5024-6833-0

Ⅰ.①矿…　Ⅱ.①郭…　②郭…　Ⅲ.①矿山机械—计算机辅助设计—应用软件　Ⅳ.①TD402

中国版本图书馆CIP数据核字(2015)第015067号

出 版 人　谭学余
地　　址　北京市东城区嵩祝院北巷39号　邮编　100009　电话　(010) 64027926
网　　址　www.cnmip.com.cn　电子信箱　yjcbs@cnmip.com.cn
责任编辑　曾　媛　美术编辑　杨　帆　版式设计　孙跃红
责任校对　李　娜　责任印制　李玉山
ISBN 978-7-5024-6833-0
冶金工业出版社出版发行；各地新华书店经销；北京百善印刷厂印刷
2015年3月第1版，2015年3月第1次印刷
787mm×1092mm　1/16；14.75印张；354千字；224页
49.00元

冶金工业出版社　投稿电话　(010) 64027932　投稿信箱　tougao@cnmip.com.cn
冶金工业出版社营销中心　电话　(010) 64044283　传真　(010) 64027893
冶金书店　地址　北京市东四西大街46号(100010)　电话　(010)65289081(兼传真)
冶金工业出版社天猫旗舰店　yjgy.tmall.com

（本书如有印装质量问题，本社营销中心负责退换）

前　　言

CAD/CAE 技术是一项综合性的新技术，是 CAD/CAE/CAM 集成系统的基础。CAD/CAE 技术的发展推动了几乎一切领域的设计、制造技术革命，从根本上改变了传统的设计、生产、管理的模式，为企业在激烈的市场竞争中发挥着越来越重要的作用。CAD/CAE 技术的发展与应用程度已成为衡量一个国家技术发展水平及工业现代化水平的重要标志之一，也成为工程设计与制造技术人员必须掌握的知识。

本书结构严谨，内容丰富、新颖，为读者提供了丰富的应用实例和程序，实用性较强。以作者对矿山机械 CAD/CAE 课题研究开发的实例，介绍 CAD/CAE 的基本理论和方法，引导读者掌握 CAD/CAE 技术开发应用的基本知识，并针对生产中的实际问题，学会用 CAD/CAE 方法去分析和解决问题，为读者正确学习和掌握 CAD/CAE 软件提供帮助。

本书针对矿山机械的一些典型设备研究设计的若干环节，进行 CAD/CAE 的二次开发，实现三维零件造型设计和装配设计、优化设计、有限元分析、运动学动力学模拟仿真等，研究开发了一些新型的矿山机械，如颚式破碎机、超重型振动筛、悬挂摇床、扒渣机、大型梭车等，通过 CAD/CAE 方法的应用，提高了矿山机械设备的性能，解决了一些具体的问题，得到了生产实际应用，能为读者提供有价值的参考。

本书共分 8 章。第 1 章为 CAD/CAE 概述，介绍了 CAD/CAE 的基本概念、历史地位和作用，阐述了系统的功能和组成以及发展概况和发展趋势。第 2 章为颚式破碎机 CAD/CAE 设计案例，介绍了课题“颚式破碎机三维动态模拟与仿真系统”的开发方法，颚式破碎机 CAD 设计，优化设计和有限元计算分析。第 3 章为超重型振动筛 CAD/CAE 设计案例，介绍了超重型振动筛虚拟样机模型的建立及虚拟装配、动力学仿真以及有限元分析。第 4 章为悬挂摇床 CAD/CAE 设计案例，介绍了三层悬挂式摇床的三维设计、运动学仿真分析、摇床头的参数优化设计、悬挂摇床头动力学仿真分析。第 5 章为扒渣机 CAD/CAE 设计案例，介绍了 LWL－120 型扒渣机三维设计、扒斗连杆机构的参数优化设计以及运动学动力学仿真分析。第6章为大型梭车CAD/CAE设计案例，介绍了梭车参数优化设计、刮板运输机运动学仿真、梭车刮板运输机链轮有限元接触分析以及梭车刮板运输机链轮结构优化设计。第7章为气体压缩机工装夹具CAD设计案例，介绍了气压机工装夹具设计系统的总体设计、夹具信息处理以及工装夹具三维参数化设计。第8章为中小型企业产品数据管理系统（PDM）开发案例，介绍了PDM技术研究、中小型企业PDM系统建模、中小型企业PDM系统图纸管理模型、中小型企业PDM系统的数据库系统以及中小型企业PDM系统设计与实现。

本书一些内容取材于作者课题组在矿山机械CAD/CAE设计研究应用的科研实践相关成果以及作者学生的硕士学位论文。研究生刘兵吉、聂周容、沈云、张美芸、黄伟平、刘伟、曹建坤、罗乐平、陈海林、匡永江、娄宏敏、林景尧、王胜平、许赟赟、陈鹏等在完成相关研究课题时付出了辛勤的劳动；张岐生老师、何正惠老师、李德麟老师、姚践谦老师、黄鹏鹏老师、蔡启林老师等也一同参与了项目研究；经过大家的努力，多年坚持矿山机械CAD/CAE科研积累，形成了教学科研相结合的特色，作者主讲的计算机辅助设计与制造课程获评为江西省教育厅研究生优质课程、江西理工大学研究生优质课程的建设，在此对相关人员一并表示感谢。

感谢江西省科技厅科技支撑计划项目和江西省教育厅科技项目的支持和资助，感谢合作研究单位广东矿山通用机械厂、江西长林机械厂、湖北松滋矿山机械厂、江西铜业集团（德兴）铸造有限公司、江西赣州有色冶金机械有限公司、江西四通重工机械有限公司、上海重矿冶金设备集团有限公司、江西省石城县赣东矿山机械制造厂等的支持与资助。江西理工大学对于本书的出版也提供了大力帮助，在此一并表示感谢。

在课题研究以及本书的撰写过程中参考引用了许多文献资料，在此向其作者们表示衷心的感谢！

由于笔者水平所限，书中难免存在疏漏和错误，恳请读者批评指正。

著 者

2014年10月

目　　录

1 CAD/CAE 概述

1.1 CAD/CAE 的基本概念

随着计算机技术的迅速发展，矿山机械产品设计和生产的方法都在发生着显著的变化，以前一直只能靠人工完成的许多作业过程，通过计算机的应用已逐渐实现了高效化和高精度化。计算机技术与数值计算技术、机械设计、制造技术相互渗透与结合，产生了计算机辅助设计、计算机辅助工程与计算机辅助制造这样一门综合性的应用技术。它具有高智力、知识密集、综合性强、效益高等特点。这种利用计算机来达到高效化、高精度化的目的，实现自动化设计、数值模拟计算及生产制造的方法分别称为 CAD（Computer Aided Design，计算机辅助设计）、CAE（Computer Aided Engineering，计算机辅助工程）和 CAM（Computer Aided Manufacturing，计算机辅助制造）技术。CAD、CAE 和 CAM 技术的发展，不仅改变了人们设计、制造各种产品的常规方式，有利于发挥设计人员的创造性，还可大大提高企业的管理水平和市场竞争能力。

1.1.1 CAD 技术

CAD 是指在人和计算机组成的系统中，以计算机为辅助工具，通过人机交互方式进行产品设计构思和论证、产品总体设计、技术设计、零部件设计、有关零件分析计算（包括强度、刚度、热、电、磁的分析和设计计算等）、零件加工图样的设计和信息的输出，以及技术文档和有关技术报告的编制等，以达到提高产品设计质量、缩短产品开发周期、降低产品成本的目的。CAD 系统的主要功能如下：

（1）草图设计；

（2）零件设计；

（3）装配设计；

（4）复杂曲面设计；

（5）工程图样绘制；

（6）工程设计计算；

（7）真实感及渲染；

（8）数据交换接口。

1.1.2 CAE 技术

CAE 是指利用计算机辅助进行工程模拟分析、计算，主要包括有限单元分析法、有限差分法、最优化分析方法、计算机仿真技术、可靠性分析、运动学分析、动力学分析等内容，其中有限单元分析法在机械 CAD/CAM 中应用极为广泛。CAE 的主要任务是对机械工程、产品和结构未来的工作状态和运行行为进行仿真，及时发现设计中的问题和缺陷，保证设计的可靠性，实现产品设计优化，缩短产品开发周期，提高产品设计的可靠性，节省产品研发成本。CAE 技术是以现代计算力学为基础，以计算机数值计算、仿真为手段的工程分析技术。CAE 技术已成为机械 CAD/CAM 技术中不可或缺的重要环节。

1.1.3 CAPP 技术

CAPP（Computer Aided Process Planning，计算机辅助工艺设计）是指在人和计算机组成的工程系统中，根据产品设计阶段给出的信息，采用人机交互方式或自动方式来确定产品加工工艺流程和加工工艺方法的过程。在 CAD/CAM 集成环境中，通常工艺设计人员可以依据 CAD 过程提供的相关信息和 CAM 系统的基本功能，实现对产品的加工工艺路线进行设计和对加工状况的仿真，以生成控制产品加工过程的相关信息。CAPP 的主要功能如下：

（1）毛坯设计；

（2）加工方法的选择；

（3）工艺路线的制定；

（4）工序的设计；

（5）工艺文件的编制、管理；

（6）刀具、夹具、量具等工艺装备的设计。

在工艺路线的制定中，通常包括加工设备的选型、工具（如刀具、夹具和量具等）的选择；工序的设计包括工步、工位设计，切削参数（如切削速度、进给量和切削深度等）的选择，加工余量分配及工序尺寸计算，消耗定额的计算及工时定额计算等。

对一些特殊的加工要求，有时需要设计专用刀具、夹具等工艺装备。

1.1.4 CAM 技术

CAM 是借助计算机进行产品制造活动的简称，有广义和狭义之分。广义 CAM 一般是指利用计算机辅助完成从毛坯到产品制造过程中的直接和间接的各种活动，包括工艺准备、生产作业计划制定、物流过程的运行控制、生产控制、质量控制等方面的内容。其中，工艺准备包括计算机辅助工艺过程设计、计算机辅助工装设计与制造、数控编程、计算机辅助工时定额和材料定额的编制等任务，物流过程的运行控制包括物料加工、装配、检验、输送、储存等生产活动。狭义 CAM 通常指计算机辅助数控程序的编制，包括刀具路线规划、刀位文件生成、刀具轨迹仿真及后置处理和 NC（数控）代码生成等作业过程。

1.1.5 CAD/CAE/CAM 集成技术

从 CAD 和 CAM 技术的发展历程可知，CAD、CAE、CAM 等各单项技术大多数都是各自独立发展的。众多性能优良、相互独立的商品化 CAD、CAE、CAPP、CAM 系统在各自领域都起到了重要的作用，形成了一系列高性能的“自动化孤岛”。这些各自独立的“自动化孤岛”相互割裂，不能实现系统之间信息的自动传递和转换，信息资源不能共享，严重制约了各自的发展和性能的有效发挥。随着 CAD、CAE、CAM 技术的广泛应用，迫切需要将 CAD 系统的信息应用到生产（如 CAE、CAPP、CAM 等）、管理（MIS、MRPⅡ

等）等后续的各个环节，由此提出了CAD/CAE/CAM集成的概念，以解决CAD、CAE、CAPP和CAM系统之间数据自动传递和转换的问题。集成化的CAD/CAE/CAM系统借助于工程数据库技术、网络通信技术及标准格式的产品数据接口技术，把分散的CAD、CAE、CAM模块高效、快捷地连接起来，实现软、硬件资源共享，保证整个系统内的信息流动畅通无阻，发挥集成化带来的更高效益。对于CAD/CAE/CAM系统来说，集成应具备以下三个基本特征：

（1）数据共享。系统各部分的输入可一次性完成，每一部分不必重新初始化，各子系统产生的输出可为其他有关的子系统直接使用，不必人工干预。

（2）系统集成化。系统中功能不同的软件系统按不同的用途有机地结合起来，用统一的执行控制程序来组织各种信息的传递，保证系统内信息流畅通，并协调各子系统有效地运行。

（3）开放性。系统采用开放式体系结构和通用接口标准。在系统内部各个组成部分之间易于数据交换，易于扩充；在系统外部，一个系统能有效地嵌入另一个系统中作为其组成部分，或者通过标准外部接口有效地连接，实现数据交换。

1.2 CAD/CAE/CAM的历史地位和作用

早在1985年，美国信息制造业专家W. H. Slatterback曾经预言，从1985年到2000年期间，美国的制造业面临的变化将比20世纪前75年的变化要大得多，其根本原因是CAD/CAE/CAM技术的应用越来越普遍。目前在许多发达国家，CAD/CAE/CAM技术不仅广泛用于航空航天、汽车、电子和机械制造等产品的生产领域，而且逐渐发展到服装、装饰、家具和制鞋等应用领域。此外，CAD/CAE/CAM技术作为计算机集成制造系统（Computer Integrated Manufacturing System，CIMS）的技术基础，会随着网络化、全球化的发展进入一个新的台阶。CAD/CAE/CAM技术的普及和应用，不仅对传统制造业提出新的挑战，而且已对新兴产业的发展、劳动生产率的提高、材料消耗的降低、国际竞争能力的增强起到重要作用，已成为衡量一个国家科学技术现代化和工业现代化水平的重要标志之一。

1989年，美国评出近25年间10项最杰出的工程技术成就，其中第4项就是CAD/CAE/CAM。1991年3月20日，海湾战争结束后的第3周，美国政府发表了跨世纪的国家关键技术发展战略，列举了6大技术领域中的22项关键项目，认为这些项目对于美国的长期国家安全和经济繁荣至关重要。而CAD/CAE/CAM技术与其中的两大领域11个项目紧密相关，这就是制造与信息、通信。制造技术为工业界生产一系列创新的、成本上有竞争能力和高质量的产品投入市场打下基础；而信息和通信技术则以惊人的速度不断发展，改变着社会的通信、教育和制造方法。制造技术的关键项目有计算机集成制造、智能加工设备、微米和纳米级制造技术、系统管理技术；信息和通信技术包括软件、微电子学和光电子学、高性能计算机和互联网、高清晰度成像显示、传感器和信号处理、数据存储器和外围设备、计算机仿真和建模。

CAD/CAE/CAM技术推动了几乎所有领域的设计、制造技术革命，CAD/CAE/CAM技术的发展和应用水平已成为衡量一个国家科技现代化和工业现代化水平的重要标志之一。

CAD/CAE/CAM 技术从根本上改变了过去的手工绘图、发图、凭图样组织生产过程的技术管理方式，将它变为在计算机上交互设计，通过网络发送产品技术文件，在统一的数字化产品模型下进行产品的设计打样、分析计算、工艺计划和工艺文件的制定、工艺装备的设计及制造、数控编程及加工、生产作业规划、质量控制、编印产品维护手册、组织备件订货供应、产品广告宣传等。企业建立一个完善的 CAD/CAE/CAM 系统，就等于建立了一种新的设计和生产技术管理体制。有了这样的新体制，就可以方便地进行下列工作：

(1) 实现生产组织的平行工程作业，使产品的设计、生产工艺准备、调度管理、仓库物流、零部件制造及装配、销售及客户服务等各个部门的工程技术人员可以从统一的产品数据库中获得所有设计、制造等工程信息，并行协同工作，及早协调处理各种问题。

(2) 在产品设计阶段就可用三维几何模型模拟产品、零部件、设备的制造、装配和工作过程。及早发现结构布局和系统安装的空间干涉错误，提高产品设计的可靠性，缩短产品开发和生产准备周期。

(3) 彻底改变传统的工程图样发放管理模式，可利用网络等现代信息技术，实现跨地域迅速、有效地发放、更改及管理图样等技术文档。

(4) 进行产品的功能和性能仿真。1996 年，联合国通过了《全面禁止核试验条约》，但这并不意味着核国家不再发展和研究核武器，核武器的开发研制可通过计算机仿真技术进行研究，通过模拟仿真评价核武器的性能。同样，机械产品的开发也可以利用仿真技术全部或部分替代样机的试验过程，通过虚拟的数字化产品模型，模拟产品的使用工况，分析产品的使用性能，这样可大大缩短产品开发周期，节省样机试制和检测的成本。

(5) 利用产品的三维模型可提前进行产品的外观造型设计和市场推广。这点对轻工业产品尤其重要，及早让订货单位从屏幕上评审产品的造型、色彩、装潢和包装。

1.3 机械 CAD/CAE 系统的功能和组成

1.3.1 CAD/CAE 在产品生产过程各阶段的作用

不同的产品有着不同的生产过程。就机械产品而言，其开发生成过程大致可以分为初步设计、详细设计、生产准备和产品制造四个阶段，如图 1-1 所示。

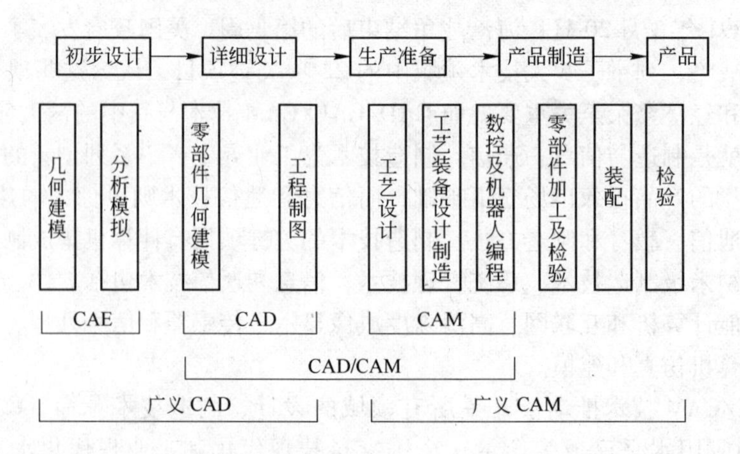

图 1-1 机械产品 CAD/CAE 涉及的范围

机械产品初步设计阶段是指在确定产品设计目标和方案的基础上，研究满足功能要求的总体运动实现方法和机构的几何结构，建立机械结构大致的三维几何模型和运动模型，并进行性能预测、运动学及动力学分析、强度及刚度分析、机构运动模拟等分析工作，最终获得产品的详细设计参数的阶段。在这一阶段可利用计算机建立产品的数字化虚拟模型，利用仿真技术进行产品性能的模拟分析仿真，提高产品设计的可靠性，缩短开发周期，降低开发成本。在初步设计阶段可运用 CAE 工程分析系统对设计进行仿真、模拟分析和优化，因此这一阶段的许多工作属于 CAE 的工作范围。

初步设计阶段后就进入产品的详细设计阶段。在详细设计阶段，需要对初步设计阶段的结果进行细化，拆分总体结构，建立各零部件的三维实体模型，进一步确定产品各零部件的几何形状和尺寸细节、公差精度和表面质量、材料和热处理工艺等工程技术要求，最终根据工程设计规范绘制工程图样，编制各种设计文档，为指导生产、质量控制、管理和物流控制提供技术文件。在详细设计阶段，通常要运用 CAD 系统对具体结构进行设计、计算和几何建模，并绘制工程图样，因此这一阶段许多工作属于 CAD 的工作范围。

完成产品的详细设计后，首先要根据产品的设计文件制定产品生产的工艺过程，这包括零件的加工工艺过程设计、加工工序的设计、部件及产品装配工艺的设计，编制加工工艺过程卡、工序卡等工艺文件，设计毛坯工程图，选择加工工艺装备和工夹量具，设计并制造专用工艺装备，为形成生产规模和保障质量做准备。在现代制造系统中，这部分生产准备内容可以由 CAPP 系统辅助完成。在完成工艺设计和工装准备后，工程技术人员还要对数控加工和机器人、物流控制、自动装配等自动化系统的控制程序编程。对数控加工机床等自动控制系统的编程通常认为是在狭义 CAM 范围的内容。

在产品制造阶段，要完成产品零部件的实际加工生产、部件及产品的装配和质量性能的检验。在这一阶段，CAM 就是利用数控机床等自动化装备辅助完成零件的高效加工，利用机器人等辅助进行产品装配和物料输送，利用计算机自动检测设备检测零件加工质量和产品性能。

CAD/CAE/CAM 技术的运用大大提高了产品生产的自动化程度，对保证产品质量、提高劳动生产效率、降低劳动成本、缩短产品研发周期起到了极大的促进作用。

1.3.2 机械 CAD/CAE 系统的功能

1.3.2.1 交互式三维几何建模功能

交互式三维几何建模是指通过人—机交互的方式来生成和编辑三维几何图形，建立设计对象的三维虚拟模型的过程。利用交互式三维几何建模功能，可以构造各种零部件和产品的几何模型，描述零部件的几何形状、尺寸和结构、空间布局及装配关系，并且可以为计算分析、工作仿真、工程图样绘制、工艺过程设计、数控加工编程等后续工作提供产品的几何信息。因此，几何建模是 CAD/CAE/CAM 系统的核心，为产品的设计、制造和管理提供最基本的模型信息。一个系统的几何建模能力是衡量 CAD/CAE/CAM 系统功能强弱的重要指标之一。CAD 几何建模技术经历了线框造型、曲面造型、实体造型和参数化特征造型等过程。

1.3.2.2 工程计算和工程数据存储、检索功能

机械产品设计中需要完成大量繁琐的工程计算和校验，如根据梁的几何模型计算其抗

弯、抗扭截面模量，校验梁的设计强度和刚度；回转件的质量中心计算及动、静平衡配重计算；部件或产品总质量的估算等。在进行设计计算中还要查阅检索大量的设计数据和标准，如材料的极限强度、屈服强度和热处理硬度。公差范围和极限尺寸，标准件的系列参数等。这些计算与数据检索都具有较高的重复性和规律性，非常适合计算机系统处理。计算机辅助设计不仅可以解决工程绘图和几何建模等问题，还可以利用计算机的高速计算功能和海量数据存储及高效检索功能，辅助工程设计人员开展设计计算和资料检索工作，使其摆脱繁重的计算和数据检索等重复性劳动，让他们有更多的精力从事创新性设计。

高性能的 CAD 系统都具有较强的工程计算和工程数据库检索能力，可结合参数化、变量化设计功能，将其计算结果直接与几何模型的参数关联，实现设计计算的自动化。

1.3.2.3 工程绘图功能

工程图样是指导生产和经营管理的重要技术文件。目前大多数产品的详细设计参数都是通过工程图样记录和表达的。因此，工程绘图是 CAD/CAE/CAM 系统中必要的、最基本的功能。

1.3.2.4 结构分析和优化功能

在工程设计中，常常要对结构的力学物理性能进行分析、优化，最终获得符合要求的设计结果。CAD/CAE/CAM 系统中根据产品的设计模型和工作状况，如负载类型及其大小、热源及环境温度场等，对产品进行结构静力学分析、动力学分析、运动学分析、热力学分析或仿真评价设计质量和安全性、可靠性，并通过优化目标模型对设计参数进行优化设计，最终获得最优设计参数。

1.3.2.5 模拟仿真功能

利用产品的虚拟模型，在计算机系统中模仿产品的实际工作环境和工作过程，对产品的各项功能进行仿真，可以在设计阶段对产品的工作性能进行分析和评价，及早发现设计中存在的错误和问题，提出修改意见，改进设计方案，提高产品开发的成功率和可靠性。

1.3.2.6 加工工艺设计和工艺文件的管理功能

加工工艺是连接设计与制造的桥梁。根据产品的设计要求和企业的工艺装备，计算机从产品的设计信息中获取零件的加工特征，根据工艺知识和推理决策系统，编制出零件的加工工艺过程，选择加工装备，最后生成加工工艺文件，并能对工艺文件进行输出、检索和编辑管理。

1.3.2.7 数控自动编程和数控加工仿真功能

数控编程是实现数控加工的基础和关键，对于复杂零件和需要多坐标联动数控加工的零件，手工编程将无法满足数控加工编程的要求。CAD/CAM 集成数控加工自动编程是目前数控编程的高效率、高可靠编程方法，可以满足高精度、多轴联动复杂零件的数控加工编程的需要。利用 CAD 建立的产品模型和 CAPP 生成的工艺方案，由 CAM 系统自动生成刀位数据文件，通过后处理得到数控机床的加工程序，并通过计算机模拟数控程序的加工过程，观察加工效果，验证数控代码的可行性和安全性。

1.3.2.8 产品的工程数据管理

随着科学技术的进步，现代机电产品的复杂性越来越高，CAD/CAE/CAM 系统的数据量也越来越大，数据的种类也越来越复杂，数据的时效性、数据的安全性、数据管理的有效性等问题日显突出。在 CAD/CAE/CAM 系统中利用工程数据库，建立统一的网络化运行环境，将产品全生命周期中各个信息孤岛的信息集成起来，利用计算机系统控制整个产品的开发设计、加工制造过程，通过逐步建立虚拟的产品模型，最终形成完整的产品数据、生产过程描述及生产过程控制数据管理系统。

1.3.3 机械 CAD/CAE 系统的组成

机械 CAD/CAE 系统由硬件系统、软件系统两大部分组成。硬件系统是 CAD/CAE 系统运行的基础，软件系统是 CAD/CAE 系统的运行核心。硬件系统主要包括计算机主机系统、图形外部设备和网络通信设备，广义上讲硬件系统还包括用于数控加工和自动化装配等方面的数控机床和机器人等生产加工设备。软件系统由系统软件、支撑软件和应用软件等组成。随着 CAD/CAE 系统功能的不断完善和提高，软件成本在整个系统中所占的比重越来越大，目前一些高端软件的价格已经远远高于硬件系统的价格。

1.3.3.1 CAD/CAE 的硬件系统

CAD/CAE 的硬件系统主要由计算机主机、外存储器、输入/输出设备、网络通信设备和数控生产加工设备等组成。

计算机主机是 CAD/CAE 系统的硬件核心，其性能直接影响到 CAD/CAE 系统的总体性能。按照主机性能等级的不同，可将计算机分为巨型机、小型机、图形工作站和 PC 机等不同档次。计算机主机主要由中央处理单元（CPU）、内存（RAM）、输入/输出（I/O）设备、图形加速处理单元（GPU）等组成。计算机主机的功能主要取决于 CPU、GPU 的性能和内存的容量。

外存储器简称外存，用来存放暂时不用或等待调用的程序、数据、设计模型等信息。当使用这些信息时，由操作系统根据命令调入内存。外存储器的特点是大容量，目前常用的有 U 盘、硬盘、硬盘阵列、DVD 光盘、蓝光光盘等，大容量外存通常可达数百 GB 或更高。

输入/输出设备包括输入设备和输出设备两类。输入设备是指通过人—机交互作用，将各种外部数据转换成计算机能识别的信号的装置，主要分为键盘输入类（如键盘）、指点输入类（如鼠标）、图形输入类（如数字化仪）、图像输入类（如扫描仪、数码相机等）、语音输入类等。将计算机处理后的数据转换成用户所需的形式，实现这一功能的装置称为输出设备。输出设备能将计算机运行的中间或最终结果、过程，通过文字、图形、影像等形式表现出来，实现与外界的交流与沟通。常用的输出设备包括显示输出（如图形显示器）、打印输出（如打印机）、绘图输出（如自动绘图仪）等。

网络通信设备包括网卡（网络适配器）、集线器（hub）、路由器（router）、交换机（switch）、网桥（bridge）、中继器（repeater）、网关（gateway）、调制解调器（modem）等装置，通过传输介质连接到网络上，以实现资源共享。网络的连接方式通常有无线和有线两种形式，有线网络的传输介质通常有双绞线、同轴电缆和光纤等，其拓扑结构可分为星形、总线形、环形、树形，以及星形和环形的组合等形式。先进的 CAD/CAE/CAM 系统都是以网络的形式出现的。

1.3.3.2 CAD/CAE 的软件系统

CAD/CAE 的软件系统由系统软件、支撑软件和应用软件等组成。

系统软件是用户与计算机硬件连接的纽带，是使用、控制、管理计算机的运行程序集合。系统软件有两个显著的特点：一是通用性，不同应用领域的用户都需要使用系统软件；二是基础性，即支撑软件和应用软件都需要在系统软件的支持下运行。

系统软件一般包括操作系统、窗口系统、网络管理系统等：

操作系统通常由计算机制造商或软件公司开发，如Windows系统、UNIX系统、Linux系统等。操作系统是系统软件的核心，它控制和指挥计算机的软件资源和硬件资源。其主要功能是硬件资源管理、任务队列管理、硬件驱动程序、定时分时管理、基本数学计算、日常事务管理、错误诊断与纠正、用户界面管理和作业管理等。

窗口系统是以图形界面为特征的用户接口系统，为用户提供了一致的、友好的操作环境，为程序开发者提供了大量多功能的子程序，允许开发者用“与设备无关”的方式与显示器、鼠标等设备联系，加快了程序开发过程。窗口系统是多任务系统，具有两大基本特点：基于面向对象的程序设计风格和事件驱动方式。目前常用的窗口系统主要有MS-Windows、X-Windows等。

网络通信及其管理系统主要包括网络协议、网络资源管理、网络任务管理、网络安全管理、通信浏览工具等内容。

支撑软件是CAD/CAE软件系统的重要部分，一般由商业化的软件公司开发。支撑软件是满足有共性需要的CAD/CAE/CAM通用性软件，这类软件不针对具体的应用对象，而是为某一应用领域的用户提供工具或开发环境。支撑软件一般具有较好的数据交换性能、软件集成性能和二次开发性能。根据支撑软件的功能，可分为功能单一型和功能集成型软件。功能单一型支撑软件只提供CAD/CAE/CAM系统中某些典型过程的功能，如交互式绘图软件、三维几何建模软件、工程计算与分析软件、数控编程软件等。功能集成型支撑软件提供了设计、分析、造型、数控编程及加工控制等综合功能模块。

支撑软件通常由不同功能的软件组成，主要有图形支撑软件，它是CAD/CAE系统的基础支撑软件，提供图形开发支撑环境和接口；三维建模软件，它是CAD系统产品建模的核心，同时三维建模软件也为工程分析、数控编程提供完整的几何模型信息；分析仿真及优化软件，主要包括有限单元分析软件、运动仿真分析软件、动力学分析软件、优化设计软件等；数控编程软件，根据产品几何模型定义刀具驱动方法，生成加工刀位数据和NC代码；工程数据库管理软件，为CAD/CAE/CAM系统的数据提供有效安全的管理。

目前国际上比较常见的CAD/CAE支撑软件有法国达索公司的CATIA、德国西门子的Unigraphics NX、美国PTC公司的Pro/Engineer、美国SDRC公司的I-DEAS、以色列思美创公司的Cimatron、英国Delcam Plc公司的Power Mill、美国So1idWorks公司的SolidWorks、美国Autodesk公司的Auto-CAD等。

应用软件是用户为解决实际问题或特定领域而开发的程序。应用程序是在系统软件和支撑软件基础上，利用支撑软件提供的二次开发接口、工具，或利用高级语言针对特定问题开发的用户程序。应用程序的开发常常与支撑软件紧密结合，利用支撑软件的二次开发工具实现。如可以利用UG NX系统的UG/Open、AutoCAD的AutoliSP/VisualLISP等二次开发工具，设计冲压模具的设计软件、压力容器的设计软件、液压系统的设计软件等。

1.4 CAD/CAE 技术的发展概况和发展趋势

1.4.1 CAD/CAE 技术的发展概况

1946 年 2 月 15 日，世界上第一台通用电子数字计算机 ENIAC 宣告研制成功。ENIAC 的成功是计算机发展史上的一座里程碑，是人类在发展计算技术的历程中达到的一个新的起点。CAD/CAE 技术的发展与制造业的发展和计算机技术、计算机图形化技术的发展密切相关。

从 20 世纪 50 年代初到 70 年代中期，美国麻省理工学院（MIT）等研究机构积极从事计算机辅助设计与制造技术的开拓性研究。1950 年，MIT 在旋风Ⅰ号（Whirlwind Ⅰ）计算机上配备了由计算机驱动的、类似于示波器的阴极射线管（CRT），用于显示一些简单的图形；1952 年，在 MIT 的伺服机构实验室诞生了世界上第一台数控（NC）铣床的原型；1957 年，美国空军用第一批三坐标数控铣床装备了飞机制造工厂；同时在美国诞生了大型精密数控绘图机，美国 Calcomp 公司将联机的数字式记录仪发展成滚筒式绘图仪，而 Gerber 公司则将二维数控机床发展成平板式绘图仪。

数控技术诞生后，人们很快就注意到数控自动编程的意义和重要性。1955 年，MIT 推出了一种专门用于机械零件数控加工程序编制的语言，称为 APT（Automatically Programmed Tool），APT 开创了 CAM 技术的先河；1958 年，MIT 又完成了 APT - Ⅱ，1961 年提出了 APT - Ⅲ系统，APT - Ⅲ是一种适用于 3 ~ 5 坐标三维曲面的自动编程语言。1964 年，以美国伊利诺伊理工学院为主承担了 APT 的长期开发计划，并于 1969 年完成了 APT - Ⅳ的开发工作。到了 1985 年，ISO（国际标准化组织）公布的数控机床自动编程语言（ISO 4342—1985）就是以 APT 语言为基础的。

在数控和 CAM 技术蓬勃发展的同时，CAD 技术也在迅速发展。1962 年，MIT 林肯实验室的 Ivan E. Sutherland 发表的一篇题为“Sketchpad：一个人机交互的图形系统”的博士论文，文中提出了计算机图形（Computer Graphics）这个术语，在其论文中证明了交互式计算机图形学是一个可行的、有用的研究领域，从而确立了计算机图形学作为一个崭新的学科分支的独立地位，Sutherland 也因此成为计算机图形学之父。

1964 年，MIT 的孔斯（S. Coons）提出了用小块曲面片组合表示自由曲面，使曲面片边界上达到任意高阶连续的理论方法，该方法生成的曲面称为孔斯曲面。此方法受到了工业界和学术界的极大重视。法国雷诺（Renault）汽车公司的贝塞尔（P. Bezier）也提出了 Bezier 曲线和曲面的数学表达方法，这种方法不仅简单易用，而且解决了整体形状控制问题，为曲线、曲面的设计理论奠定了基础。孔斯（S. Coons）和贝塞尔（P. Bezier）二人被称为计算机辅助几何设计的奠基人。之后，在 1972—1974 年，De Boor、Cox 和 Riesenfeld 等人受到 Bezier 用多边形控制曲线形状的启发，总结并给出了关于 B 样条的一套标推理论算法，并提出了 B 样条方法；美国 Syracuse 大学的 Versprille 于 1975 年首次提出了有理 B 样条方法。后来由 Piegl 和 Tiller 等人使非均匀有理 B 样条（NURBS）等曲线、曲面的基础理论成为现代曲线、曲面造型的基础。曲面建模解决了 CAM 中的刀位计算问题，为 CAD/CAM 的曲面造型技术奠定了理论基础。目前世界上绝大多数的 CAD/CAM 系统都是基于上述理论建立起来的。

在 CAE 方面，由于“冷战”的关系，20 世纪 60 年代航空航天工业得到了空前的高速发展。为提高航空航天器的可靠性和研发效率，美国投入大量的人力和物力，开发具有强大功能的有限元单元分析程序。其中最为著名的是由美国国家宇航局（NASA）在 1965 年委托美国计算科学公司和贝尔航空系统公司开发的 NASTRAN 有限元分析系统。从那时到现在，世界各地的研究机构和大学也发展了一批规模较小但使用灵活、价格较低的专用或通用有限元分析软件。同时，有限元法不断发展，功能不断扩大，现在不仅用于结构分析计算，而且还用于传热、流体、电磁场等许多领域的分析计算中。

20 世纪 60 至 70 年代，美国、法国、英国等国家认识到 CAD 技术的先进性和应用前景，许多大公司和高校、研究机构纷纷投入巨资进行研究开发。美国 IBM 公司基于大型计算机，开发出具有绘图、数控编程和结构强度分析等功能的 SLT/MST 系统；美国洛克希德（Lockheed）飞机公司开发了 CADAM 系统；美国通用汽车（GM）公司开发了用于汽车设计的 DAC－1 系统；美国通用电气（GE）公司开发了 CALMA 系统；由美国国家航空及宇航局（NASA）支持，SDRC 公司开发了 I－Deas 系统；法国雷诺公司开发了 Unisurf 曲面造型、SurfAPT 曲面加工和 RA3D 实体造型系统（后并入 Euclid）；英国剑桥大学 IanBraid 博士及其导师等人开发了 Romulus 实体造型系统（后来成为著名的 ACIS 三维核心）。

原麦道（McDonnell Douglas）飞机公司在 20 世纪 70 年代结合 F－15 战斗机的研制，在 IBM 主机上开发了功能强大的曲面造型和三维线框设计绘图系统，称作 CADD；与此同时，为了加工生产的需要，1975 年，麦道飞机公司收购了研制 Uni APT 软件的小公司 United Computer，在 DEC 小型机上开发出曲面加工编程系统，并且向其移植 CADD 功能，并一直专注于复杂曲面的造型和数控加工，逐渐形成 Unigraphics（UG）系统的 CAD/CAM 产品。因此，UG 系统在复杂形面的设计和数控加工编程上具有一定的优势。法国达索飞机（Dassauit Aviation）公司从 1960—1965 年开始引进 IBM 计算机和使用数控加工机床，1967 年着手用 Bezier 曲面建立飞机外形的数学模型，1970 年用批处理方式全面展开幻影飞机的数字化设计。为了扩大 CAD 应用规模，达索公司一方面从美国洛克希德飞机公司引进了 CADAM 系统，花 100 万美元买下了 CADAM 源程序，开发三维交互 CAD 软件；另一方面开发飞机风洞模型的三维造型和加工软件，以便大量缩短飞机模型的风洞试验周期。到 1981 年，达索公司开发的 CATIA 第一个版本投入市场，直接与 CADAM 竞争。在 20 世纪 60 至 70 年代，许多 CAD/CAM 技术中的基础技术和开发工具得到了奠定和发展，如 UNIX 操作系统创始于 1969 年，C 语言 1970 年诞生于美国 ATT 贝尔实验室，还有 NURBS 曲面（1972 年），实体造型中的边界表示法和布尔运算理论（1972 年），变量化设计（1976 年），特征造型技术（1978 年）。这个时期 CAD/CAM 技术由基础理论研究逐渐走向成熟，并推向市场。

随着计算机及网络技术的迅速发展，性价比成倍增长，计算机在工业和民用领域得到极大的普及。进入 20 世纪 80 年代，CAD/CAM 技术及其应用也得到了迅速发展和普及，并且出现了许多特征参数化实体造型的 CAD/CAM 系统。美国 CV 公司内部提出了一种比无约束自由造型更新颖、更好的算法——参数化实体造型技术，它主要的特点是：基于特征的全尺寸约束，全数据相关，尺寸驱动设计修改。但由于当时的参数化技术方案还处于一种发展的初级阶段，很多技术难点有待攻克，CV 公司内部否决了参数化技术方案。策划参数化技术的这些人于是集体离开了 CV 公司，于 1985 年成立了另一家软件公司——PTC 公司（Parametric Technology Corp.，参数技术公司），开始研制名为 Pro/Engineer（Pro/E）的参数化 CAD 软件。1987 年 11 月，当 Pro/E 在 AutoFACT 上首次展示时引起轰动，并立刻得到了业界的认同，在市场上得到迅速普及。PTC 公司的 Pro/E 着手将曲面、实体与特征参数化造型融为一体，可以任意构造复杂零件和装配件，而且修改设计方便。Pro/E 系统的诞生标志了新一代 CAD 产品的开端，也为 CAD 技术发展树立了一个崭新的丰碑。到 20 世纪 90 年代，特征参数化设计几乎成为 CAD 业界的标准，大多数 CAD 系统都自称是特征参数化设计系统。

1990 年，SDRC 公司已经摸索了几年参数化技术，在参数化浪潮的冲击下面临着两难的抉择：要么在它原有技术的基础上采用逐步修补方式，继续将其 I - Deas 软件参数化，这样做风险小，但必然导致产品的综合竞争力不高；要么一切从头开始，以高的起点，更有竞争力的技术开发全新的参数化 CAD 产品。但是否一定要走参数化这条路呢？积数年对参数化技术的研究经验及对工程设计过程的深刻理解，SDRC 的开发人员发现了参数化技术尚有许多不足之处。首先，全尺寸约束这一硬性规定就干扰和制约着设计者创造力及想象力的发挥。全尺寸约束，即设计者在设计初期及全过程中，必须将形状和尺寸联合起来考虑，并且通过尺寸约束来控制形状，通过尺寸的改变来驱动形状的改变，一切以尺寸（即所谓的参数）为出发点。一旦所设计的零件形状过于复杂时，面对满屏幕的尺寸，如何改变这些尺寸以达到所需要的形状就很不直观。再者，假如在设计中关键形体的拓扑关系发生改变，失去了某些约束的几何特征也会造成系统数据的混乱。事实上，全约束是对设计者的一种硬性规定。一定要全约束吗？一定要以尺寸为设计的先决条件吗？欠约束能否将设计正确进行下去？沿着这个思路，在对现有各种造型技术进行了充分地分析和比较以后，一个更新颖大胆的设想产生了。SDRC 的开发人员以参数化技术为蓝本，提出了一种比参数化技术更为先进的实体造型技术——变量化技术，作为今后的开发方向。SDRC 的决策者权衡利弊，同意了这个方案，决定在公司效益正好之时，抓住机遇，从根本上解决问题，否则必定落后被动无疑。于是，从 1990 年至 1993 年，投资 1 亿多美元，将软件全部重新改写，于 1993 年推出全新体系结构的 IDEAS Master Series 软件。在早期出现的大型 CAD 软件中，SDRC 是唯一一家在 20 世纪 90 年代将软件彻底重写的厂家。变量化技术既保持了参数化技术原有的优点，同时又克服了它的许多不利之处。它的成功应用，为 CAD 技术的发展提供了更大的空间和机遇。

经过四五十年的努力，机械工程行业在 CAD/CAE 技术应用方面已取得了不少成果。在机械 CAD/CAE 软件领域，世界上最著名的几家公司的产品，如 PTC 的 Pro/E、德国西门子的 Unigraphics NX、IBM/Dassualt 公司的 CATIA、SDRC 的 I - DEAS、美国 ANSYS 公司和以色列 Cimatron 公司、美国 SolidWorks 公司、美国 Autodesk 公司的 AutoCAD 及 MDT 等，占据了国际 CAD/CAE 软件的很大一部分市场，在航天航空、汽车制造、造船、军工、机械工程、模具制造、家用电器等领域广泛应用，成为当今的主流 CAD/CAE 系统。

1.4.2 CAD/CAE 技术的发展趋势

随着科学技术的发展和社会需求的扩大，特别是高新技术的迅猛发展，推动着 CAD/CAE/CAM 技术不断进步，其发展趋势主要体现在以下几个方面：

（1）向着特征参数化、变量化方向发展。从本质上看，设计的过程就是一个求解约束满足问题的过程，即由给定的功能、结构、材料及制造等方面的约束描述，经过反复迭代、不断修改设计参数，从而求得满足设计要求的求解过程。也就是说，设计中的很大一部分工作是不断地修改参数以满足或优化约束要求。在设计过程中，参数化、变量化CAD/CAE 系统能够简单地通过尺寸驱动，参数、变量表的修改来驱动设计结果按要求变化，为设计者提供设计模型的快速、直观、准确反馈，同时能随时对设计对象加以更改，减少设计中的错误及问题。另外，在基于特征的参数化、变量化设计中，工程技术人员的设计是功能结构特征、加工特征的设计，而不需花太多的精力去关注几何形体的构造过程，这样的设计过程更符合工程技术人员的设计习惯。

特征参数化、变量化设计能够极大地提高机械设计效率，是 CAD/CAE 技术发展追求的目标之一。在一些先进的 CAD/CAE 系统中，设计过程中所涉及的所有参数（包括几何参数和非几何参数）都可以当作变量，通过建立参数、变量间相互的约束和关系式，增加程序逻辑，驱动设计结果。这些变量间的关系可以跨越 CAD/CAE 系统的不同模块，从而实现设计数据的全相关。特征参数化、变量化是实现机械设计自动化的前提和基础，是目前 CAD/CAE 发展的主流方向。

（2）向着智能化方向发展。人工智能（Artifical Intelligence，AI）技术是使计算机模拟人的某些思维过程和智能行为（如学习、推理、思考、规划、决策等）的一门新的科学技术。人工智能是计算机科学的一个分支，它企图了解智能的实质，并生产出一种新的能以与人类智能相似的方式做出反应的智能机器。将人工智能技术引入 CAD/CAE 技术中，使 CAD/CAE 系统具有专家的知识、经验和推理决策能力，能够自主学习并获取新的知识，并具有智能化的触觉、视觉、听觉、语言的处理能力，能够模拟工程领域的专家进行推理、联想、判断和决策，从而达到设计、制造自动化的目的。智能化能帮助工程技术人员摆脱大量繁琐的重复性劳动，使设计、制造过程更快捷、更简便、更安全，使 CAD/CAE/CAM 系统更实用、更高效。

（3）向着集成化方向发展。在企业生产过程中，产品设计、生产准备、加工制造、生产管理和售后服务各个环节是不可分割的，必须作为一个整体统一考虑。集成化就是向企业提供生产中各个环节的一体化解决方案。CAD、CAE、CAPP、CAM 等技术在企业中得到推广和应用，给企业带来明显的实效。但由于这些自动化系统大都是独立系统，其产品的表示方法和数据结构有很大的差异，各系统之间的信息难以传递和相互转换，信息资源不能共享，常常需要人工转换或重新输入数据，严重制约了系统总体性能的有效发挥，降低了系统的可靠性。

集成化 CAD/CAE 系统以产品的统一数字化模型为基础，统一产品的表达，统一内部数据结构，统一操作界面和软硬件环境，将设计、分析、生产准备、加工制造、管理服务等各个环节有机地联系在一起，最大限度地实现信息资源共享，从而提高信息数据的一致性和可靠性。CAD/CAE 系统的集成化已是大势所趋，是实现计算机集成制造系统（CIMS）的基础。

（4）向着网络化方向发展。通信技术和网络技术的飞速发展，给各独立自动化单元的联网通信，实现资源共享提供了可靠保障。现代机械产品的生产是一个系统工程，需要由多个企业、多个部门和大量工程技术人员跨时间、跨地域并行作业，资源共享，协同工作共同完成。基于网络化的分布式 CAD/CAE 系统非常适合于这种协同工作方式。随着 CAD/CAE 系统的集成和网络化技术的日趋成熟，网络化 CAD/CAE 技术可以实现资源的优化配置，极大地提高企业的快速响应能力和市场竞争力，“虚拟企业”、“全球化制造”等先进制造模式由此应运而生。目前，基于网络化的 CAD/CAE 技术能够提供基于网络的协同设计环境和提供网上多种 CAD/CAE 应用服务。

（5）向着标准化方向发展。标准化是指在经济、技术、科学和管理等社会实践中，对重复性的事物和概念，通过制定、发布和实施标准达到统一，以获得最佳秩序和社会效益。CAD/CAE 技术的标准化可以设计统一原理、统一数据格式、统一数据接口，简化开发和应用工作，为信息集成创造条件。随着 CAD/CAE 系统的集成和网络化，制定 CAD/CAE 的各种设计开发、评测和数据交换标准势在必行。在计算图形用户接口方面，国际上先后制定了 CGI（Computer Graphics Interface，计算机图形接口标准）、GKS（Graphical Kernel System，计算机图形核心系统）和 PHIGS（Programmer's Hierarchical Interactive Graphical System，程序员层次交互式图形系统）等国际标准。一些垄断性企业，如美国的微软公司推出的 DirectX，美国 SGI 公司（Silicon Graphics Inc.）推出的 OpenGL 等，都是目前在工作站和 PC 上被广泛应用的图形应用编程接口，成为事实上的国际标准。从 20 世纪 80 年代初开始，世界一些主要发达国家就开始制定图形数据的交换标准，如美国的 DXF、IGES、ESP、PDES，法国的 SET，德国的 VDA - IS、VDAFS 等，其中 IGES 在三维 CAD/CAE/CAM 系统中被广泛应用。在国际标准组织（ISO）的领导下，为了产生一个技术产品数据全方位的国际标准，人们做出了大量的努力，诞生了产品模型数据交换标准——STEP（Standard for the Exchange of Product Model Data）。STEP 标准采用形式化描述语言 EXPRESS 描述产品全生命周期的完整信息，具有简便、可兼容性、寿命周期长和可扩展性等优点，能够很好地解决信息集成问题，实现资源的最优组合，信息的无缝连接。

目前，CAD/CAE 技术正向着集参数化、智能化、集成化、网络化和标准化的方向不断发展。未来的 CAD/CAE 技术将为新产品开发提供一个综合性的网络环境支持系统，全面支持异地的、数字化的、采用不同设计理念与方法的设计工作。

2 颚式破碎机 CAD/CAE 设计案例

2.1 概述

颚式破碎机由于结构简单，工作可靠，容易制造，使用维修方便等优点，广泛地应用于冶金、建材、化工、煤炭、石材等行业原料的破碎。由于破碎物料的需求不断增加，能源越来越短缺，对破碎作业的改善越来越迫切，就需要研究高效破碎设备和对现有破碎设备的改进，以 CAD/CAE 现代设计方法对颚式破碎机进行研究和开发，对提高颚式破碎机的性能和产量，提高设计效率和质量，降低成本、缩短产品开发周期，具有重要的意义。

颚式破碎机 CAD/CAE，是综合多学科的研究，它包括破碎机设计方法、三维建模、优化设计、有限元分析、计算机仿真、虚拟原型等。作者研究开发的“颚式破碎机三维动态模型与仿真系统”，是江西省科技厅重点工业攻关项目（赣科计字［2003］23)。系统采用 VB 6.0 语言，结合 SolidWorks，用 SQL 建立了数据库，系统实现多个软件接口、数据共享，做到高效、可靠的设计。该系统通过江西省科技厅的技术鉴定，获江西省科技进步三等奖。

该课题针对颚式破碎机的研究设计的若干环节，以 CAD/CAE 现代设计方法对颚式破碎机进行设计计算和分析、参数化设计绘图等，并结合国内生产实际，研究设计了多种规格的破碎机，并与多个企业合作，如广东某机械厂、江西某机械厂、湖北某矿山机械厂、江西铜业某铸造有限公司、江西赣州某机械有限公司等，设计研制了 PEG250 ×400 颚式破碎机、PEX250 × 100 破碎机、PEX200 × 1000 细碎机、PEQ400 × 600 倾斜式破碎机、PC5282 新型颚式破碎机等，得到了生产实际应用。

该课题创建了复摆颚式破碎机机构参数双向设计数学模型和方法，实现了机构的运动仿真，并融入了颚式破碎机多年设计的经验，使破碎机方案设计，快速高效，实现了颚式破碎机智能化专业设计；建立了多种规格复摆颚式破碎机三维实体模型和装配模型，采用了 COSMOS/Motion 对颚式破碎机进行运动学和动力学模拟与仿真，分析了颚式破碎机动颚的位移、速度、加速度、行程，找出其运动规律，提示了降低破碎机主轴悬挂高度的方法，改善破碎机性能，提高了破碎机的破碎效果；实现了颚式破碎机标准件、易损件三维零件的参数化设计，提高了设计效率；采用 COSMOS/Works 对动颚、机架、调整座等进行了有限元的强度分析，并进行了测试，解决了其强度问题。因此，该系统的建立，能对破碎机实现智能 CAD 技术设计，对于研究新型破碎机，可大大缩短新产品的设计周期，节省设计成本。对提高破碎机设计制造质量，推动冶金矿山行业制造业信息化，具有大的经济和社会效益。

2.2 颚式破碎机三维动态模型与仿真系统

2.2.1 系统设计思想

系统采用 VB 语言，结合 SolidWorks 以及 SQL 进行二次开发，实现了高度模块化设计。系统设计数据流程图如图2－1所示。

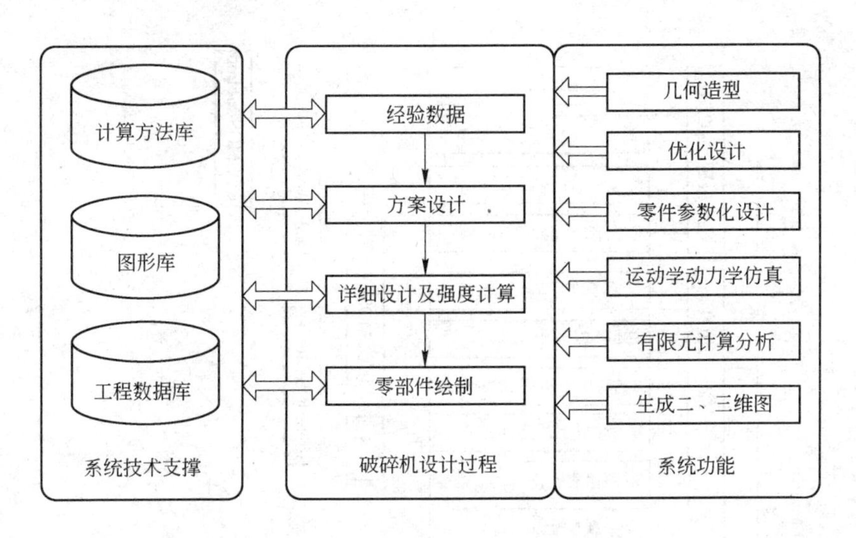

图2－1　系统设计数据流程图

该系统有如下功能：(1) 进行破碎机机构参数双向设计和优化，把传统设计的经验数据存储在系统数据库中。设计时可以使用经验数据导入设计数据中，直接对其进行修改，生成二维机构图，在机构图上对其数据进行直观修改，修改完成后，提取修改数据到设计数据中；把设计数据作为数据优化的初始值，进行优化，提取优化后的数据返回到设计数据中。(2) 进行运动模拟与分析，可以查看其动颚的运动轨迹、进料口和排料口的水平行程。在结果分析中可以查看到动颚上各点的垂直行程和水平行程以及特性值。(3) 进行工作参数的计算与受力分析。(4) 进行零件的三维参数化造型，可以调用数据库中的设计数据。(5) 装配建模。(6) 破碎机三维运动学与动力学仿真模拟。(7) 主要零件如机架、调整座的三维有限元分析。(8) 破碎过程的仿真研究，如层压破碎模型与破碎特性研究，层压破碎三维建模系统的开发。

2.2.2 总体方案设计

系统总体设计分7个模块，包括用户设置、参数设计、易损件参数化设计、标准件参数化设计、零件强度计算、三维动态仿真、层压破碎仿真等。系统总体方案如图2－2所示。

在系统中，机构参数分析模块主要对破碎机的机构进行分析，建立机构的数学模型，根据破碎机的型号设计参数和进行参数的修改，并对机构进行动画仿真分析，进行结果处理，分析动颚运动轨迹；三维零件参数化设计模块主要对破碎机中的零件进行三维建模，并对模型进行参数化设计；三维仿真模块主要包括装配体设计和应用COSMOS/Motion软件对破碎机进行运动学和动力学仿真，并对仿真结果进行分析和处理，进行平衡重的计算和活动齿板上点的轨迹分析；机架有限元分析则是根据机架的受力进行有限元分析和处理，对机架结构进行优化。

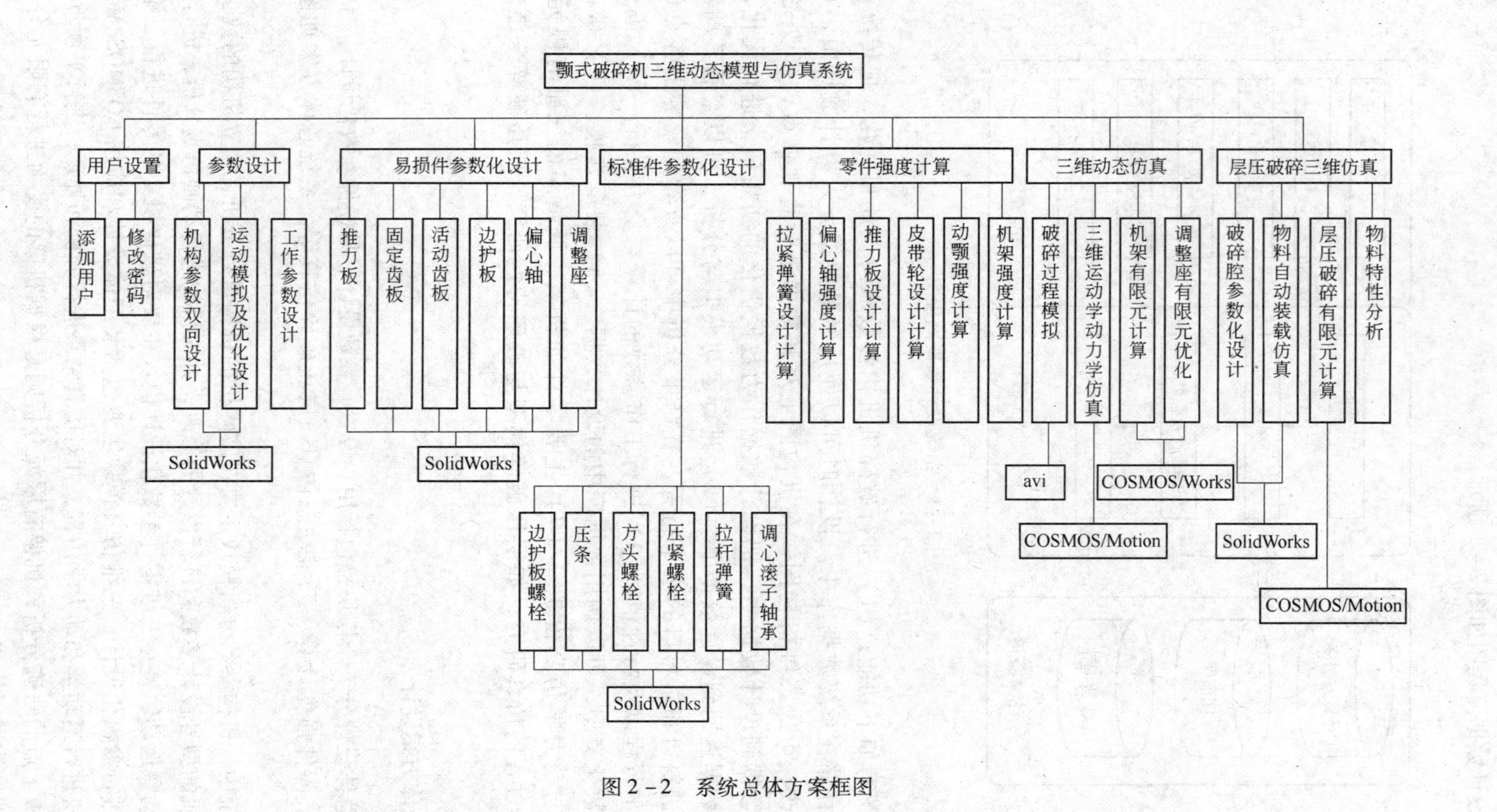

图2-2　系统总体方案框图

2.2.3 系统的运用

2.2.3.1 用户登录

基于数据和系统的安全考虑，用户需要通过系统的身份确认，系统将根据用户使用的用户名和用户口令来确认用户是否为合法用户及用户进入系统。

启动软件后，系统将弹出登录窗体，如图 2-3 所示，要求输入操作员用户名及口令。需要在【用户名】框中输入您的经过系统管理员授权的用户名，按回车或按 TAB 键，然后在口令框中输入您的口令，注意为达到保密效果，输入的口令全部以 * 显示（不要误认为输入错误），输入完毕后按回车或用鼠标点击【确定】按钮；若想退出该系统，可选中【取消】按钮。如果用户名或口令输入有误，计算机会给出“非法用户”或“口令不正确”等提示。

图 2-3 系统登录

用户可在软件的主窗体中修改自己的用户名和口令，具体操作请参照修改密码。

2.2.3.2 系统主窗体

通过系统确认成功登录后，将进入系统主窗体，如图 2-4 所示。主窗体由系统菜单和浏览区两部分构成。

其中系统菜单由用户设置、运动学模拟分析、易损件的参数化设计、标准件的参数化设计、零件强度校核、三维动态仿真、层压破碎三维仿真、帮助等 8 个部分组成。

各主菜单的子菜单介绍如下：

（1）点击【用户设置】菜单出现如图 2-5 所示的子菜单，添加用户实现本系统所有用户的权限管理，修改密码用于用户修改自己的登录密码。而单击【退出系统】则为退出本系统。

（2）点击【运动学模拟分析】菜单出现如图 2-6 所示的子菜单，该模块包括参数化双向设计与模拟和工作参数的计算。

（3）点击【易损件的参数化设计】菜单出现如图 2-7 所示的子菜单，该模块是对破

图2-4　系统主窗口

图2-5　【用户设置】子菜单

图2-6　【运动学模拟分析】子菜单

碎机一些易损件的参数化设计，包括肘板、齿板（梯形齿形板、三角形齿形齿板）、边护板、偏心轴、调整座等。

（4）点击【标准件的参数化设计】菜单出现如图2-8所示的子菜单，该菜单是破碎机中用到的标准件的参数化设计，包括压条、拉杆弹簧、方头螺栓、压紧螺栓、边护板螺栓、调心滚子轴承等。

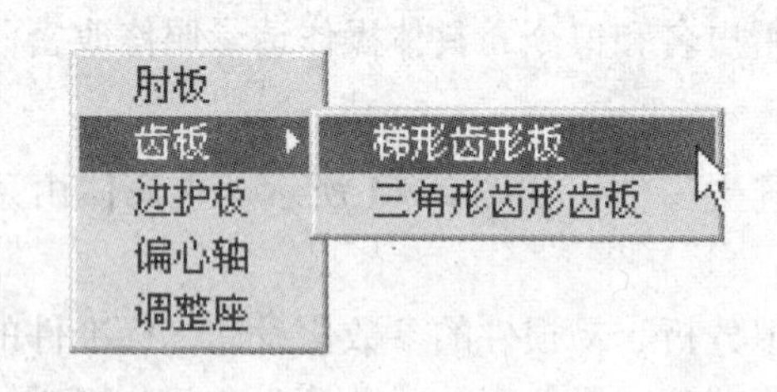

图2-7　【易损件的参数化设计】子菜单

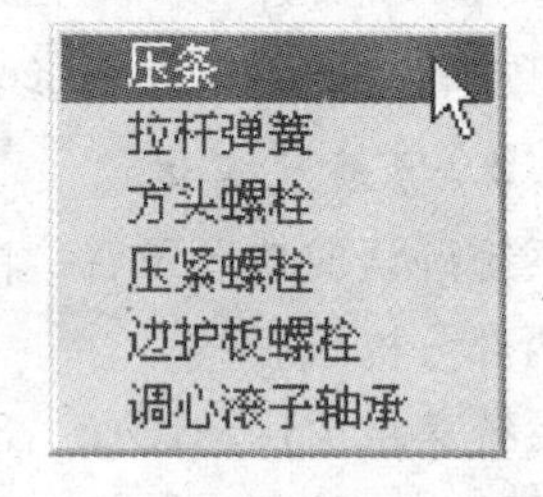

图2-8　【标准件的参数化设计】子菜单

（5）点击【零件强度校核】菜单出现如图2-9所示的子菜单，该菜单包含主要零部件的强度校核。有动颚、机架、偏心轴、推力板、拉杆弹簧等零部件。

（6）点击【三维动态仿真】菜单出现如图2-10所示的子菜单，该菜单实现的功能有：破碎过程仿真、动态运动分析、机架模态分析、有限元模型分析（机架有限元分析、动颚有限元分析、调整座有限元分析）、有限元优化（调整座有限元优化）。

图 2－9 【零件强度校核】子菜单

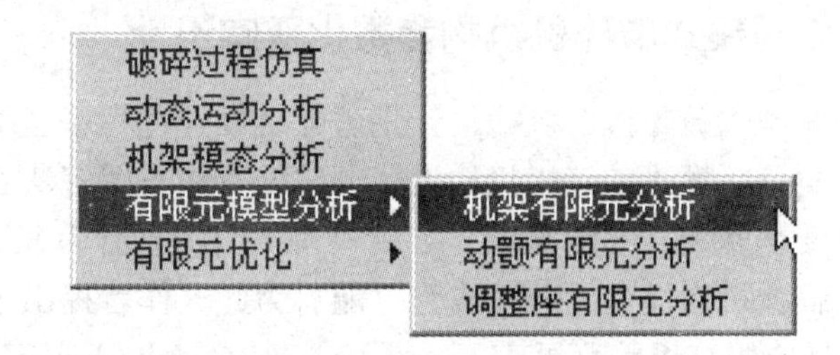

图 2－10 【三维动态仿真】子菜单

(7) 点击【层压破碎三维仿真】菜单出现如图 2－11 所示的子菜单，该菜单实现层压破碎三维模拟仿真的功能，主要有物料自动装载仿真（破碎腔模型的设计、散体岩石模型设计、散体层压破碎模型的设计）、层压破碎有限元仿真计算（有限元力学模型数据文件、有限元力学模型应用计算、有限元力学模型二次处理、有限元力学模型数据分析）、物料特性分析（三维实体模型统计、散体岩石值统计）、三维实体模型数据处理（三维模型参数统计、散体岩石查询与浏览、三维破碎模型查询与浏览）。

(8) 点击【帮助】菜单出现如图 2－12 所示的子菜单，该菜单实现两个功能：使用助手和关于系统。单击【使用助手】系统将弹出本软件的在线帮助，通过详细阅读在线帮助文件您可以快速掌握软件的操作。单击【关于系统】菜单，系统将弹出窗体（图 2－13），上面描述了本软件的基本信息。

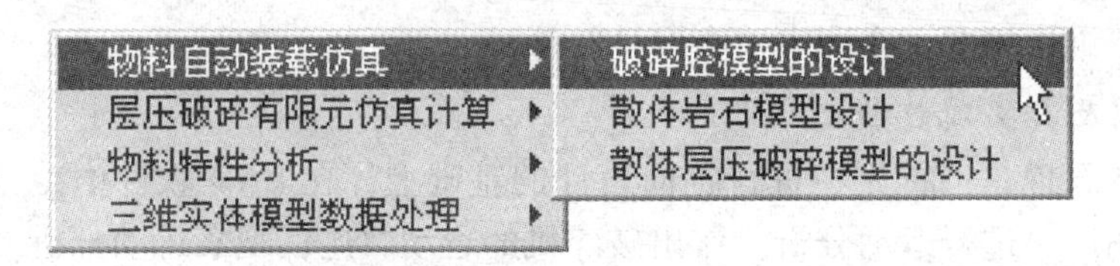

图 2－11 【层压破碎三维仿真】子菜单

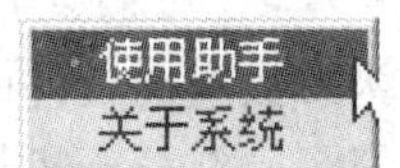

图 2－12 【帮助】子菜单

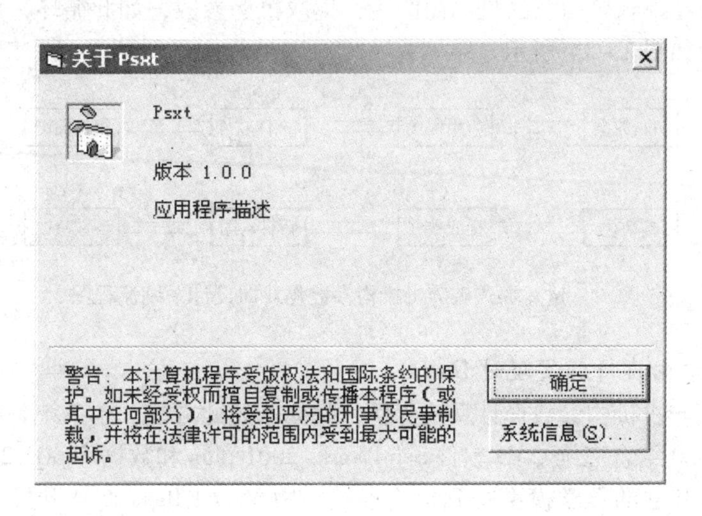

图 2－13 【关于系统】对话框

2.3 复摆颚式破碎机机构参数化双向设计

复摆颚式破碎机的机构设计是破碎机设计过程中至关重要的一步，直接关系到破碎机设计的质量。颚式破碎机机构设计的传统方法有图解法、解析法和试验法。这几种设计方法，其计算麻烦、作图繁琐、设计难度大。随着计算机及其软件技术的发展，利用CAD软件来解决机构设计问题已成为可能。为此，作者提出了破碎机机构双向参数化设计的方法，它是应用高级编程语言Visual Basic结合SolidWorks 2001 plus以及SQL数据库，正向设置参数，驱动SolidWorks生成机构图形和运动轨迹。在CAD图形可实时修改机构杆件尺寸，记录修改后的数据，存放在数据库中和返回参数设置界面，直至达到满意的破碎机设计方案为止。通过双向参数化设计：（1）能够直观、快速地修改，免去了作图法误差大、精度低的缺点；（2）利用开发语言可以自动提取修改后的参数，免去了手工量取的复杂过程；（3）可以用提取的参数进行随后的运动分析和动态模拟；（4）可以运用该系统对颚式破碎机进行系列参数化设计，大大提高设计效率；（5）可以扩展和提高一些CAD软件的功能，使其成为专业化、智能化的CAD系统。

2.3.1 参数化双向设计的原理及实现过程

2.3.1.1 正向设计的原理及其实现过程

作者将多年从事复摆颚式破碎机设计的数据及经验存放在SQL数据库中，建立了复摆颚式破碎机机构运动学的数学模型。在设计时可根据设计需要选择复摆颚式破碎机的型号，程序将自动从SQL数据库中调用传统设计的数据，出现在文本框中，设计者可以根据需要进行修改，而后生成二维机构图，在图中检查设计结果。

2.3.1.2 逆向设计原理及其实现过程

机构参数逆向设计的基本原理是：首先在进行正向设计的基础上，在CAD软件中绘制机构简图；在分析机构简图后，进行运动分析，作出破碎机的运动轨迹；观察运动分析的结果后，再进行参数修改，通过参数驱动使机构图产生相应改变，做运动分析、直观地看到修改结果；在得到较满意的机构简图后，提取机构参数，如此循环，直到满足设计要求。其实现过程如图2－14所示。

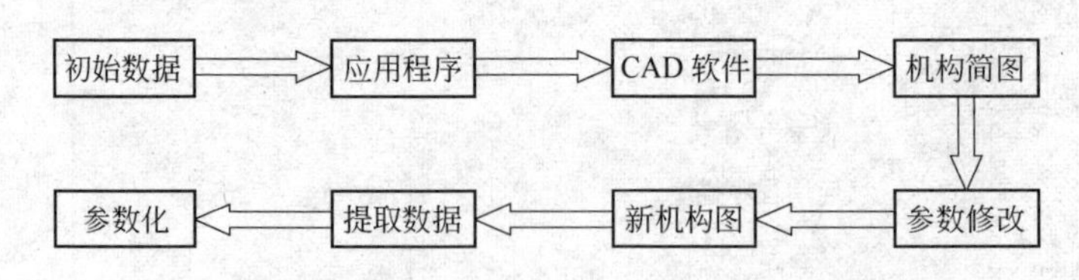

图2－14 颚式破碎机机构参数化双向设计系统流程图

2.3.1.3 双向设计的实现过程

现以颚式破碎机机构参数设计系统为例，具体阐述此方法。本系统是利用高级编程语言Visual Basic 6.0结合三维CAD软件SolidWorks 2001 plus和数据库SQL 2000开发的。将初始数据，通过建立的数学模型得到机构参数，用Visual Basic 6.0开发SolidWorks 2001 plus，使其直接生成机构简图，做出动颚运动轨迹，分析动颚的运动特性，这样就完成了正向设计过程。然后对其不足之处在机构图上进行修改，自动将改进后的数据保存到 SQL 2000 数据库中，再做运动分析，直到方案满意为止。把破碎机的一些参数用变量代替，得到参数化设计应用程序，这样就完成了其逆向设计过程。该双向设计过程极大地提高了设计效率，降低了设计难度，缩短了设计周期。

2.3.2 系统的组成

颚式破碎机机构参数设计系统的结构组成如图 2－15 所示，各模块功能说明如下：

（1）系统界面模块。用于显示和采集颚式破碎机机构参数设计所需的具体参数，如给料口宽、排料口宽、悬挂高度、肘板长、传动角、偏心距、啮角、动颚长度等。数据库提供缺省值，收集了多年开发设计破碎机的结构参数，供设计者参考。

（2）机构参数计算模块。根据界面模块的用户输入参数，根据所建的破碎机运动学数学模型，计算颚式破碎机的机构参数。

（3）机构图生成模块。根据计算的机构参数，驱动 CAD 软件生成机构简图。

（4）SolidWorks 软件接口模块。提供在 OLE Automation 层上所有与三维 CAD 软件通信的函数。CAD 软件的应用程序接口（API）函数以类的形式封装起来，在生成机构简图时通过这些函数驱动 CAD 软件生成实体。

（5）参数提取模块。提取在机构简图中修改后的参数。

（6）参数保存模块。将修改后的参数保存到数据库中。

（7）运动分析模块。按修改后的参数生成机构简图，通过运动分析软件 COSMOS/Motion 分析颚式破碎机动颚上各点的运动轨迹和运动参数。

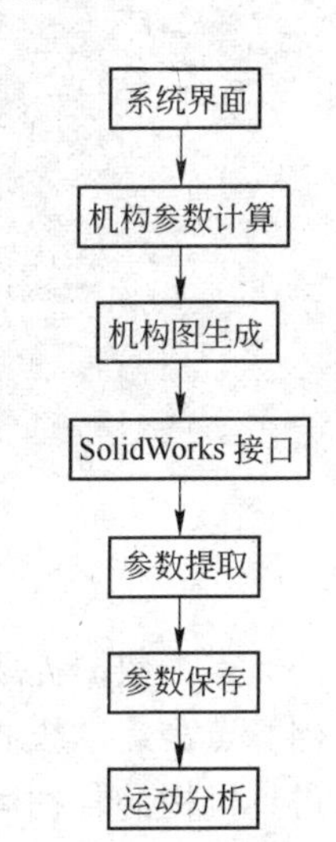

图 2－15 颚式破碎机机构参数设计系统框图

2.3.3 系统的创建与使用

2.3.3.1 窗体的创建

创建的颚式破碎机机构参数设计窗体包括 12 个命令按钮、18 个标签控件（指出各数据的名称）、17 个文本框控件（显示各参数）、1 个列表框控件（选择破碎机型号）、1 个图片框控件（显示机构示意图）。为了进一步了解窗体的结构与组成，下面给出窗口的演示，如图 2－16 所示。

2.3.3.2 窗体的操作过程

该系统主要是根据颚式破碎机传统经验提供缺省值的机构参数，在 SolidWorks 中生成机构简图，在简图中进行机构参数的修改，修改后的参数进行运动分析，具体操作过程如下：

（1）点击细碎系列或中碎系列按钮，在列表框中选择一破碎机的型号，传统经验数据就会出现在各个文本框中。如果设计者要设计一种新型的破碎机，点击添加，在各个文本框中输入相应的参数。

（2）点击生成二维图按钮，进入 SolidWorks 工作界面，自动生成机构简图，以在其中进行参数的修改。

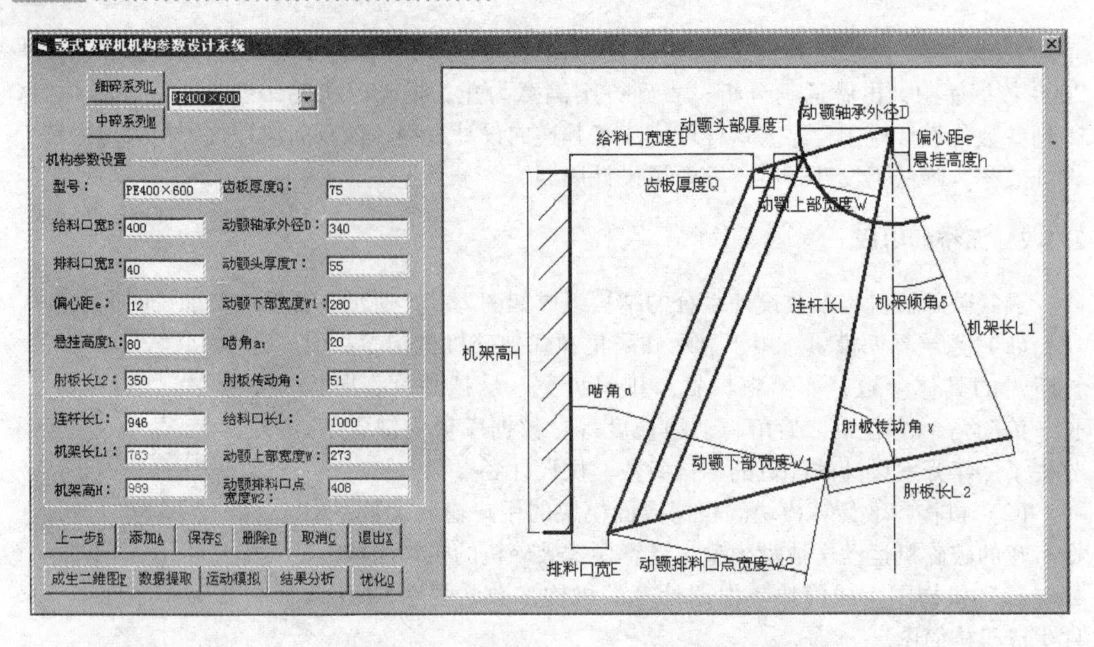

图 2 - 16 颚式破碎机机构参数设计系统窗体

（3）点击数据提取按钮，提取在 SolidWorks 中修改后的参数，显示在文本框中。

（4）点击运动模拟按钮，进入 SolidWorks 的插件 COSMOS/Motion 工作界面。在其中可以得到机构的各种运动参数（机构各点位移、速度、加速度、运动轨迹等），如图 2 - 17 所示。

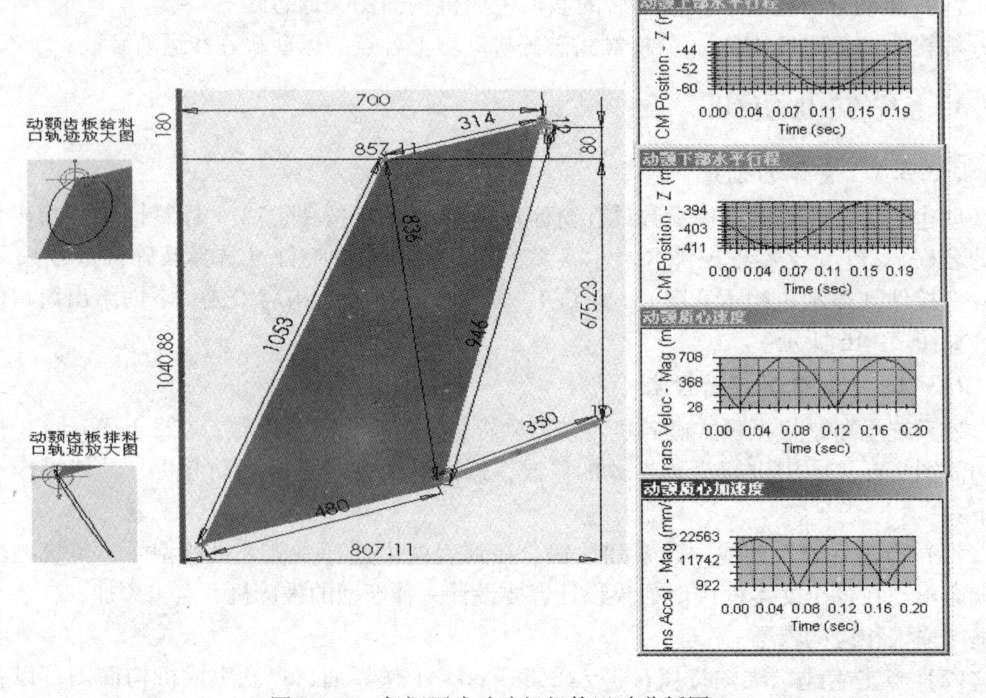

图 2 - 17 复摆颚式破碎机机构运动分析图

（5）点击结果分析按钮，可以得到动颚齿板上各点的水平和竖直方向上各点的位移及其特性值，如图2－17所示。

（6）重复（1）～（5）得到满意的结果后，按保存按钮，将设计的结果保存到数据库中。

2.3.4 系统的关键技术

2.3.4.1 三维机械CAD软件的API

几乎所有的三维机械CAD软件都有API（Application Programming Interface）应用编程接口。API是一个基于OLE Automation的编程接口，其中包含了数以百计的功能函数，这些函数提供了程序员直接访问三维机械CAD软件的能力，可以被VB VC/C＋＋等编程语言调用，从而方便地对三维机械CAD软件进行二次开发。利用三维机械CAD软件本身提供的API接口和VB实现了对该CAD软件的逆向设计，开发了该系统。

2.3.4.2 机构简图模型的建立

建立机构简图是进行机构参数修改的基础，在现有的三维机械CAD软件SolidWorks 2001 plus环境下可以方便地建立所要的机构简图。首先在三维机械CAD软件SolidWorks 2001 plus环境下设计出颚式破碎机机构的二维模型，然后再标注尺寸，将尺寸命上相应的名称，保存。在VB中用命令将相应的尺寸名称赋值，即可实现不同参数机构图的自动生成。

2.3.4.3 逆向返回数据

逆向返回数据是指将CAD软件中的数据提取出来，保存到SQL数据库中。通过VB和CAD软件的API接口将CAD软件与SQL数据库连接起来，这些功能的实现要先在二维模型中将相应尺寸命名后，在VB中将相应尺寸名变量数值传递到SQL数据库中保存。

2.3.5 结语

复摆颚式破碎机机构参数化双向设计系统，简单方便，不需进行手工计算，直观可靠，大大提高了设计效率。应用该方法对复摆颚式破碎机机构双向参数设计和其他复杂机构的设计，具有较大的实用价值和可观的经济效益。

2.4 新型低矮式破碎机CAD设计

颚式破碎机用以破碎矿石和物料，已在冶金、有色、化工、能源、建材、交通等国民经济部门得到广泛应用。近30年来，许多矿山将矿石的粗碎工序从选厂移到井下进行，使采选相融合。这种趋势正成为当前地下矿山采选技术发展的新方向。然而，井下破碎系统可采用的破碎设备，只有两种选择：要么用大型颚式破碎机，要么用旋回破碎机。传统颚式破碎机不是简摆就是复摆，它们高度高，致使破碎硐室容积增大，高度增加，一般容积在3000m^3左右，高度10～14m。若采用旋回破碎机，其破碎硐室容积更大，高度更高。这样大的硐室，其施工难度大，工程投资大，工效低，工期长，是矿山建设中最困难、最危险的工程。特别是在某些地质结构复杂，断层纵横交错的破碎地层，开凿难度和危险性更大。因此，特别需要满足地下硬岩矿山要求的低矮式破碎机。

低矮式破碎机是新一代高效节能的新型颚式破碎机，具有理想的动颚轨迹，该设备具有外形低矮、破碎比大、衬板磨损低、处理能力大、能耗低等显著特点，它的问世受到了市场的普遍关注，并提出了各种型号的需求。然而目前我国许多破碎机制造和设计单位仍然采用手工和二维 CAD 进行设计，而发达国家目前已经到了三维 CAD 系统建模的普及阶段。与国外先进的机械制造与设计手段相比，我国的破碎机在三维设计与建模方面确实存在着较大的差距。因此，在设计中引入三维建模技术，具有非常重要的现实意义。

针对 PEQ400×600 低矮式破碎机进行机构设计，运用 SolidWorks 2006 软件建立三维模型并对实物样机进行试验。

2.4.1　CAD 机构设计

2.4.1.1　机构数学模型的建立

低矮式破碎机与传统复摆颚式破碎机的工作原理有所不同，将动颚设计成倾斜布置，将传统颚式破碎机的定颚在外、动颚在内的位置改为把动颚倾斜放置在外、定颚在内，偏心轴通过倾斜的动颚两侧板连接在一起。其机构可简化成一平面四杆机构，如图 2－18 所示。

图 2－18 中：

O_1、O_2、A、B 为铰链；

曲柄 O_1A 为偏心轴，主动件，长度为 R_1；

摇杆 O_2B 为肘板，长度为 R_2；

连杆 AB 为动颚，长度为 L，M 为动颚上任意一点；

机架 O_1O_2，长度为 D。

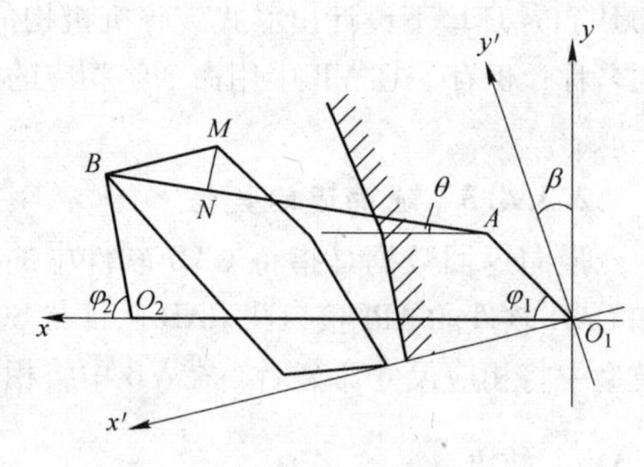

图 2－18　机构运动分析数学模型

设曲柄和摇杆的转角分别为 φ_1、φ_2，A 点坐标为 (x_1, y_1)，B 点坐标为 (x_2, y_2)，AB 与 x 轴的夹角为 θ，得：

$$\sin\theta = \frac{y_2 - y_1}{L} \qquad \cos\theta = \frac{x_2 - x_1}{L}$$

又由

$$y_1 = R_1\sin\varphi_1 \qquad y_2 = R_2\sin\varphi_2$$

$$x_1 = R_1\cos\varphi_1 \qquad x_2 = R_2\cos\varphi_2 + D$$

故

$$\cos\theta = \frac{D + R_2\cos\varphi_2 - R_1\cos\varphi_1}{L}$$

$$\sin\theta = \frac{R_2\sin\varphi_2 - R_1\sin\varphi_1}{L}$$

则连杆 AB 上任一点 M 在坐标系 xO_1y 中的位置，可用 φ_1、φ_2 为参变量的参数方程式表达如下：

$$x_M = R_1\cos\varphi_1 + AN\cos\theta - MN\sin\theta$$

$$y_M = R_1\sin\varphi_1 + AN\sin\theta + MN\cos\theta$$

将 $\sin\theta$、$\cos\theta$ 的表达式代入上式，并取 $AN/L = q$，$MN/L = p$，则得：

$$x_M = (1-q)R_1\cos\varphi_1 + qR_2\cos\varphi_2 - p(R_2\sin\varphi_2 - R_1\sin\varphi_1) + qD$$

$$y_m = (1-q)R_1\sin\varphi_1 + qR_2\sin\varphi_2 + p(R_2\cos\varphi_2 - R_1\cos\varphi_1) + pD$$

再从平面四杆机构的角位移和角速度的关系推导，可得出：

$$\varphi_2 = \arcsin\left(\frac{Co - \frac{K}{m}\cos\varphi_1}{\sqrt{1+K^2-2K\cos\varphi_1}}\right) + \lambda \tag{2-1}$$

$$\lambda = \arctan\frac{1-K\cos\varphi_1}{K\sin\varphi_1} \tag{2-2}$$

式中，$K=\frac{R_1}{D}$；$m=\frac{R_2}{D}$；$n=\frac{L}{D}$；$Co=\frac{K^2+m^2-n^2+1}{2m}$。

如果已知四杆机构的尺寸（即已知 K、m 、n、Co），对于每一个给定的 φ_1，可以用式（2-2）计算出辅助角 λ，再用式（2-1）计算出相应的 φ_2，所以，只要给定偏心轴转角 φ_1，便可很方便地计算出 M 点的轨迹。

由低矮式破碎机结构所定，M 点的水平行程是相对固定颚而言的。新设一坐标系 $x'O_1y'$（图2-18），y'轴与固定颚平行。用上式求出 M 点的轨迹，进行坐标变换。坐标变换方程为：

$$x' = x\cos\beta - y\sin\beta$$
$$y' = y\cos\beta + x\sin\beta \tag{2-3}$$

动颚水平行程 $x = x'_{max} - x'_{min}$，动颚垂直行程 $y = y'_{max} - y'_{min}$，反映动颚运动特性的行程比称为特性值 n，$n=\frac{y}{x}$。

2.4.1.2 机构参数的确定

从破碎物料来说，要求动颚运动轨迹是：动颚的水平行程要大，并使其从排料口向给料口逐渐加大；从减小动颚齿板磨损来说，动颚垂直行程要小，并使其有助于排料的作用。这样的运动轨迹，不仅能提高生产率，而且又能大大地减少齿板的磨损。

A 偏心距的选择

偏心距是设计颚式破碎机的一个重要参数。偏心距的大小直接影响破碎机性能的好坏，也即影响破碎机动颚下部及整个动颚的水平行程。在设计时，选择偏心距尤为重要。在其他条件相同的情况下，改变偏心距的大小，对动颚行程的影响见表2-1。

表2-1 PEQ400×600低矮式破碎机不同偏心距的动颚行程

R_1/mm	R_2/mm	D/mm	动颚上部行程			动颚下部行程		
			x/mm	y/mm	n	x/mm	y/mm	n
10	300	1484	20.53	4.21	0.205	19.68	9.12	0.463
12			24.67	5.83	0.21	23.60	10.97	0.465
15			30.89	6.72	0.218	29.48	13.77	0.467

表2-1中 R_1为偏心距，x 为动颚水平行程，y 为动颚垂直行程，n 为特性值（y/x），其他参数如图2-18所示。从表2-1中可以看出，水平行程随偏心距的增加而增加，垂直行程也有所增加，其值增加较少，所以，特性值 n 略有增加。当偏心距为12mm时，其下端的水平行程为23.60mm，比普通复摆颚式破碎机的水平行程大一倍。设计时根据所

需的动颚行程，实时动态地改变机构参数，可获得理想的偏心距。

B　肘板长度的选择

肘板长度越长，使动颚水平行程减小，垂直行程增加。肘板长度越短，则反之。由经验公式可取肘板长度为偏心距的 16.5～25 倍。

C　肘板摆动角的选择

为了保证肘板在肘板垫上滚动，则肘板摆动角 ϕ_0 不能超过接触处两倍的摩擦角。考虑各种因素的影响，通常可取肘板摆动角为 $4° \leqslant \phi_0 \leqslant 8°$。

D　连杆长度

连杆长度可近似按下式选取：

$$L = \frac{B - b_{min}}{\sin\alpha}$$

式中，B 为破碎机给料口尺寸；b_{min} 为最小排料口尺寸；α 为破碎机啮角。

E　运动特性分析

破碎机动颚的运动特性好坏，直接影响破碎机性能。设计研究新型破碎机，首先必须作出动颚的运动特性，加以分析并选择最佳方案。以 PEQ400 × 600 低矮式破碎机为例，在动颚齿面从上到下均匀取 5 个点，点 1 为进料口处的点，点 5 为排料口处的点，计算出这 5 个点的水平行程、垂直行程和特性值，见表 2－2。

表 2－2　动颚齿板表面上各点的行程值（偏心距 13mm）

位　置	表面点				
	1	2	3	4	5
水平行程 x/mm	27.3582	26.3777	25.9668	25.7721	26.1130
垂直行程 y/mm	3.2327	4.9215	8.3959	9.5948	11.8895
特性值 n	0.1182	0.0349	0.3233	0.3723	0.4553

通过计算得出动颚水平行程和垂直行程分布规律。动颚齿面上的水平行程值变化不大，一般为偏心距的近 2 倍。垂直行程，是从动颚上部较小，逐渐到动颚下端较大，垂直行程最大值，一般约比偏心距的值略小。该破碎机各点的水平行程比垂直行程大，其特性值最大也不超过 0.5，具有良好的运动特性。

综合考虑各参数对机构运动的影响，由上述数学模型，编制程序进行上机运算，确定破碎机机构的主要参数如下：（1）动颚下部水平行程为 26.1130mm，动颚下部垂直行程为 11.8895mm，特性值 n 为 0.455；（2）偏心距 R_1 为 13mm；（3）肘板摆动角为 7.73°；（4）连杆长度 L_1 为 1573mm；（5）肘板长度 R_2 为 215mm。

2.4.2　低矮式破碎机的三维建模

2.4.2.1　SolidWorks 零件建模

SolidWorks 是基于特征的参数化三维实体建模系统。对于结构、形状稍微复杂的产品模型进行建模的思路是将整个产品分解为多个特征，通过特征之间的布尔运算逐步得到完整准确的产品模型。其中，往往将整个产品中最主要的或是最大的部分视为基本特征，首先完成对它的造型。其他部分作为添加特征，以搭积木的方式，在基本特征的基础上，通过添加、去除、求交等布尔运算最终得到整个产品模型。最后，再进行一些细小特征的添加，如倒角、倒圆和孔特征等等。每一个特征的建立基本上按照同样的步骤完成。

低矮式破碎机由偏心轴、动颚、定颚、机架、肘板、轴承等组成，共有不同零件70多个，利用SolidWorks软件对所有零件进行了三维建模。

2.4.2.2 三维装配体建模

装配设计包括部件设计和总装配设计。利用零件（部件）的平移、旋转、重合（共面、共线、共点）、同心（同轴）、垂直、平行、夹角等装配约束关系，通过对零件之间添加装配约束使设计好的所有零部件装配在一起。同时，在装配过程中进行动态装配干涉检查，一旦发生装配干涉，可在特征树的编辑功能进行修改。最后，对总装配图进行渲染，包括阴影、纹理、透明、高光、漫反射、选择材料等。

破碎机的整机装配采用自下而上的装配形式。整机用到的零件很多，为了使装配紧凑，在组装前，将某些相对固定配合在一起的零件先组装成部件。在低矮式破碎机中，有机架、偏心轴、动颚、定颚等部件，有肘板、飞轮、皮带轮、弹簧、轴承端盖等主要零件及一些螺母、螺钉、密封套等小零件。这些零部件都在整机装配前建立好三维零件和装配好各部件模型。整机装配的三维模型如图2－19所示。装配图可以进行爆炸处理。爆炸视图如图2－20所示。

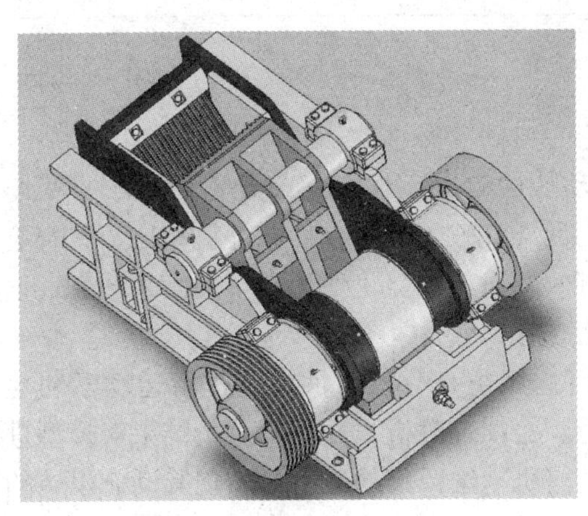

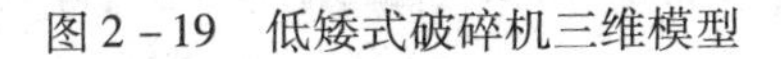

图2－19 低矮式破碎机三维模型

图2－20 低矮式破碎机爆炸视图

2.4.2.3 偏心轴安装位置分析

在SolidWorks中，整机装配完后，对皮带轮进行旋转，检查运动部件中有无干涉，运动部件可否达到要求，就像一台真正的破碎机在运动一样。

如图2－21所示，O_1、O_2、A、B为铰链；曲柄O_1A为偏心轴；摇杆O_2B为肘板；连杆AB为动颚。通过改变偏心轴安装位置h，可分析动颚是否会出现反跳现象。过肘板支撑点B作一水平线，作为偏心轴安装位置的基准。当O_1点从下往上移时，随上移的距离越大，则偏心轴受力越大，当偏心轴受力增加到超过破碎力P_{js}时，破碎机出现反力矩P'，即肘板不受压力，动颚往上抬，使肘板脱落，出现反跳现象。

在机架草图中改变轴承座的中心位置，即O_1点位置，其三维图自动更改。旋转皮带轮，并施加破碎力，使整机运转，当偏心轴在 O_1 点以下，不会出现反跳现象，当偏心轴上移到 O_1 点以上某位置时，动颚出现反跳现象，与图2-21的分析相符。

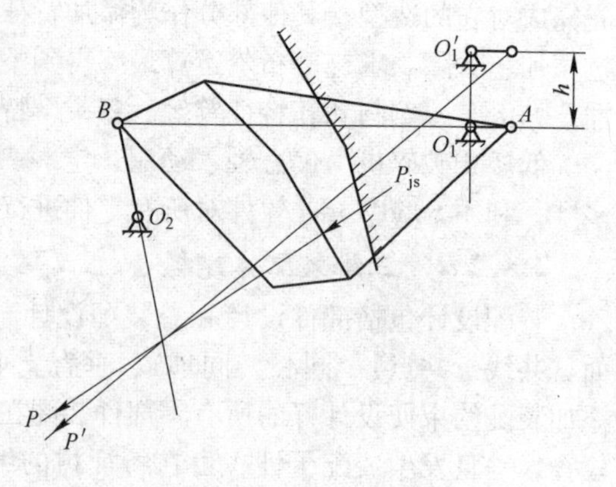

图2-21　偏心轴安装位置分析

2.4.3　试验

在 SolidWorks 软件中，由三维装配模型可获取施工装配图，由三维零件模型可获取零件工程图。与某矿山机械厂协作，制作了 PEQ400×600 实物样机。样机经厂内试验，性能良好，达到了设计要求。试验数据见表2-3。结果显示该机设计制造合理，运转平稳，没有卡堵和反跳现象。生产率达到和超过同规格普通颚式破碎机。

表2-3　PEQ400×600 低矮式破碎机试验数据

排矿口宽度/mm	破碎物料重量/kg	破碎时间/s	生产率/t·h^{-1}
46（闭边）	846	1′52″	27.2
56（闭边）	846	1′42″	29.5

2.4.4　结语

（1）低矮式破碎机的机构参数中，对运动特性起决定性影响的是偏心距。改变偏心距，就可改变动颚的水平行程和垂直行程值。低矮式破碎机与普通破碎机相比，具有更为理想的运动特性，其水平行程大，使之产生有效的喂料和强化作用，可提高生产率；垂直行程小，可减少齿板磨损，延长齿板使用寿命。

（2）建立低矮式破碎机的三维模型后，可运用仿真分析软件对其进行运动学和动力学仿真，运用有限元分析软件对模型进行应力、振动等分析，并根据分析结果对模型进行修改和优化，从而实现破碎机的现代设计。破碎机三维模型的开发是实现其动态设计的基础性工作，它将极大地加快破碎机设计的现代化进程，进一步提高破碎机的设计效率。

2.5　新型 PC5282 颚式破碎机动颚有限元优化设计

PC5282 颚式破碎机是在传统国产破碎机的基础上，结合国内外颚式破碎机的一些优点进行了改进设计，采用了合理的运动轨迹，大大降低了动负荷，加快转速削减动负荷峰值的动平衡设计。动颚是破碎机的主要零件，其强度和刚度对破碎机性能尤为重要，对动颚进行详细设计与受力分析，进行有限元计算与优化设计，能使动颚在减轻重量的同时，得到优良的性能。

2.5.1　动颚设计与受力分析

在设计动颚及校核其强度刚度之前，需要了解动颚工作时所受承受的外力载荷及运动情况。结合设计 PC5282 破碎机所采用的结构参数：连杆与肘板的夹角 $\gamma=50°$，动颚齿板与定颚齿板夹角 $\alpha=21°$，及破碎机的主要尺寸，运用巴乌曼公式计算最大破碎力，得出动颚所受的计算破碎力 $P_{js}=3485721\text{N}$。在选定合适的主要尺寸参数，得出了 PC5282 颚式破碎机四连杆机构简图，采用 SolidWorks 的 Cosmotion 运动仿真插件，对四连杆机构添加驱动和约束，得出了动颚上的运动轨迹，并进行了受力分析，如图 2-22 所示。

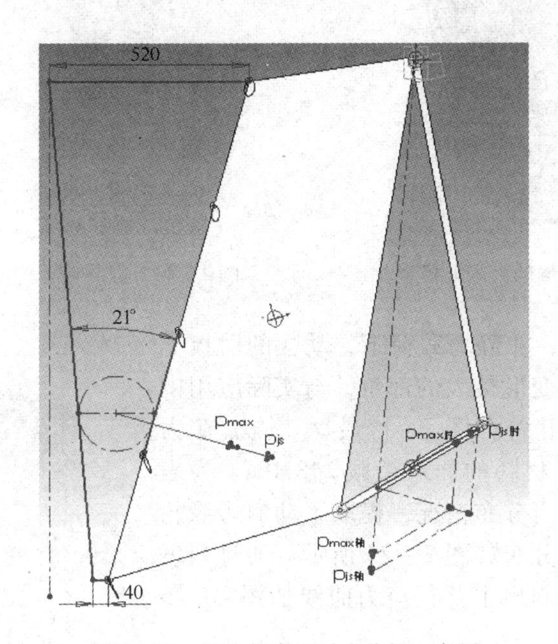

图 2-22　机构仿真及受力分析示意图

通过不同参数下的机构方案的仿真对比，根据仿真得出的理想的动颚各点的行程数据和运动轨迹，确定机构最终方案和动颚的结构参数。在实际应用中，动颚的受力最大处往往在肘板支撑点处即动颚下方的 1/3 处，动颚结构设计在动颚的宽度方向包括两侧板设置 4 个竖筋板，在动颚腔内设置三个横筋板。筋板采用等厚度设计，选用 ZG270-500 材料铸造而成。用 SolidWorks 三维实体设计软件对动颚进行了建模。

2.5.2　动颚的有限元模型建立与分析

对动颚进行有限元分析来验证是否满足强度和刚度要求。运用 SolidWorks 设计软件中的 COSMOS/Works 工程分析软件平台，对动颚模型进行静力学有限元分析。

为简化有限元计算过程,有限元建模时略去了对分析影响很小的工艺孔等结构。动颚的静态分析前处理:(1)动颚选用材料:ZG270-500,弹性模量为 200GPa,泊松比为 0.32,屈服应力为 248MPa,密度为 7800kg/m^3。(2)添加约束:根据实际情况对动颚头轴承孔圆柱面及下端的肘板支撑面进行约束。(3)添加载荷:由于破碎物料时产生的计算破碎力 $P_{js}=3485721\text{N}$,根据动颚实际的受力面积,将计算破碎力转换为压力载荷加载到动颚受力表面。(4)网格划分:采用 4 节点实体网格建立动颚有限元网格模型,网格要素大小为 50mm,容差为 2.5,总节数为 36936,要素总数 20090,建立的动颚有限元模型如图 2-23 所示。经过静态有限元计算,得出动颚在静力载荷下的应力分布情况如图 2-24 所示。

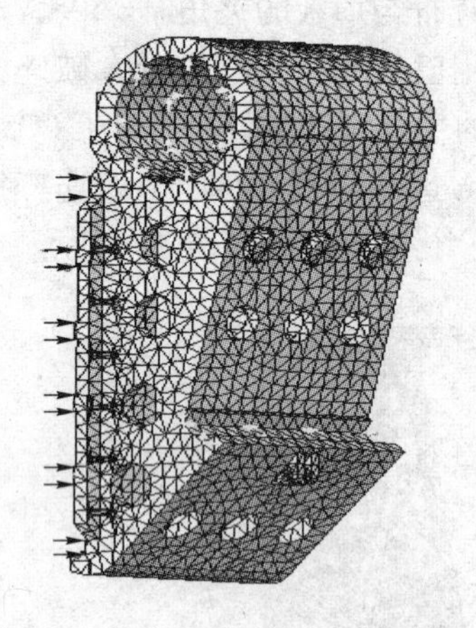

图2－23 动颚的有限元模型

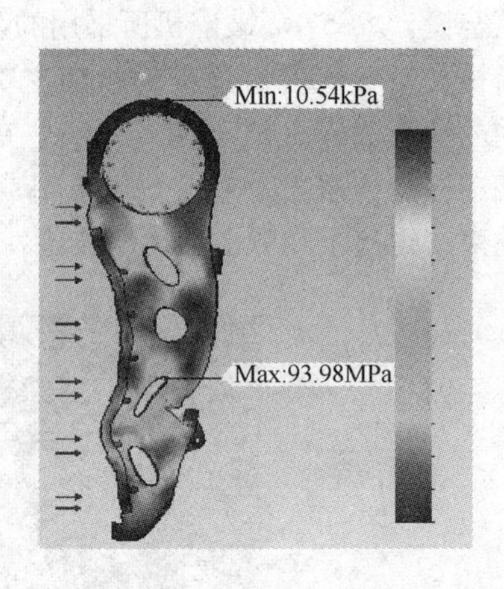

图2－24 静载荷下的动颚应力分布图

从图2－24看出，在静力载荷下，动颚的肘板支承点处是应力集中和变形最大的部位，与实际应用中动颚最大受损处相符。图示中最大应力值为93.98MPa，远远小于材料的屈服极限248MPa。为表现动颚具体部位的应力分布情况，提取了动颚边缘轮廓两条路径上的应力分布如图2－25所示，通过列表显示和节点探测，绘制出了路径应力曲线如图2－26所示。

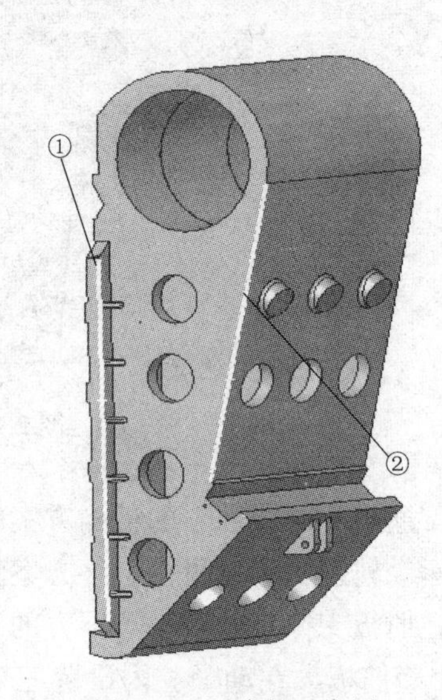

图2－25 路径示意图

从图2－26显示的应力分布规律可知，路径①、②上的应力都是从上往下应力渐渐增大。与实际生产破碎过程是相符的，下部所破碎的粒度细，破碎的容积率小，受的破碎力大，动颚的应力增大。考虑动颚的工作可靠性与经济性的需要，尽量减轻重量，对动颚进行有限元优化设计分析。

2.5.3 动颚有限元优化设计

为使动颚在减重同时更好地承受破碎力，改善结构，基于已有的动颚有限元模型，利

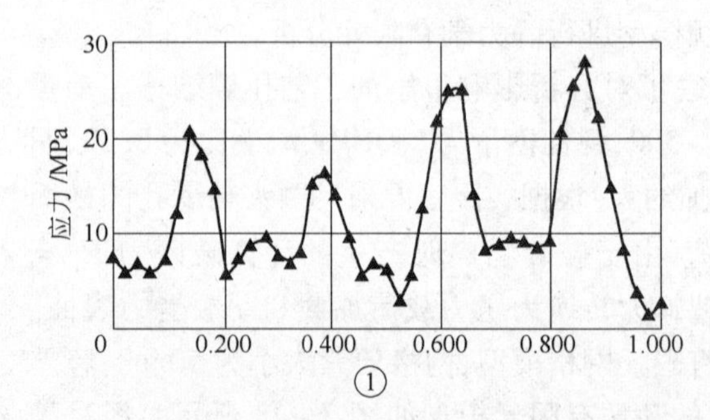

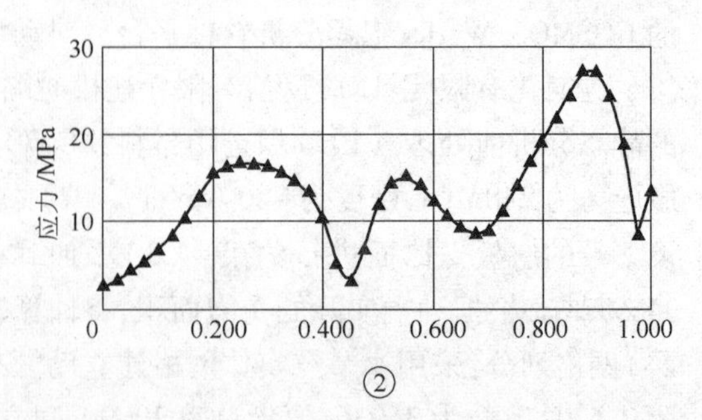

图2－26 路径①、②的应力分布

用 COSMOS/Works 系统的优化分析功能来进行动颚的优化减重。优化的最终目标是使动颚在满足强度和刚度要求下重量达到最小，定义动颚体积最小为目标函数。为保证动颚在结构优化前后的强度和刚度变化不大（即应力值相近），取优化前的有限元计算的最大应力值 93.98MPa 为约束条件。动颚的框架主要有筋板组合而成，采用了等厚度设计，但承受载荷时，各筋板因位置和形状不同，受力情况也不相同。为了优化结构及有效减重，选取各个筋板厚度及相应位置为设计变量。动颚头部在工作时受力较小，为充分的减轻动颚重量和简化优化计算，在保证外形不变的情况下，将动颚头部和主要受力板建立尺寸关系，在优化受力面板厚度的情况下，动颚头厚度也能随之相应优化。根据动颚的对称结构，本优化过程中共选取 10 个结构尺寸作为设计变量，各设计变量序号如图 2－27 所示。

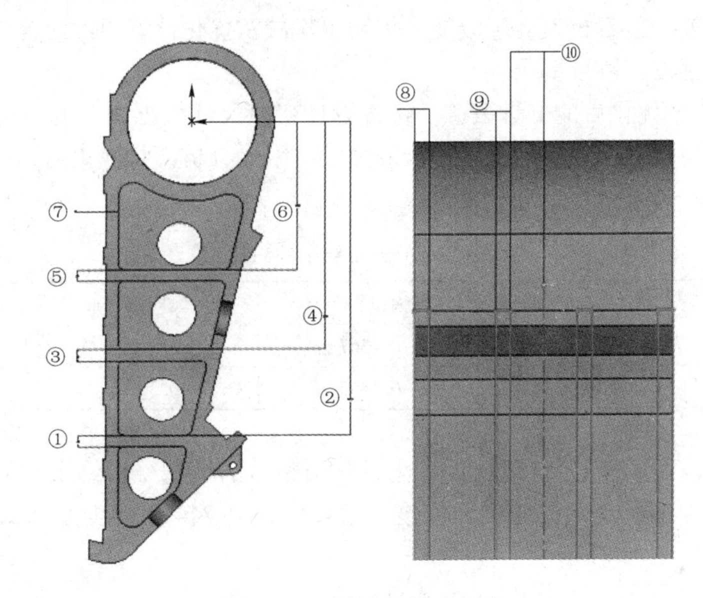

图 2－27 设计变量示意图

动颚为铸件，由于铸件的铸造性能的需要，为保证各个壁厚尽量均匀，现选各个厚度尺寸的变化范围为原尺寸上下各 5mm。由于动颚具体结构的限制，各个筋板位置尺寸变化范围不尽相同。10 个设计变量及变化范围分别为：（1）动颚下部的横筋板厚度为变量 $X1$，范围 35～45mm；（2）动颚下部横筋板到动颚头的距离为变量 $X2$，范围 1070～1130mm；（3）中部横筋板厚度为变量 $X3$，范围 35～45mm；（4）中部横筋板到动颚头的距离为变量 $X4$，范围 770～830mm；（5）上部横筋板厚度为变量 $X5$，范围 35～45mm；（6）上部横筋板到动颚头距离为变量 $X6$，范围 510～540mm；（7）动颚的受力面板厚度为变量 $X7$，范围 35～45mm；（8）动颚侧板厚度为变量 $X8$，范围 35～45mm；（9）动颚腔内的竖筋板厚度为变量 $X9$，范围 35～45mm；（10）竖筋板距动颚头原点为 $X10$，范围 75～105mm。

初次迭代优化计算过程以前面所作静力分析使用的有限元模型开始。从第二次迭代周期开始，各次迭代周期的优化过程都自动重新划分网格和重新计算，在得到最理想的优化目标后，优化计算就停止。本次动颚的优化过程经过 68 次迭代周期计算，得出了优化后最终模型及其分析结果。优化前后设计变量数值对比见表 2－4。

表2-4 优化前后设计变量数值的对比 (mm)

名 称	X1	X2	X3	X4	X5	X6	X7	X8	X9	X10
初始值	40	1100	40	800	40	520	40	40	40	90
优化值	39.0	1073.1	35.0	823.0	36.48	538.6	35.12	36.86	36.75	86.94

从表2-4可知，筋板的厚度尺寸在优化过程中因位置和受力情况不同而相应减小。动颚腔内的横向筋板厚度相应的减薄，X1减小程度最小（几乎不变），可知在压力载荷下，动颚下部横筋板比其他横筋板承受力的作用更大。且下部横筋板到肘板支承点更近，提高了下部横筋板对肘板支承点应力集中部位的支撑效果。中部横筋板和上部横筋板位置均向下移动，竖筋板位置也发生了改变，表明本次减重优化计算通过改善筋板的位置来保证了动颚整体的强度，刚度要求。

参照表2-4中优化后的变量数值，将各设计变量尺寸根据四舍五入进行圆整，并在同等分析条件下对尺寸圆整后的动颚进行静力学有限元分析。将优化前、优化后和圆整后的模型分析结果进行了对比，见表2-5。

表2-5 分析结果的对比

项 目	最大应力/MPa	最大位移/mm	最大应变/mm	体积/m^3
优化前	93.98	0.1367	0.3069	0.24419
优化后	92.428	0.1453	0.3652	0.2282

据表2-5及项目显示，优化前、优化后和圆整后的模型分析结果数值相近，分布规律相似，优化后保证了动颚的强度和刚度，总体积由0.24419减少至0.2282，减轻重量近6.5%。

2.5.4 结语

根据PC5282破碎机的主要结构性能参数，计算了动颚的运动轨迹及行程数据，对动颚的结构进行了设计，并建立了动颚的三维实体模型。

对动颚进行了静力有限元分析，揭示了动颚在静力载荷下的应力分布，位移分布和变形分布的规律，并得出动颚最大应力93.98MPa，最大位移为0.1367mm，肘板支撑处是最大变形处和应力集中区域，且最大变形值为0.3069mm。分析了动颚边缘上的应力分布情况，揭示了动颚的应力变化规律。

对动颚进行了有限元优化设计，得出了优化后静力载荷下应力，位移、变形的数值和分布规律，体积由0.24419m^3减至0.2282m^3，减轻重量为6.5%。

2.6 应用

以CAD/CAE现代设计方法对颚式破碎机进行研究和开发，以课题“颚式破碎机三维动态模型与仿真系统”，对颚式破碎机的设计计算和分析，设计绘图，进行优化设计，有限元分析，运动学和动力学模拟与仿真，分析颚式破碎机动颚的位移、速度、加速度、行程，找出其运动规律，提高破碎机的破碎效果，提高颚式破碎机的性能和产量，提高设计效率和质量，降低成本、缩短产品开发周期。作者结合国内生产实际，研究设计了多种规格的破碎机，并与多个企业合作，如广东某通用机械厂、江西某机械厂、湖北某矿山机械厂、江西铜业某铸造有限公司、江西赣州某机械有限公司等，设计研制的 PEG250 × 400 颚式破碎机如图 2 - 28 所示，PEX200 × 1000 细碎机如图 2 - 29 所示，设计研制的 PEQ400 × 600 倾斜式破碎机如图 2 - 30 所示，PC5282 新型颚式破碎机如图 2 - 31 所示等，它们均得到了生产实际应用。

图 2 - 28　研制的负悬挂 PEG250 × 400 颚式破碎机

图 2 - 29　研制的 PEX200 × 1000 细碎机

图 2 - 30　研制的新型 PEQ400 × 600 倾斜式破碎机

图 2 - 31　研制的 PC5282 新型颚式破碎机

3 超重型振动筛 CAD/CAE 设计案例

3.1 概述

振动筛分机械已广泛运用于采矿、冶金、煤炭、石油化工、水利电力、轻工、建筑、交通运输和铁道等工业部门中，用以完成各种不同的工艺过程。目前国内大型矿山、煤炭、冶金、水利等重大项目上使用的大中型振动筛基本上依赖进口，而国内的同类型筛分机械在整体性能和可靠性指标仍无法与进口筛相比。由于工况条件恶劣，筛架横梁与侧板连接处易出现裂纹，而国外进口的振动筛价格贵，备件也贵，为了减少设备成本和事故隐患，提出研制超重型振动筛。

2YAC2460 超重型振动筛是江西省科技厅对外科技合作项目（2010EHA01500），江西理工大学与江西铜业某铸造有限公司合作研究开发的新产品。项目研究开发具有创新设计，发表科技论文 5 篇，EI 收录 3 篇，获批了国家专利 3 项。经德兴铜矿某选厂生产运行证明，产品运行稳定可靠，达到生产要求。项目通过江西省科技厅技术鉴定，获中国有色金属工业协会科学技术奖二等奖。

振动筛产品应用了 CAD/CAE 现代设计方法进行设计研制。应用 Pro/E 对振动筛进行三维零件及装配建模，进行了虚拟装配样机设计、干涉检验等，对振动筛参数进行优化设计以及运动学分析，应用 ANSYS 进行振动筛框架的有限元计算与分析，准确地揭示了结构内部应力分布和动态响应状况，对结构进行了改进设计，形成自主知识产权。保证了产品结构的设计合理性，对振动筛参数进行优化设计以及运动学分析，提高了设计效率和设计质量。

创新设计研制了可摆动电机座，解决了振动筛在启动和停机发生共振时大幅度的摆动损坏电动机座的问题，延长了皮带和电动机座的寿命；创新设计了一种振动筛筛架型材连接方法，较好地解决了原焊接应力大，下筛框易产生裂纹的问题，延长了筛框及整机的使用寿命，减少了停机损失，提高了效率；创新设计了一种振动筛激振器安装孔钻孔模，保证了激振器与侧板连接孔的加工要求，提高了振动筛的制造质量。

3.2 2YAC2460 超重型振动筛虚拟样机模型的建立及虚拟装配

机械工程中的虚拟样机技术又称为机械系统动态仿真技术，是 20 世纪 80 年代国际上随着计算机技术的发展而迅速发展起来的一项计算机辅助工程（CAE）技术。

虚拟样机技术也广泛应用于已有设备的性能分析与改进中。工程师在计算机上建立样机模型，对模型进行各种动态性能分析，然后改进样机设计方案，用数字化形式代替传统的实物样机试验，降低了试验成本，明显提高产品质量，提高产品的系统性能。

虚拟样机技术的研究对象是机械系统，利用该技术进行 2YAC2460 振动筛虚拟样机造型，为后续的运动学和动力学分析做准备。

3.2.1 模型的建立

CAD/CAE 技术在产品的三维实体造型（建模）、虚拟装配、二维工程图生成、动态装配干涉检验、机构运动分析、运动仿真和有限元分析等方面带来了革命性的突破，从而大大提高了设计效率和设计质量。三维设计的真正意义不仅仅在于设计模型本身，而在于设计出模型的后处理工作。它的基本思路如图 3－1 所示。用 Pro/E 对振动筛进行三维零件和装配建模如图 3－2 所示，激振器建模如图 3－3 和图 3－4 所示，振动筛装配工程图如图 3－5 所示。

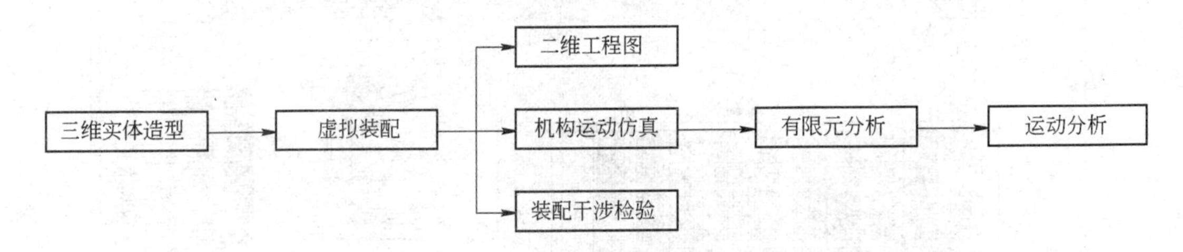

图 3－1　三维设计的基本思路

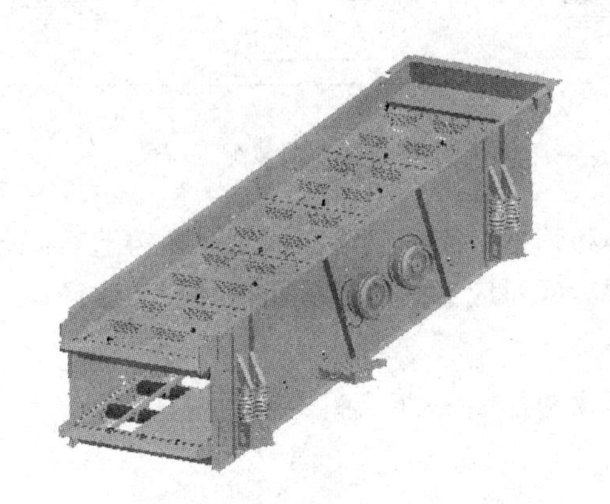

图 3－2　2YAC2460 超重型振动筛三维模型

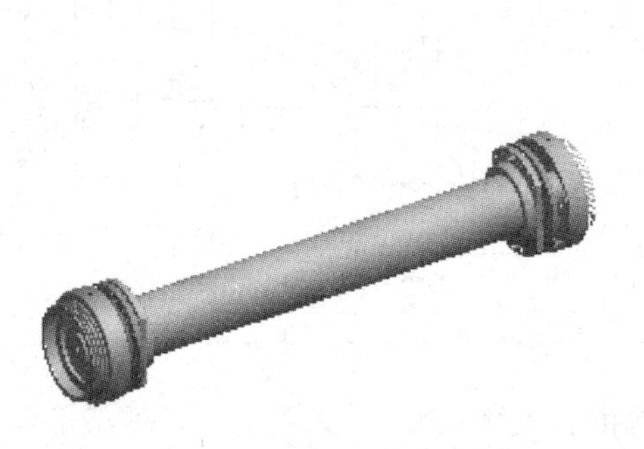

图 3－3　激振器装配造型

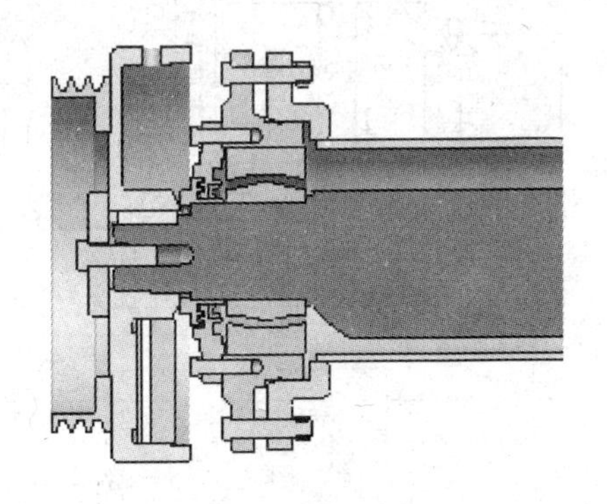

图 3－4　激振器内部结构图

由于 2YAC2460 振动筛的零件比较多，只对某些重要的零件造型过程进行简单的论

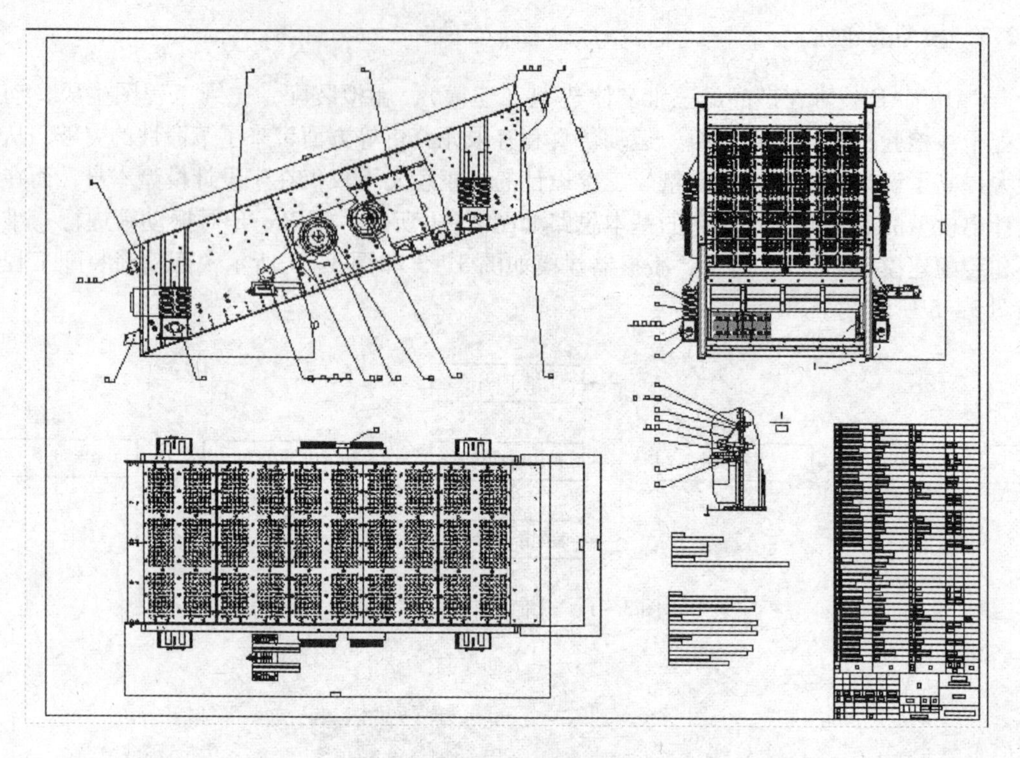

图 3-5 振动筛装配工程图

述，包括偏心块、偏心轴和筛框；需提供给江西铜业某铸造有限公司加工生产的图纸，因此还需对所有零件或部件转成对应二维图，从而指导加工生产。

3.2.1.1 偏心轴

偏心轴的二维图、实物图如图 3-6 ~ 图 3-8 所示。

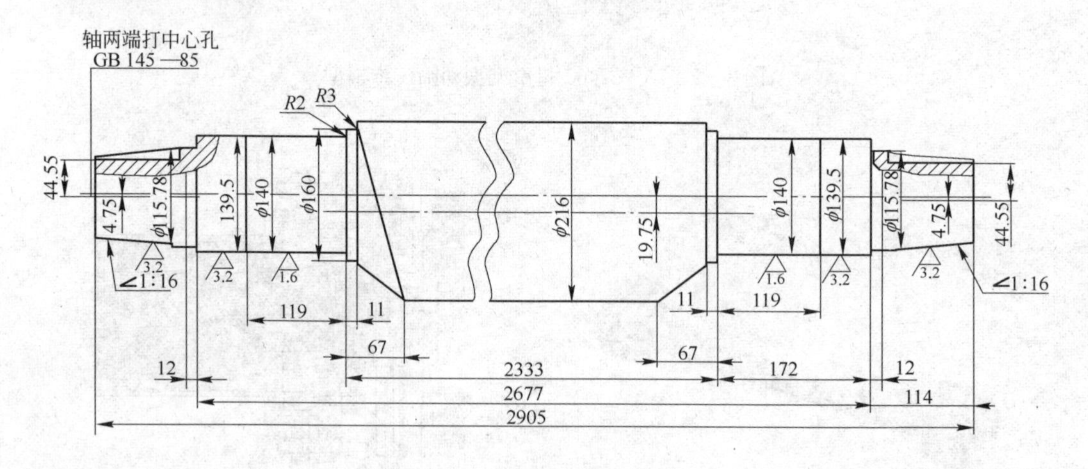

图 3-6 偏心轴的二维图

建模的方法是：首先打开 Pro/E，进入零件的绘制模式，选择合适的草图平面，在草图平面内绘制各个截面图，最后通过拉伸实体，先后生成各凸出项；然后在一个平面内绘

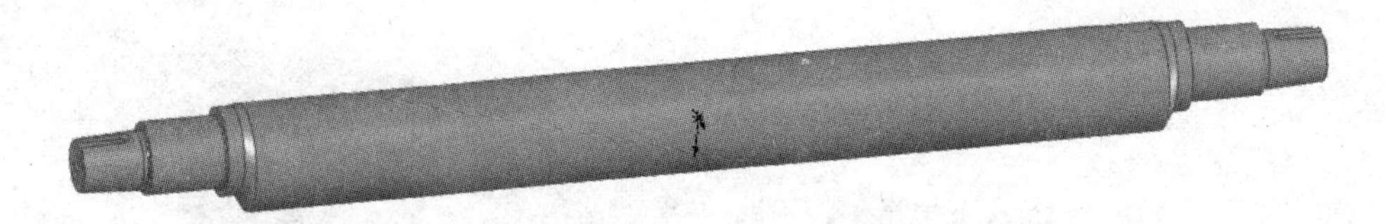

图 3－7 偏心轴的三维图

图 3－8 偏心轴的加工成型样品图

制键槽的平面图，采用切除实体生成键槽特征；通过放样功能生成中间的斜切部分；最后通过镜像功能生成整个偏心轴实体。具体操作不在此一一列举。

3.2.1.2 右筛框

筛框分为左筛框和右筛框，其结构均类似。右筛框的二维图和三维图如图 3－9 和图 3－10 所示。

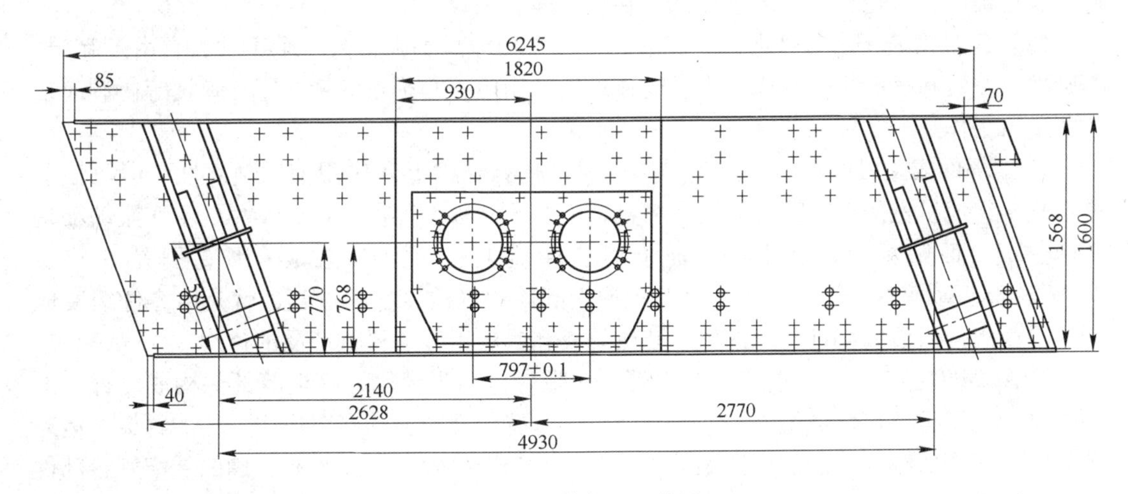

图 3－9 右筛框的二维图

该右筛框为一个组合件，建模时应先对每个零件进行拆画。进入 Pro/E 的零件绘制模式，根据每个零件对应的二维图进行各截面的绘制，然后进行各项特征操作，通过不同的特征操作来完成每个零件的造型，在此就不做详细的论述。在对每个零部件绘制完成后，再将各零部件进行组装在一起，形成完整的右筛框装配体。

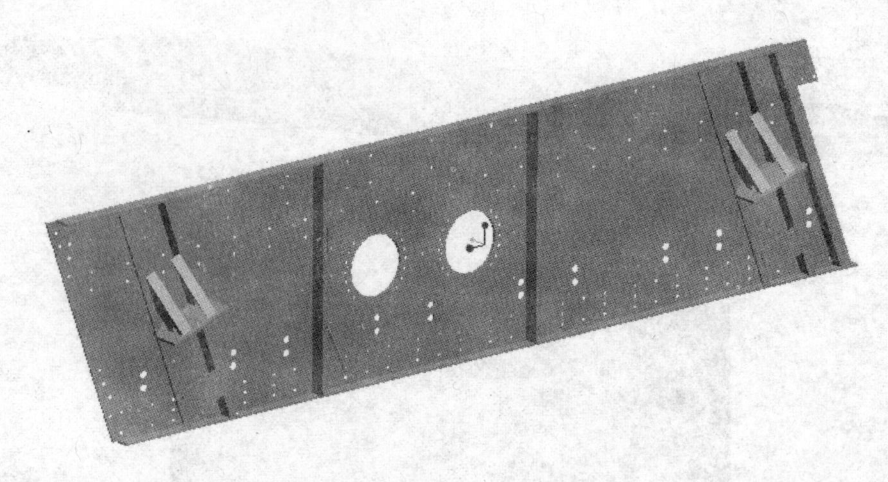

图3－10　右筛框的三维造型图

3.2.2　虚拟装配

任何一台机器都是由许多零件和部件组成的。零件由毛坯加工成成品后，必须按照规定的技术要求进行装配，将若干零件组合起来成为组件、部件，并进一步装配，最终获得所需的产品。由零件组装成整台机械的过程称为装配，由于机械的复杂程度不同，零件的组合情况不同。在机械装配中，根据零件组合的特点做如下区分：

（1）零件是机械组装的基本单元。它是由一块材料制成的，不能再进行结构上的分解。在装配中，有的零件是装配的基础，它具有配合基准面，可以保证装配在它上面的零件具有正确的相对位置，这种零件称为基础零件。

（2）组件由若干个零件组成，但不具有独立功能。如筛框是一个组件，它由上筛架、下筛架、左右筛框等零件组成，但不能独立发生作用，必须与弹簧下座、弹簧等协调起来才能进行工作。

（3）部件或总成由若干组件或零件组成，具有结构上和作用上的独立性，但习惯上是把直接组成机械的单元称为总成。组成总成的单元称为部件。例如2YAC2460振动筛是一个总成，而筛框、弹簧下座、轴承等在性质上也可称为总成，但它们是安装在2YAC2460振动筛这个总成上的，因此仍称为部件。机械装配的过程，就是由零件组装成组件、由组件组装成部件、由部件组装成总成和最后组装成机械产品的过程。

2YAC2460振动筛主要包含了激振器、皮带轮、同步带轮、筛框等部件构成，每个部件中又包含了很多零件或组件。它们之间应该具有和现实振动筛工作中一样的约束或运动关系，才能为后续的正确的模拟振动筛的真实运动情况做准备。只有正确的装配好各部件之间的关系，才能使整机在正确的环境中进行运动仿真。

在装配设计中，约束指的是各个零部件之间的相对几何关系限制条件，包括平面约束、直线约束、点约束等几大类，每种约束限制的自由度数目又各不相同。与工程中经常使用的定位方式和零件关系相对应，Pro/E支持多种类型的配合关系，主要包括平面重合、平面平行、平面之间呈角度、曲面相切、直线重合、同轴心和点重合等。不同几何特征之间可能具有的约束类型。如果选择的两个几何实体之间无法生成可能的配合关系，图形区中会出现一个提示框，无法配合这些选中的实体。通过分析，可以看出，平行、垂直、相切、同轴心、距离和角度是主要的几何配合类型，另外还有一种需要选择三个几何实体的装配方式——对称，即两个几何实体（包括点、面、直线等）相对于一个基准面对称。

最后，通过上面的约束关系，把所有的振动筛的零件和部件连接在一起，便得到了2YAC2460 振动筛的虚拟样机模型。最后总装配示意图如图 3 - 11 所示。

图 3 - 11 2YAC2460 振动筛的装配成型图

最后进行干涉检查，检查是否存在干涉现象。经检查，该装配的总成图中不存在干涉。

3.3 2YAC2460 超重型振动筛的仿真分析

建立超重型振动筛虚拟样机模型，利用 COSMOS/Motion 来进行该振动筛的动力学仿真；同时根据振动筛的力学模型，利用 Simulink 对共振现象进行仿真，得到振动筛工作状态和共振下的运动学的参数，从理论上分析共振现象。

3.3.1 COSMOS/Motion 简介

COSMOS/Motion 是美国 SRAC 公司运动分析软件，运用 COSMOS/Motion，工程师和设计师们可以在设计产品没有成型之前，模拟它们的运动行为，准确地了解他们所设计的模型的运动性能。由于 ADAMS 世界一流的机械模拟软件的强大支持，COSMOS/Motion 能够出色完成很多工作。对产品进行三维设计后，然后用 COSMOS/Motion 进行运动学和动力学仿真分析，从而验证、修改、优化设计方案，使以前需要组织研究团队进行复杂的设计计算、制造物理样机验证结果的设计方案过程大大简化，一个人在极短的时间就可以完成完整且具有说服力的机械设计方案；也可以大大降低所需真实模型的数量和产品开发时间，还能够让设计人员在设计初期阶段就获得充分的信息，考虑更多的设计方案，避免和降低设计风险。

COSMOS/Motion 是广大用户实现数字化功能样机的优秀工具，是一个全功能运动仿真软件。

COSMOS/Motion 可用于建立运动机构模型，进行机构的干涉分析，跟踪零件的运动轨迹，分析机构中零件的速度、加速度、作用力、反作用力和力矩等，并用动画、图形、表格等多种形式输出结果，其分析结果可指导修改零件的结构设计（加长或缩短构件的长度、修改凸轮型线、调节齿轮比等）或调节零件的材料（减轻或加重重量，或增加硬度等）。设计的更改可以反映到装配模型中，再重新进行分析，一旦确定优化的设计方案，设计更改就可直接反映到装配体模型中。此外还可将零部件在复杂运动情况下的复杂载荷情况直接输出到主流有限元分析软件中以做出正确的强度和结构分析。

COSMOS/Motion 具有如下特点：

（1）功能强大，求解可靠。COSMOS/Motion 可靠性和精确性经过工程师在各种不同行业的长期实际应用验证，且求得的结果与实际非常吻合，可以满足用户的各种需求，是真正可以实际使用的运动分析软件。

软件支持多种约束，包括运动副、转动副、圆柱副、球面副、万向副、螺旋副、平面副和固定约束，还支持共点、共线、共面、平动、平行轴、垂直等虚约束。可分别按位移、速度或加速度添加各种运动，包括恒定值、步进、谐波、样条线和函数等运动。利用 COSMOS/Motion 可模拟系统各种受力情况，包括拉压弹簧和扭转弹簧、拉压阻尼和扭转阻尼、作用力、作用力矩、反作用力、反作用力矩和碰撞力等。还有独特实用的接触（点线接触、线线接触）和耦合定义功能。因此，用 COSMOS/Motion 可以建立各种复杂的实际系统的准确运动仿真模型。

对运动仿真的结果，可以通过多种方式来研究。首先，在 CAD 环境中就能通过仿真动画直接观察系统运动情况；还可以将结果输出为通用的 avi 格式动画；可以输出为 VRML 格式的动画，在互联网上传播展现；可以输出到 Excel 表格中，以表格或图形的形式显示数据量可以输出为 Text 文件；当然还有功能强大、内容丰富的各种 XY 图形输出。还可以进一步进行运动干涉检查（不同于 CAD 软件的静态干涉检查），将系统在负载运动状态下的精确载荷直接输出到相应的 FEA 软件中，以做出正确的结果强度分析。

（2）与 SolidWorks 无缝集成。COSMOS/Motion 与当今主流的三维 CAD 软件 SolidWorks 无缝集成，用户用 SolidWorks 完成产品实体造型设计，不用离开熟悉的 CAD 环境就可以进一步用 COSMOS/Motion 事先用的仿真，研究所设计的机械系统的运动情况。并且 COSMOS/Motion 可以自动将用户定义的装配约束映射为运动约束，不需要在不同软件间打开、传输、转换装配体文件，保证了设计的完整性和统一性。

（3）使用简单、操作方便。COSMOS/Motion 与 SolidWorks 无缝集成，保证在建立运动模型是将 SolidWorks 造型时定义的装配约束自动转化为运动约束；直接使用 SolidWorks 的材料库，自动给出零件的材料特性。

COSMOS/Motion 进行仿真三维的基本步骤可用图 3－12 表示。

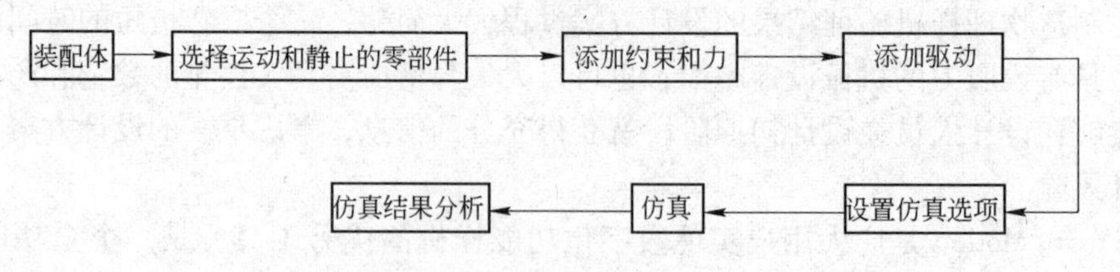

图 3－12　COSMOS/Motion 仿真的基本步骤

3.3.2　添加约束、力和驱动

3.3.2.1　机构间约束的添加

在运动分析之前，必须用各种运动副，如旋转副、移动副、圆柱副、平面副等将各零件连接起来。因在装配中添加的各种配合将自动映射为运动分析时的约束，同时在绘图区，各约束的图标符号也将显示出来，如图 3－13 所示。如果 SolidWorks 装配时添加的约束不够时，则应添加相应的约束，此模型不需再添加任何的约束类型。

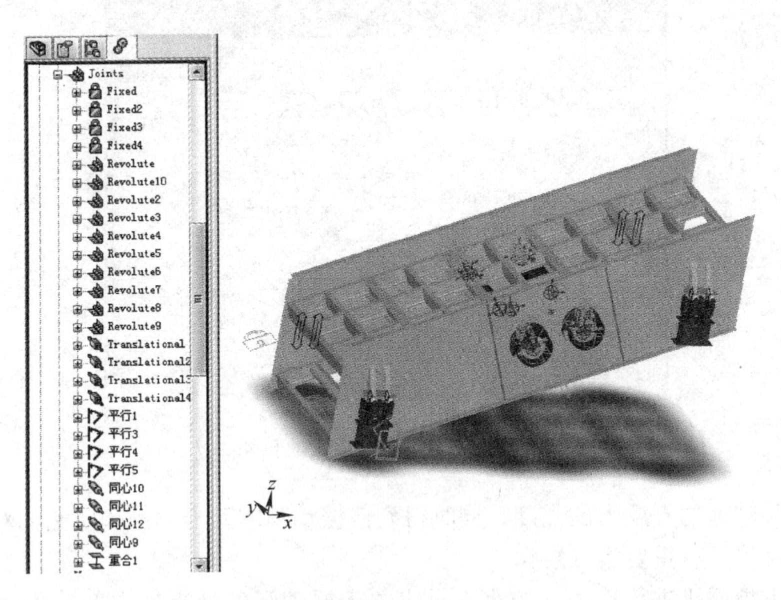

图 3-13 各种约束图及各约束在模型中的显示

3.3.2.2 机构间力和驱动的添加

本虚拟样机主要施加的力是弹簧的作用力和阻尼力。添加方法如图 3-14 和图 3-15 所示。

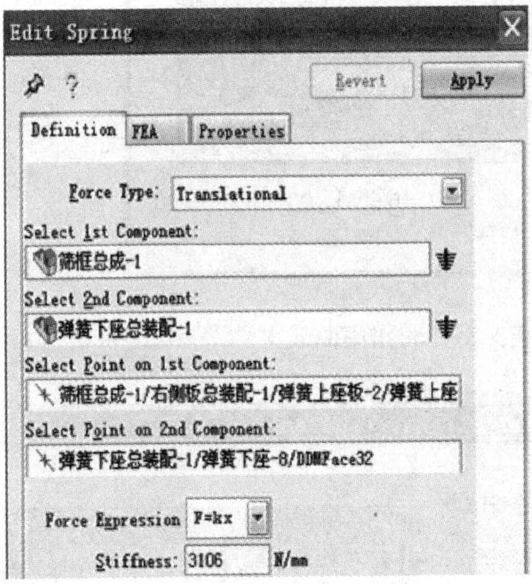

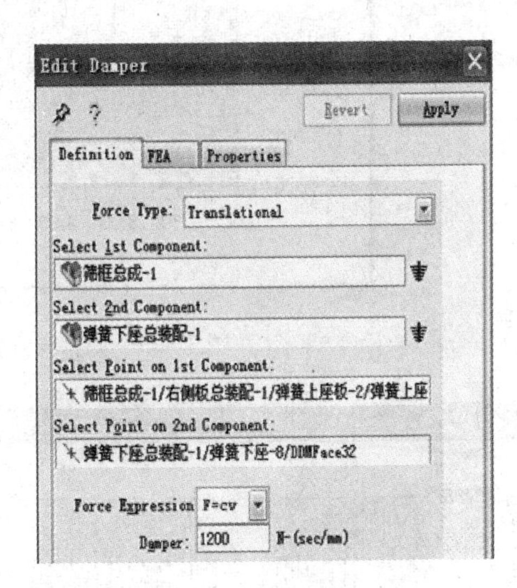

图 3-14 添加弹簧力

图 3-15 添加阻尼力

本样机主要添加驱动是皮带轮的转动。具体添加方法如图 3-16 所示。

3.3.3 动力学仿真分析

动力学是理论力学的一个分支学科，它主要研究作用于物体的力与物体运动的关系，用 2YAC2460 振动筛的虚拟样机模型进行动力学分析。利用该动力学分析结果，可以校核

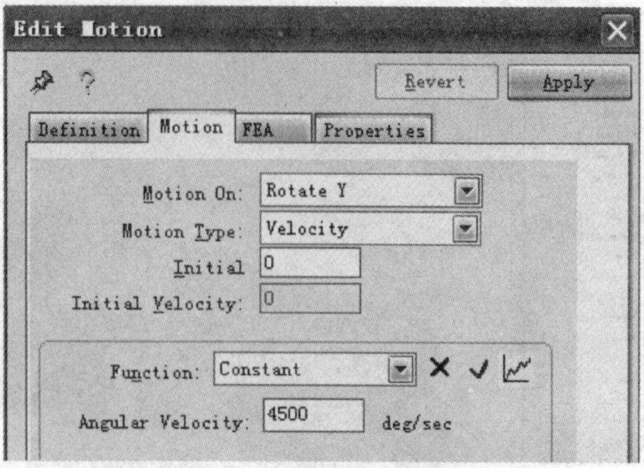

图3－16　添加皮带轮的转动

该振动筛各关键处的支反力的强度，同时得到该振动筛的动力学规律，它们对振动筛的设计、改进及维护具有重要指导意义。

通过对虚拟样机进行动力学仿真，得出关于振动筛各处支反力的若干变化特性及规律，仿真得到的曲线如图3－17～图3－20所示。

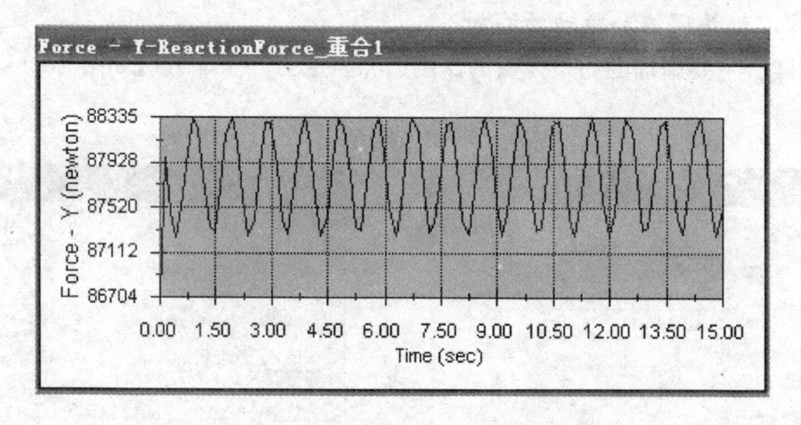

图3－17　筛框与弹簧下座支反力的作用曲线

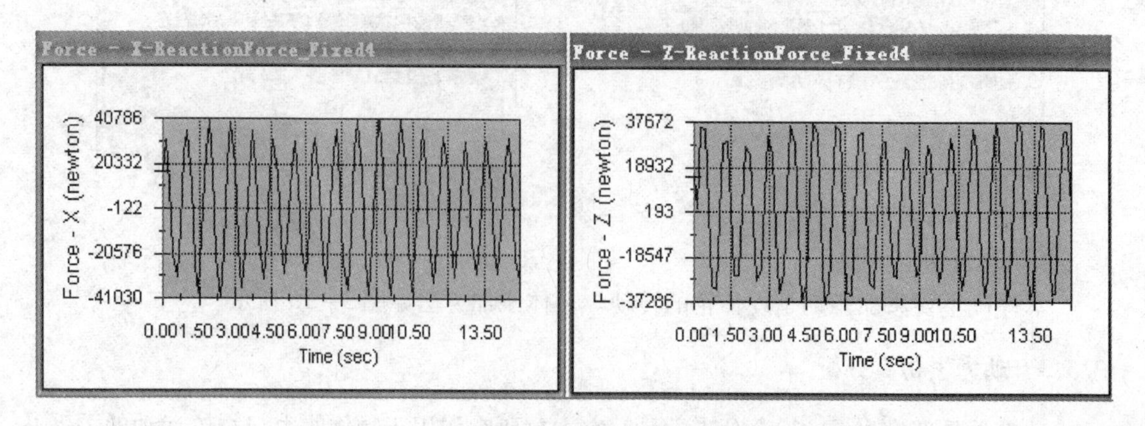

图3－18　筛框与左侧轴承座支反力的作用曲线

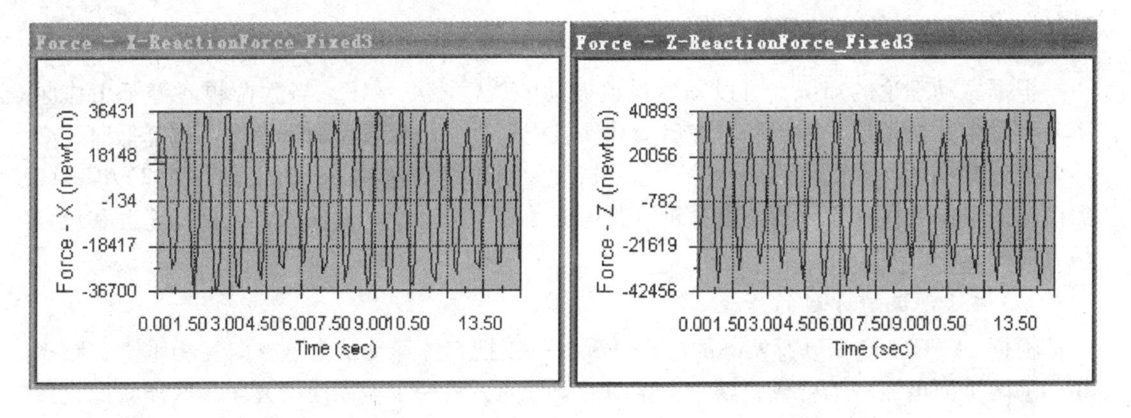

图3－19　筛框与右侧轴承座支反力的作用曲线

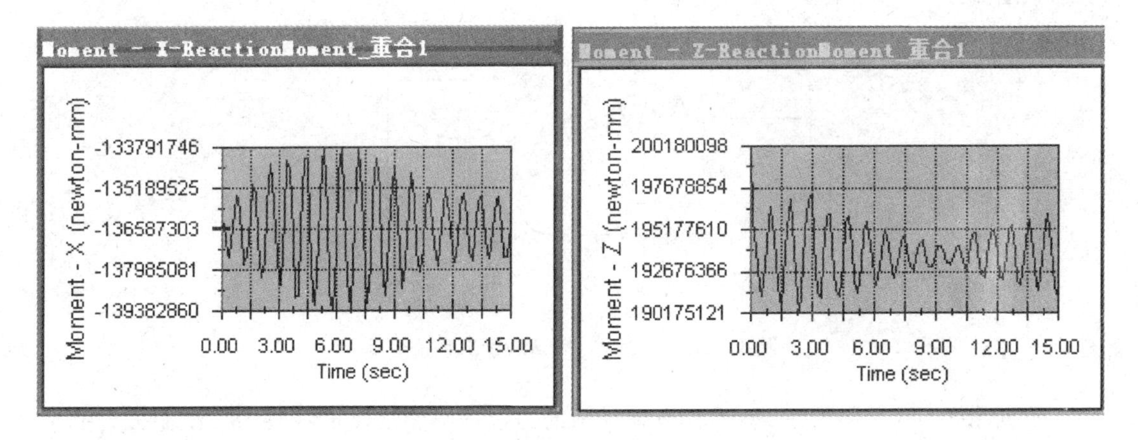

图3－20　筛框扭矩作用曲线

从图3－17～图3－20中不难看出，筛框与弹簧下座、轴承之间的支反作用力均呈正弦或余弦规律变化。从筛框与弹簧下座支反力作用曲线（图3－17）可以看出，弹簧是在做往复的运动，以达到减振效果，从而减少对基座的冲击。从图3－18和图3－19可以看出，两端的轴承受力作用存在一定的差值。造成这种原因主要是轴承存在着较大载荷冲击，加之轴承转动频率高，范围小，因此加剧了局部磨损，同时两端的轴承受负荷不均衡，导致受载荷较大的轴承产生轴承过热现象，应注意加强轴承的润滑效果，使轴承在较好的润滑条件下运转，减小磨损，保证机构的运动精度，本书的研究就是采用了骨架油封和迷宫油封来加以保证的。这表明该振动筛动力学特性并不十分理想，加强对轴承的润滑和维护是不可忽视的。从图3－20可以看出，筛箱在两个方向的扭矩呈较大的变化。造成的原因主要是激振力的作用线与振动筛体的质心存在一定程度的偏差。虚拟样机模型在建立时或具体加工制造环节中由于如偏心块等某些零件的铸造缺陷和加工精度的影响，可能会存在不平衡激振力。这种力有两种情况影响振动筛的运动：第一，不平衡激振力在远离共振情况下对振动筛造成的异常运动；第二，不平衡力存在，同时不平衡激振力的频率与固有频率相同，引起共振造成的异常振动。故可以通过适当地对偏心块的位置进行调整，从而使激振力通过筛体质心。

3.3.4　共振现象的 Simulink 仿真

根据振动理论的知识，可以知道强迫振动的线性阻尼系统，当激振频率等于工作频率，将发生共振现象。因当筛子在启动和停机的过程中随着频率的逐渐升高或降低时，必然要经过共振区，因此将可能产生瞬态共振现象。本节将利用 Simulink 软件对 2YAC2460 振动筛的瞬态共振现象进行仿真分析，获得振动时的运动学仿真曲线，包括加速度和位移仿真曲线。

3.3.4.1　振动方程的建立

根据 2YAC2460 振动筛实际的运动情况，可以把它的运动认为是方向互相垂直、频率相同的两个简谐振动的合成，设一个振动沿 x 方向，另一个振动沿 y 方向，这样就简化成了两个方向的单自由度的线性系统振动。振动筛在受到简谐激励力的强迫振动，其强迫振动示意图如图 3－21 所示。

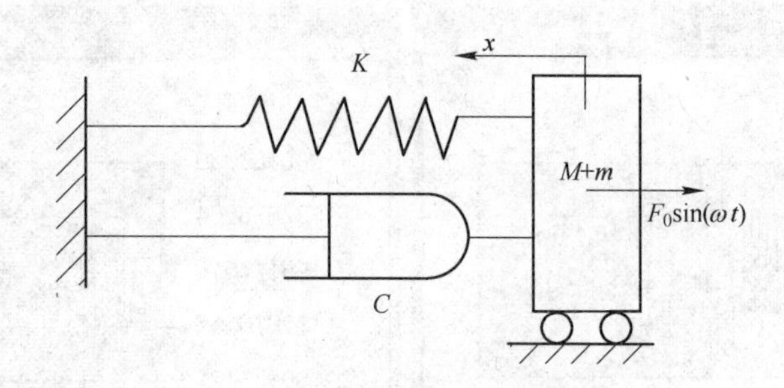

图 3－21　振动筛在简谐激励下强迫振动

根据图 3－21，作用在 2YAC2460 振动筛的力包括筛箱运动的惯性力、激振力、弹簧力和阻尼力。在振动过程中，作用在 2YAC2460 超重型振动筛上的各力应互相平衡。因此在 x 与 y 方向上的振动方程分别为：

$$-M\dot{y}+(-C\dot{x})+(-Ky)+[mr\omega^2\sin(\omega t)-m\ddot{y}]=0 \tag{3-1}$$

$$-M\dot{x}+(-C\dot{x})+(-Kx)+[mr\omega^2\cos(\omega t)-m\ddot{x}]=0 \tag{3-2}$$

式中，M 为振动筛的质量；C 为阻尼系数；K 为弹性系数；m 为参振质量；r 为偏心距。由振动方程还可知，2YAC2460 振动筛的振动是互相垂直、频率相同的两个简谐振动的合成。一个振动是沿 x 方向，另一个振动沿 y 方向。所以，由式（3－1）、式（3－2）可分别得到 2YAC2460 振动筛在 x、y 方向上的运动方程：

$$\ddot{y}=\frac{mr\omega^2\sin(\omega t)-Ky-C\dot{y}}{m+M} \tag{3-3}$$

$$\ddot{x}=\frac{mr\omega^2\cos(\omega t)-Kx-C\dot{x}}{m+M} \tag{3-4}$$

3.3.4.2　2YAC2460 振动筛的 Simulink 仿真

Simulink 是 Matlab 最重要的组件之一，它提供一个动态系统建模、仿真和综合分析的集成环境。在该环境中，无需书写大量的程序，而只要通过简单直观的鼠标操作，就可以构造出复杂的系统仿真的数学模型。Simulink 的主要优点如下：

（1）适应面广。该系统包含线性、非线性系统，离散、连续及混合系统，单任务、多任务离散事件系统。

（2）结构和流程清晰。它外表以方块图形式呈现，且采用分层结构，既适于自上而下的设计流程（概念、功能、系统、子系统，直至器件），又适用于自下而上的逆程设计。

（3）仿真精细、贴近实际。它提供大量的特种函数模块（包括非线性在内），为用户摆脱理想化的假设提供了途径。

系统仿真是近几十年来发展起来的一门综合性学科，它为进行系统的研究、分析、决策、设计，以及对专业的人员培训等提供了一种先进的手段，增强了人们对客观世界内在规律的认识能力，推进了过去以定性分析为主的学科向定量化方向发展。在系统研究及人员培训中采用仿真技术，可大大减少费用、缩短周期。目前仿真技术已广泛应用于工程及非工程的广大领域，并取得了巨大的社会及经济效益。

根据上面建立的运动方程，先考虑 y 方向的振动，对式（3-3）建立如图3-22 所示的 Simulink 模块方块图。在 Simulink 的左侧分类目录的 Source 子库中，找到图3-22 的对应模块，并把它们连接起来。

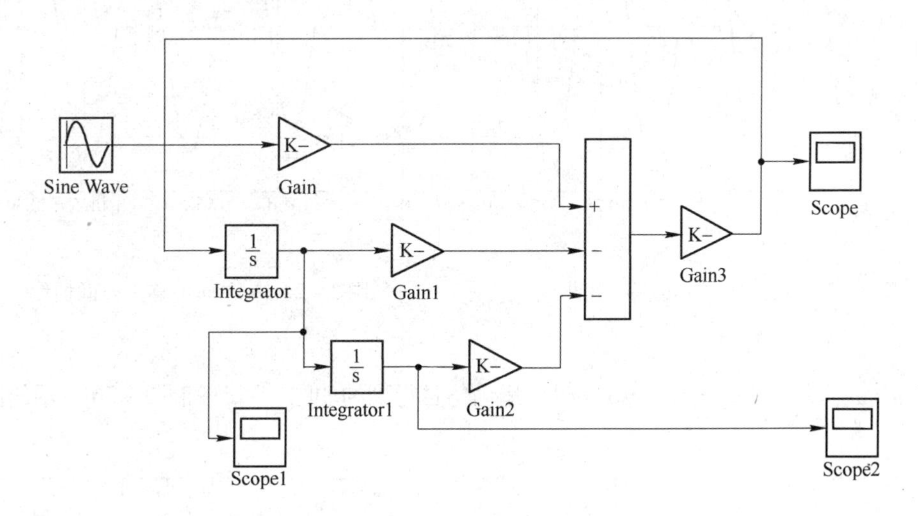

图3-22 Simulink 方块图

根据振动筛的设计要求与计算方法，结合 SolidWorks 软件的三维造型，从而得到各参数的质量值和利用该软件测量功能得到偏心距的值，并合理的选取阻尼系数 C 的值，最后得到 2YAC2460 超重型振动筛的具体各个参数如下：$M=12425\text{kg}$，$m=526\text{kg}$，$r=0.1075\text{m}$，$k=3106\text{kN/m}$，$C=1200\text{kN}\cdot\text{s/m}$。其中 k 值的参数计算方法如下：

一般取每根弹簧的静压量为0.04m，2YAC2460 振动筛共计 8 根弹簧，故弹簧的刚度 $k=12425\times10/(8\times0.04)\text{N/m}=388281.25\text{N/m}$；$K=8k=8\times388281.25\text{N/m}=3106\text{kN/m}$。

同时根据振动筛设计手册弹簧刚度的计算公式：

$$K=\frac{1}{z^2}M\omega_0^2 \tag{3-5}$$

式中，z 为频率比，$z=\frac{\omega_0}{\omega_{ny}}$（通常 $z=3\sim5$）；M 为总质量；ω_0 为工作频率，取 78.5rad/s；

ω_{ny}为固有频率。

将各参数代入式（3－5）中计算得到：

$$K=\frac{1}{(3\sim5)^2}\times12425\times78.5^2\text{N/m}=3062\sim8507\text{kN/m}$$

而$K=3106\text{kN/m}$符合上面的K范围，因此K取3106kN/m。

对2YAC2460振动筛在工作频率及固有频率下进行Simulink仿真，得到其仿真曲线。

先考虑y方向的振动，根据式（3－3）所对应的图3－22的Simulink方块图在Simulink中进行仿真，得到其y方向仿真的曲线图。

当$n=750\text{r/min}$，$\omega_1=\frac{2\pi n}{60}=78.5\text{rad/s}$，得到如图3－23和图3－24的运动曲线。

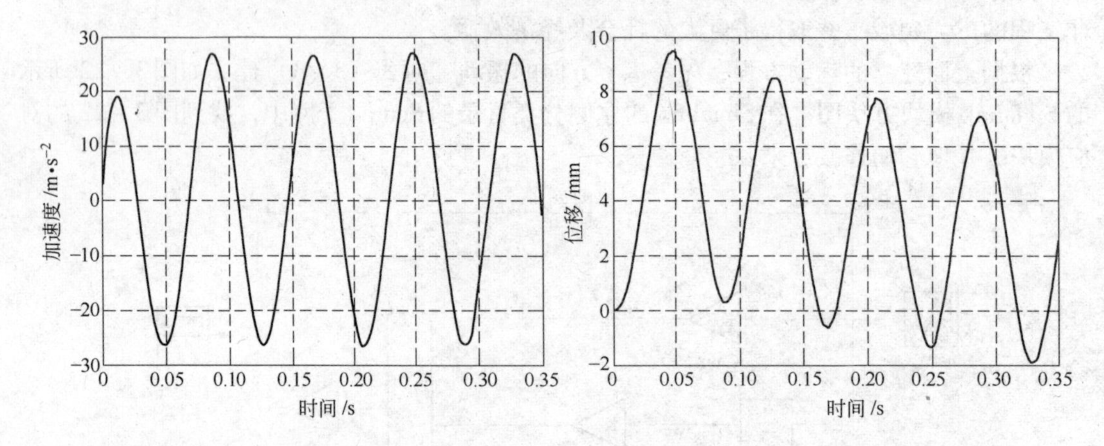

图3－23　y方向加速度—时间曲线　　图3－24　y方向位移—时间曲线

当$\omega=\omega_{ny}=\sqrt{\frac{K}{M+m}}=15.8\text{rad/s}$时，运动仿真得到的如图3－25和图3－26所示的曲线。

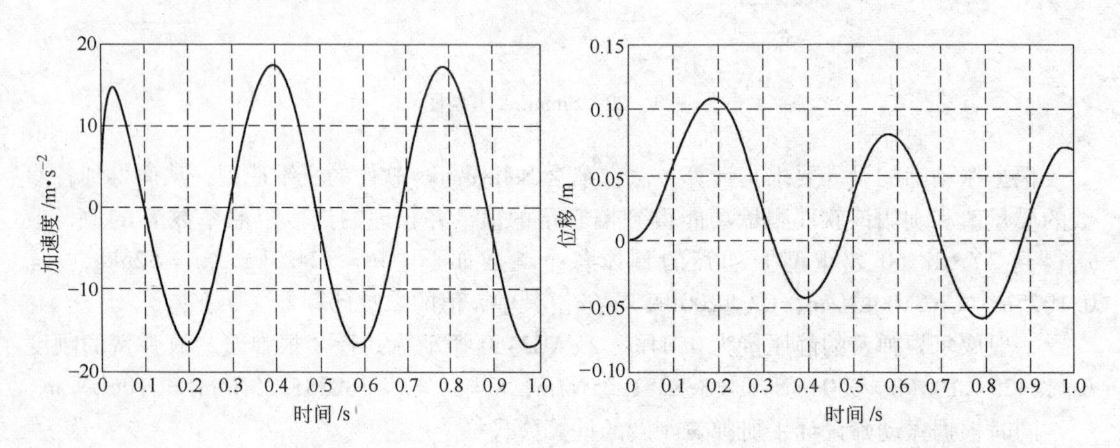

图3－25　y方向加速度—时间曲线　　图3－26　y方向位移—时间曲线

考虑x方向的振动，根据式（3－4）所对应模型在Simulink中进行仿真，得到其x方向仿真的曲线图，方法同y方向仿真。

当 $n=750\text{r/min}$，$\omega_1=\dfrac{2\pi n}{60}=78.5\text{rad/s}$ 时，得到如图 3－27 和图 3－28 所示的曲线。

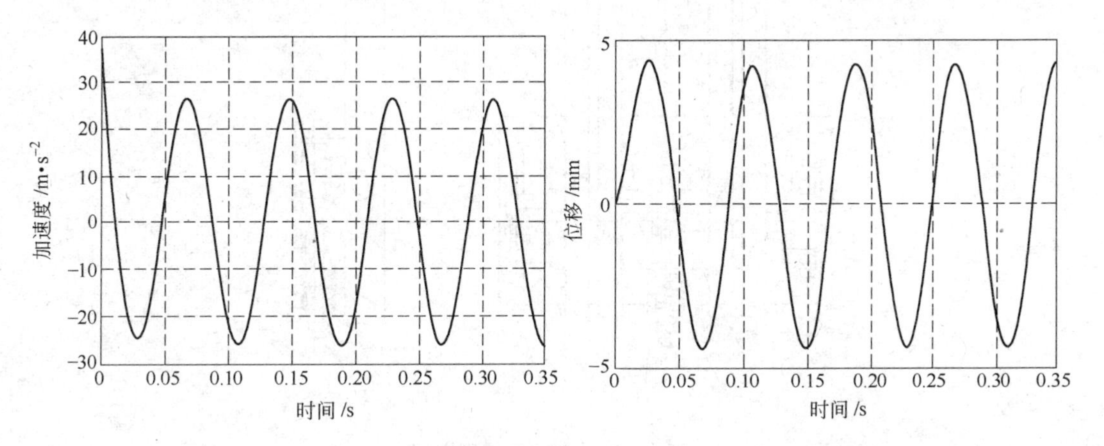

图 3－27　x 方向加速度—时间曲线　　　　图 3－28　x 方向位移—时间曲线

当 $\omega=\omega_{ny}=\sqrt{\dfrac{K}{M+m}}=15.8\text{rad/s}$ 时，得到如图 3－29 和图 3－30 所示的仿真曲线。

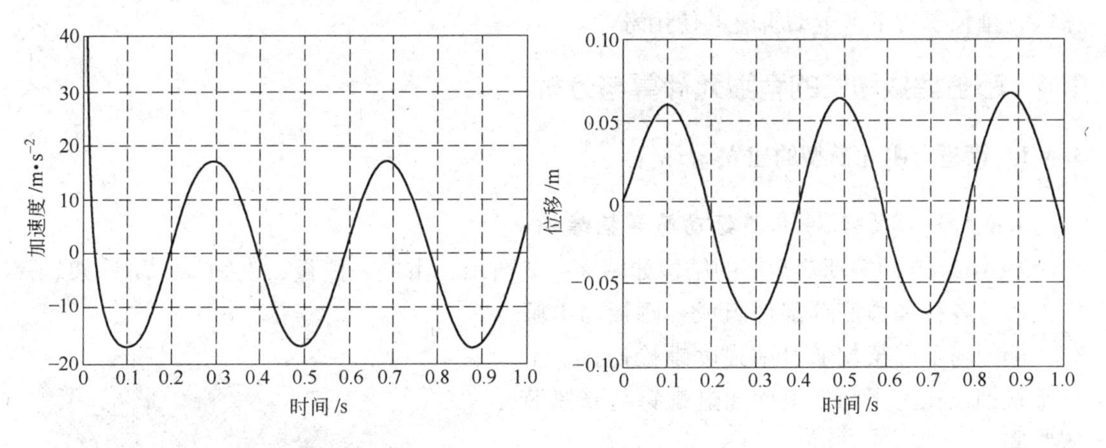

图 3－29　x 方向加速度—时间曲线　　　　图 3－30　x 方向位移—时间曲线

从上面的仿真曲线图可以看出，2YAC2460 振动筛在工作状态下 $n=750\text{r/min}$ 振幅约为 9.5mm，在共振状态下 $\omega=\omega_{ny}=\sqrt{\dfrac{K}{M+m}}$ 的振幅约为 110mm，产生了瞬态的共振现象，因而筛机在运动时应尽量防止共振现象的发生。

为了较好地避免产生的瞬态共振现象，2YAC2460 振动筛的电动机座设计成可摆动式电动机座，如图 3－31 所示。电动机装在滑轨上，通过滑块调整振动筛皮带轮与电动机皮带轮中心距，调整好后锁紧。力矩板可围绕长轴摆动，一端与短轴和滑轨紧固，另一端与弹簧拉杆连接。共振时，电动机和滑轨可绕长轴摆动，通过弹簧拉杆上弹簧拉紧复位，从而避免皮带拉断和电动机座拉断，延长了皮带及电动机座的使用寿命。

当振动筛在启动和停机发生共振而大幅度的摆动时，电动机座可以大幅度进行摆动，

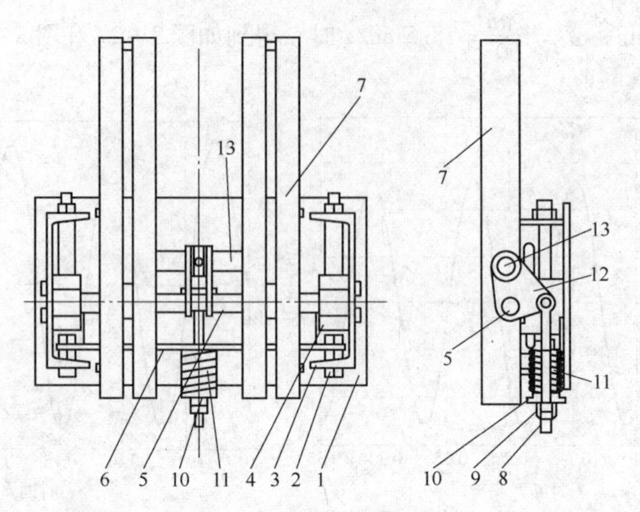

图3-31 摆动电动机座图

1—底板；2—调节螺杆；3—支座；4—滑块；5—长轴；6—弹簧座板；7—滑轨；
8—弹簧拉杆；9—螺母；10—弹簧座；11—弹簧；12—力矩板；13—短轴

电动机座跟随摆动以保护皮带及电动机座，而避免拉断皮带和电动机座，从而顺利渡过共振区，延长了皮带和电动机座的使用寿命。

3.4 超重型振动筛的有限元计算与分析

3.4.1 筛框有限元模型的建立

3.4.1.1 2YAC2460圆振动筛筛框结构

2YAC2460圆振动筛筛框的结构如图3-32所示，由左右侧板、上筛架、下筛架、弹簧上座、各种加强筋等部件组成，侧板与上筛架、侧板与下筛架均通过高强度螺栓连接，上下筛板铺设在上下筛架上面通过螺钉与张紧装置紧固。

图3-32 2YAC2460圆振动筛筛框结构图

3.4.1.2 振动筛筛框建模考虑的问题

有限元模型建立的好坏直接关系到计算结果的正确性和准确性。在建模过程中，必须对实体做一些简化，忽略一些次要因素以减少工作量、缩短计算机运行时间、降低运算过程对硬件资源的需要，又要保证这种简化不会产生过大误差以至于结果不可信。因此，在建模之前必须了解有限元的基本理论并熟悉操作有限元软件，了解相关力学领域的基本知识，特别是要对研究对象的工作原理和特性有深刻的认识。

振动筛有限元模型的建立需要重点考虑以下几个方面：

（1）在建模过程中是否有必要建立振动筛二次隔振系统模型。二次隔振系统的主要作用是减少筛体在工作过程中对地基的冲击，二次隔振系统是否对振动筛应力水平有较大的影响，这是在建模过程是否有必要建立二次隔振系统模型的依据。

（2）是否有必要按照模型对称性建立模型的一半进行分析。振动筛筛体为一平面对称结构，激振器安装在两侧板上，故载荷也对称，在有限元分析中，一般可以利用对称性建模以简化建模过程，减少运算量。但在动力学分析中，利用对称性建模将受到一定的限制。

（3）有限元单元的选取。单元的选取在有限元建模过程中非常重要，需要考虑的因素一般有：所研究的科学领域、模型的维数、模型的对称性、单元所支持的计算功能和特性、不同单元之间的连接、单元关键字选项的设定、单元实常数和截面属性的设定、单元结果输出、单元的限制等。在振动筛的建模研究过程中，对通过建模过程中碰到问题的处理，最终决定使用 shell63、beam188、combin14、mass21 四种单元建模。

（4）激振器的模拟和激振力的施加。振动筛建模过程中遇到的另一个问题是如何模拟激振器和施加激振力，对此进行了探索，并最终用质量点单元（mass21）来模拟激振器的偏心质量和偏心块质量，用刚化区域的方法将质点刚化在激振器安装座上。

为了保证计算的准确性以及减小计算规模，首先应在尽可能如实地反映筛框结构主要力学特性的前提下，尽量简化筛框结构的几何模型，以便有限元模型采用较少的单元和较简单的单元形态。利用对称性建模可以简化建模过程，减少运算量，特别是对于静力分析是十分有效的手段。因此在简化的过程中首先要考虑能否利用模型的对称性减少建模规模。振动筛筛框为平面对称结构，激振器安装在轴承座孔内，故载荷也对称。但是在动力有限元分析中，一般不使用平面对称性模型，因为结构在振动时所有参量都是波动的，不存在位置不变而且变形量为零的平面。由于涉及模态分析、谐响应分析，为了防止使用对称模型导致模态的丢失和计算结果不准确，在计算中均采用整体模型进行分析。其次，要区分承载件和工艺装饰件二类构件。对于承载件应尽量保留其原结构形状、位置，才能比较真实反映筛框的应力分布。工艺装饰件的作用不是着眼于增加结构强度，计算时可以简化略去。在研究中，参考借鉴了许多研究者在筛框结构模型简化方面的成功经验，对模型采取了如下简化处理措施及改进工作：

（1）略去棒条、护板、一些小的零部件的安装支架等非承载构件及功能件。此类构件仅为满足筛框结构或使用上的要求而设置，并非根据筛框强度的要求而设置，对筛框结构的内力分布及变形影响都较小，因此在建模时可以忽略不计。

（2）将筛框一些构件或连接部位很小的圆弧过渡简化为直角过渡，以便提高模型的计算速度。

（3）忽略筛框上的工艺孔、约束孔。此类孔一般孔径较小，划分网格时将大量增加单元数目，且对结构强度及刚度影响不大，所以应加以忽略。

3.4.1.3 单元的选择

A 壳单元的选择

壳单元是结构分析中最常用的单元类型之一，当结构两个方向的尺寸远大于另一方向的尺寸时，可以将这种三维构件理想化为二维单元以提高计算机效率。

壳单元的选用一般需要考虑以下几个因素：

（1）采用壳单元的基本原则是每块面板的表面尺寸不低于其厚度的十倍。淬圆柱面，

$r/t>10$，是使用薄壳理论的常用准则（r 为圆环的半径，t 为圆环的厚度）。

（2）壳单元分为薄壳单元（如 shell63）和厚壳单元（如 shell43）。薄壳单元不包括剪切变形，而厚壳单元包括剪切变形。厚壳单元的另一特征是应力沿厚度方向不是线性变化的。

（3）壳单元支持的计算：如 shell63 单元不支持材料的塑性计算，不支持横截面相对于中面的偏移。

（4）振动筛的建模过程中采用了 shell63 单元，该单元既具有弯曲能力和又具有膜力，可以承受平面内荷载和法向荷载。本单元每个节点具有 6 个自由度：沿节点坐标系 x、y、z 方向的平动和沿节点坐标系 x、y、z 轴的转动。应力刚化和大变形能力已经考虑在其中。在大变形分析（有限转动）中可以采用不变的切向刚度矩阵。

单元 shell63 的几何形状、节点位置及坐标系如图 3－33 所示，单元定义需要四个节点、四个厚度、一个弹性地基刚度和正交各向异性的材料。单元的面内，其节点厚度为输入的四个厚度，单元的厚度假定为均匀变化。如果单元厚度不变，只需输入 TK（I）即可；如果厚度是变化的，则四个节点的厚度均需输入。

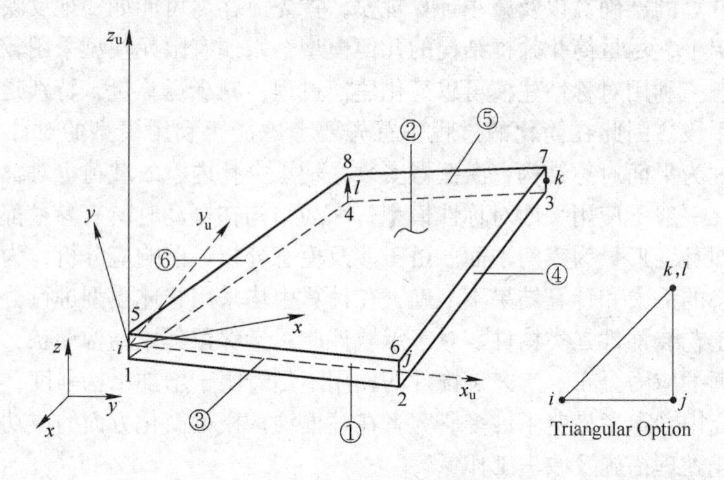

图 3－33 shell63 几何描述

B 梁单元的选择

beam188 单元适合于分析从细长到中等粗短的梁结构，该单元基于铁木辛哥梁结构理论，并考虑了剪切变形的影响。beam188 是三维线性（2 节点）或者二次梁单元。每个节点有六个或者七个自由度，自由度的个数取决于 KEYOPT（1）的值。当 KEYOPT(1) =0（缺省）时，每个节点有六个自由度；节点坐标系的 x、y、z 方向平动和绕 x、y、z 轴转动。当 KEYOPT（1）=1 时，每个节点有七个自由度，这时引入了第七个自由度（横截面的翘曲）。beam188/beam189 可以采用 sectype、secdata、secoffset、secwrite 及 secread 定义横截面。本单元支持弹性、蠕变及塑性模型（不考虑横截面子模型）。这种单元类型的截面可以是不同材料组成的组和截面。beam188 单元几何示意图如图 3－34 所示。

beam188 可以在没有方向节点的情况下被定义。在这种情况下，单元的 x 轴方向为 i 节点指向 j 节点。对于两节点的情况，默认的 y 轴方向按平行 $x-y$ 平面自动计算。对于单元平行与 z 轴的情况（或者斜度在 0.01% 以内），单元的 y 轴的方向平行与整体坐标的 y

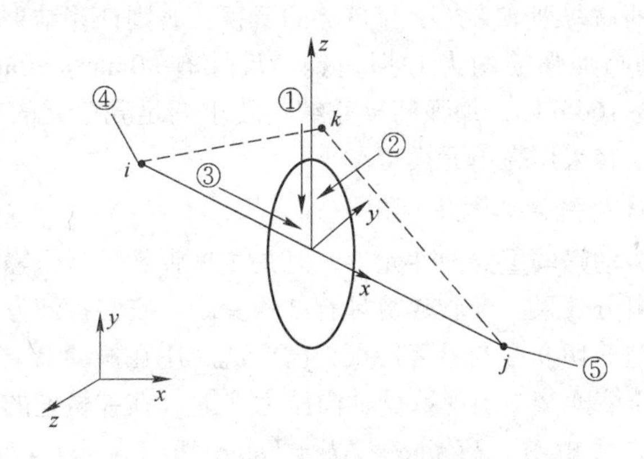

图 3-34 beam188 几何描述

轴（图 3-34）。用第三个节点的选项，用户可以定义单元的 x 轴方向。如果两者都定义了，那么第三节点的选项优先考虑。第三个节点（k），如果采用的话，将和 i、j 节点一起定义包含单元 x 轴和 z 轴的平面（图 3-34）。如果该单元采用大变形分析，需要注意这个第三号节点仅在定义初始单元方向的时候有效。

beam188 表示槽钢等非对称截面的梁时，都会用到方向点，槽钢的开口符合右手法则。

C 加强筋的模拟

一般用梁单元来模拟加强筋，这种板梁组合的模型在有限元结构分析中非常多见。在 ANSYS 中，使用 beam188 和 beam189 梁单元可以定义梁的各种截面形状，截面尺寸、截面偏移和截面单元的划分个数，还需要用方向关键点和线来指定梁的单元界面方向。在同一模型中同时使用壳单元和梁单元式，需要保证所选壳单元与梁单元的节点自由度以及单元阶次相同。

但是在振动筛的建模过程中，用梁单元存在一个问题，图 3-35 所示的 T 字形结构，上半部分用壳单元模拟，下半部分用梁单元模拟，但在上下两部分是不连续的，在界面处没有公共的节点，因此没有连接在一起，两者在接触界面处也是分离的，计算式没有相互

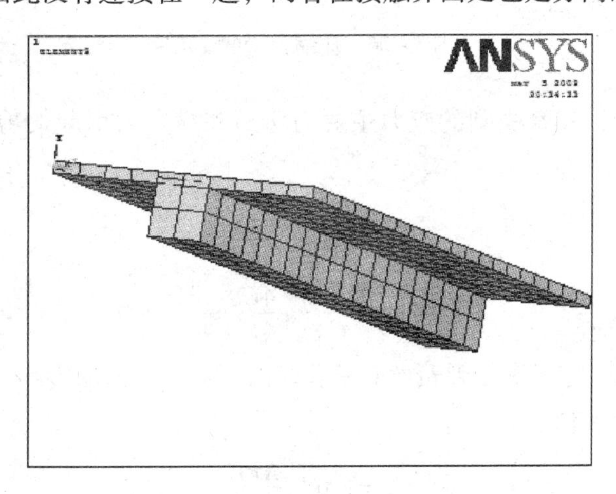

图 3-35 壳梁模拟的 T 字形结构

作用力，建模过程中的这些细节必须引起足够的重视，否则计算结果会产生较大的误差。

2YAC2460 圆振动筛加强筋均为 L 型角钢，尺寸有 90mm × 90mm × 10mm、90mm × 56mm × 10mm，长度为 1665mm，加强筋尺寸结构要求满足壳单元的基本使用原则，故在振动筛建模时，加强筋宜采用壳单元模拟。

D 弹簧参数计算及弹簧单元的应用

支撑弹簧是惯性振动筛的重要弹性元件，既是主振弹簧，又是隔振弹簧，其性能的好坏直接影响振动筛的筛分效果。橡胶弹簧具有结构紧凑、安装拆卸方便、吸振限幅性能好以及可同时承受压缩与剪切变形的显著特点，已广泛应用在振动筛上。

图 3－36 所示的压缩弹簧，当弹簧受轴向压力 F 时，在弹簧丝的任何横剖面上作用的有：扭矩 $T = FR\cos\alpha$，弯矩 $M = FR\sin\alpha$，$NF = F\sin\alpha$ 切向力 $FQ = F\cos\alpha$ 和法向力 $NF = F\sin\alpha$（R 为弹簧的平均半径）。由于弹簧螺旋角 α 的值不大（对于压缩弹簧为 6°～9°），所以弯矩 M 和法向力 N 可以忽略不计。因此，在弹簧丝中起主要作用的外力将是扭矩 T 和切向力 Q。α 的值较小时，$Q = F\cos\alpha \approx 1$，可取 $T = FR$ 和 $Q = F$。这种简化对于计算的准确性影响不大。

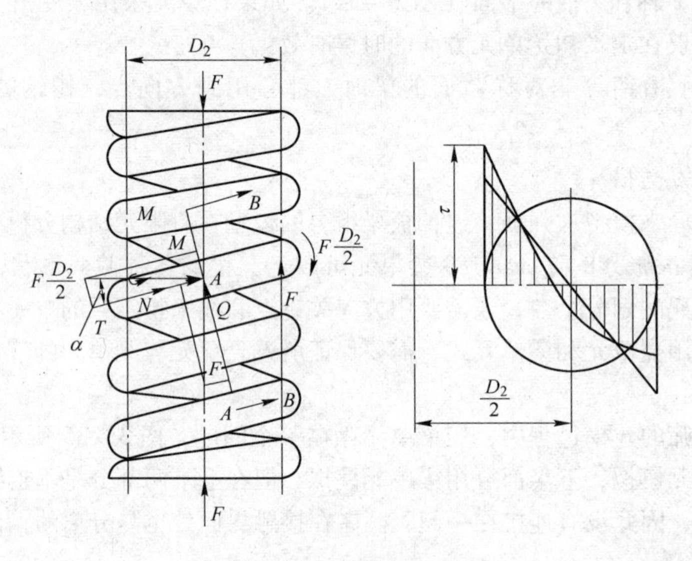

图 3－36 压缩弹簧的受力

从受力分析可见，弹簧受到的应力主要为扭矩和横向力引起的剪应力，对于圆形弹簧丝：

$$\tau = K\frac{8FD_2}{\pi d^3} \leqslant [\tau] \tag{3-6}$$

$$K = \frac{0.615}{C} + \frac{4C-1}{4C-4} \tag{3-7}$$

式中，K 为曲度系数。它考虑了弹簧丝曲率和切向力对扭应力的影响。

一定条件下钢丝直径：

$$d = 1.6\sqrt{\frac{KFC}{[\tau]}} \tag{3-8}$$

圆柱弹簧受载后的轴向变形量：

$$\lambda=\frac{8FD_2^3}{Gd^4}=\frac{8FC^3n}{Gd} \tag{3-9}$$

式中，n 为弹簧的有效圈数；G 为弹簧的切变模量。这样弹簧的圈数及刚度分别为：

$$n=\frac{Gd^4\lambda}{8FD_2^3}=\frac{Gd\lambda}{8FC^3} \tag{3-10}$$

$$k=\frac{F}{\lambda}=\frac{Gd^4}{8D_2^3n}=\frac{Gd}{8C^3N} \tag{3-11}$$

式中，C 为弹簧的旋绕比，$C=D/d$；D 为弹簧的平均直径；d 为弹簧丝直径。C 决定弹簧的稳定性。为了使弹簧本身较为稳定，不致颤动和过软，C 值不能太大；但为了避免卷绕时弹簧丝受到强烈弯曲，C 值又不能太小。当其他条件相同时，C 值越小，弹簧内外侧的应力差越悬殊，材料利用率也就越低。在 2YAC2460 弹簧装置中，每组弹簧均由减振外弹簧与减振内弹簧组成，材料均为 60Si2MnA，材料的切变模量 G 为 79GPa。

表 3－1 示出了减振弹簧的相关参数。由表 3－1 易知，每组减振弹簧的刚度 $k=125+175=300\text{N/mm}$。

表 3－1　减振弹簧的相关参数

参　数	总圈数	有效圈数	硬　度	C（D/d）	K
减振外弹簧	10 ± 0.25	8.5	HRC 45	$C=213/32=6.656$	$K=125\text{N/mm}$
减振内弹簧	9.5	8	HRC 45	$C=140/25=5.6$	$K=175\text{N/mm}$

在 ANSYS 分析过程中弹簧单元选用 combin14 模拟，combin14 在一维、二维或三维应用上具有纵向或扭转功能。纵向弹簧－阻尼选项是一个单轴拉压单元，每个节点有三个自由度：x、y、z 方向的移动自由度。不具备弯曲或扭转功能。扭转弹簧－阻尼选项是单纯的旋转单元，其每个节点有三个自由度：关于 x、y 和 z 轴的转动自由度。弹簧－阻尼单元没有质量。质量可以使用相应的质量单元来添加，弹簧或阻尼的功能可以从单元移除。这个单元由两个节点，一个弹簧常数（K）和阻尼系数（cv)1 和（cv)2 组成。阻尼特性不能用于静力或无阻尼的模态分析。轴向弹簧常数的单位是“力/度”，阻尼系数的单位是“力×时间/长度”。扭转弹簧常数和阻尼系数的单位是“力×长度/弧度”和“力×长度×时间/弧度”。

在所有的弹簧单元，在划分网格的时候必须严格控制线上的单元分数，一条线划分两个弹簧单元相当于两个弹簧串联，三个单元则三个串联，其他如此类推，所以一般必须将线只划分为一个弹簧单元。

E　点质量单元的选取

采用 mass21 点质量单元来代替偏心轮的附加质量，该单元具有 x、y、z 位移与旋转的 6 个自由度，而且不同质量或转动惯量可分别定义于每个坐标系方向。

F　不同单元之间的连接问题

在利用 ANSYS 软件进行有限元结构分析过程中，对于一般的简单模型只需直接使用 ANSYS 提供的单元，各个单元的节点自由度之间相互独立，如刚体中，节点和节点之间不存在相对运动，从而这些节点之间的位移自由度相同，即相互耦合。但在利用ANSYS对比较复杂的结构进行有限元分析过程中，不同的结构部件通常使用不同类型的单元来模拟。通常情况下，不同类型的单元的各个节点的自由度数目是不同的，不同类型单元的连接节点处的自由度的耦合问题，是一个比较令人头疼的问题。自由度耦合即构件连接处两个节点的自由度（包括移动自由度和转动自由度）变化是一致的，主节点如何变化，从节点随着同样变化。典型的耦合自由度应用包括：

（1）迫使模型的一部分表现为刚体；

（2）在两个重合节点间形成固接（如焊接）、销钉连接、铰链连接或者滑动连接。

不失一般性，在此以工程实际中的三维连续体和板壳结构连接为例，实体单元交界面上有节点1、2、3，节点位移参数u_1、v_1、u_2、v_2、u_3、v_3；壳单元的节点2一般情况下可能有3个位移参数u'_2、v'_2、β'_2。为了保证交界面上位移的协调性，除了u_2、v_2明显地和u'_2、v'_2相一致外，其他位移参数也不能完全独立。如果将实体单元的位移参数转换到r^*轴沿交界面得局部坐标系r^*、z^*中，即按下式得到：

$$\begin{Bmatrix} u_i^* \\ v_i^* \end{Bmatrix} = \begin{bmatrix} \cos\phi & \sin\phi \\ -\sin\phi & \cos\phi \end{bmatrix} \begin{Bmatrix} u_i \\ v_i \end{Bmatrix} \tag{3-12}$$

式中，u_i^*、v_i^*分别为沿交界面和垂直于交界面的节点位移分量，则v_1^*、v_2^*、v_3^*应保证交界面在变形后仍保持为直线，并和壳体截面在转动β'_2后相协调。上述各个位移协调条件可一并表示为：

$$u_2 = u'_2 \quad v_2 = v'_2$$

$$v_1^* = v_2^* + \frac{t}{2}\beta'_2 \qquad v_3^* = v_2^* - \frac{t}{2}\beta'_2 \tag{3-13}$$

其中$v_i^* = -\sin\phi u_i + \cos\phi v_i$，上式可写成：

$$C = \begin{Bmatrix} u_2 - u'_2 \\ v_2 - v'_2 \\ -\sin\phi(u_1 - u_2) + \cos\phi(v_1 - v_2) - \frac{t}{2}\beta'_2 \\ -\sin\phi(u_3 - u_2) + \cos\phi(v_3 - v_2) + \frac{t}{2}\beta'_2 \end{Bmatrix} = 0 \tag{3-14}$$

这就是存在于交界面上的9个参数（u_1，v_1，u_2，v_2，u_3，v_3，u'_2，v'_2，β'_2）之间的约束方程。在实际计算程序中，引入约束方程有两种方案可供选择：

（1）罚函数法。

首先通过罚函数α将约束方程引入系统的能量泛函

$$\Pi^* = \Pi + \frac{1}{2}\alpha C^T C \tag{3-15}$$

式中，Π为未考虑约束条件是系统的能量泛函数，它是又实体单元和壳单元两个区域能量泛函叠加而得到。由$\delta\Pi^* = 0$可以得到

$$(K_1 + \alpha K_2)a = Q \tag{3-16}$$

式中，a、Q分别为系统节点位移向量和载荷向量；K_1为未引入约束方程式系统刚度矩阵；K_2为由于引入约束方程而增加的刚度矩阵。

求解上述方程组可以得到满意的约束方程，即满足交界面上位移协调条件的系统位移场。利用此方法的一个重要的问题是罚函数 α 的选择。理论上说，α 越大，约束方程就能更好地得到满足。但是由于 K_2 本身是奇异的，同时计算机有效位数是有限的，α 过大将导致系统方程病态而使结果失效。一般情况下 α 只能比 K_1 中的对角元素大 $10^3 \sim 10^4$ 倍所以约束方程只能近似地得到满足。

(2) 直接引入法。

由于交界面上 9 个位移参数之间存在约束方程，所以它们只有 5 个是独立的。如果选择 u_1^*、u_3^*、u_2'、v_2'、β_2' 作为独立的位移参数，则实体单元的 6 个位移参数（u_1，v_1，u_2，v_2，u_3，v_3）和它们之间存在以下的转换关系：

$$\begin{Bmatrix} u_1 \\ v_1 \\ u_2 \\ v_2 \\ u_3 \\ v_3 \end{Bmatrix} = \begin{bmatrix} \cos\phi & 0 & \sin^2\phi & -\sin\phi\cos\phi & -\frac{t}{2}\sin\phi \\ \sin\phi & 0 & -\sin\phi\cos\phi & \cos^2\phi & \frac{t}{2}\cos\phi \\ 0 & 0 & 1 & 0 & 0 \\ 0 & 0 & 0 & 1 & 0 \\ 0 & \cos\phi & \sin^2\phi & -\sin\phi\cos\phi & \frac{t}{2}\sin\phi \\ 0 & \sin\phi & -\sin\phi\cos\phi & \cos^2\phi & -\frac{t}{2}\cos\phi \end{bmatrix} \begin{Bmatrix} u_1^* \\ u_3^* \\ u_2' \\ v_2 \\ \beta_2' \end{Bmatrix} \tag{3-17}$$

在有限元模型的建立过程中 ANSYS 对于单元耦合连接的实现方法很多，下面以拉杆 (link8) 与变截面梁 (beam188) 的连接为例说明耦合连接在 ANSYS 中的实现。

拉杆下端与变截面梁铰链连接，应设置连接点处为两个节点，一个节点为拉杆的，另一个节点为变截面梁的，并使它们 3 个方向的位移自由度各自耦合，3 个方向的转动自由度不作任何处理。

自由度耦合设置菜单路径：【Preprocessor】→【Conpling/Ceqn】→【Coupling DOFs】执行自由度耦合设置菜单路径命令，弹出对话框后，在图形窗口拾取耦合节点，单击【OK】按钮，再次在该位置拾取耦合点，单击【Apply】按钮，弹出自由度耦合对话框，在“NSET”中输入耦合集号，在“Lab”中选择耦合自由度方向，单击【Apply】按钮，直到完成所有 6 对节点位移自由度的耦合（6 对节点共建 18 个耦合集），单击【OK】按钮。

另外也可以用耦合命令 CE 来耦合不同类型单元在连接节点处的自由度，达到建立程序内部约束方程的目的。基本格式为：

CE，NEQN，CONST，NODE1，Lab1 ，C1，NODE2，Lab2，C2，NODE3

如 ce，1，0，100，ux，1，117，ux，－1 ！节点 100 的 ux = 节点 117 的 ux

执行耦合后，在铰链连接处模型如图 3－37 所示，可以发现耦合节点处有三个耦合集的标记。

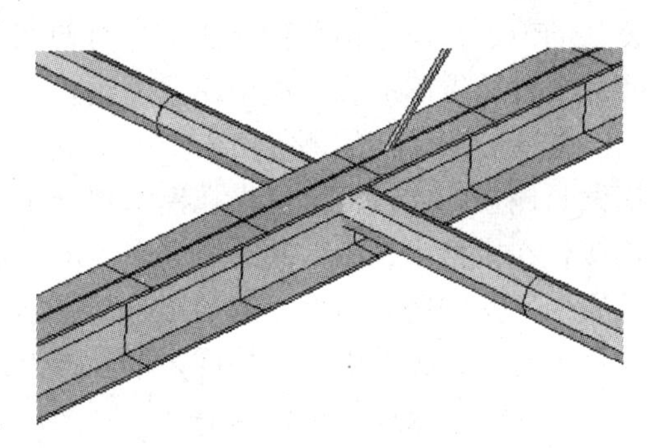

图 3－37 节点耦合处模型

3.4.1.4 振动筛有限元模型建立

A 材料特性与单元实常数的确定

在 ANSYS 中计算振动筛的静力及动力问题，需要先设置好材料的属性和实常数。有限元材料模型为各向同性线弹性结构材料模型。根据设计资料，该振动筛的材料属性见表 3－2。

表 3－2 材料属性

弹性模量/GPa	泊松比	密度/$kg \cdot m^{-3}$
210	0.3	7800

表 3－3 列出了 2YAC2460 圆振动筛各个单元的实常数。

表 3－3 单元实常数

<table>
<tr><th>序 号</th><th>单元类型</th><th colspan="2">实 常 数</th><th>备 注</th></tr>
<tr><td rowspan="2">1</td><td rowspan="2">shell63</td><td colspan="2">板 厚</td><td rowspan="2">总共两种板厚</td></tr>
<tr><td>0.008m</td><td>0.012m</td></tr>
<tr><td>2</td><td>beam188</td><td colspan="2"></td><td>钢管截面</td></tr>
<tr><td>3</td><td>mass21</td><td colspan="2">52kg</td><td>偏心重量</td></tr>
<tr><td>4</td><td>combin14</td><td colspan="2">300N/mm</td><td>弹簧刚度</td></tr>
</table>

B 筛框的处理

在有限元分析软件 ANSYS 软件中建立筛框的有限元模型，可以有两种方法：一种是直接在 ANSYS 中建立筛框的实体模型或者是从 CAD 软件中建立实体模型导入到 ANSYS 中，这种方法不但要耗费的建模时间较长，也需要较长计算时间，甚至有可能计算不出任何结果；第二种方法是利用 ANSYS 中的单元建立筛框的有限元模型，此方法可以快速地建立模型，而且计算快，结果准确。

根据所研究的振动筛的设计图纸，筛框侧板分为三部分，由厚度不同、材料相同的钢板焊接而成，并且侧板上还有各种不同截面形状加强筋，以及起连接作用的横梁，其中加强筋与侧板焊接连接，横梁与侧板是通过法兰连接。需要注意一点，即模型在划分完单元网格后，不同厚度的侧板的交界处，以及侧板与横梁和加强筋的连接处，其单元必须要有公共的节点，以传递载荷，否则在计算过程中板单元之间以及板单元与梁单元会发生脱离，导致结果不准确，模型建立失败。

建立的振动筛的侧板由若干面组成，面与面的边界线是加强筋，面的边界线的交点是横梁与侧板的连接点，这样在模型划分完单元网格之后，不论是通过焊接连接，还是法兰连接，在模型中都由公共的节点来表示在筛框侧板的模型中。由于铆钉和法兰盘处，无论其质量还是刚度对筛框系统的影响都很小，如果在模型中建立，又会给单元网格的划分带来很大麻烦，无形中会增加许多单元，因此将其忽略。

C 筛框有限元模型的建立

为了使不同单元能够很好地连接，保证筛框的整体性，采用自底而上，由节点生成单元的直接建模法。为了减少工作量，同时给分析带来方便，根据振动筛筛框的结构特点，先建立一半模型再通过镜像（Reflect）。值得注意的是，在此过程中应，先镜像节点，再镜像单元，且要注意节点和单元的增量一定要是相同的，如下（镜像）：

```
NSYM,Z,2679,ALL                    ! 通过 X 对称生成节点,节点增量 2679
ESYM,2679,ALL                      ! 生成单元
EPLOT
```

这其中的 2679 是增量，但是并不是说，拟定 2679 时必须已经有个 2678 个点，只要觉得大于已有的节点数目就好。然后需要对镜像结果进行 NUMMRG 操作，以合并重合的实体（特别是单元和节点）。Numbering Ctrls - > Merge Items - > 分别对 Node 和 Element 进行合并操作，误差范围可以用默认值。如图 3 - 38 和图 3 - 39 所示为单元建模方法得到的筛框有限元模型。

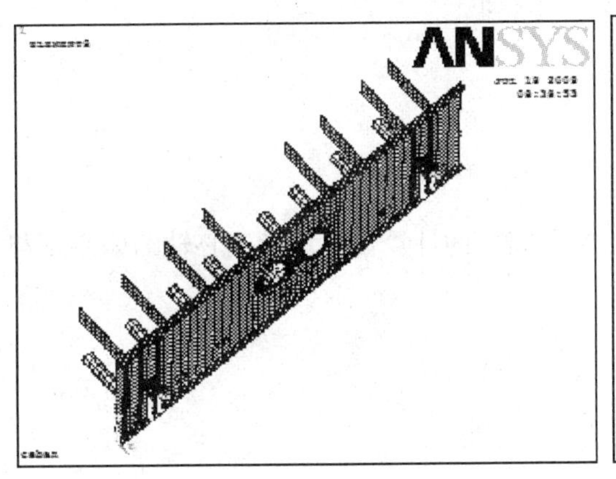

图 3 - 38　筛框一半实体模型

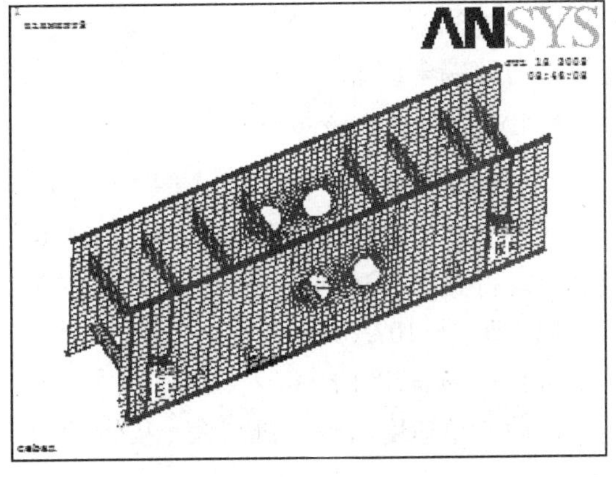

图 3 - 39　筛框实体模型

3.4.2　筛框静力学分析

3.4.2.1　激振器的模拟

2YAC2460 圆振动筛通过两组激振器带动整个筛体做圆轨迹的往复运动。激振器主要是由偏心轴、轴承及轴承座、偏心块、套筒等组成，由电动机通过联轴器提供转速，激振器与筛框之间由轴承连接。对于激振器的模拟，利用 ANSYS 中的设定刚性区域，将激振器看作点质量单元的方法，分别在四组轴承座的旋转中心建立点质量单元。这四个点质量单元为每组激振器偏心部分的质量，作为主节点，筛框侧板上安装激振器的位置处设定 16 个节点，模拟激振器与侧板的法兰盘，作为从节点，通过建立 ANSYS 中刚性区域的命令，将主节点与从节点连接。通过在总体坐标系上计算得出 4 个 mass21 节点的坐标分别为(2.70, 1.75,0), (2.70, 1.75, -2.445), (3.40, 1.95, 0) 和 (3.40,1.95, -2.445)。图 3 - 40 所示为激振器的模拟。

3.4.2.2　筛体的支撑及边界约束的模拟

2YAC2460 圆振动主要由四组固定在坚实基础之上的弹簧支撑，弹簧与筛框上的弹簧上座板连接。利用 ANSYS 中的弹簧—阻尼单元模拟弹簧，该单元一端与筛框短横梁节点

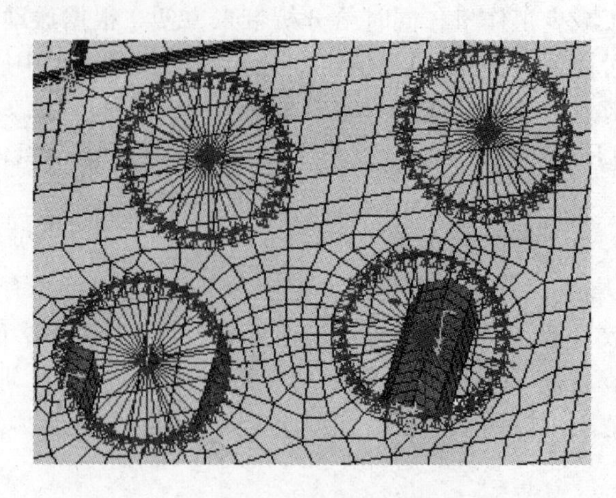

图 3－40　激振器的模拟

连接，另一端全约束。

3.4.2.3　载荷的施加

A　激振力的计算

通过 Pro/E 软件的质量属性测量功能可以比较简单的计算偏心块及偏心轴的偏心距与偏心重。得到如下数据：

偏心距 $r=107.5\text{mm}$

偏心重 $m=209\text{kg}$

振动的角速度由电动机与大小皮带轮的传动比确定：

$$n=n_{电机}\frac{r_{小}}{r_{大}}=1460\times\frac{286}{520}=800\text{r/min}$$

$$\omega=\frac{2\pi n}{60}=\frac{2\pi\times800}{60}\approx83.7\text{rad/s}$$

$$F=m_{02}\omega^2r_{02}+m_{01}\omega^2r_{01}=220\times83.7^2\times0.10+4\times26.2\times83.7^2\times0.142=258380\text{N}$$

B　施加载荷

圆振动筛两激振偏心轴等速同步旋转，并且合力大小呈正弦规律变化，将激振力沿水平方向和竖直方向分解并计算偏心轴的质量，平均施加在侧板与激振器连接孔周围的节点上。图 3－41 所示为施加边界条件和载荷后的筛框有限元模型图。

C　筛框静力学分析结果

在 ANSYS 软件中将 type of analysis 设为 Static，解算程序将自动对模型进行求解得出如图 3－42、图 3－43 所示，结果在 Post1 后处理器中即可查看应力和位移求解结果。

由振动筛静载荷作用下的应力云图 3－42 可知，振动筛下梁横梁钢管受的弯曲应力值为整个筛框的应力极值，侧板受力最大处分别为激振器孔下方周围、筋板连接处以及下梁钢管与侧板的连接处，应力最大值为 31.7MPa，能够满足材料的强度要求。另一方面通过筛框的位移云图 3－43 可以很清楚地知道筛框的变形情况，变形最大处发生在下梁钢管与侧板的连接处，约有 4.4mm 的变形量，侧板变形量最大不超过 3mm。

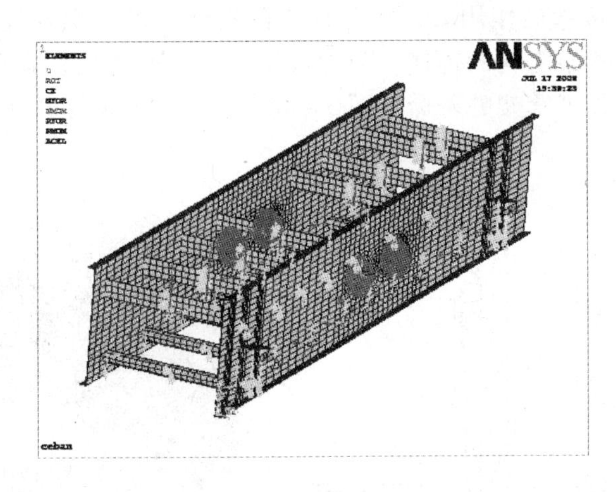

图3-41 施加边界条件和载荷后的筛框有限元模型图

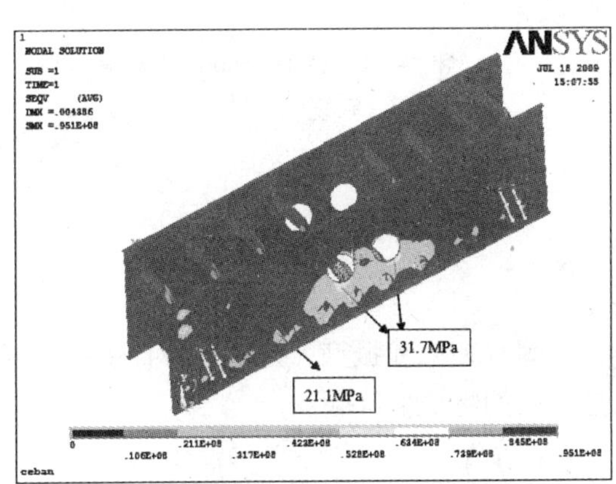

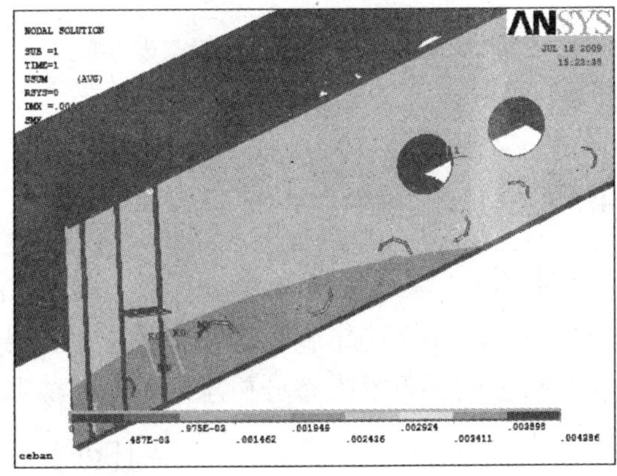

图3-42 振动筛静载荷作用下的应力云图　　图3-43 振动筛静载荷作用下的总位移云图

在偏心激振力的作用下，下梁钢管与侧板焊缝内侧端产生垂直不断变化的集中应力，在焊接残余应力和交变的集中应力长期作用下，该焊缝内侧端点首先开裂，随后裂缝逐渐向外发展，直至焊缝全部开裂。从振动筛的现场运行情况看，下筛架钢管的断裂已是影响筛机寿命的重要原因。

由于侧板受力最大处分别为激振器孔下方周围，下梁钢管与侧板的连接处，为了防止焊接应力大，改进下梁钢管与侧板的连接处连接方式，在生产中对连接方案做了改进，如图3-44、图3-45所示，将原焊接方案改成法兰连接方案，图3-44所示的原下筛架整体钢管与槽钢焊接方案，焊接应力大，使下筛架与侧板连接易变形和扭曲，长期使用使钢管和侧板产生裂纹；改成如图3-45所示，单个钢管与法兰焊接，再与侧板用高强度螺栓连接，9个钢管与法兰经过加工，尺寸准确，与侧板连接不易变形，

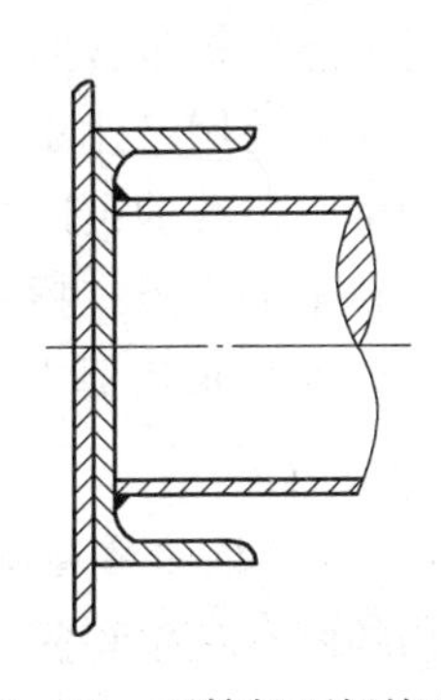

图3-44 下筛架原焊接方案

当钢管构件承受拉力和弯矩作用时，法兰盘与侧板通过高强螺栓连接成为一体，此方案保证了钢管与侧板框架之间的连接，减少焊接应力。改进后，在现场应用效果很好，未产生裂纹现象，延长了筛架的寿命。图3－46所示为2YAC2460超重型振动筛现场安装照片。

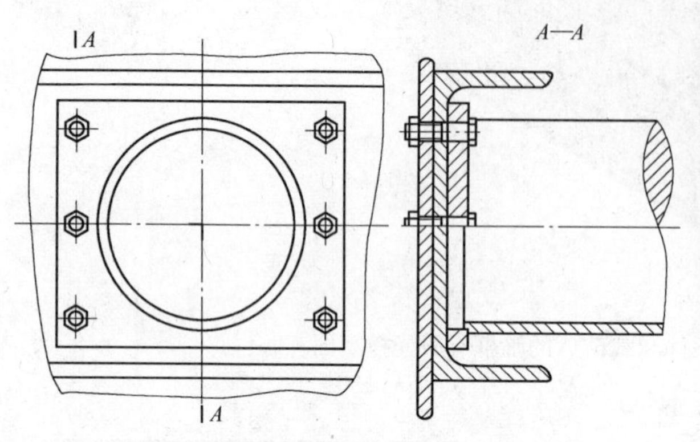

图3－45 下筛架法兰连接改进方案

图3－46 2YAC2460超重型振动筛现场安装照片

3.4.3 振动筛筛框模态分析

3.4.3.1 模态分析概念

模态分析用于确定直线振动筛的振动特性，即固有频率和振型，是动态设计中的重要一步。典型的无阻尼模态分析求解的基本方程是经典的特征值问题：

$$[K][\Phi_i]=\omega_i^2[M][\Phi_i]$$

式中，$[K]$ 为刚度矩阵；$[\Phi_i]$ 为第 i 阶模态的振型向量；ω_i 为第 i 阶模态的固有频率；$[M]$ 为质量矩阵。

对于该方程，ANSYS有多种数值求解方法，包括Block Lanczos（分块兰索斯）法、Power Dynamics法、Reduce（缩减）法、Unsymmetric（对称）法、Damped（阻尼法）和QR Damped法。每种方法都有其各自的优点和缺点，使用Subspace（子空间）法提取振动筛模态。

进行模态分析包含四个步骤，即建立模型、施加载荷并求解、扩展模态、察看结果和后处理。模型使用已建立的有限元模型；对振动筛的模态分析中唯一有效的“载荷”是零位移约束，位移约束以外的其他载荷，在模态提取时都被忽略，此外还要设定求解的阶数，即求解多少阶固有频率；扩展模态就是将振型写入到结果文件中，才能够在后处理器中观察到振型；最后是察看振动筛模型的固有频率和振型，并可以以动画的形式观察振型。

3.4.3.2 振动筛筛框模态分析

结构的固有频率和振型是承受动态载荷结构的重要设计参数，振动筛筛箱工作在高频振动状态下，其振动特性直接关系到使用性能。用有限元方法对振动筛筛箱进行模态分析，获得结构的模态参数和模态振型，并分析结构能否避免共振。

由于振动筛是靠筛体的快速振动来进行工作的，所以存在工作频率，如果工作频率正好处于或者过于接近固有频率，则会发生共振现象。发生共振时，理论上振幅无限大，振动筛结构会很快破坏，而且产生很大噪声。此外，筛体在周期性变化的激振力作用下，产生变化的位移和应力响应，某些位置可能会在工作频率下，有过大的响应，或者应力过大，极易发生疲劳破坏。比如，通过使用大型振动筛的现场经验发现，振动筛的主要故障为横梁的断裂。因此，对于振动筛的静力分析是远远不够的。对于大型振动筛的动力学分析应当从三个方面进行：首先进行模态分析，根据其固有频率和振型，对该振动筛进行评价并修改，避免固有频率等于或接近工作频率，然后进行动应力分析，通过应力分布云图以及位移云图观察筛体在工作过程中是否存在过大的应力集中，最后由于振动筛是在频率固定的激振力的作用下工作的，所以还应进行谐响应分析，考虑其谐响应情况，避免谐响应共振。

在 ANSYS 软件中求解了振动筛筛框前 30 阶固有频率，结果见表 3－4。

表 3－4 振动筛筛框前 30 阶固有频率值

阶数	1	2	3	4	5	6	7	8
频率	0.0000	0.89E－4	0.13E－1	1.9026	3.0205	3.3942	4.1419	4.5284
阶数	9	10	11	12	13	14	15	16
频率	5.1326	5.3801	5.6067	6.4474	6.8826	7.8218	7.8602	8.1481
阶数	17	18	19	20	21	22	23	24
频率	9.1087	9.1729	9.3476	9.4112	9.4419	9.5370	9.8154	10.128
阶数	25	26	27	28	29	30		
频率	10.208	14.658	15.088	18.741	19.37	21.630		

从表 3－4 可以看出，与该振动筛工作频率 $f(0)=\frac{800}{60}=13.33\text{Hz}$ 比较接近的是第 25、26、27 阶固有频率。在 ANSYS 中，可以通过扩展振型获得各阶固有频率下的振型图，图 3－47～图 3－49 所示分别为振动筛第 25 阶、第 26 阶和第 27 阶的振型图。

根据设计经验要求，振动筛的工作频率必须远离其固有频率（上下 10%）以上，将这三阶频率与固有频率比较，见表 3－5。

表 3－5 振动筛筛框固有频率与工作频率对照分析

i	$f(i)$	$\|f(i)-f(0)\|$	$\|f(i)-f(0)\|/f(0)$
25	10.208	3.092	23.23%
26	14.658	1.385	10.06%
27	15.088	1.788	13.44%

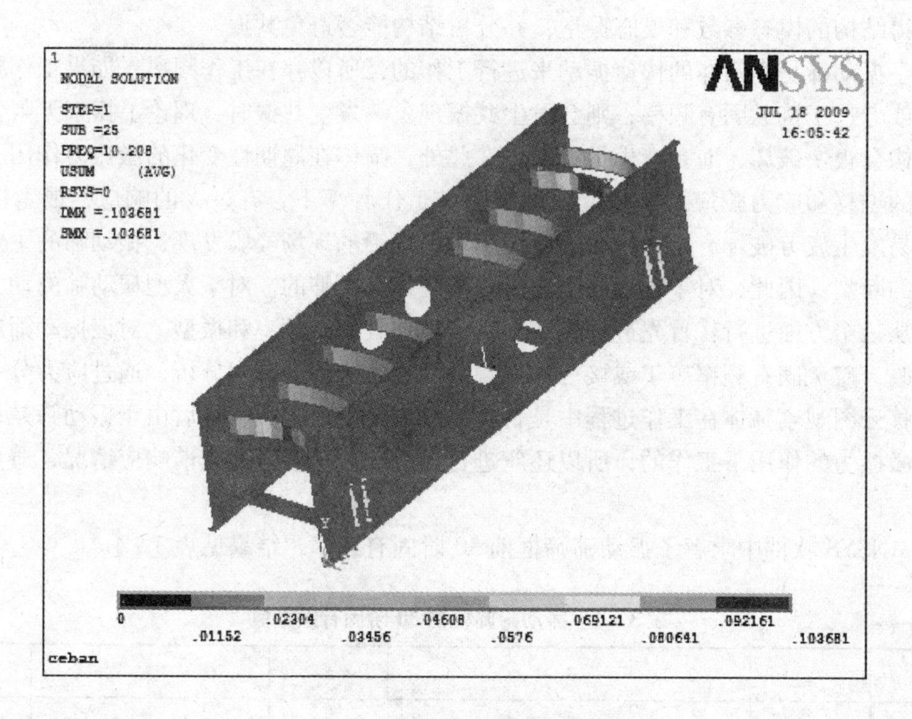

图 3－47　振动筛筛框第 25 阶振型图

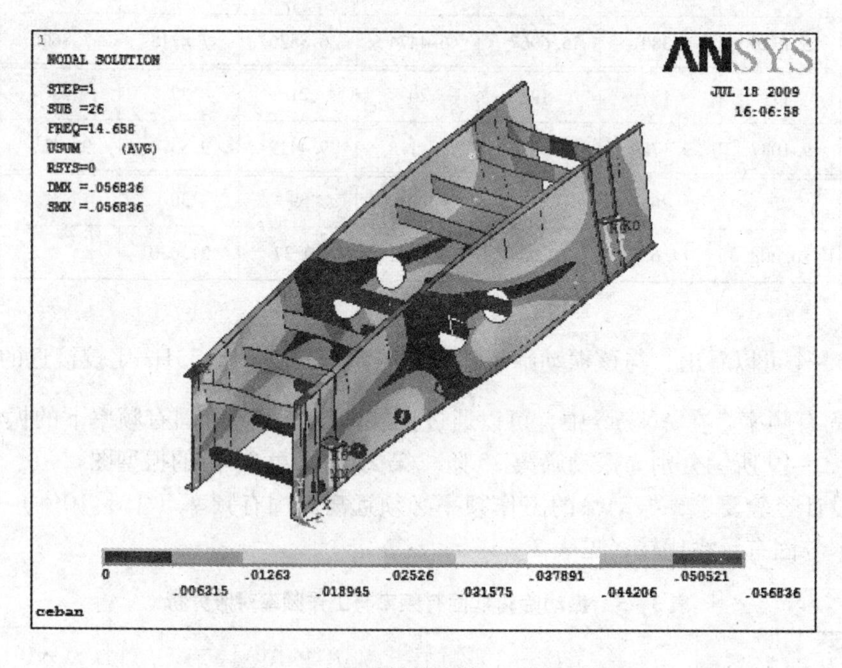

图 3－48　振动筛筛框第 26 阶振型图

从表 3－4 列出的模态频率和部分模态振型图可以看出，第 26 阶模态阵型与实际运动状态最具一致性，其固有频率也与实际相符，在此说明了模型的准确性，再者，与第 26 阶固有频率相邻的模态频率均在工作频率的上下 10% 以上，因为振动筛是过共振区工

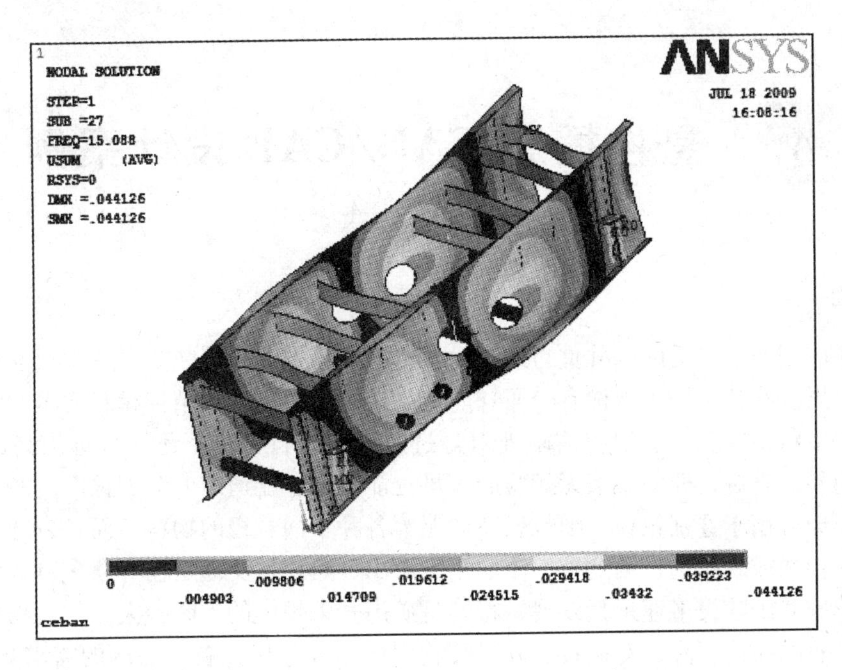

图 3-49 振动筛筛框第 27 阶振型图

作，所以其工作频率远离固有频率，即振动筛设计比较合理。从第 27 阶振型看，振动筛横向扭转，所以实际工作中在筛箱下部装设 4 个阻尼弹簧，以起到对应力和位移的缓冲作用。

4 悬挂摇床 CAD/CAE 设计案例

4.1 概述

摇床是应用非常广泛的一种重力选矿设备，主要依据其来回往复不对称运动特性来选别钨、锡、煤等有色、黑色、稀有金属和非金属矿物。由于摇床结构相对简单，制造加工容易，选别矿料精度高，且能很清晰地对分选后矿料进行分带，还能分选出高品位的矿料，操作简易、直观，即便是毫无经验的人员也能看管，能适应的范围很广。经过不断发展，目前摇床可用于选别粗粒、细粒以及矿泥等各种不同粒级的物料，而且分选作业方式包括粗选、扫选或者精选，因此被广泛应用于矿山、建筑及交通运输等众多行业。

随着国家基础建设事业迅猛发展，特别是矿山开采规模的不断扩大，加之物料种类繁多，入选矿石的品位下降，对矿石、砂料等物料的重要选矿设备—摇床的需求日趋迫切，对选矿效率、选矿粒度以及节能低耗的要求也在不断提高，选矿摇床迎来了新的发展机遇和挑战，而选矿摇床机械的发展研究更是受到了极大的关注。

悬挂式摇床作为摇床的一种，因其简单的支撑结构、调节安装方便、占地面积小、运转可靠等良好性能，如今已经大量用于矿山、建材、公路铁路等诸多领域。本案例应用CAD/CAE 研究开发了三层悬挂摇床，对新型三层悬挂式摇床的整体方案进行设计，对摇床头参数进行优化设计；对新型三层悬挂式摇床进行三维零件及装配建模及二维工程图纸设计；对新型三层悬挂式摇床的多偏心惯性摇动机构进行分析；运用 ADAMS 仿真工具对新型三层悬挂式摇床的简化模型进行运动学仿真和分析等。案例来源于生产实践。目前，市场上使用的摇床普遍存在设计周期长，成本高，选矿效率较低，冲程、冲次调节繁琐，占地面积大等缺点。针对这些缺点和解决摇床在作业中存在的实际问题，与某矿山机械有限公司合作，进行新型三层悬挂式摇床的设计和研制。

4.2 基于 SolidWorks 的新型三层悬挂式摇床的三维设计

4.2.1 主要零件的三维建模

三维建模是现代设计方法中非常重要的一种方法，它在产品的设计分析中起到至关重要的作用，零件三维模型建立的准确性对相关分析工作的好坏有很大的影响。正确的模型有利于促进零件的分析和机器装配顺利地完成。在此，以新型三层悬挂式摇床为例，具体阐述零件三维模型的创建过程。

新型三层悬挂式摇床由多个部件组成，其中还包含很多个非标准零件及标准零件。零件的结构形状不同，建模的方法及过程也各异。为了节省建模时间甚至考虑到以后装配的需要，对具有对称结构的零件的建模，应当先采用特征的布尔运算一步一步构建出零件的一半，再采用镜像命令选择好对称基准和所有已建立的模型特征来完成零件的整个模型。

新型三层悬挂式摇床零件有上百个，但只要掌握几种类型的三维建模方法基本上就可以建出其他零件的三维模型。下面列举几个主要零件进行阐述。

驱动轴的主要作用是在电动机的驱动下由皮带轮带动旋转，支撑和带动小齿轮、两个小配重块以及其他附件旋转，驱动轴在作业时需承受很大的弯扭载荷，必须保证其强度等性能。轴上设计有用于安装定位的卡环，有带轮、齿轮及配重块的连接键键槽，还有所有零件安装定位的轴肩和减小集中应力的圆角、倒角。驱动轴的三维模型如图 4－1 所示。

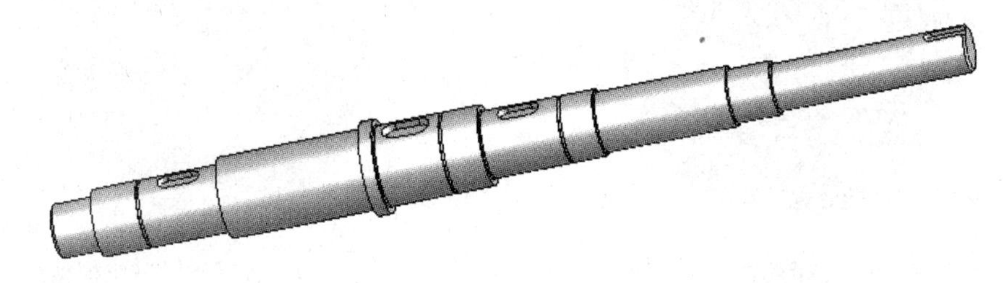

图 4－1 驱动轴的三维模型

针对新型摇床头箱体的紧凑机构以及固有特性，设计出一类更适合轴承安装且比较小巧的轴承座。本轴承座由上、下轴承盖组成，下盖固定于床头箱体的中间壳体上，安装好轴承后上盖再套紧下盖，并用螺栓连接。它的外圆柱孔刚好与轴配合，靠近箱体内部一段开有较大孔以便润滑油更好地进入轴承座，整个轴承座简单紧凑。轴承座的上、下盖具体模型如图 4－2、图 4－3 所示。

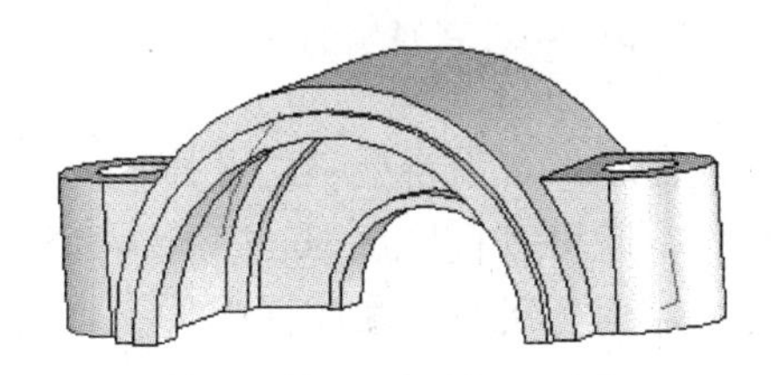

图 4－2 轴承座上盖的三维模型

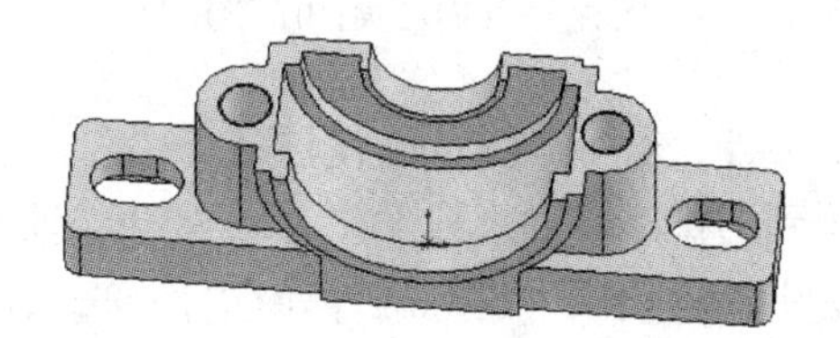

图 4－3 轴承座底座的三维模型

齿轮是该新型摇床的传动机械元件，即承载着较大的弯矩又要保证传动的稳定性，该设计中采用最为普遍的直齿轮，其传动平稳且成本较低。该多偏心惯性床头中有两对齿数比为 2∶1 的大小齿轮，其三维模型图如图 4－4、图 4－5 所示。

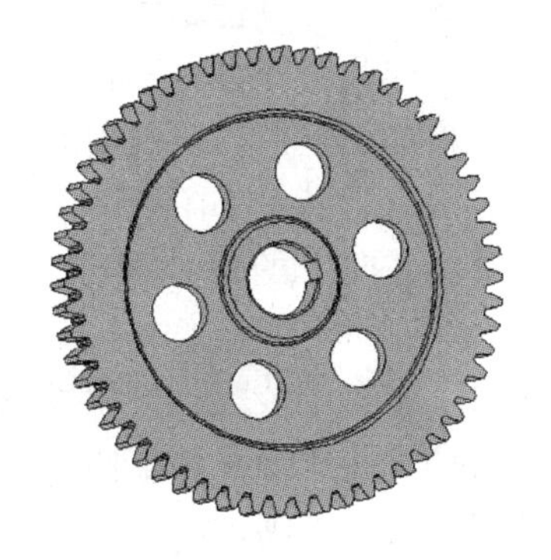

图 4－4 大齿轮的三维模型

图 4－5 小齿轮的三维模型

根据新型悬挂式摇床的工作要求、参数、设计尺寸以及结构特点等对所需的其他零件也进行了三维模型的构建，对这些零件的具体建模过程就不再详细叙述了。下面简单列举了已构建好的几个零件的三维模型，如图 4-6 ~ 图 4-9 所示。

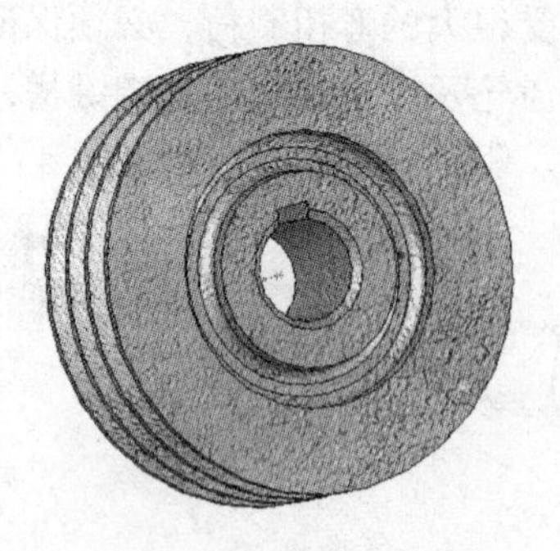

图 4-6　小带轮的三维模型

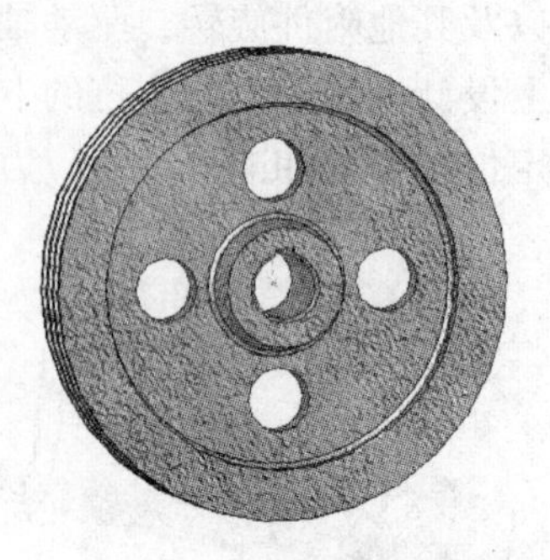

图 4-7　大带轮的三维模型

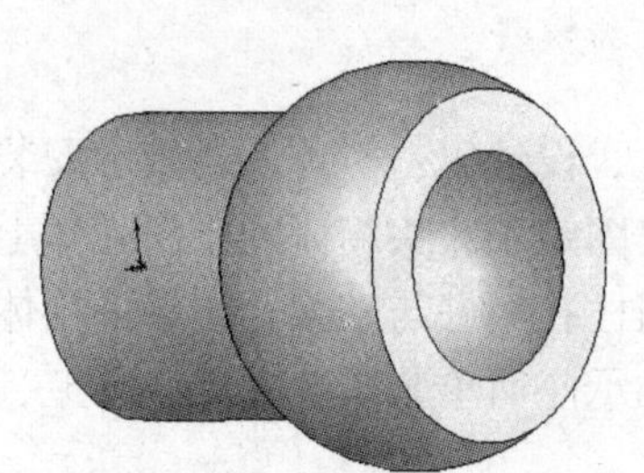

图 4-8　内球窝的三维模型

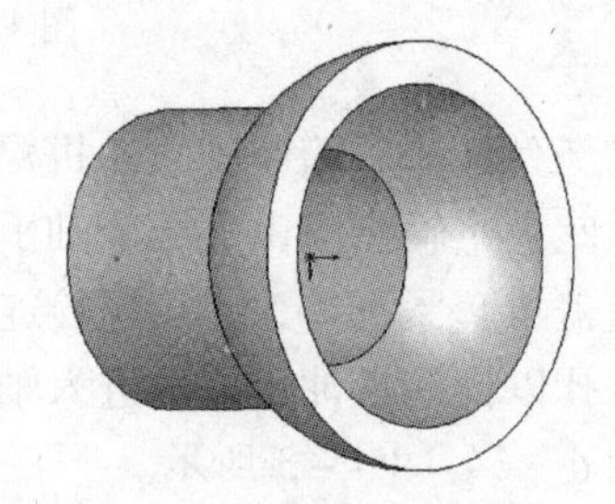

图 4-9　外球窝的三维模型

另外，若 SolidWorks 设计软件中已经安装好了设计库，对于新型三层悬挂式摇床中要使用到的标准件如螺栓、垫片、螺母、轴承等标准件，就可以直接从 SolidWorks 的设计库勾选中工具选项中的标准件库插件，选取满足设计所需型号尺寸要求的标准件，直接生成所需实体模型，从而节约整体设计的时间。充分使用设计库、直接调用标准件有效地缩短了零件三维设计的时间，提高了设计效率。

4.2.2　装配建模

装配，其定义就是将不同零件通过一定的配合关系组装成整机装备的过程。因为一些设计方法和步骤都只能在所有零部件都完全构建好的基础上才能进行总体装配，完全不能表达现代设计方法即并行设计方法的优势。而当某个零件或几个零件有不合理的结构或设计时，装配则需要不断修改和反复调试，无疑就会大大增加了整机的研制周期，使得设备的设计制作成本增大了很多。因此传统的设计理论和方法远远满足不了当前设计研究的需求。运用功能强大的 SolidWorks 2006 设计软件，采用自底向上的设计理念，思路清晰，分工合作简易，且工作效率较高。

案例设计的新型三层悬挂式摇床中，总装配中包含了多个子装配。大致可以概括为多偏心惯性摇床头、支撑用的机架、床面、连接部件以及调坡装置等子装配体。现主要对多偏心摇床头装配体在基于 SolidWorks 下的虚拟装配情况进行详细阐述。

多偏心摇床头装配体中包含有四根轴、两对齿轮、大小配重块、轴承座、前吊板等零件以及安装定位零件用的标准零件，此外还包括摇床头上盖、摇床头中间箱体、摇床头下盖、床头连接法兰等子装配体。构建好的零件的三维模型后，按照摇床整体结构尺寸的要求做装配约束关系，先将子装配体由零件一一装配好，再根据设计方案将其余零件一一装配好并与子装配体组成最后的整机装配。最终构建好得多偏心惯性床头的虚拟装配模型如图 4 – 10 所示。

为了更加清晰和直观地了解多偏心摇床头的内部结构和零部件之间的装配位置关系，可以运用 SolidWorks 软件下隐藏文件功能对一些外部零件或子装配体进行隐藏，选择摇床头上盖和下盖对其隐藏后，隐藏上下盖后的摇床头虚拟装配体图如图 4 – 11 所示。

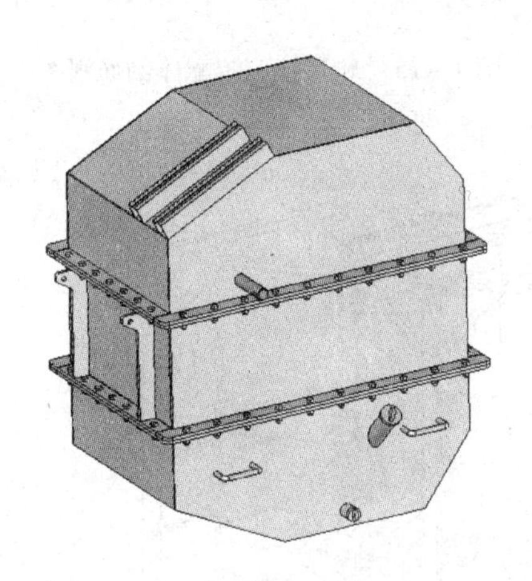

图 4 – 10 多偏心惯性摇床头的虚拟装配体

图 4 – 11 隐藏部分零部件后的摇床头的虚拟装配体

床面、调坡装置、球窝接头、床面连接架等子装配体，也都按安装装配要求一一由各自零件按配合关系装配完成，另外，为了更清晰地表达装配体内部零件的位置配合关系，可以选择合理的面对装配体进行剖切。下面列举了已构建好的几个子装配体的虚拟装配图，如图 4 – 12 ~ 图 4 – 15 所示。

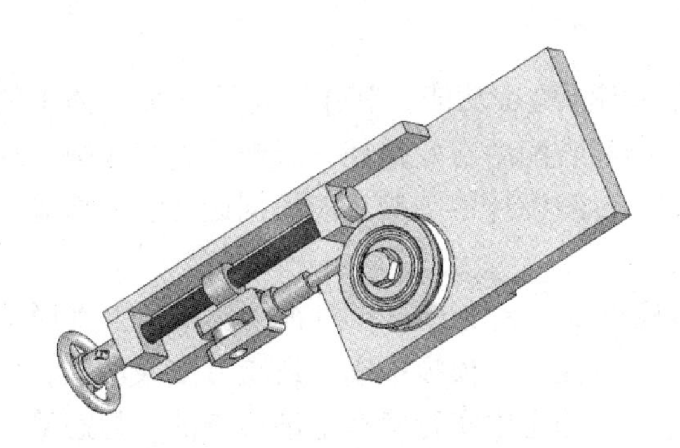

图 4 – 12 调坡装置的虚拟装配图

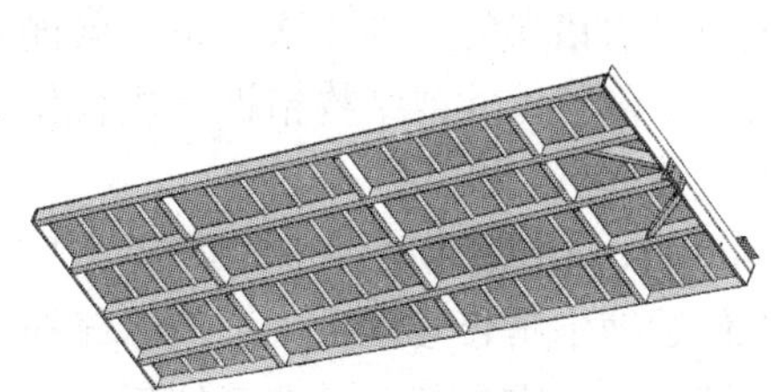

图 4 – 13 床面的虚拟装配图

新型三层悬挂式摇床结构复杂，零部件众多，建好所有零件的三维模型后，按设计要求先装配好子装配体，再根据整机结构要求的配合约束关系，把其余零部件依次装配完成，最后形成最终的整机设备，新型三层悬挂式摇床的虚拟装配体如图 4 – 16 所示。

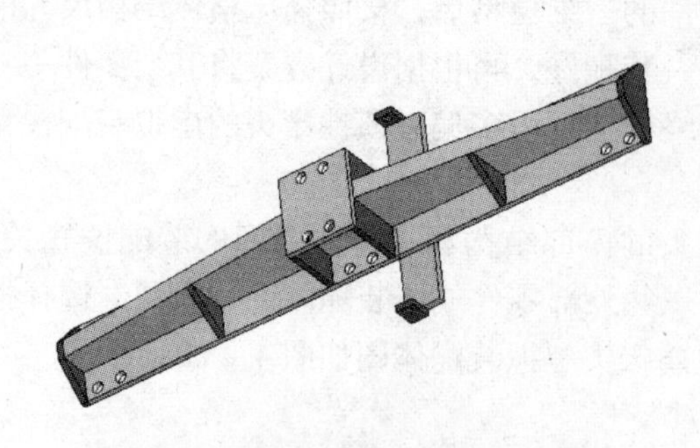

图 4－14　床面连接架的虚拟装配图

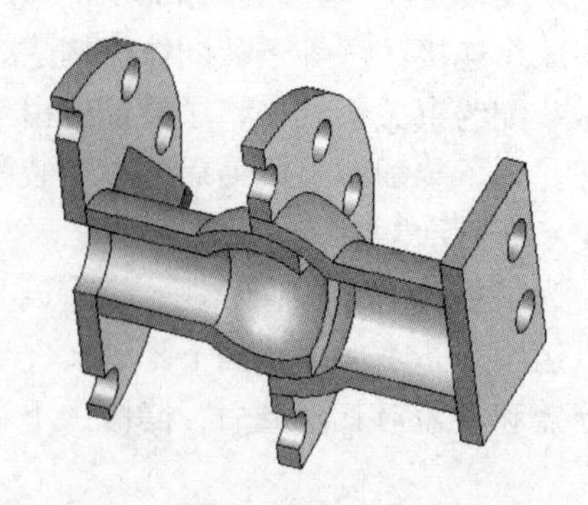

图 4－15　球窝接头装配体剖面视图

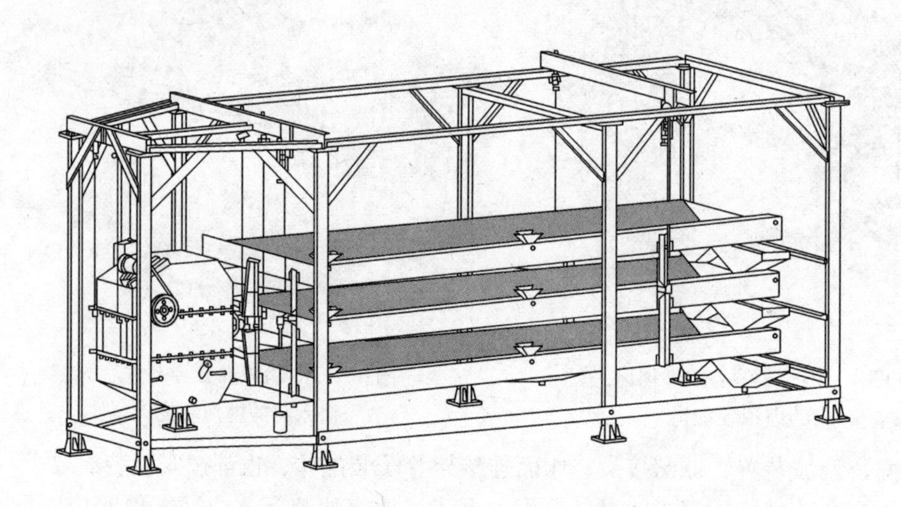

图 4－16　新型三层悬挂式摇床的虚拟装配图

4.2.3　虚拟装配的干涉检查

SolidWorks 软件中自带了一种非常重要的干涉检查功能，其作用是检测装配体中约束配合关系出现错误的一种方法，是检验能否顺利装配的有效路径。干涉检查能快捷发现零件设计中出现的尺寸或结构错误并进行修改，传统设计中一般只能根据设计者的检验对其装配可行性进行判断。

SolidWorks 中常用两种方法来完成干涉检查：一是动态干涉检查，从根本上来说就是检查零件运动中是否会发生干涉或者碰撞，不仅能全程模拟检查，还支持分段功能；二是静态干涉检查，它是基于动态模拟后的简化，在静态中实行静态干涉检查的。静态简化动态问题就是将零部件的运动轨迹做离散化处理，这样动态问题就离散成为一系列可解的静态问题。静态干涉检查虽然不能完全展示最真实的数据信息，但因静态检查时细化了所分析的装配零件，可以忽略丢失的运动轨迹中的信息以及其简易可靠性，系统静态干涉检查方法被广泛地运用于现代设计中。显然，静态干涉检查完全可以代替操作复杂的动态检查方法去满足应用需求。

4.2.4 工程图设计

工程图不但可以体现设计的结果，而且作为生产加工制造的依据，对我们设计成果的文档化也很关键，所以工程图的设计绘制是机械设计的重要环节。传统工程图纸都是通过设计者对零件的构型及尺寸分析并绘制在二维图纸上，而功能强大的 SolidWorks 软件提供了自动生成二维工程图的模块。只需要对所设计的三维模型图或装配体检验无误后，通过 SolidWorks 数据接口直接导出对应零部件的工程图，对其进行必要完善就能到到更加真实可靠及符合设计者理念的产品。

以摇床头（图号为 3XYC－02）为例，介绍 SolidWorks 工程图的具体创建过程：

（1）新建一个工程图，选择已建立的 A0－横向工程图模板。

（2）在模型视图中选择已打开的摇床头装配体，根据摇床头的特点，在选择视图时，选择表达装配体长度和高度尺寸的作为主视图，且对主视图进行了剖切，以便表达出摇床头的内部结构，增加左视图，并进行旋转剖，把零件的分布情况表达出来，增加俯视图，并添加局部视图来更好地表达具体结构尺寸。

（3）点击菜单栏中的【插入】/【项目模型】和【注解】选项，标注尺寸，添加零件号等。

（4）添加材料明细表，在添加材料明细表前对所有摇床头的零件添加属性，添加后的材料明细表中就会自动生成各自属性。

（5）书写技术要求，点击菜单栏中的【注解】选项，书写出应有的技术要求。图 4－17所示为已经绘制好的摇床头工程图。

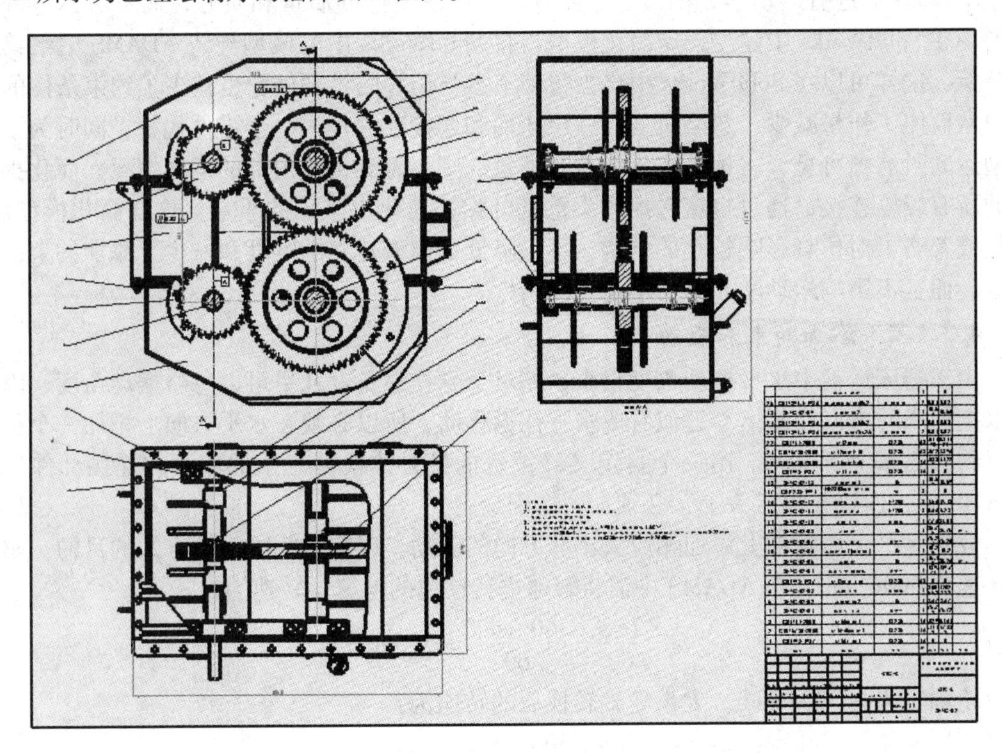

图 4－17 摇床头工程图

4.3　基于ADAMS的新型三层悬挂式摇床的运动学仿真分析

4.3.1　虚拟样机模型的建立

4.3.1.1　虚拟模型的建立

ADAMS分析时为了减小仿真难度，节约仿真时间，时常会对需要分析的模型进行简化处理。新型三层悬挂式摇床不仅零部件众多，而且结构复杂，若直接把SolidWorks中设计安装好的虚拟摇床模型直接导入ADAMS，难度很大，不仅对计算机硬件配置要求很高，而且仿真时间过长，约束过多。

简化模型不仅要包括新型摇床的主要结构，还需要简化摇床的次要结构或特征。一般简化的主要原则如下：

（1）忽略不必要的零件。新型摇床的虚拟模型中，有许多是辅助装置，这些零部件对仿真结果影响不大，如螺钉、螺母等零件。

（2）简化某些零部件的几何形状。很多不规则的零件的存在，对模型本身没有多大影响，但却影响了仿真的速度和辨识能力，对这些零部件加以必要的简化可以减少仿真时间和难度。

（3）虚拟模型中运动特性参数的转化。利用模型运动特点，转化传动关系及叠加其运动特性等，能把复杂的动力学模型加以简化，尽量把模型中运动参数关系简单化。

（4）质量和刚度的等效。把几个没有相对运动的零部件运用力学等效原理简化成一个刚体来考虑，可以进一步简化复杂模型。

ADAMS在进行运动学和动力学运算时，只考虑零件的质量和质心，而不考虑零件的外形。在SolidWorks中建立摇床简化模型，将SolidWorks中的模型导入ADAMS中继续进行分析，这样可以在SolidWorks中略去很多不参与仿真的零部件，也减少了约束条件的添加，从而使工作量减少。忽略机架，三层床面和连接部件作为一个零件代替，同时为了使模型运动时清晰可见，去掉摇床头上盖和下盖，则可看到机器内部的运动情况，简化摇床头的所有螺栓连接，通过自定义摇床头重量可弥补简化中减少的重量。这样简化模型后，简化或忽略了对仿真影响较小的结构，不仅降低了模型建立的难度和减少了添加约束的工作量，而且不影响运动学和动力学仿真的精度。

4.3.1.2　添加约束和驱动

由于摇床运动中水平摆动幅度很小，相对于悬挂绳长度几乎可以忽略摆动角度，因此可以把摇床的来回往复运动近似看成水平往返移动，所以必须在水平方向上添加一个移动副以约束摇床上下运动。用一个自定义好重量的长方体代替三个摇床面和连接部件导入ADAMS中，连接在摇床头上，必须加一个固定副。

分别对每个齿轮轴上添加相应大小和方向的驱动，以实现相同运动方式的目的。驱动轴转速为600r/min，在ADAMS中需将转速进行单位的换算。转速为：

$$\omega = \frac{2\pi n}{60} = \frac{360 \times 600}{60} = 3600\text{rad/s}$$

大齿轮轴转速为300r/min，大齿轮轴转换后的转速为：

$$\omega = \frac{2\pi n}{60} = \frac{360 \times 300}{60} = 1800\text{rad/s}$$

调整摇床对应不同冲次为270次/min、330次/min、360次/min时，驱动轴转速转换为540 r/min、660 r/min、720r/min。图4-18所示为ADAMS中添加约束和驱动后的摇床简化模型。

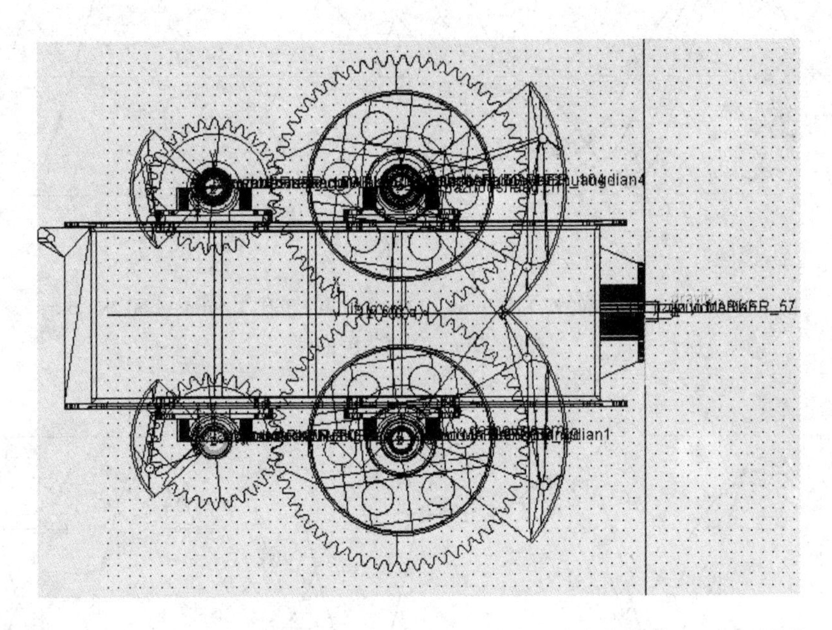

图4-18 ADAMS中添加约束和驱动后摇床简化模型

4.3.2 摇床仿真结果与分析

运用ADAMS软件对摇床进行仿真分析,得到摇床运动位移、速度以及加速度曲线。设计新型三层悬挂式摇床冲程有8mm、10mm、12mm、15mm、18mm、20mm、22mm共7种对应可调换配重块，各冲程配重块用螺栓连接，调换方便。用变频调速器对电动机调速，选取不同冲次分别为270次/min、300次/min、330次/min、360次/min进行分析，冲程8~22mm，冲程对应配重块，建立好简化模型导入ADAMS中，分析位移、速度以及加速度。

为得出冲程、冲次与速度以及加速度之间的关系，分别做几组不同仿真试验，得到如图4-19~图4-23的5组仿真结果。

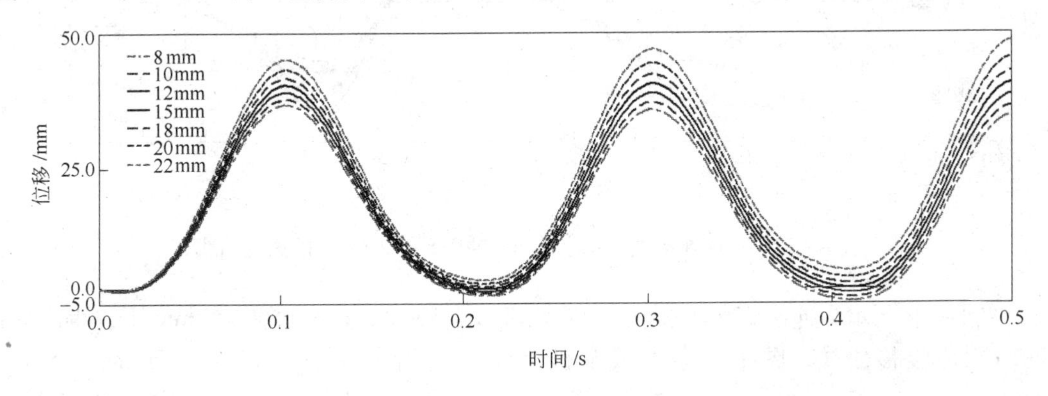

图4-19 摇床在冲次270次/min、300次/min、330次/min、360次/min，冲程8~22mm时的位移曲线

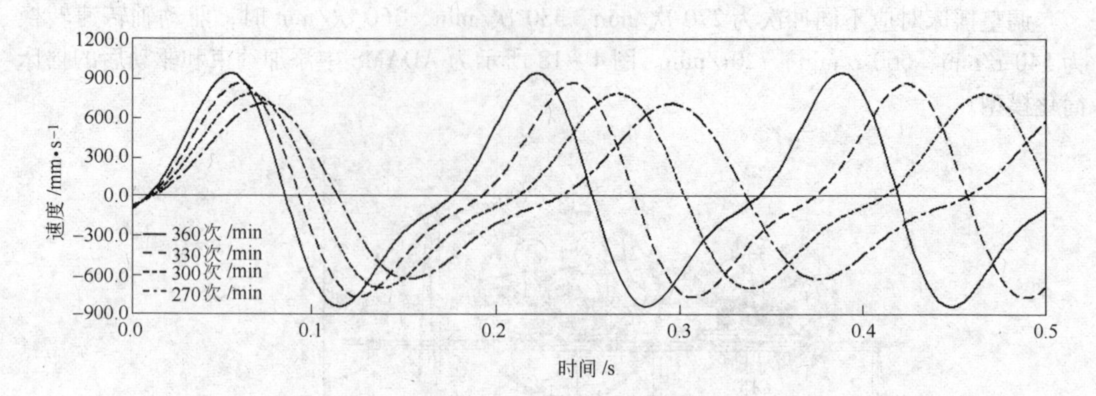

图 4 – 20　摇床在冲次 270 次/min、300 次/min、330 次/min、360 次/min，冲程 22mm 时的速度曲线

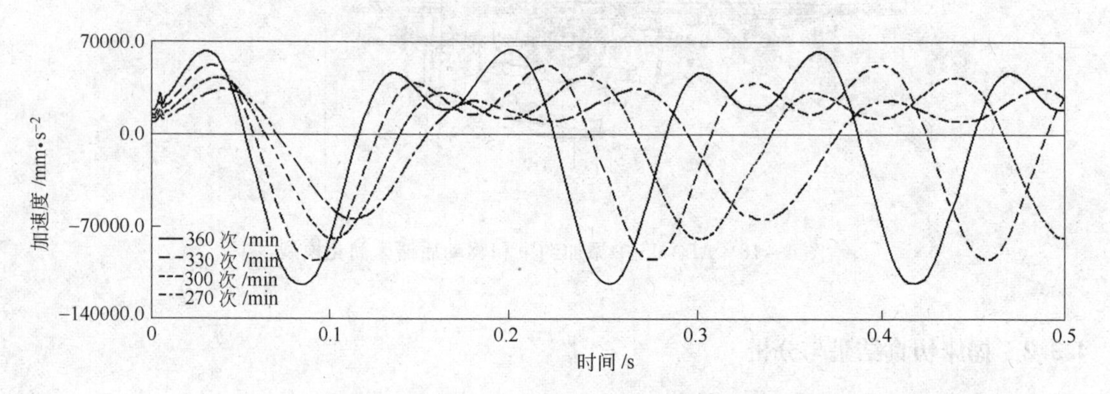

图 4 – 21　摇床在冲次 270 次/min、300 次/min、330 次/min、360 次/min，冲程 22mm 时的加速度曲线

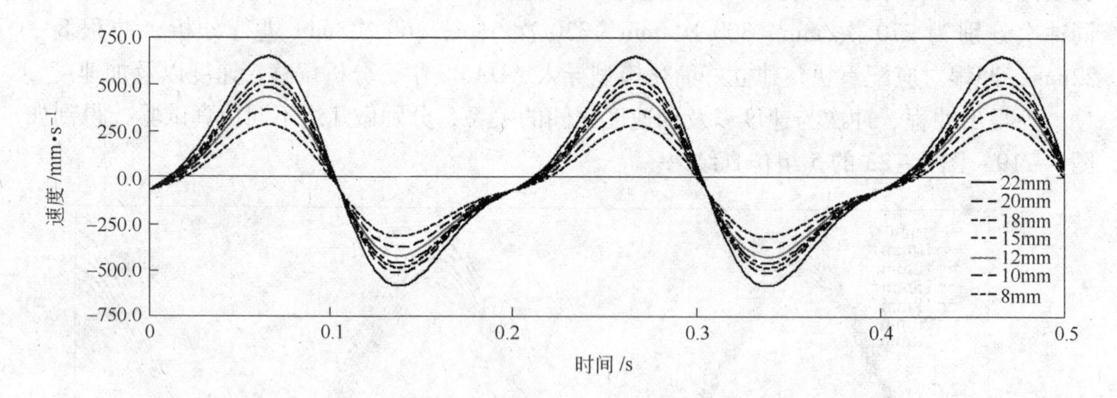

图 4 – 22　摇床在冲次 300 次/min，冲程 8 ~ 22mm 时的速度曲线

图 4 – 19 所示为冲次 270 次/min、300 次/min、330 次/min、360 次/min 下，得出 8 ~ 22mm 对应位移曲线，图中 7 条曲线从波峰中由上而下分别为 22mm、20mm、18mm、15mm、12mm、10mm、8mm 对应曲线；图 4 – 20 和图 4 – 21 所示为选取不同冲次在冲程

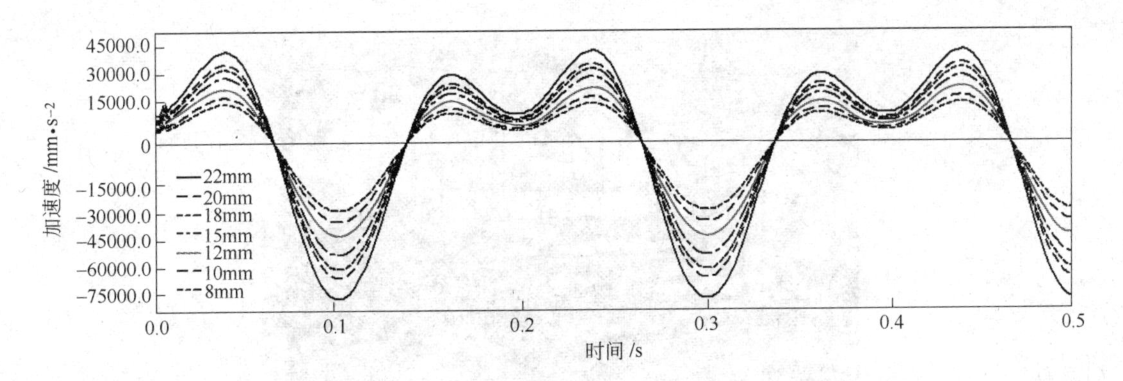

图 4－23 摇床在冲次 300 次/min，冲程 8～22mm 时的加速度曲线

22mm 时所得到的速度和加速度曲线，图中 4 条曲线从波峰中由上而下分别是冲次 360 次/min、330 次/min、300 次/min、270 次/min 所对应曲线；图 4－22 和图 4－23 所示为冲次 300 次/min，冲程 8～22mm 时对应速度和加速度曲线，图中 7 条曲线从波峰中由上而下分别为冲程 22mm、20mm、18mm、15mm、12mm、10mm、8mm 对应曲线。

对摇床的运动学仿真分析，主要是为了得到摇床的位移、速度及加速度特性，从而得出摇床的运动规律，并了解摇床在不同时刻的运动特性，并由此分析出根据不同矿料应配合何种冲程、冲次。由最大位移关系式可知，图 4－19 中位移曲线都在同一时刻达到最大和最小值，且冲程越大，峰值越高；改变摇床冲次相当于改变了轴的转速，导致摇床速度、加速度曲线相应发生变化，运动轨迹如图 4－20、图 4－21 所示相同，不仅改变了最大、最小速度与加速度，还改变了运动周期；摇床速度及加速度关系式表明，改变最大冲程，只能改变速度及加速度的最大、最小值，不能改变其运动规律，如图 4－22、图 4－23 所示一样，速度与加速度的曲线运动规律完全相同，但最大、最小值不同。

由仿真分析图 4－19 可以得知，无论冲次如何改变，摇床在冲程为 8mm 时位移曲线都不会改变，同理，冲次的改变也没有改变摇床在其他冲程时的位移曲线变化，但改变配重块质量后，冲程位移曲线就会产生相应变化，分析表明摇床冲程与冲次无关，冲程随对应配重块的改变而改变；由图 4－20 和图 4－21 可知，摇床的速度与加速度特性与冲次有关，在冲程一定时，其最大速度与加速度随冲次的增大而增大，反之亦然；由图 4－22 和图 4－23 可知，摇床的速度与加速度特性与冲程有关，在冲次一定时，其最大速度与加速度随冲程的增大而增大，反之亦然。

生产中根据矿物的不同特性合理搭配冲程、冲次。试验分析证明，冲次和冲程越大，其最大速度与加速度也随之增大，反之冲程和冲次越小，其最大速度与加速度随之减小。根据选矿原理，冲程过小，造成分布在床面上的矿料不易分开，而这些矿料很容易在床面刻条间堆积，破坏了矿料的分层；反之，若冲程过大，造成分布在床面上的矿料太过分散，则矿料沿床面纵向移动或横向的移动速度太快，矿料来不及分层就被选别开，同样破坏了矿料的分层。所以处理不同类别矿料时应组合使用冲程、冲次，当处理粗粒矿料时，应采用较大的冲程配合较低的冲次；当处理细粒矿料时，采用较小的冲程配合较高的冲次。研制的悬挂摇床如图 4－24 所示。

图4－24　研制的悬挂摇床样机

4.3.3　摇床动态参数特性研究

实际选矿应用中，通常会根据矿粒大小合理搭配冲程、冲次。试验分析表明，处理粗粒矿粒时，应增大冲程。根据冲程关系式$S_{max}=\frac{4G_1r_1}{G}$，增大冲程的方法有三种，即减小整个摇床的摇动重量、增大配重块回转半径或增加配重块质量。摇床设计后好，一般前两种方法不好改变，通常会用增加大配重块质量的方法来增大冲程，前面研究已经讨论过，该设计中增加大配重块质量的方法则是通过增加配重块厚度h来实现的。

仿真结果如图4－22、图4－23所示，图中表明冲程过大，会导致摇床最大速度和最大加速度增大，这样不利于矿粒的分层，所以处理粗粒矿料时不应单一的去增大冲程，还应考虑降低冲次以改变其速度与加速度特性。从图4－20、图4－21可以看出，冲次减小，可以降低摇床的最大速度及最大加速度。同样，从速度参数方程及加速度参数方程中也可以看出，减小转速、减小大配重块重量、增大小配重块的重量、增大摇动重量都是降低速度及加速度的方法，但配重块重量已不宜改变，摇动质量也不可随意改变，只有降低转速，而由摇床工作原理知大齿轮轴的转速即摇床的冲次，所以降低转速实际上也就相当于减小了冲次。

由于摇床偏距比M是定值，摇床的许多参数特性都是由偏距比M直接决定的，一般不会随意改变偏距比，而从偏距比的计算公式中可知，在大、小配重块回转半径不变的前提下，增加大配重块质量时，必须相应增加小配重块质量，才能保证偏距比的稳定不变。且偏距比不变时，摇床其他参数如C值、不对称系数E_1值及K_T值都不会发生改变。

综合考虑摇床参数特性，选粗粒矿料时，只要降低电动机转速，同时增加大、小配重块的重量就能保证摇床在最优的冲程、冲次组合值；选细粒矿料时，只要增大电动机转速，同时减小大、小配重块的重量就能保证摇床在最优的冲程、冲次组合值，进而保证选矿效率的最大化。

显然，为保证摇床结构的稳定性，在保证摇床选矿效果的前提下，应当使摇床的惯性力越小越好，避免对摇床造成较大冲击。前面已经给出床头惯性力的关系表达式：

$$F=2\omega^2[G_1r_1\cos(\omega t)-4G_2r_2\cos(2\omega t)]$$

从关系式中也可以看出，影响摇床床头惯性力的因素也很多，在实际生产中，应当根据矿料类别不同，多次试验，得出最佳最优的组合参数，实现选矿效率的最大化。

4.4 悬挂摇床头的结构参数优化设计

摇床作为一种重力选矿设备，应用已近百年的历史，在过去，摇床的设计参数均根据经验选取，悬挂式摇床选别效果不尽理想。据此运用 Matlab 的 fmincon 函数对悬挂摇床进行参数优化，改善悬挂式摇床选别效果。运用 SolidWorks Motion 对摇床进行动力学仿真，分析比较了悬挂摇床在两种不同摇床头偏心块布置方式下的受力，改变偏心块的布置方式，解决了悬挂摇床头扭摆振动的现象，达到了提高悬挂摇床产品产能和选别效果的目的。

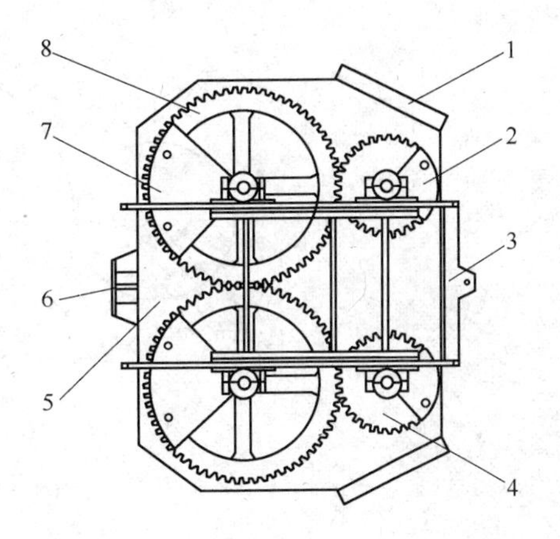

图 4-25 偏心块对称安装摇床头结构
1—电动机机座；2—小偏心块；3—前吊板；4—小齿轮；5—摇床头中间箱体；6—连接法兰；7—大偏心块；8—大齿轮

悬挂式摇床床头主要由大小偏心块和两对大小齿轮组成如图 4-25 所示，而偏心块的水平分力决定了摇床的往复不对称运动特性（即差动特性）。摇床床面的差动特性对摇床分选效果的影响极大，床面做不对称往复机械振动能造成床层间物料的剪切松散，促使床面上物料析离分层，摇床头中以差动系数 C 和不对称系数 E 的大小反映了摇床选别效果及效率的高低。

4.4.1 设计变量的选取

摇床的振动是由大小偏心块的惯性力产生，摇床头偏心块参数的选取对摇床的运动学与动力学的性能及选矿效果影响较大，参数 C 和 E 的值亦取决于大小偏心块参数的取值。以摇床头偏心块的参数作为设计变量，大小偏心块的参数包括：大小偏心块外圆弧半径 R_1、R_2，大小偏心块的厚度 d_1、d_2，大小偏心块内圆弧半径 r。

4.4.2 约束条件的选择

4.4.2.1 等式约束条件的确定

摇床头大小齿轮的齿数比为 2∶1，故两轴上大、小偏心块转速之比为 1∶2，即大偏心块转过角度 ωt 时，小偏心块对应转动 $2\omega t$，其中 ω 为大配重块的转动角速度。安装时大、小偏心块按标准相位角安装，且回转方向分别相反，简化后的模型如图 4-26 所示。

摇床受到的激振力为：

$$\begin{aligned} F &= 4\omega^2(m_1 r_{Z1}\cos\omega t - 4m_2 r_{Z2}\cos 2\omega t) \\ &= 4\omega^2 m_2 r_{Z2}(M\cos\omega t - 4\cos 2\omega t) \end{aligned} \tag{4-1}$$

其中

$$M = \frac{m_1 r_{Z1}}{m_2 r_{Z2}} = \frac{(R_1^3 - r^3)d_1}{(R_2^3 - r^3)d_2} \tag{4-2}$$

式中，M 为偏心块的偏距比；d_1、d_2 分别为大小偏心块的厚度；R_1、R_2 分别为大小扇形

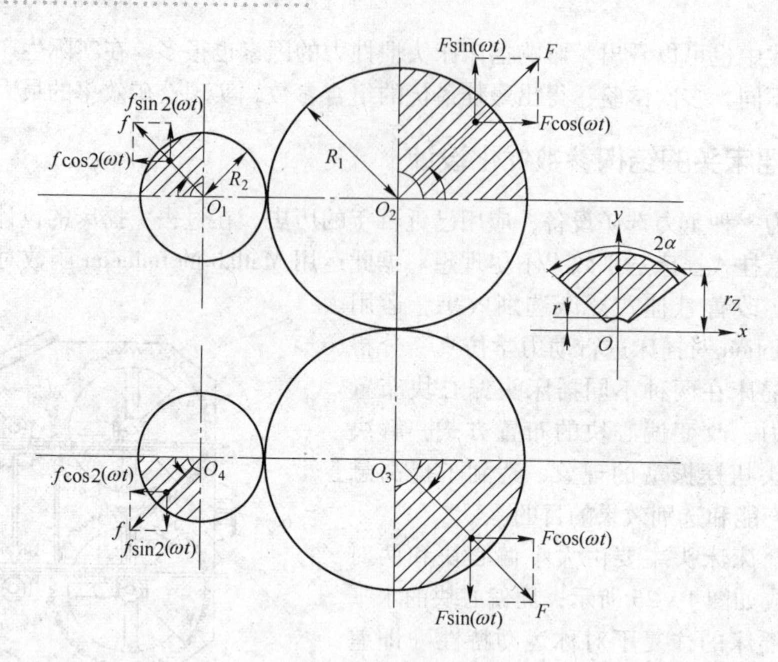

图 4-26 偏心块激振力

偏心块的外圆弧半径；r 为大小扇形偏心块的内圆弧半径；r_{Z1}、r_{Z2} 分别为大小偏心块质心半径。

由于大小偏心块的形状是关于 y 轴对称，故偏心块质心横坐标 $x=0$。

扇形质心纵坐标由式（4-3）确定：

$$y=\frac{2\sin\alpha(R^3-r^3)}{3\alpha(R^2-r^2)} \tag{4-3}$$

式中，α 为大小偏心块的扇形夹角。

以某矿山机械公司合作研制的四层悬挂摇床为例，将其原始设计参数 $R_1=310\text{mm}$、$R_2=155\text{mm}$、$r=35\text{mm}$、$\alpha=\frac{\pi}{4}$ 代入式（4-3），解得大小偏心块质心半径为：

$$y_1=r_{Z1}=193.87\text{mm},\ y_2=r_{Z2}=106.14\text{mm}$$

将 $r_{Z1}=193.87\text{mm}$、$r_{Z2}=106.14\text{mm}$、$m_1=36.8\text{kg}$、$m_2=11.24\text{kg}$、$\omega=10\pi\text{rad/s}$ 分别代入式（4-1）得到在冲程为 22mm 时的激振力：

$$F(t)=28198.5\cos10(\pi t)-18795.4\cos20(\pi t) \tag{4-4}$$

求得 $F_{\max}=24083\text{N}$，$F_{\min}=-46987\text{N}$。

在实际工作中，为了满足摇床选矿时振动所需要的能量，将摇床在最大冲程下的激振力作为其约束条件，将式（4-3）代入式（4-1）化简得到：

$$|F_{\min}|=32\omega^2m_2r_2\left(\frac{M^2}{256}+4\right)=8\omega^2\rho\pi d_2\left(4+\frac{M^2}{256}\right)\frac{2\sin\alpha(R_2^3-r^3)}{3\alpha} \tag{4-5}$$

将 $|F_{\min}|$ 值代入式（4-5）得到：

$$|F_{\min}|=8\omega^2\rho\pi d_2\left(4+\frac{M^2}{256}\right)\frac{2\sin\alpha(R_2^3-r^3)}{3\alpha}=46987\text{N} \tag{4-6}$$

也即

$$8\omega^2\rho\pi d_2\left[4+\frac{d_1^2(R_1^3-r^3)^2}{256d_2^2(R_2^3-r^3)^2}\right]\frac{2\sin\alpha(R_2^3-r^3)}{3\alpha}=46987\text{N} \tag{4-7}$$

式中 $\rho=7.9\text{g/cm}^3$、$\omega=31.4\text{rad/s}$、$\alpha=\frac{\pi}{4}$代入得到：

$$d_2\left[4+\frac{d_1^2(R_1^3-r^3)^2}{256d_2^2(R_2^3-r^3)^2}\right]\frac{4\sqrt{2}(R_2^3-r^3)}{3\pi}=240143975\text{mm}^4 \tag{4-8}$$

4.4.2.2 不等式约束条件的确定

除了输出激振力的条件约束外，大小扇形偏心块的大小受到齿轮尺寸及摇床头内腔体大小的结构约束。

安装偏心块的齿轮为标准外啮合圆柱齿轮，其模数为10，小齿轮齿数为32，大齿轮齿数为64，大小齿轮轴径为70mm。为保证齿轮的结构强度以及避免偏心块之间产生干涉，大偏心块的外缘不能超过大齿轮对的啮合半径，内经不能小于齿轮轴轴径。大齿轮的啮合半径为：

$$\frac{mZ_{大}}{2}=\frac{64\times10}{2}=320\text{mm}$$

所以有 $35\text{mm}\leqslant R_1\leqslant320\text{mm}$。

当大小偏心块安装在同一平面内时，避免大小偏心块产生干涉，大小偏心块的半径还需满足以下条件：大小齿轮轴中心距为$\frac{m(Z_{大}+Z_{小})}{2}=\frac{(64+32)\times10}{2}=480\text{mm}$，$R_1+R_2\leqslant480\text{mm}$。

为了减小摇床头的体积，将大小偏心块安装在同一平面内，偏心块最大的安装厚度在90mm范围内，出于结构稳定和重心偏离等因素，令偏心块的厚度 d_1、d_2 都不大于90mm，而且 R_1、R_2、r、d_1、d_2 五个参数均大于0。

最终得到的约束条件为：$R_1\leqslant320\text{mm}$，$R_1\geqslant R_2\geqslant35\text{mm}$，$R_1>0$，$R_2>0$，$r>0$，$0<d_1<90$，$0<d_2<90$，$R_1+R_2\leqslant480\text{mm}$。

4.4.3 目标函数的确定

床面位移曲线的不对称性在一定程度上反映了摇床头差动效率的高低，其中对摇床差动特性影响最大的参数为 C 和 E。参数 E 的大小是反映摇床床面急回特性的强弱，称为摇床的不对称系数，它的大小直接影响了选矿时矿石的品位和摇床的选矿效率，其大小由式(4-9)表示：

$$E=\frac{t_{11}+t_{22}}{t_{12}+t_{21}}=\frac{\omega t}{180-\omega t} \tag{4-9}$$

式中，ωt 为摇床的偏心块转过的角度；t_{11} 为床面前进的前半段时间；t_{22} 为床面后退的后半段时间；t_{12} 为床面前进的后半段时间；t_{21} 为床面后退的前半段时间。

根据悬挂式摇床的运动规律可以求得：

$$E=\frac{\cos^{-1}\frac{M-\sqrt{1.5M^2-4M+24}}{4}}{180-\cos^{-1}\frac{M-\sqrt{1.5M^2-4M+24}}{4}} \tag{4-10}$$

参数 C 的大小是实现颗粒在床面单项运搬强弱的重要因素，它同时也反映了床面差动运动的不对称程度，由于悬挂式摇床头的结构限制，C 的取值范围为［1，2］，此时 C 由式（4－11）表示：

$$C=\left|\frac{-a_{床面\max}}{+a_{床面\min}}\right|=\frac{128+32M}{128+M^2} \tag{4-11}$$

选取 E 作为目标函数。

根据函数的增减性得到要求 E 的最大值即求：

$$f=-\cos^{-1}\frac{\frac{(R_1^3-r^3)d_1}{(R_2^3-r^3)d_2}-\sqrt{1.5\times\left[\frac{(R_1^3-r^3)d_1}{(R_2^3-r^3)d_2}\right]^2-4\times\frac{(R_1^3-r^3)d_1}{(R_2^3-r^3)d_2}+24}}{4}$$

的最小值，则目标函数为 f。

4.4.4 优化设计数学模型

将 R_1、R_2、r、d_1、d_2 5 个设计变量对应设为 x_1、x_2、x_3、x_4、x_5。这样目标函数表示为：

$$f(x)=-\cos^{-1}\frac{\frac{(x_1^3-x_3^3)x_4}{(x_2^3-x_3^3)x_5}-\sqrt{1.5\times\left[\frac{(x_1^3-x_3^3)x_4}{(x_2^3-x_3^3)x_5}\right]^2-4\times\frac{(x_1^3-x_3^3)x_4}{(x_2^3-x_3^3)x_5}+24}}{4}$$

由式（4－8）得到等式约束条件为：

$$t(x)=x_5\left[4+\frac{x_4^2(x_1^3-x_3^3)^2}{256x_5^2(x_2^3-x_3^3)^2}\right]\frac{4\sqrt{2}(x_2^3-x_3^3)}{3\pi}-240143975$$

不等式约束条件为：

$g_1(x)=35-x_2\leqslant0$, $g_2(x)=x_2-x_1\leqslant0$, $g_3(x)=x_1-320\leqslant0$, $g_4(x)=x_4-90\leqslant0$, $g_5(x)=x_5-90\leqslant0$, $g_6(x)=x_1+x_2-480\leqslant0$。

最终悬挂摇床头的参数优化数学模型由下式表述：

$$\begin{cases}\min f(x)=-\cos^{-1}\frac{\frac{(x_1^3-x_3^3)x_4}{(x_2^3-x_3^3)x_5}-\sqrt{1.5\times\left[\frac{(x_1^3-x_3^3)x_4}{(x_2^3-x_3^3)x_5}\right]^2-4\times\frac{(x_1^3-x_3^3)x_4}{(x_2^3-x_3^3)x_5}+24}}{4}\\ \mathrm{X}=[x_1,x_2,x_3,x_4,x_5,x_6]\\ \text{s.t.}\quad g_u(X)\leqslant0\qquad(u=1,2,3,\cdots,6)\\ t(X)=x_5\left[4+\frac{x_4^2(x_1^3-x_3^3)^2}{256x_5^2(x_2^3-x_3^3)^2}\right]\frac{4\sqrt{2}(x_2^3-x_3^3)}{3\pi}-240143975=0\end{cases}$$

4.4.5 结果分析

调用 Matlab 的 fmincon 函数对目标函数进行优化，经过优化后得到结果：

$x_1=317.75$，$x_2=158.7$，$x_3=35$，$x_4=55.7$，$x_5=86.6$，$C=1.88$，$E=1.595$

当 $M=1\sim8$ 时，悬挂式摇床的不对称系数的取值范围为 $E=2.55\sim1.36$，E 的优化值在合理的范围内，不会引起床面急回过快而导致破坏矿粒的松散，优化有效。优化前后的数据对比见表4-1。

表4-1 各参数优化前后对比

参 数	R_1	R_2	r	d_1	d_2	m_1	m_2	C	M	E
优化前	310	155	35	62.8	79.5	36.96	11.24	1.95	6	1.405
优化后	317.75	158.7	35	55.7	86.6	34.5	12.92	1.88	4.92	1.595
优化百分比/%	-2.5	-2.4	—	11.3	-8.9	6.7	-14.9	-3.6	-21.95	13.5

由表4-1可知，通过fmincon函数优化后，参数M由6减小到4.92，参数C减小了3.6%，满足正常选矿的需要。在保持较大的C值下，参数E增加了13.5%，较好的提高了悬挂摇床的产品产能及选别效果。

4.5 悬挂摇床头动力学仿真分析

4.5.1 动力学分析

摇床头的振动系统属于多刚体振动系统，其机械系统可以简化成式（4-12）动力学模型：

$$d(J_e\omega^2/2)=(M_{ed}-M_{er})d\varphi \tag{4-12}$$

式中，J_e为摇床头大小偏心块系统转动惯量；ω、φ分别为大小偏心块转动角速度与角位移；M_{ed}、M_{er}分别为摇床头系统等效驱动力矩和等效阻力矩。

当等效驱动力矩为恒力矩时，等效驱动力矩与等效阻力矩有以下关系：

$$M_{ed}=\frac{1}{2\pi}\int M_{er}d\varphi \tag{4-13}$$

单个偏心块对摇床头中心面产生的扭矩由式（4-14）计算：

$$M_i=m_ir_i\omega^2L=\frac{1}{4}\pi\rho d_i\frac{\sin\alpha(R_i^3-r^3)}{3\alpha}\omega^2L\quad(i=1,2) \tag{4-14}$$

式中，L为大小偏心块的质心到齿轮中心面的距离。

原设计摇床头内偏心块的布置结构采用非对称布置方式，即大小齿轮轴上的偏心块采用交错布置方式，导致偏心块与摇床头齿轮中心面的距离不相等，如图4-27所示。由于大小偏心块惯性力的周期作用，使得大小轴左右两端的受力不均衡，对齿轮中心面产生的扭矩在空间中不能平衡，从而导致摇床头在空间产生扭摆振动现象。改变摇床头偏心块的布置方式，使各偏心块距齿轮中心面的距离相等，如图4-28所示，由式（4-14）知此时L大小相等，摇床头在空间上所受的力矩相互平衡。

4.5.2 动力学仿真及结果分析

用SolidWorks建立两种偏心块布置方式的摇床头三维模型，使摇床在空间有六个自由度。对摇床头的箱体赋予2600kg的实际工作质量，确保摇床的整体质心在摇床头的几何中心上，添加恒定电动机转速600r/min。由于轴与箱体之间处于滚动接触状态，设置动态摩擦系数为0.15，静态摩擦系数为0.2，得到大小偏心块非对称安装时的振动受力，结果如图4-29～图4-32所示。

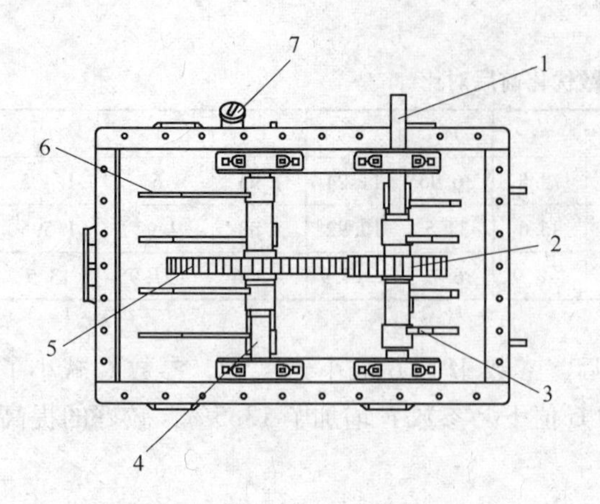

图 4－27　偏心块非对称布置结构
1—小齿轮轴；2—小齿轮；3—小偏心块；4—大齿轮轴；5—大齿轮；6—大偏心块；7—进油孔

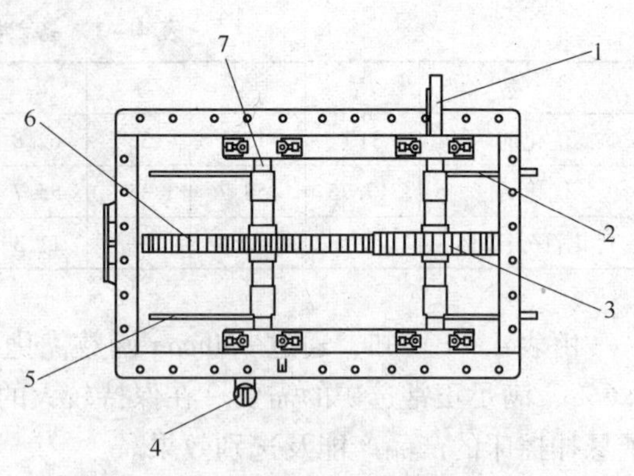

图 4－28　偏心块对称布置结构
1—小齿轮轴；2—小偏心块；3—小齿轮；4—进油孔；5—大偏心块；6—大齿轮；7—大齿轮轴

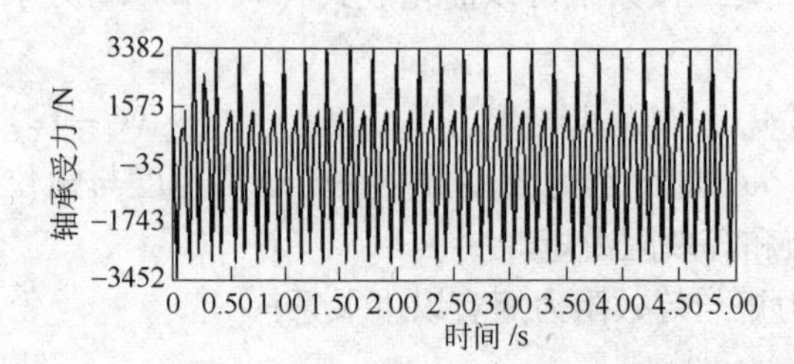

图 4－29　小偏心块非对称安装轴左端轴承受力

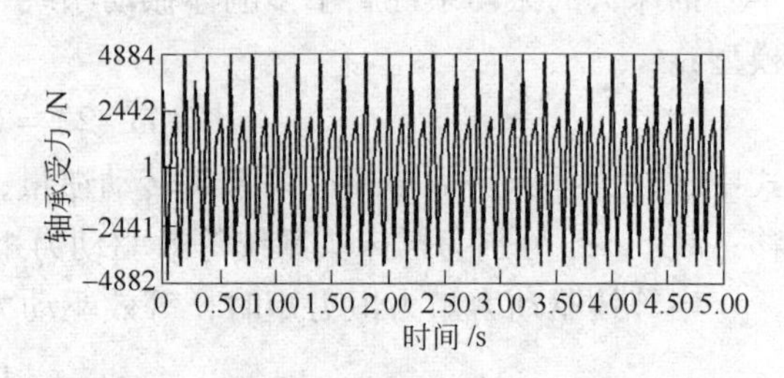

图 4－30　小偏心块非对称安装轴右端轴承受力

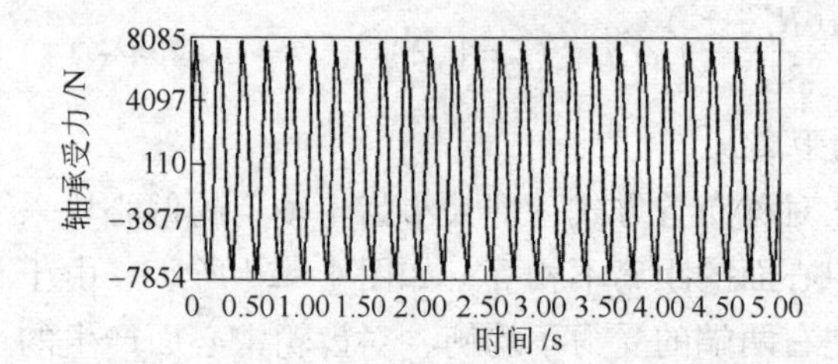

图 4－31　大偏心块非对称安装轴左端轴承受力

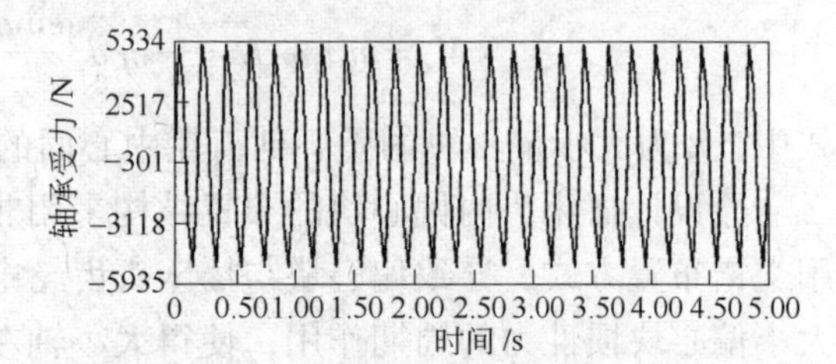

图 4－32　大偏心块非对称安装轴右端轴承受力

由图分析可知，大小偏心块非对称安装对轴的两端轴承受力产生较大的影响，且偏心块越靠近轴承安装，轴承的受力也越大。其中小偏心块轴左右两端受力大小为－3452～3382N 和－4882～4884N，右端轴承的受力最大值比左端大 1430～1502N，大偏心块轴左右两端受力大小为－7864～8085N 和－5935～5334N，左端轴承受力最大值比右端大 1929～2751N。大小齿轮轴两端的受力对摇床头的中心面产生不对称扭矩，这将使摇床产生明显的扭摆振动，在现场试验时发现，随着电动机转数及偏心块质量的增加这将更加显著。受力情况对比见表 4－2，摇床头绕 x 轴、y 轴和 z 轴扭摆角度如图 4－33 所示。

表 4-2 摇床头偏心块非对称安装各轴轴承受力对比

轴承受力	小齿轮轴右端/N	小齿轮轴左端/N	力相差/N	相差百分比/%	扭矩相差/N·m	大齿轮轴右端/N	大齿轮轴左端/N	力相差/N	相差百分比/%	扭矩相差/N·m
最大值	4884	3382	1502	30.8	395	5334	8085	2751	34	723.5
最小值	-4882	-3452	1430	29.3	376.1	-5935	-7864	1929	24.5	507.3

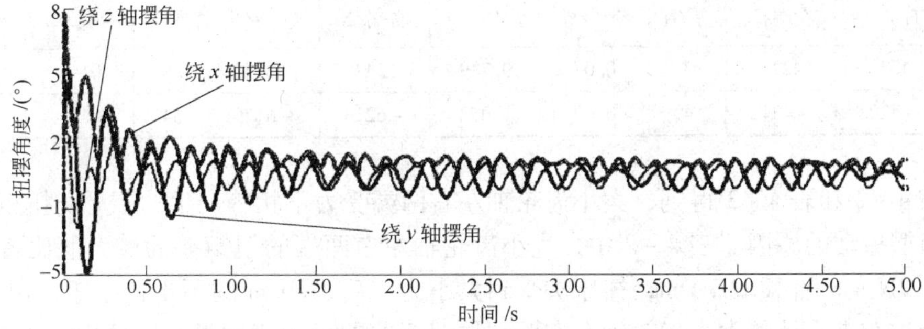

图 4-33 偏心块非对称安装摇床头绕 x 轴、y 轴和 z 轴扭摆角度

由图 4-33 可以得到，当偏心块非对称安装时由于大小齿轮轴左右两端受力不等，导致大小齿轮轴左右两端所受的扭矩不相等，最终使摇床头在空间产生扭摆现象。由于摇床头在空间有六个自由度，所产生的扭摆运动是由沿 x、y 和 z 轴扭摆的综合所致。当摇床头振动趋于稳定时，沿 x、y 和 z 轴的扭摆角度范围为 $-0.8° \sim 1.8°$，由摇床头悬挂钢绳长为 1062mm，则扭摆幅度为 $2\pi \times 1062 \times \frac{2.6}{360} = 48.2\text{mm}$，最终使悬挂摇床产生周期性扭摆振动。

改变悬挂摇床头偏心块的布置方式，将非对称的布置形式改为对称的形式，将模型导入到 Motion 中做动力学仿真分析得到偏心块对称安装时的结果如图 4-34 ~ 图 4-37 所示。

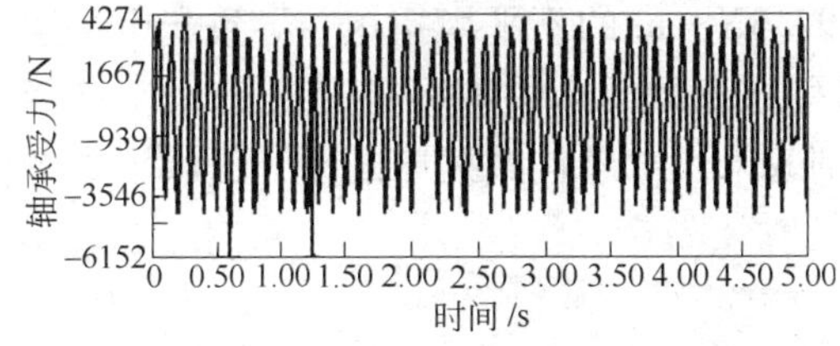

图 4-34 小偏心块对称安装轴左端轴承受力

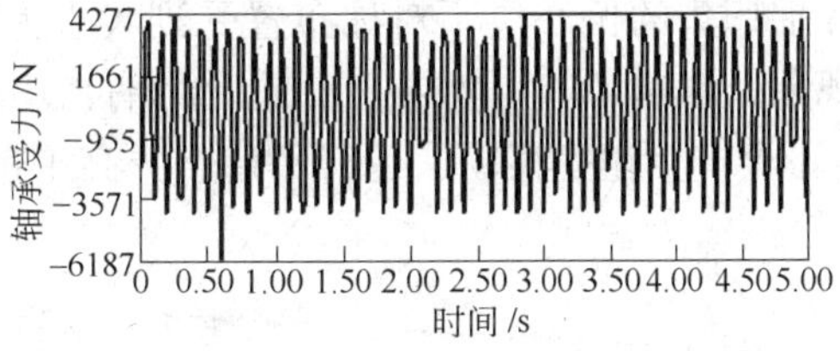

图 4-35 小偏心块对称安装轴右端轴承受力

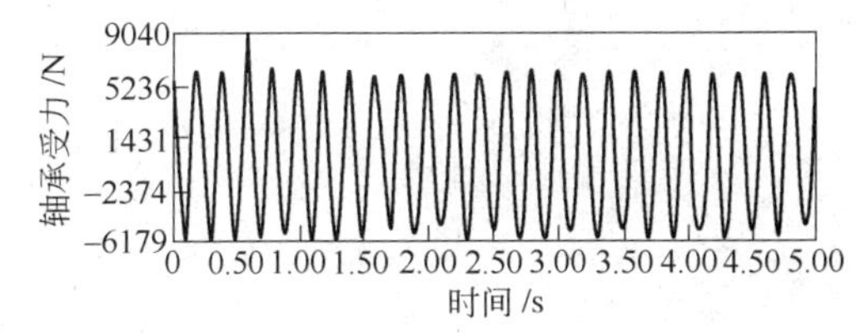

图 4-36 大偏心块对称安装轴左端轴承受力

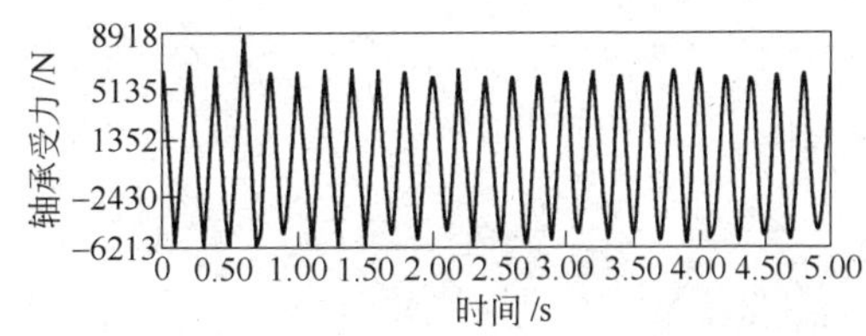

图 4-37 大偏心块对称安装轴右端轴承受力

由图4-34~图4-37分析得到，大小偏心块在对称安装后左右两端受力比较均衡，其中小偏心块轴左右两端受力大小分别为-4212~4274N和-4208~4277N，小偏心块轴端受力在4200N左右；大偏心块轴左右两端受力大小为-6179~6214N和-6213~6242N，大偏心块轴端受力在6218N左右，对于摇床头的振动起到了较好的优化作用。受力情况对比见表4-3。

表4-3 摇床头偏心块对称布置各轴轴承受力对比

轴承受力	小齿轮轴右端/N	小齿轮轴左端/N	力相差/N	相差百分比/%	扭矩相差/N·m	大齿轮轴右端/N	大齿轮轴左端/N	力相差/N	相差百分比/%	扭矩相差/N·m
最大值	4277	4274	3	0.07	0.789	6242	6214	28	0.45	7.36
最小值	-4208	-4212	4	0.09	1.052	-6213	-6179	34	0.55	8.94

由表4-2和表4-3得到，大小齿轮轴左右两端受力不相等产生的不平衡扭矩是摇床头产生扭摆振动的原因。表4-2中，大小齿轮轴左右两端的扭矩差的最大值比最小值分别大216.2N·m和18.9N·m，摇床头受到大小为197.3N·m的不平衡扭矩；由表4-3可知，经过改进设计的大小齿轮轴左右两端的扭矩差的最大值比最小值分别大1.58N·m和0.263N·m，不平衡力矩减小到1.371N·m，改进了摇床头的振动受力，不会产生扭摆振动现象。

4.5.3 结论

（1）选取悬挂摇床的不对称系数为目标函数，利用Matlab fmicon对摇床头进行结构参数优化，优化结果显示摇床的差动系数减小了3.6%，满足正常选矿要求。不对称系数E增加了13.5%，在有较大C值的前提下提高了摇床的急回特性，较好地提高了悬挂摇床的产品产能和选别效果，对悬挂式摇床的偏心块计算取值有一定的借鉴作用。

（2）改变悬挂摇床头偏心块的布置方式，使各转动轴两端的受力更趋于合理，运用SolidWorks/Motion对参数优化后的摇床进行动力学仿真，得到大小轴左右两端的受力，原设计摇床头的偏心块不对称布置受到大小为197.3N·m的不平衡扭矩，导致产生扭摆振动现象，影响了选别效果。改进后的偏心块对称布置的摇床头不平衡力矩变为1.371N·m，不会产生扭摆振动，运行平稳，提高了选别效果，对悬挂式摇床的设计提供了参考依据。

5 扒渣机 CAD/CAE 设计案例

5.1 概述

扒渣机是由机械手与输送机相接合，采集和输送功能合二为一，采用电动液压控制系统的生产装置。它能配备不同机具，在功能上具有较大的灵活性。它能解决岩巷掘进中的装矸效率低、安全风险大等难题，主要用于岩巷的机械化施工，应用在矿山、铁路等工程隧道的建设，是目前煤矿、铁矿、磷矿、锌矿、铅锌矿等矿业挖掘、装矿（装渣）的最理想设备。原有的施工机械高风险、高成本和劳动强度大，并且机械化程度低，在装渣时不连续，扒渣机很好地改变了原有的状态，同时对单进的水平以及在隧道和井下巷道掘进的速度也相应地有所提高。

扒渣机的结构主要是由扒渣装置、运输装置、履带行走装置、司机室及其平台总成、电动机护罩、主电动机及油泵组件、液压系统、电气系统及相关附件装置等组成。

通过底部行走装置将整机移至合适位置，扒渣装置上的回转油缸带动回转装置调整扒渣装料位置，驱动扒渣装置对矿料进行扒渣集取，并用挖斗将矿料扒到铲板上，然后通过运输机构将铲板上面的矿料进行运输，运送到配套的设备上。

该案例研究与江西某机械有限公司合作开发 LWL－120 型扒渣机，通过 CAD/CAM 技术，对扒渣机进行设计，用 SolidWorks 软件建立三维零件和装配模型，通过 ADAMS 软件对扒渣机的扒渣装置进行运动学和动力学仿真分析，同时用 Matlab 软件对扒渣机的扒斗连杆机构进行参数优化，提高了扒渣机的扒渣性能。

针对提高扒斗油缸扒渣时的扒渣力，将扒渣力 F 的函数转化为建立最大传力比 i 的目标函数，确定优化设计变量，设定约束条件，通过 Matlab 对设定的变量进行优化，优化后的参数可以使传力比提高，传力比提高则可以增大扒渣力，扒渣力由优化前的 21348.53N 提高到了 25130.95N，提高比例为 17.72%，因此能提高扒渣性能，同时得到的理论扒渣力即为 21348.53N，可以和后面的仿真测试值 21457.16N 进行对比分析。

通过 ADAMS 对扒渣机的扒渣装置进行运动学仿真分析，得到了扒渣范围和主要工作参数，同时也获得了大臂和小臂的速度、加速度随时间变化的曲线，分析了速度、加速度突变的原因及其所产生的影响，并得到了最大值，提出了解决方法，为扒渣机的设计及性能分析提供了依据。

通过建立合适的弹簧来模拟测力计对小臂油缸扒渣时的扒渣力和扒斗油缸扒渣时的扒渣力进行仿真测试，得到了小臂油缸扒渣时的扒渣力为 14574.53N，扒斗油缸扒渣时的扒渣力为 21457.16N，和前面得到的扒斗油缸扒渣时理论值 21348.53N 进行对比分析，误差很小，验证其是正确的，并能为扒渣力优化和扒渣性能提高提供数据。分析扒渣装置在扒渣工况下受外力工作过程中各个部件上的铰点处受力变化曲线，通过 ADAMS 对扒渣工况下扒渣装置进行动力学仿真分析，得到了在大臂处于危险情况下的大臂上各铰点的受力曲线和峰值，小臂处于危险情况下小臂上各个铰点的受力曲线和峰值，不同液压油缸在受到外载荷时的受力变化曲线和峰值，为扒渣装置的设计、有限元分析及优化奠定了基础。

5.2　LWL－120 型扒渣机三维设计

5.2.1　三维零件模型建立

LWL－120 型扒渣机的结构组成如下：扒渣装置、运输装置、履带行走装置、司机室及其平台总成、电动机护罩、主电动机及油泵组件、液压系统、电气系统及相关附件装置等。扒渣装置是需要研究的重点，因此将其零部件模型和总装模型一一列举。

5.2.1.1　扒渣装置及其主要零部件三维模型

扒渣装置的主体框架由龙门架、大臂座、大臂、小臂、扒斗、扒斗连杆机构、液压油缸几大部分组成。图 5－1～图 5－8 所示为扒渣装置上的主要零部件的三维模型。

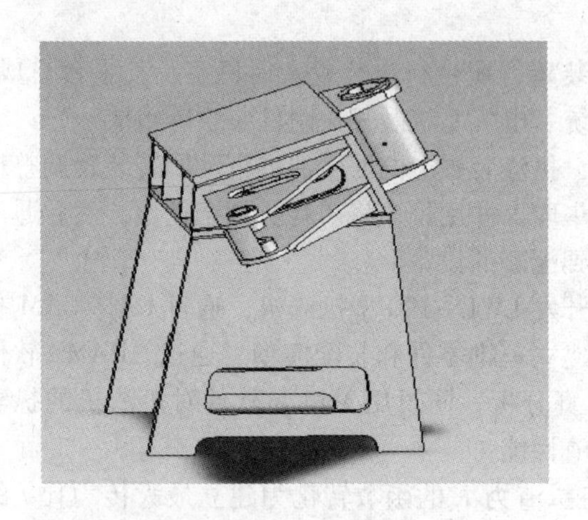

图 5－1　龙门架装配图

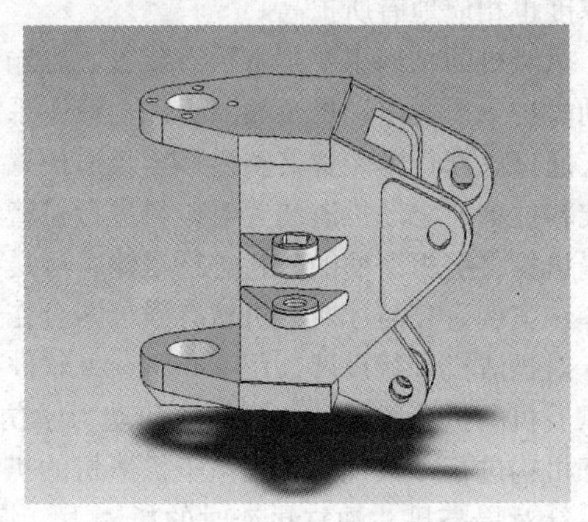

图 5－2　大臂座装配图

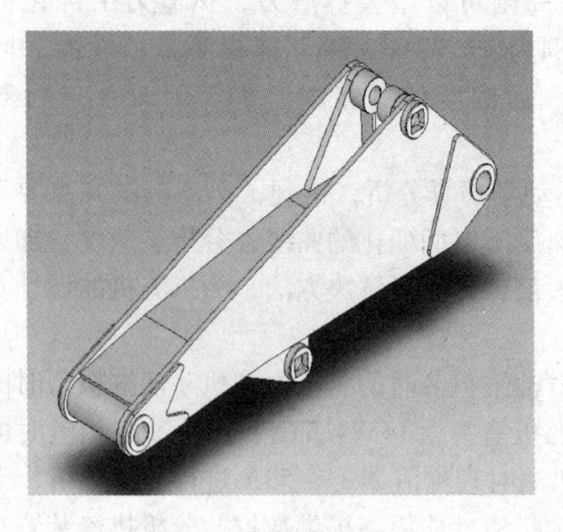

图 5－3　大臂装配图

图 5－4　小臂装配图

图 5－5 连接杆（一）装配图

图 5－6 连接杆（二）装配图

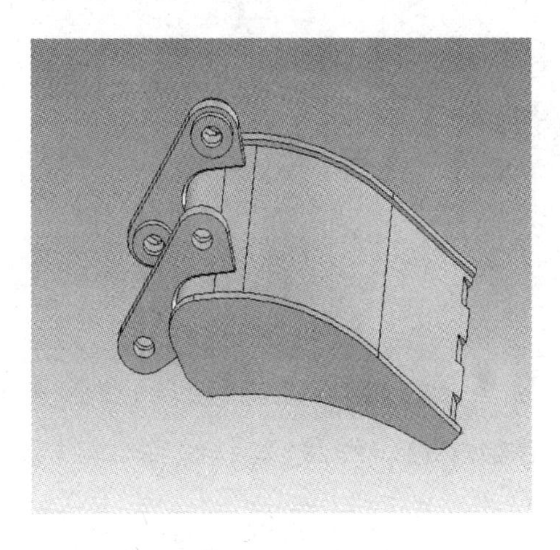

图 5－7 扒斗装配图

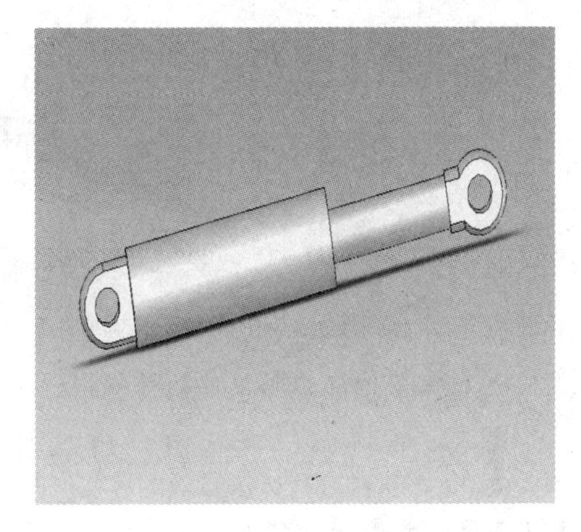

图 5－8 液压油缸装配图

扒渣装置的装配过程如下：先将龙门架导入作为固定模型，导入大臂座，将其和龙门架进行配合，使大臂座通过轴承和回转中心销能绕龙门架左右转动；导入大臂，将其和大臂座进行配合，使大臂相对于大臂座能通过大臂回转销进行上下运动；导入小臂，将其和大臂进行配合，使小臂能通过小臂连接销相对于大臂进行运动；导入连接杆（一）和连接杆（二），将其和小臂进行配合，通过扒斗连接销使其组装成扒斗连杆机构，并能在小臂上相互运动；导入扒斗，将其和连接杆二进行配合，使其通过扒斗连接销能和扒斗连杆机构进行相互运动；再导入四个液压油缸，通过厂家提供的不同油缸的行程和安装距等参数，将四个油缸通过油缸座销将其分别装配在龙门架和大臂座之间、大臂座和大臂之间、大臂和小臂之间、小臂和扒斗连杆机构之间，并通过配合关系使液压油缸和各部件之间能根据实际的要求进行合理的运动；装配好之后再检查干涩，确定其是否装配成功，再拉动整个装配体模型，是否能够运动，装配成功后的扒渣装置总装配体模型如图 5－9 所示。

5.2.1.2 运输装置

运输机构主要由运输槽体、主传动机构、双链刮板、从动轮总成、抬槽油缸等组成。

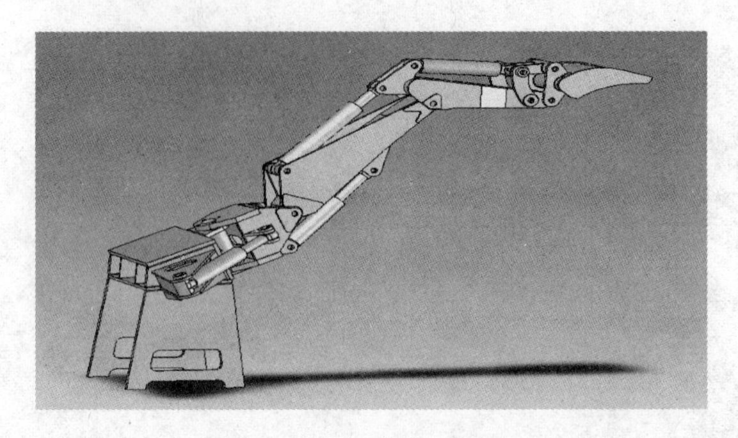

图 5－9 扒渣装置总装配体图

图 5－10 所示为运输装置的装配图。

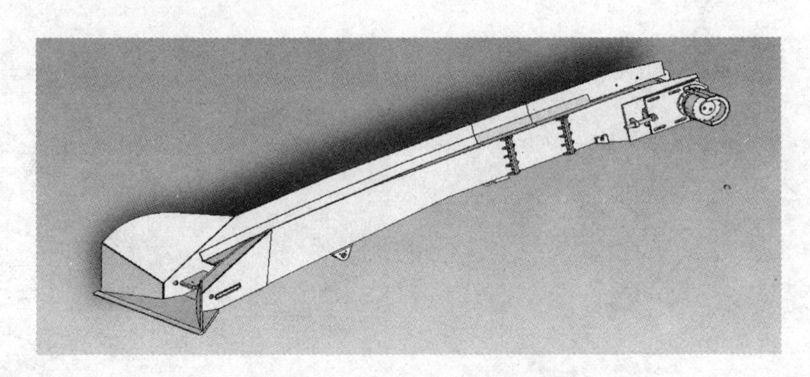

图 5－10 运输装置装配体图

5.2.1.3 履带行走装置

履带行走机构主要由行走架、履带总成、支重轮总成、托链轮总成、引导轮总成、驱动轮、张紧装置等组成。图 5－11 所示为其装配图。

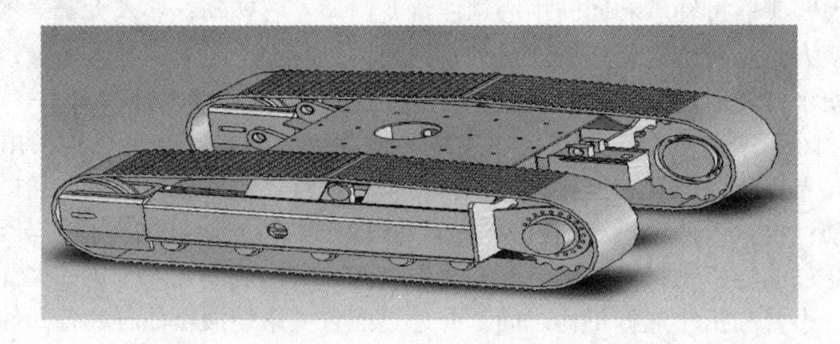

图 5－11 行走装置装配体图

根据使用单位的实际需要，同时为了下井扒料时方便拆卸，需要将总体式行走机构改成分体式的行走机构，图 5－12 所示为其改装后装配图。

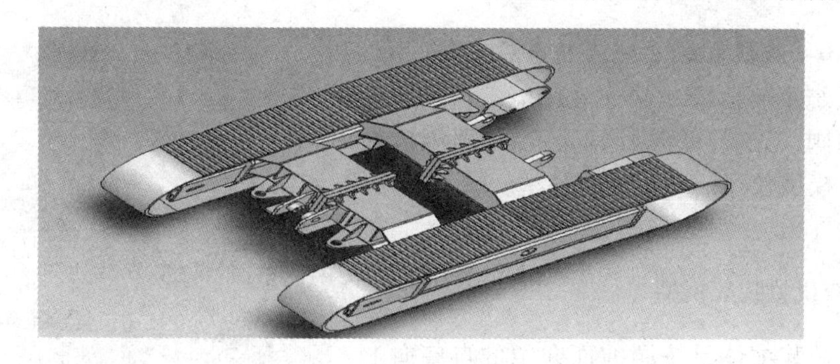

图 5－12 分体式行走机构装配体图

5.2.1.4 司机室及其平台总成

司机室及其平台总成主要是由平台总成、操作台、可倾斜式座椅、五联阀护罩等组成。其三维模型图如图 5－13 所示。

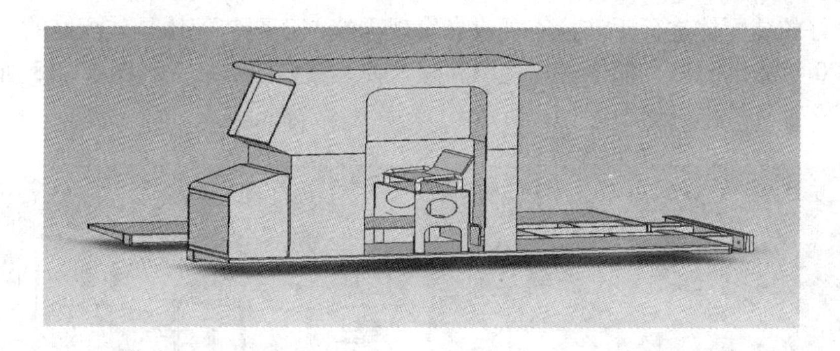

图 5－13 司机室及其平台装配体图

5.2.1.5 主电动机及电动机护罩

主电动机选用的是 55kW 的防爆型电动机，它和内齿形弹性联轴器相连接，带动柱塞泵工作，从而使整个系统工作，结构紧凑。如图 5－14 和图 5－15 所示。

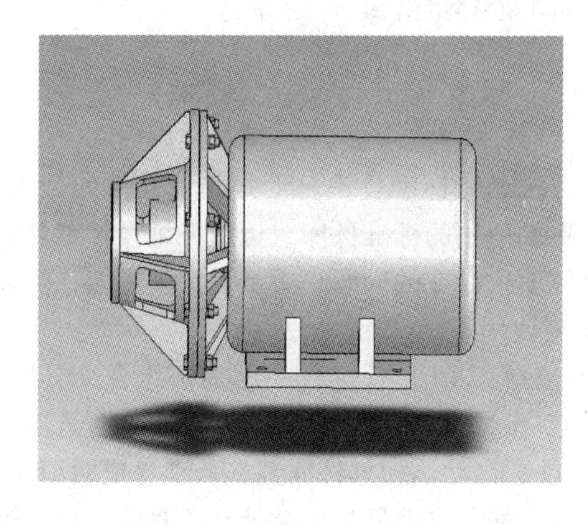

图 5－14 主电动机装配体图

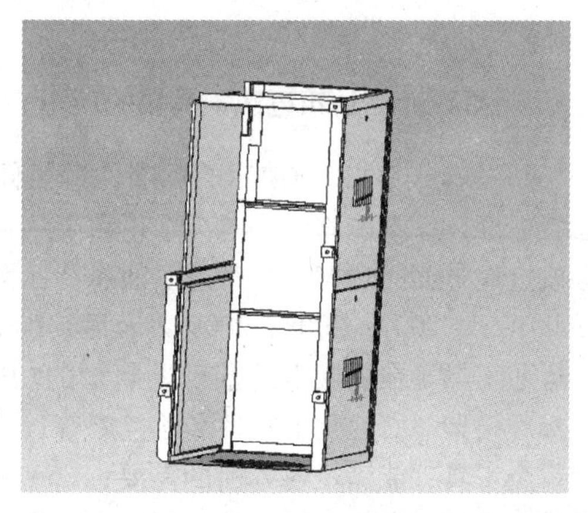

图 5－15 电动机护罩装配体图

5.2.1.6　液压系统中的油箱总成

液压系统主要由液压泵、液压电动机、油箱总成、换向阀、先导阀、过滤器、冷却器等部件组成。由于模型较多，不能一一列举。图5－16所示为油箱装配图。

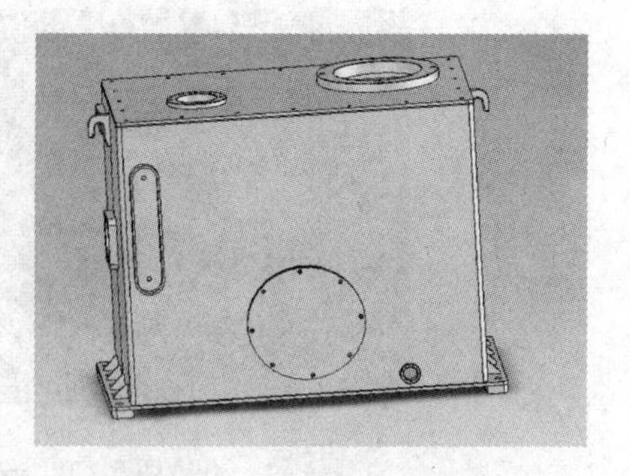

图5－16　油箱装配体图

5.2.2　扒渣机总装配模型

扒渣机总装配体是按照前面介绍的自底向上的三维设计方式进行组装的，在装配体环境下，先将履带行走装置导入，进行固定，作为最初的位置，然后再插入司机室及其平台，与履带行走装置配合，在平台上面有很多的部件（包括油箱总成等），将和平台有关联的部件插入，并与之进行配合，将刮板运输装置插入，与行走装置进行销轴配合，最后将扒渣装置插入，和前面配合好的装配体进行配合，然后将配合好的装配体进行干涉检查，没有发现干涉，证明装配体是装配好的，从而得到了LWL－120扒渣机的总装配体，总装图和配合关系图如图5－17和图5－18所示。研制的LWL－120扒渣机样机如图5－19所示。

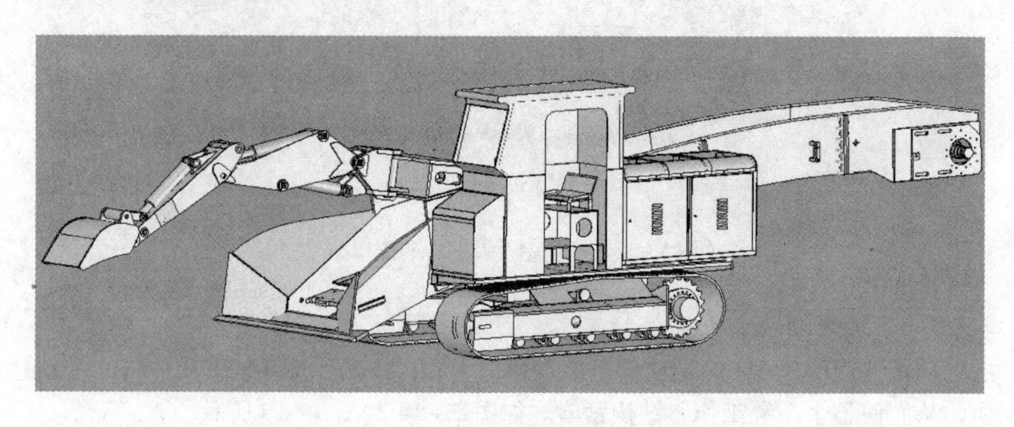

图5－17　LWL－120扒渣机总装配体图

5.2.3　三维设计工具箱迈迪工具箱的使用

SolidWorks软件以前使用的标准件库插件是法恩特标准件库，但是随着软件的升级，法恩特标准件库不能满足功能需求，需要一个更加适用的标准件库，迈迪三维设计工具箱能够改进这方面的功能，它改进了法恩特标准件库中存在的问题，重新设计了界面，可以在SolidWorks 2007、2008、2009以及后续版本中使用。

迈迪工具箱在前版本的基础上新增的功能包括：（1）标准件中增加了组合夹具库、冲模标准模架、石油化工管件和法兰库等；（2）参数化中增加了电控柜设计、钢结构工具及钣金工具，能满足各方面的需要；（3）提供了自动添加零件属性，自动生成明细表，自动排列零件序号等二维工具，使二维操作更加方便。这些新增的功能在工具箱中已经提供了相应的模型，只要在使用的时候输入相应的数据和参数，就可以马上得到自己所需要

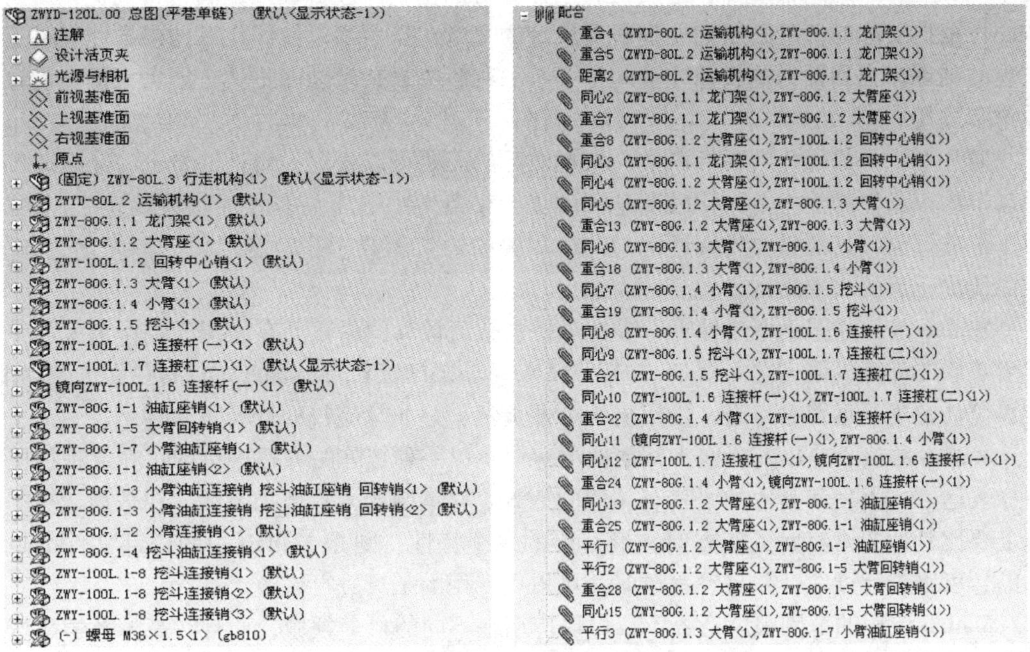

ZWYD-120L.00 总图(平巷单链) (默认<显示状态-1>)
注解
设计活页夹
光源与相机
前视基准面
上视基准面
右视基准面
原点
(固定) ZWY-80L.3 行走机构<1> (默认<显示状态-1>)
ZWYD-80L.2 运输机构<1> (默认)
ZWY-80G.1.1 龙门架<1> (默认)
ZWY-80G.1.2 大臂座<1> (默认)
ZWY-100L.1.2 回转中心销<1> (默认)
ZWY-80G.1.3 大臂<1> (默认)
ZWY-80G.1.4 小臂<1> (默认)
ZWY-80G.1.5 挖斗<1> (默认)
ZWY-100L.1.6 连接杆(一)<1> (默认)
ZWY-100L.1.7 连接杠(二)<1> (默认<显示状态-1>)
镜向ZWY-100L.1.6 连接杆(一)<1> (默认)
ZWY-80G.1-1 油缸座销<1> (默认)
ZWY-80G.1-5 大臂回转销<1> (默认)
ZWY-80G.1-7 小臂油缸座销<1> (默认)
ZWY-80G.1-1 油缸座销<2> (默认)
ZWY-80G.1-3 小臂油缸连接销 挖斗油缸座销 回转销<1> (默认)
ZWY-80G.1-3 小臂油缸连接销 挖斗油缸座销 回转销<2> (默认)
ZWY-80G.1-2 小臂连接销<1> (默认)
ZWY-80G.1-4 挖斗油缸连接销<1> (默认)
ZWY-100L.1-8 挖斗连接销<1> (默认)
ZWY-100L.1-8 挖斗连接销<2> (默认)
ZWY-100L.1-8 挖斗连接销<3> (默认)
(-) 螺母 M36×1.5<1> (gb810)

配合
重合4 (ZWYD-80L.2 运输机构<1>,ZWY-80G.1.1 龙门架<1>)
重合5 (ZWYD-80L.2 运输机构<1>,ZWY-80G.1.1 龙门架<1>)
距离2 (ZWYD-80L.2 运输机构<1>,ZWY-80G.1.1 龙门架<1>)
同心2 (ZWY-80G.1.1 龙门架<1>,ZWY-80G.1.2 大臂座<1>)
重合7 (ZWY-80G.1.1 龙门架<1>,ZWY-80G.1.2 大臂座<1>)
重合8 (ZWY-80G.1.2 大臂座<1>,ZWY-100L.1.2 回转中心销<1>)
同心3 (ZWY-80G.1.1 龙门架<1>,ZWY-100L.1.2 回转中心销<1>)
同心4 (ZWY-80G.1.2 大臂座<1>,ZWY-100L.1.2 回转中心销<1>)
同心5 (ZWY-80G.1.2 大臂座<1>,ZWY-80G.1.3 大臂<1>)
重合13 (ZWY-80G.1.2 大臂座<1>,ZWY-80G.1.3 大臂<1>)
同心6 (ZWY-80G.1.3 大臂<1>,ZWY-80G.1.4 小臂<1>)
重合18 (ZWY-80G.1.3 大臂<1>,ZWY-80G.1.4 小臂<1>)
同心7 (ZWY-80G.1.4 小臂<1>,ZWY-80G.1.5 挖斗<1>)
重合19 (ZWY-80G.1.4 小臂<1>,ZWY-80G.1.5 挖斗<1>)
同心8 (ZWY-80G.1.4 小臂<1>,ZWY-100L.1.6 连接杆(一)<1>)
同心9 (ZWY-80G.1.5 挖斗<1>,ZWY-100L.1.7 连接杠(二)<1>)
重合21 (ZWY-80G.1.5 挖斗<1>,ZWY-100L.1.7 连接杠(二)<1>)
同心10 (ZWY-100L.1.6 连接杆(一)<1>,ZWY-100L.1.7 连接杠(二)<1>)
重合22 (ZWY-80G.1.4 小臂<1>,ZWY-100L.1.6 连接杆(一)<1>)
同心11 (镜向ZWY-100L.1.6 连接杆(一)<1>,ZWY-80G.1.4 小臂<1>)
同心12 (ZWY-100L.1.7 连接杠(二)<1>,镜向ZWY-100L.1.6 连接杆(一)<1>)
重合24 (ZWY-80G.1.4 小臂<1>,镜向ZWY-100L.1.6 连接杆(一)<1>)
同心13 (ZWY-80G.1.2 大臂座<1>,ZWY-80G.1-1 油缸座销<1>)
重合25 (ZWY-80G.1.2 大臂座<1>,ZWY-80G.1-1 油缸座销<1>)
平行1 (ZWY-80G.1.2 大臂座<1>,ZWY-80G.1-1 油缸座销<1>)
平行2 (ZWY-80G.1.2 大臂座<1>,ZWY-80G.1-5 大臂回转销<1>)
重合28 (ZWY-80G.1.2 大臂座<1>,ZWY-80G.1-5 大臂回转销<1>)
同心15 (ZWY-80G.1.2 大臂座<1>,ZWY-80G.1-5 大臂回转销<1>)
平行3 (ZWY-80G.1.3 大臂<1>,ZWY-80G.1-7 小臂油缸座销<1>)

图 5-18 总装配体配合关系图

图 5-19 LWL-120 扒渣机样机

的三维模型和二维展开图，并且还可以自动的标注相关的尺寸，按标准图纸的格式输出，这样就可以省去很多的人工设计和计算时的麻烦和误差，可以提高工作的效率和精度，降低劳动强度和生产成本。同时提供的这些功能比较多样化，涉及机电、钢铁等各个方面。

5.3 扒渣装置上扒斗连杆机构的参数优化设计

5.3.1 参数优化设计概述

参数优化是优化设计方法中的一种。参数优化首先是对需要优化的模型进行分析，将模型需要达到最优时的目标函数建立起来，然后由目标函数中分析出设计变量，根据设计变量再建立合适的约束条件，最后再利用计算机优化软件进行程序编制，得到优化后的参数，再根据实际的情况不断地调节所要设计的变量，从而可以使优化后的参数能够接近要实现的结果。它和其他的设计方法一样，是一种解决复杂问题的工具，能大大提高设计的效率和质量。

通常对于参数优化的目标函数，根据实际的需要可以建立，设计变量也容易获取，但是对于约束条件的建立，则比较复杂。由于约束条件中的相关非线性函数难建立，因此，对于参数优化，其最重要的问题就是获得相关的约束函数，并确定用哪一种优化的方法，从而使优化后的效果达到最佳。

Matlab 是一种用于算法计算、数据分析及数值计算的语言。在美国已经作为大学工科学生必修的计算机语言之一（C，FORTRAN，ASSEMBLER，Matlab）。它具备强大的功能，语言简洁紧凑，运算符丰富，使用极为方便灵活，是非常流行的计算机软件。

Matlab 的核心是矩阵，因为其数据的存储是以一种矩阵的方式进行的，在编程性质和指令表达方式上，和其他的语言有相似的地方。它编制的方式更加灵活，在数学运算的问题上要比其他的语言要更加方便。最重要的一个特性，则是 Matlab 中的内部文件都是开放的，可以进行读取，并且在修改时，可以用专用的工具进行修改。

Matlab 应用的范围很广泛，不仅可以应用在不同的科学领域，而且在高校教学领域也广泛推广，它已经成为了一种集多功能于一体的应用软件。

5.3.2　LWL－120 履带式扒渣机介绍和特性分析

LWL－120 履带式扒渣机中字母和数字的含义如下：第一个 L 代表装载方式为连续装载，W 代表本机是扒斗装载机，第二个 L 代表行走方式是履带式的。120 代表本机的生产率是 120m^3/h。

同时，将 LWL－120 履带式扒渣机的一些性能参数列成了一个表格，见表 5－1。

表 5－1　性能参数表

项　目	单　位	主要性能参数
型号		LWL－120
外形尺寸（长×宽×高）	mm	7950×1932×2225
装载能力	m^3/h	120
整机质量	kg	13800±200
最小转弯半径	m	7
刮板链速度	m/min	44
行走速度	km/h	高：2.15；低：1.08
离地间隙	mm	270
履带内侧宽度	mm	1032
刮板运输机构形式		双链双驱动/单链单驱动
额定工作压力	MPa	12/20
大臂最大回转角度	(°)	±55
电动机总功率	kW	45/55

扒渣机扒渣范围中各工作参数的定义如下：

（1）最大扒渣深度。当大臂油缸全缩时，大臂和小臂的铰点、小臂和扒斗铰点、扒斗齿尖三点共线，且垂直于地面，此时达到最大扒渣深度，其简图如图 5－20 所示。

（2）最大扒渣半径。当小臂油缸和扒斗油缸全缩，斗齿尖 V 和铰点 C 同在一条水平线上，此时达到最大扒渣半径，其简图如图 5－21 所示。

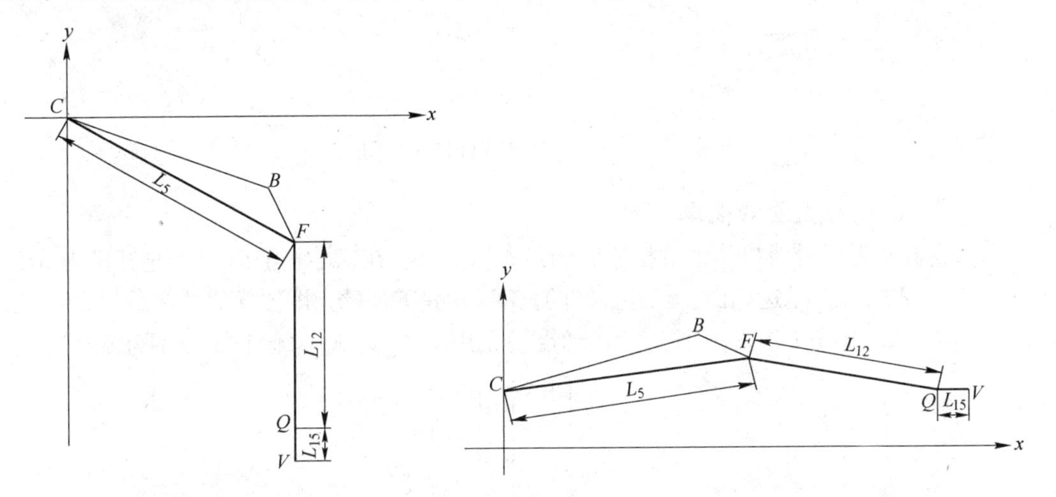

图 5－20　最大扒渣深度示意图　　图 5－21　最大扒渣半径示意图

（3）最大扒渣高度。当大臂油缸全伸，小臂油缸和扒斗油缸全缩时，达到最大扒渣高度，其简图如图 5－22 所示。

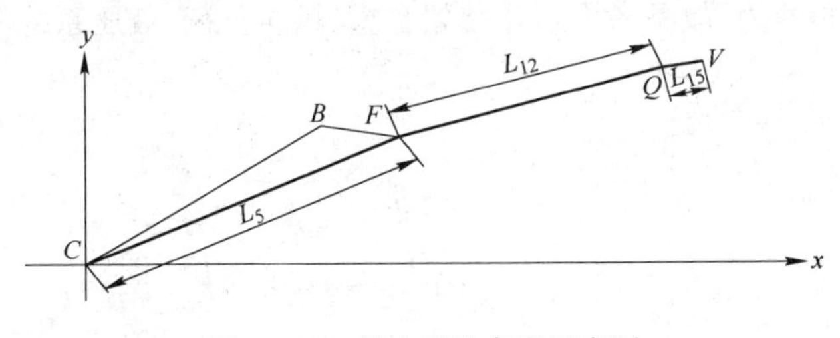

图 5－22　最大扒渣高度示意图

5.3.3　扒渣装置的扒斗连杆机构的参数优化设计

扒渣机的扒渣装置可以类似于很多的杆件连在一起，其三维模型图不利于特性分析和参数的优化分析，因此，需要将其简化成各个杆件连在一起，图 5－23 所示即为扒渣装置简化后的示意图。

在图中将各杆件用字母和长度 L 表示，见表 5－2。

表 5－2　扒渣装置上各杆件表

AB	DE	GH	CD	CF	DF	EF	FG	EG
L_1	L_2	L_3	L_4	L_5	L_6	L_7	L_8	L_9
FQ	NH	NQ	HK	QK	QV	KV	GN	FN
L_{10}	L_{11}	L_{12}	L_{13}	L_{14}	L_{15}	L_{16}	L_{17}	L_{18}

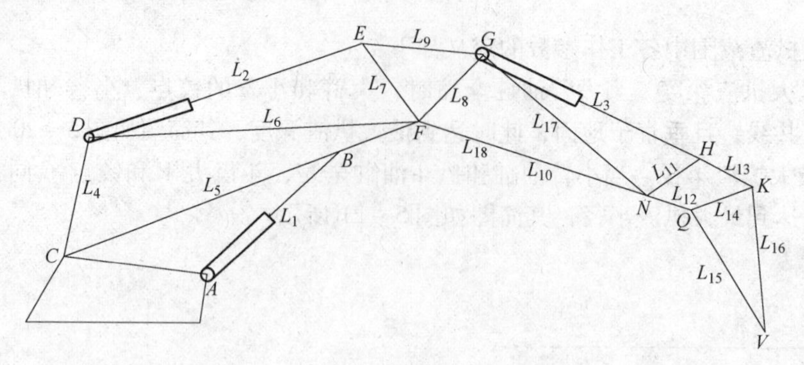

图 5－23　扒渣装置杆件简化图

5.3.3.1　设计变量的选取

参数优化主要是针对扒斗油缸扒渣时的最大扒渣力，在扒斗扒渣时，在连杆机构 $NHKQ$ 上面的 NH、HK、KQ 是运动的，扒斗油缸的长度 GH 是变化的，即要优化的变量为 $HK(L_{13})$、$NH(L_{11})$、$QK(L_{14})$、$GH(L_3)$。下面将这几个变量分别用 x_1、x_2、x_3、x_4 来代替，以方便求解：

$$X=\begin{bmatrix}L_{13}\\L_{11}\\L_{14}\\L_3\end{bmatrix}=\begin{bmatrix}x_1\\x_2\\x_3\\x_4\end{bmatrix}$$

5.3.3.2　目标函数的建立

扒渣装置上扒斗连杆机构杆件图如图 5－24 所示。在设计过程中，为追求扒斗油缸扒渣时理论上的最大扒渣力，故不考虑工作装置自重、扒斗负荷、液压系统等影响因素。

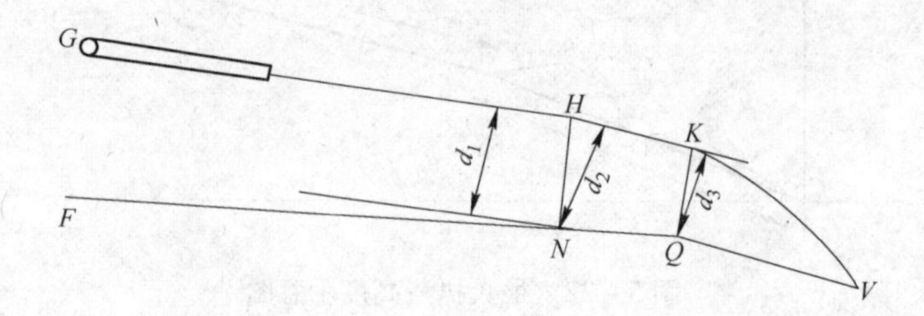

图 5－24　扒斗连杆机构杆件示意图

根据最优化问题的基本概念，可以将最优化问题简化为：

$$\begin{aligned}&\min f(x)\quad x=(x_1,x_2,\cdots,x_n)^T\in R^n\\&\text{s.t.}\quad g_i(x)\leqslant 0,i=1,2,\cdots,m\\&\qquad\quad h_i(x)=0,i=m+1,\cdots,p\end{aligned}$$

本次参数优化的目的是得到扒斗油缸扒渣时最大扒渣力，但是因为扒斗油缸大腔作用面积是不变的，油缸压力 P 不变，传力比 i 和扒斗扒渣力 F_B 成正比，因此，目标函数可以由求最大扒渣力转化为求最大传力比。

并且由于求解目标函数 $f(X)$ 的最大值能够转化为求解目标函数 $-f(X)$ 的最小值，再取相反数，因此，优化设计的求解也就可以统一转换为求解目标函数最小值问题，即 $-f(X)\to$ 最小值。建立的过程如下。

扒斗油缸扒渣时的理论扒渣力 F_B：

$$F_B = F_{L_3} \times i = P \times A_3 \times i \text{ 转化为} -F_B = -F_{L_3} \times i = -P \times A_3 \times i \tag{5-1}$$

式中，F_{L_3}为扒斗液压缸提供的推力；A_3 为扒斗液压缸大腔作用面积；P 为液压系统工作压力；i 为传力比。

由式（5-1）得到的值再取其相反数即可以得到最大扒渣力的值。

转换成传力比 i 的建立可以由下面的过程得到：

在 N 点上，可以列出力矩平衡方程 $\sum M_N = 0$，即：

$$F_{L_3} \cdot d_1 = F_{HK} \cdot d_2 \tag{5-2}$$

同理，在 Q 点上，可以列出力矩平衡方程 $\sum M_Q = 0$，即：

$$F_{HK} \cdot d_3 = F_B \cdot L_{15} \tag{5-3}$$

式中，F_{HK}为杆件 HK 所受的力；F_B为扒斗齿尖受到的扒渣力，方向则是和 Q 与 V 的连线 QV 成 90°；d_1为扒斗油缸 GH 对 N 点的作用力臂；d_2为连杆 HK 对 N 点的作用力臂；d_3为连杆 HK 对 Q 点的作用力臂。

由式（5-2）和式（5-3）得：

$$i = \frac{F_B}{F_{L_3}} = \frac{d_1 d_3}{d_2 L_{15}} \tag{5-4}$$

将传力比中的 d_1、d_2、d_3用已知的杆件和设计变量来表示，因此将其放入各三角形中可以表示如下。

在△GNH 中：

$$\alpha_1 = \angle GNH = \arccos\left(\frac{L_{11}^2 + L_{17}^2 - L_3^2}{2L_{11}L_{17}}\right) = \arccos\left(\frac{X_2^2 + L_{17}^2 - X_4^2}{2X_2L_{17}}\right) \tag{5-5}$$

$$\alpha_2 = \angle NGH = \arccos\left(\frac{L_3^2 + L_{17}^2 - L_{11}^2}{2L_3L_{17}}\right) = \arccos\left(\frac{X_4^2 + L_{17}^2 - X_2^2}{2X_4L_{17}}\right) \tag{5-6}$$

$$d_1 = L_{11}\sin\angle NHG = L_{11}\sin(\pi - \alpha_1 - \alpha_2) = L_{11}\sin(\alpha_1 + \alpha_2) = X_2\sin(\alpha_1 + \alpha_2) \tag{5-7}$$

在△FNG 中：

$$\alpha_3 = \angle FNG = \arccos\left(\frac{L_{18}^2 + L_{17}^2 - L_8^2}{2L_{18}L_{17}}\right) \tag{5-8}$$

在△QHN 中：

$$\alpha_4 = \angle QNH = \pi - \alpha_1 - \alpha_3 \tag{5-9}$$

$$L_{HQ} = \sqrt{L_{11}^2 + L_{12}^2 - 2L_{11}L_{12}\cos\alpha_4} = \sqrt{X_2^2 + L_{12}^2 - 2X_2L_{12}\cos\alpha_4} \tag{5-10}$$

$$\alpha_5 = \angle QHN = \arccos\left(\frac{L_{HQ}^2 + L_{11}^2 - L_{12}^2}{2L_{HQ}L_{11}}\right) = \arccos\left(\frac{L_{HQ}^2 + X_2^2 - L_{12}^2}{2L_{HQ}X_2}\right) \tag{5-11}$$

在△QHK 中：

$$\alpha_6 = \angle KHQ = \arccos\left(\frac{L_{HQ}^2 + L_{13}^2 - L_{14}^2}{2L_{HQ}L_{13}}\right) = \arccos\left(\frac{L_{HQ}^2 + X_1^2 - X_3^2}{2L_{HQ}X_1}\right) \tag{5-12}$$

$$\alpha_7 = \angle QKH = \arccos\left(\frac{L_{13}^2 + L_{14}^2 - L_{HG}^2}{2L_{13}L_{14}}\right) = \arccos\left(\frac{X_1^2 + X_3^2 - L_{HG}^2}{2X_1X_3}\right) \tag{5-13}$$

$$d_2 = L_{11}\sin\angle NHK = L_{11}\sin(\alpha_5 + \alpha_6) = X_2\sin(\alpha_5 + \alpha_6) \tag{5-14}$$

$$d_3 = L_{14}\sin\angle QKH = L_{14}\sin\alpha_7 = X_3\sin\alpha_7 \tag{5-15}$$

将上面的式子整理之后得传力比 i：

$$i=\frac{F_B}{F_{L_3}}=\frac{d_1d_3}{d_2L_{15}}=\frac{L_{11}\sin(\alpha_1+\alpha_2)L_{14}\sin\alpha_7}{L_{11}\sin(\alpha_5+\alpha_6)L_{15}}=\frac{X_2\sin(\alpha_1+\alpha_2)X_3\sin\alpha_7}{X_2\sin(\alpha_5+\alpha_6)L_{15}} \tag{5-16}$$

5.3.3.3　约束条件的建立

约束条件是考虑边界和性能对设计变量取值的限制条件。扒渣机扒渣装置的扒斗连杆机构在工作过程当中，要约束驱动它工作的扒斗油缸所在三角形的几何关系，连杆机构 *NHKQ* 中所要满足约束的几何关系，连杆机构的传动所要满足的约束条件限制，前面所建立的整个目标函数要满足约束条件，这样才能使整个优化有意义。下面是需要用到的约束条件。

如图 5-23 所示，在△*GNH* 中，要满足：

$$X_2+L_{17}>X_4 \qquad G_1(X)=X_4-X_2-L_{17} \tag{5-17}$$

$$X_4+L_{17}>X_2 \qquad G_2(X)=X_2-X_4-L_{17} \tag{5-18}$$

$$X_2+X_4>L_{17} \qquad G_3(X)=L_{17}-X_2-X_4 \tag{5-19}$$

当扒斗油缸在最短位置时，△*GNH* 要满足：

$$G_4(X)=X_{4\min}-X_2-L_{17} \tag{5-20}$$

$$G_5(X)=X_2-X_{4\min}-L_{17} \tag{5-21}$$

$$G_6(X)=L_{17}-X_2-X_{4\min} \tag{5-22}$$

当扒斗油缸在最长位置时，△*GNH* 要满足：

$$G_7(X)=X_{4\max}-X_2-L_{17} \tag{5-23}$$

$$G_8(X)=X_2-X_{4\max}-L_{17} \tag{5-24}$$

$$G_9(X)=L_{17}-X_2-X_{4\max} \tag{5-25}$$

在扒斗连杆机构 *NHKQ* 当中，还需要满足以下的几何关系：

$$X_2+L_{12}>L_{HQ} \qquad G_{10}(X)=L_{HQ}-X_2-L_{12} \tag{5-26}$$

$$X_3+X_1>L_{HQ} \qquad G_{11}(X)=L_{HQ}-X_3-X_1 \tag{5-27}$$

同时在扒渣机工作的过程当中，要使连杆机构在传力方面的效果达到最好，就必须要满足传动角的要求，即要满足传动角大于40°，即$\angle HKQ>40°$，也即$\frac{\arccos(L_{13}^2+L_{14}^2-L_{HQ}^2)}{2L_{13}L_{14}}>40°$。

$$G_{12}(X)=40-\frac{\arccos(X_3^2+X_1^2-L_{HQ}^2)}{2X_3X_1} \tag{5-28}$$

扒渣机的扒斗在扒渣的时候，扒斗连杆机构上 *N*、*H*、*K* 点在运动的过程中不能在一条线上，要满足的约束条件为：

$$\sqrt{L_{11}^2+L_{13}^2-2L_{11}L_{13}\cos(\alpha_5+\alpha_6)}<L_{12}+L_{14} \tag{5-29}$$

即

$$G_{13}(X)=\sqrt{X_2^2+X_1^2-2X_2X_1\cos(\alpha_5+\alpha_6)}-L_{12}-X_3$$

5.3.3.4　整理后的数学模型

整理好的关于最大扒渣力中传力比的总目标函数和各个要代入的函数为：

$$i=\frac{X_2\sin(\alpha_1+\alpha_2)X_3\sin\alpha_3}{0.62X_2\sin(\alpha_4+\alpha_5)} \tag{5-30}$$

$$\alpha_1=\arccos\frac{X_2^2-X_4^2+0.58}{1.16X_2} \tag{5-31}$$

$$\alpha_2 = \arccos\frac{X_4^2 - X_2^2 + 0.58}{1.16X_4} \tag{5-32}$$

$$\alpha_3 = \arccos\frac{X_1^2 - X_3^2 - L_{HQ}^2}{2X_1X_3} \tag{5-33}$$

$$\alpha_4 = \arccos\frac{X_2^2 + L_{HQ}^2 - 0.02}{2X_2L_{HQ}} \tag{5-34}$$

$$\alpha_5 = \arccos\frac{X_1^2 - X_3^2 + 2L_{HQ}}{2X_1L_{HQ}} \tag{5-35}$$

$$L_{HQ} = \sqrt{0.02 + X_2^2 + 0.28X_2\cos(\alpha_1 + 23)} \tag{5-36}$$

将式（5-31）~式（5-36）代入式（5-30），可以得到总的表达式。由于表达式很长，将其编成 M 文件后的程序见下节。

设计变量：X_1、X_2、X_3、X_4；

整理好的约束条件为：

$$G(1) = X_4 - X_2 - 0.76 < 0 \tag{5-37}$$

$$G(2) = X_2 - X_4 - 0.76 < 0 \tag{5-38}$$

$$G(3) = -X_4 - X_2 + 0.76 < 0 \tag{5-39}$$

$$G(4) = \sqrt{0.02 + X_2^2 + 0.28X_2\cos(\alpha_1 + \alpha_3)} - X_1 - 140 < 0 \tag{5-40}$$

$$G(5) = \sqrt{0.02 + X_2^2 + 0.28X_2\cos(\alpha_1 + \alpha_3)} - X_1 - X_3 < 0 \tag{5-41}$$

$$G(6) = 40 - \arccos\frac{X_1^2 + X_3^2 - L_{HQ}^2}{2X_1X_3} < 0 \tag{5-42}$$

$$\begin{aligned} G(7) &= \sqrt{L_{11}^2 + L_{13}^2 - 2L_{11}L_{13}\cos(\alpha_5 + \alpha_6)} - L_{12} - L_{14} \\ &= \sqrt{X_2^2 + X_3^2 - 2X_2X_3\cos(\alpha_5 + \alpha_6)} - L_{12} - X_4 < 0 \end{aligned} \tag{5-43}$$

5.3.3.5 优化后的结果及其分析

通过 Matlab 软件对整理出来的目标函数编写 M 文件，并保存，对非线性的约束条件同样另外编写 M 文件，并保存好，将线性约束中的矩阵及初始值输入，并调用 fmincon 函数，则可以得到优化的结果和相关的分析，如图 5-25 ~ 图 5-28 所示。

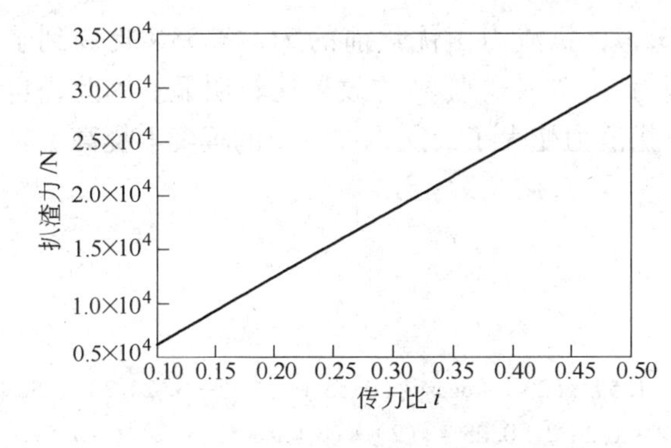

图 5-25 扒斗扒渣力和传力比的关系图

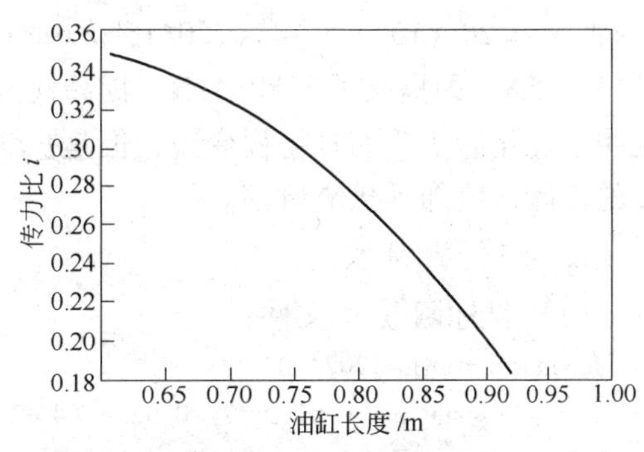

图 5-26 优化前扒斗油缸长度与传力比的关系图

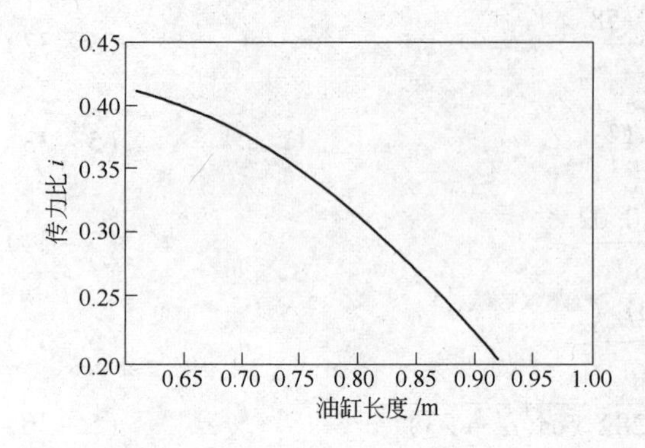

图5－27　优化后扒斗油缸长度与传力比的关系图

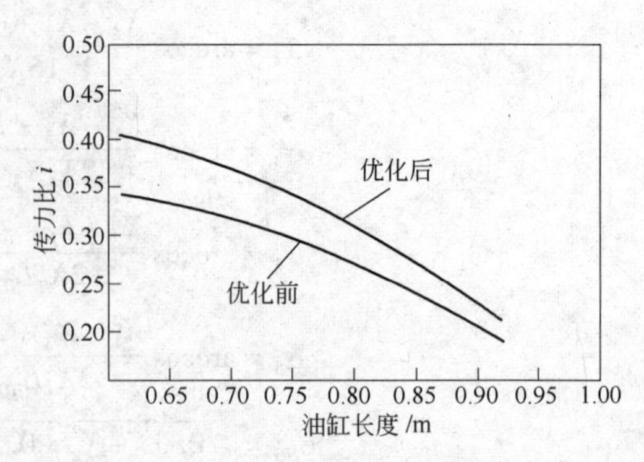

图5－28　扒斗油缸长度与传力比的关系图

通过优化后的参数和优化前的参数进行对比结果见表5－3。

表5－3　优化前后参数对比

参数	传力比 i	HK 的长度 L_{13}/m	NH 的长度 L_{11}/m	QK 的长度 L_{14}/m	扒斗缸最小长度 $L_{3\min}$/m	扒斗缸最大长度 $L_{3\max}$/m
优化前	0.3426	0.221	0.233	0.242	0.610	0.890
优化后	0.4033	0.244	0.253	0.264	0.638	0.913

由图5－25可以得出扒渣力与传力比之间的关系是成一次函数的关系，当传力比提高时，扒渣力也相应地提高，传力比又和各个杆件的长度有关系，图5－26和图5－27是扒斗油缸长度优化前和优化后与传力比之间的关系图，将这两个图形放入一个图形后如图5－28所示，由图5－28和表5－3可知，优化前的传力比为0.3426，优化后的传力比为0.4033，在优化前的基础上增加了0.0607，即提高了17.72%，而此时扒斗液压油缸的行程在优化前为0.28m，在优化后为0.275m，即扒斗液压缸的行程在优化后缩短了0.005m，因此说明在优化后扒斗液压缸行程变短的前提下，传力比反而提高了，而且比较明显。同时由图5－25和图5－28一起分析可知，当传力比由0.3426提高到0.4033时，扒斗的扒渣力也相应地提高，根据前面扒斗扒渣力和传力比之间的公式 $F_B = F_{L_3} \times i = P \times A_3 \times i = 20 \times 10^6 \times 3.14 \times 0.0315^2 = 62313.3i$，扒渣力由优化前的21348.53N提高到了25130.95N，即提高了3782.42N，提高比例为17.72%，提高的效果比较明显。因此，也说明了优化后扒斗油缸行程变短，但是扒斗扒渣力变大了，这也在一定的程度上提高了扒渣的性能，增加了扒渣效率。

A　编制的M文件

(1) 目标函数M文件：

```
function y = myfun1707(x)
y = x(2) * sin(acosd((x(2)^2 + 0.58 - x(4)^2)/1.52/x(2)) + acosd((0.58 + x(4)^2 - x(2)^2)/1.52/x(4))) * x(3) * sin(acosd((x(1)^2 + x(3)^2 - 0.02 + x(2)^2 + 0.28 * x(2) * cos(acosd((x(2)^2 + 0.58 - x(4)^2)/1.52/x(2)) + 23))/2/x(1)/x(3)))/x(2)/sin(acosd((0.02 + x(2)^2 + 0.28 * x(2) * cos(acosd((x(2)^2 + 0.58 - x(4)^2)/1.52/x(2)) + 23) + x(2)^2 - 0.02)/2/sqrt(0.02 + x(2)^2 + 0.28 * x(2) * cos
```

```
(acosd((x(2)^2+0.58-x(4)^2)/1.52/x(2))+23))/x(2))+acosd((0.02+x(2)^2+0.28*x(2)*cos
(acosd((x(2)^2+0.58-x(4)^2)/1.52/x(2))+23)+x(1)^2-x(3)^2)/2/sqrt(0.02+x(2)^2+0.28*x
(2)*cos(acosd((x(2)^2+0.58-x(4)^2)/1.52/x(2))+23))/x(1)))/0.62
```

（2）非线性约束条件 M 文件：

```
function[c,ceq]=myconl1707(x)
c(1)=sqrt(0.02+x(2)^2+0.28*x(2)*cos(acosd((x(2)^2+0.58-x(4)^2)/1.52/x(2))+23))-
x(2)-0.14
c(2)=sqrt(0.02+x(2)^2+0.28*x(2)*cos(acosd((x(2)^2+0.58-x(4)^2)/1.52/x(2))+23))-
x(1)-x(3)
c(3)=40-acosd(x(1)^2+x(3)^2-(0.02+x(2)^2+0.28*x(2)*cos(acosd((x(2)^2+0.58-
x(4)^2)/1.52/x(2))+23))/2/x(1)/x(3))
c(4)=sqrt(x(2)^2+x(1)^2-2*x(1)*x(2)*cos(acosd((0.02+x(2)^2+0.28*x(2)*cos(acosd
((x(2)^2+0.58-x(4)^2)/1.52/x(2))+23)+x(2)^2-0.02)/2/sqrt(0.02+x(2)^2+0.28*x(2)*cos
(acosd((x(2)^2+0.58-x(4)^2)/1.52/x(2))+23))/x(2))+acosd((0.02+x(2)^2+0.28*x(2)*cos
(acosd((x(2)^2+0.58-x(4)^2)/1.52/x(2))+23)+x(1)^2-x(3)^2)/2/sqrt(0.02+x(2)^2+0.28*x
(2)*cos(acosd((x(2)^2+0.58-x(4)^2)/1.52/x(2))+23))/x(1))))-(0.14+ x(3))
ceq=[]
```

（3）线性约束条件：

```
A=[0,-1,0,1;0,1,0,-1;0,-1,0,-1]
b=[0.76;0.76;-0.76]
```

（4）初始值：

```
x0=[0.22,0.23,0.24,0.61]
```

（5）优化函数 fmincon 函数调用：

```
[x,fval,exitflag,output]=fmincon(@myfun1707,x0,A,b,[],[],[],[],@myconl1707)
```

B　优化变量与目标函数关系曲线的绘制：

扒斗的理论扒渣力 F_B 的计算公式为：$F_B=F_{L_3}\times i=P\times A_3\times i$。

扒斗油缸的大腔作用面积 $A_3=\pi r^2$，经过测量可知扒斗油缸大腔的直径为 63mm，则半径即为 $63/2=31.5\text{mm}=0.0315\text{m}$，则 $A_3=\pi r^2=3.14\times0.0315^2$，同时液压系统的工作压力为 $P=20\text{MPa}=20\times10^6\text{Pa}$，则由公式 $F_B=F_{L_3}\times i=P\times A_3\times i$ 可以得到：$F_B=F_{L_3}\times i=P\times A_3\times i=20\times10^6\times4.14\times0.0315^2=62313.3i$。

则获得的曲线编程如下：

```
(1)x=linspace(0.1,0.5);y=62313.3*x;plot(x,y);xlabel('传力比 i'), ylabel('扒渣力/N')
(2)x=linspace(0.61,0.92);y=1.31*x-1.21*x.^2;plot(x,y);xlabel('油缸长度(m)'),ylabel('传
力比 i')
(3)x=linspace(0.61,0.92);y=1.57*x-1.47*x.^2;plot(x,y);xlabel('油缸长度(m)'),ylabel('传
力比 i')
(4)x1=linspace(0.61,0.89);x2=linspace(0.638,0.914);y1=1.31*x-1.21*x.^2;y2=1.57*x-
1.47*x.^2;plot(x1,y1,x2,y2);xlabel('油缸长度(m)'), ylabel('传力比 i')
```

5.4　LWL－120 型扒渣机扒渣装置的运动学仿真分析

5.4.1　建立扒渣装置的三维模型

对 LWL－120 型扒渣机的扒渣装置进行仿真分析，建立其三维模型，扒渣装置分为龙

门架、大臂座、大臂、小臂、扒斗、大臂液压缸、大臂液压活塞杆、小臂液压缸、小臂液压活塞杆、扒斗液压缸、扒斗液压活塞杆、回转液压缸、回转液压活塞杆、连接杆一、连接杆二共 15 个刚体，其模型如图 5－29 所示。

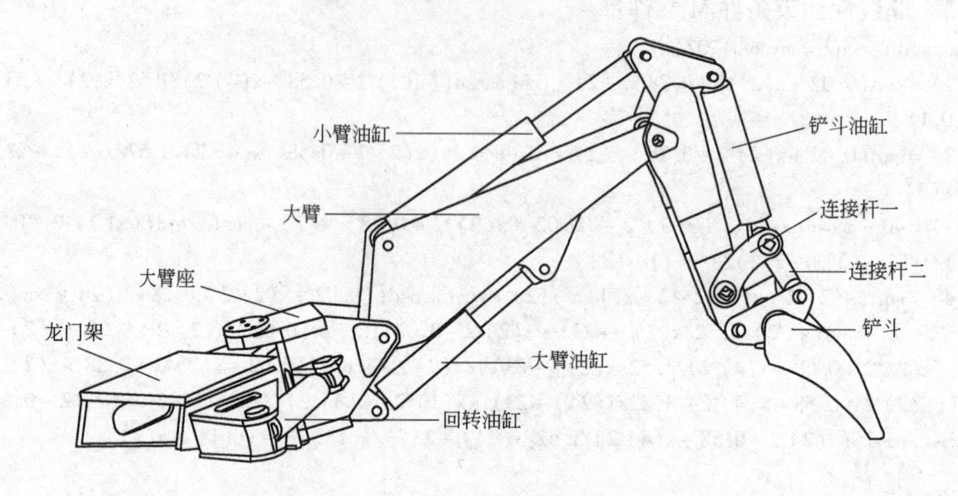

图 5－29　LWL－120 型扒渣机扒渣装置结构图

5.4.2　扒渣装置液压缸驱动函数的建立

5.4.2.1　工况分析

（1）扒渣工况：首先通过底部的行走机构将扒渣机移至工作地，由回转液压缸带动扒渣装置至合适的位置，然后大臂液压缸慢慢缩短，小臂液压缸和扒斗液压缸慢慢伸长进行扒渣，其中大臂液压缸驱动大臂动作，小臂液压缸和扒斗液压缸驱动小臂和扒斗，此过程是回转、大臂、小臂和扒斗的联合动作。

（2）回转工况：完成扒渣后，伸长大臂液压缸，调整小臂液压缸和扒斗液压缸的长度，然后通过回转液压缸回转，将扒斗转至下一个扒渣地，此过程是回转、大臂、小臂和扒斗的联合动作。

（3）提升工况：在一个新的扒渣地，通过大臂液压缸将大臂顶起，然后缩短小臂液压缸和扒斗液压缸的长度，慢慢完成提升动作，此过程主要是大臂、小臂和扒斗的联合动作。

在实际的分析研究当中，为了方便研究，采用顺序动作的方式来实现扒渣机的扒渣作业，顺序动作方式即在扒渣机工作时各个油缸都是按照顺序依次收缩或者是伸出的，所以在操作的过程当中，首先假设一次动作过程中只有一种液压油缸动作，另外的油缸是闭锁的，即大臂油缸、小臂油缸、扒斗油缸、回转油缸不是在同时进行操作的。例如，扒斗和小臂的复合动作，可以先分解为小臂油缸伸长，此时扒斗油缸闭锁，然后扒斗油缸伸长将扒斗进行作业，此时小臂油缸闭锁，作业过程中的一系列的动作可以经过这样分解后分析。

5.4.2.2　主要工作位置的确立

LWL－120 型扒渣机的扒渣装置的运动过程是由大臂油缸、小臂油缸、扒斗油缸、回转油缸各个液压缸的长度变化一起决定的，将扒渣机的扒渣装置在不同工作位置时经过简化，可以得到在不同工作位置时的示意图，如图 5－30 所示。

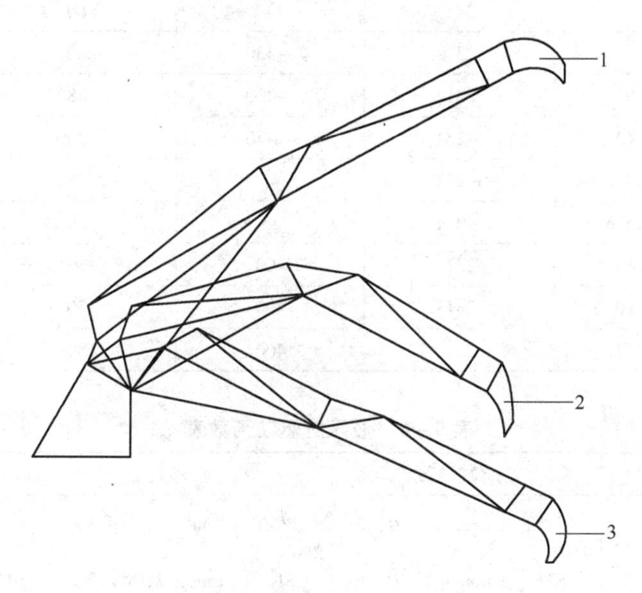

图 5－30 扒渣装置不同工作位置的示意图

1—提升位置；2—回转位置；3—扒渣位置

5.4.2.3 液压缸驱动函数的建立

液压缸的行程驱动函数不仅和各个液压缸的伸缩长度有关联，而且和扒渣机处于何种工况有关系，所以建立其驱动函数很关键。同时扒渣装置在 ADAMS 仿真分析当中，需要液压缸的驱动函数才能使扒渣装置运动起来，从而确定其比较准确的位置。

通过对扒渣装置液压缸的行程变化分析，可以用 STEP 函数来建立液压缸的驱动函数。常用的 STEP 函数形式是 STEP(x,x0,y0,x1,y1)，其中：x 为自变量；x0 为自变量开始值；x1 为自变量结束值；y0 为 STEP 函数的初始值；y1 为 STEP 函数的最终值。在本文档中，可以进行变换一下，将自变量 x 换成时间 time，则 x0 代表初始时间，x1 代表结束时间，而 STEP 函数的值变化 y 用液压缸的行程变化量 h 代替，则 y0 代表行程变化初值，y1 代表行程变化终值。表 5－4 为液压缸的运动参数表，表 5－5 为各个液压缸在工作时的行程变化表，表 5－6 为建立的液压缸驱动函数。

表 5－4 液压缸的运动参数

工作液压缸	安装距/mm	行程/mm	额定压力/MPa
大臂液压缸	548	231	20
小臂液压缸	750	430	20
扒斗液压缸	610	280	20
回转液压缸	636	366	20

表 5－5　各液压缸在工作时的行程变化表

序号	时间/s	大臂缸/mm	小臂缸/mm	扒斗缸/mm	回转缸/mm
1	$0<t<3$	231	430	280	－366
2	$3<t<6$	231	－430	280	－366
3	$7<t<9$	231	－430	－280	－366
4	$10<t<13$	－231	－430	－280	－366
5	$13<t<14.5$	－231	45	－280	－366
6	$14<t<15.5$	－231	45	120	－366
7	$15<t<18$	231	400	120	－366
8	$18<t<20$	231	400	150	366
9	$20<t<21$	231	400	150	366

表 5－6　液压缸驱动函数表

大臂缸函数	小臂缸函数	扒斗缸函数	回转缸函数
STEP（time，0，0，3，231）＋ STEP（time，10，0，13，－231）＋ STEP（time，17，0，20，231）	STEP（time，0，0，3，430）＋ STEP（time，3，0，6，－430）＋ STEP（time，13，0，14.5，45）＋ STEP（time，15，0，18，400）	STEP（time，0，0，3，280）＋ STEP（time，7，0，9，－280）＋ STEP（time，14，0，15.5，120）＋ STEP（time，19，0，21，150）	STEP（time，0，0，3，－366）＋ STEP（time，18，0，21，366）

5.4.2.4　ADAMS 中 STEP 函数表示

在 ADAMS 的仿真过程当中，油缸行程的变化是随着 STEP 函数的变化而变化的，如何形象地去描述这一过程，可以通过图像来表达。以回转油缸围绕大臂座运动时的行程的变化为例，在 ADAMS/View 界面当中，在建立好的仿真模型当中，选中回转油缸的驱动 MOTION_ 28，然后击右键选择 Measure，此时出现了 MOTION Measure 窗口，在 Characteristic 处选择 Displacement，在 Component 处选择 mag，然后点击 OK，此时就出现了如图 5－31 所示的曲线。这个曲线准确地反映出了回转油缸随 STEP 函数变化的实际情况，在 0～3s 时间段，此时回转油缸升至 366mm，然后在 3～18s 的时间段内，回转油缸的行程是保持不变的，在 18～21s 时间段内，回转油缸又缩短 366mm 回到初始的状态，各个时间段衔接得十分准确，同时曲线也反映得更加明确。

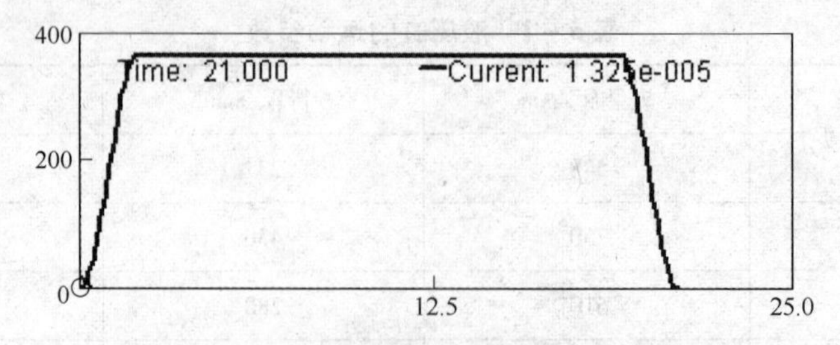

图 5－31　回转油缸 STEP 函数位移变化图

因此，同理，通过上面的这种方式，在仿真模型的各个驱动 MOTION 中，可以得到大臂油缸、小臂油缸、扒斗油缸行程随 STEP 函数变化而变化的曲线图，如图 5－32～图 5－34 所示。

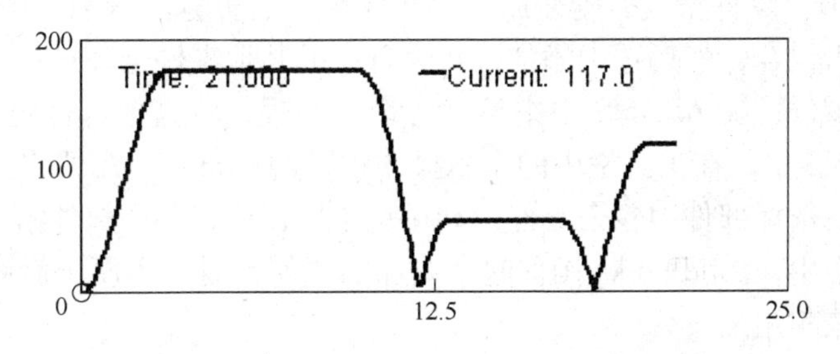

图 5－32　大臂油缸 STEP 函数位移变化图

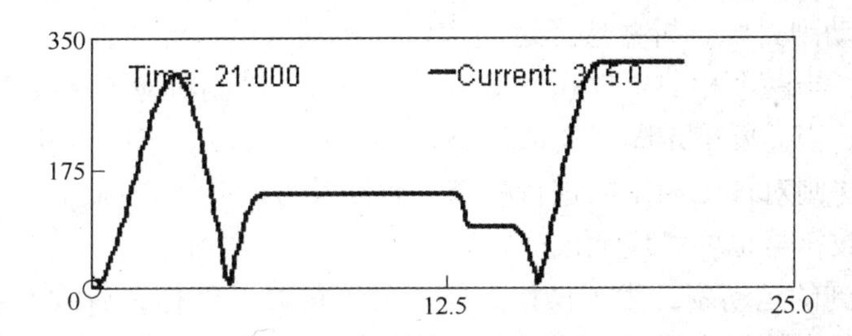

图 5－33　小臂油缸 STEP 函数位移变化图

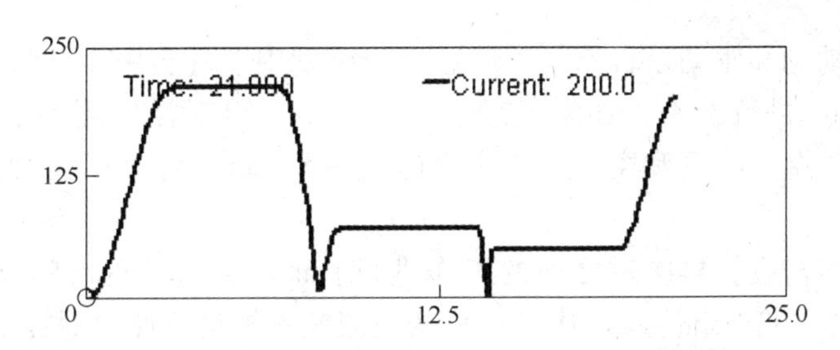

图 5－34　扒斗油缸 STEP 函数位移变化图

通过这四个油缸行程变化曲线图，也能明确地看出扒渣装置在各个时间段的行程和动作，衔接得很清楚。

5.4.3　扒渣装置的运动学仿真分析

5.4.3.1　SolidWorks 或 ADAMS 中扒渣装置模型的简化

由于扒渣机扒渣装置中的零部件较多，比较复杂。简化模型时需要注意以下的几个问题：

（1）在实际仿真当中，零部件过多会造成仿真的速度变慢，也造成仿真的难度变大，有一部分零件对整个仿真不会产生任何的影响，比如垫片、螺母等小零件，在模型当中可以将这些无关紧要的零件去掉。

（2）部件中零件过多，在仿真时有些零件没有约束好，则会自行脱离整个装置，需要将部件中的零件合在一起变成一个零件，以便于后续的仿真分析。将部件结合成零件的方法有两种：第一种，在SolidWorks中，以大臂为例，将大臂的装配体格式“.SLDASM”另存为“.SLDPRD”零件格式，则变成了一个零件，打开这个零件，在插入栏下面选择特征选项，再点击组合，然后选中添加，将大臂中的其他零件全部选择，则可以将所有的零件结合成一个零件，在ADAMS中则不会分散，同理，将其他部件也整合成一个零件；第二种，在ADAMS中，在工具栏中的布尔操作中，选择布尔和，即将第一个构件加在第二个构件上，然后选择部件中各个零件，利用这个操作将每一个部件结合为一个零件。但是在实际的操作当中，SolidWorks操作起来更加的方便省时，也便于后续的修改，一般采用第一种方法比较实用。

5.4.3.2 创建运动副和驱动

根据工作原理和运动方式添加运动副和驱动。在创建的过程中要注意以下几点：

（1）创建运动副需要分析并选择运动构件在运动时的次序，而且对于零件的质心点，也要很好地考虑，当两个相邻构件相对运动时，添加运动副时应该选择零件的质心点，并将其添加在里面。当需要确定哪些要添加驱动的运动副的方向时，可以采用垂直网格法，通常可以用右手法则对视图的定向进行检查，判断其方向是否正确，如果错了，则运动副的方向和驱动函数符号也要相应地改变。

（2）需要用到的运动副，为了操作方便，要记得修改名称，后续不需要用的运动副，可以不改名称，因为数目比较多。同时对于特殊的运动副，比如要添加驱动的，应该及时添加，防止后续工作中弄混。有些需要添加驱动函数的驱动，为了修改方便，也可以对其重点标记。

（3）检查运动副和驱动是否添加正确。对于模型中总的自由度数目，可以在ADAMS中选择Model Verify进行检查，如果发现有问题，则可以对需要用到的零件进行逐一查算。对于添加的名称、数量和类型，要检测其是否正确，可以运用数据库导航器进行检查。

（4）进行初步仿真，再次对之前的工作进行验证。如果发现没问题，则按照前面设置进行保存。首先，将SolidWorks中简化后的扒渣装置模型按照前面提供的格式进行保存修改，然后导入ADAMS/View中。导入之后先将其零部件的质量属性、界面的工作栅格等修改好，再将各个部件中的零件合并成一个零件，将整个装置简化。然后，创建相应的运动副和驱动，在龙门架、大臂座和大地Ground之间定义一个固定副，将其固定，在扒渣装置中的各个铰点位置建立旋转副，并检查是否产生了过约束，如果有的话，用点线副代替旋转副，在大臂油缸、小臂油缸、扒斗油缸和回转油缸上创建相应的移动副，在每个移动副上添加上面建立的STEP函数。点击Tool栏下的Model Verify，检查整个过程是否正确。

5.4.3.3 扒渣机扒渣装置的扒渣轨迹及其相关参数

在ADAMS/View中，要想得到扒渣装置工作范围的包络轨迹，即要计算一个构件相对于另外一个构件的轨迹，那么在仿真之前要在扒斗的齿尖处创建一个MARKER点，将这个点定义为MARKER_ 275，然后在ADAMS/View中工具栏下面选择Review，选中Create Trace Spline，再在模型当中选中MARKER_ 275点，然后再点击空白区即大地Ground，则就可以计算出 MARKER_ 275 点相对于大地 Ground 的轨迹，这个轨迹即扒渣装置的工作包络轨迹。各个运动副和驱动都已创建，仿真中的 End Time 设置成 t＝21s，其 Steps 设置成 500，仿真的过程用顺序动作的方式按照前面设置的各时间段的动作来完成，经过仿真之后，可以得到其扒渣轨迹和相关的参数，如图 5－35 所示。

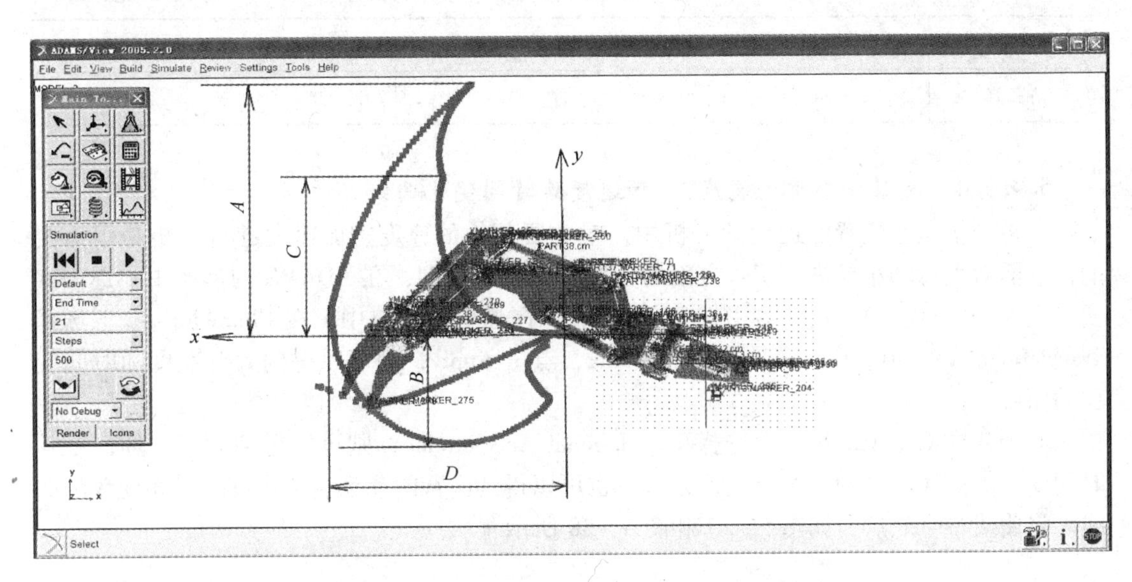

图 5－35 扒渣机扒渣轨迹及其相关工作参数图

A—最大扒渣高度；*B*—最大扒渣深度；*C*—最大卸载高度；*D*—最大扒渣半径

在 ADAMS 中，点击 Review 下的 Processing 进入后处理曲线界面，进入界面之后，在下方的表框中分别选中 MARKER_ 275 在 *x*、*y*、*z* 方向的位移分量，点击 Add Curve 就可以得到 MARKER_ 275 在 *x*、*y*、*z* 方向的综合位移曲线图，如图 5－36 所示，在综合位移曲线图上可以看出 *x*、*y*、*z* 方向的位移变化，相应的工作参数在曲线图上也可以显示出来，然后在下方选中 Plot 再点击 General 图标中的 Table，可以将曲线图转换成表格，从而可以得到曲线在各时间点的具体数据。

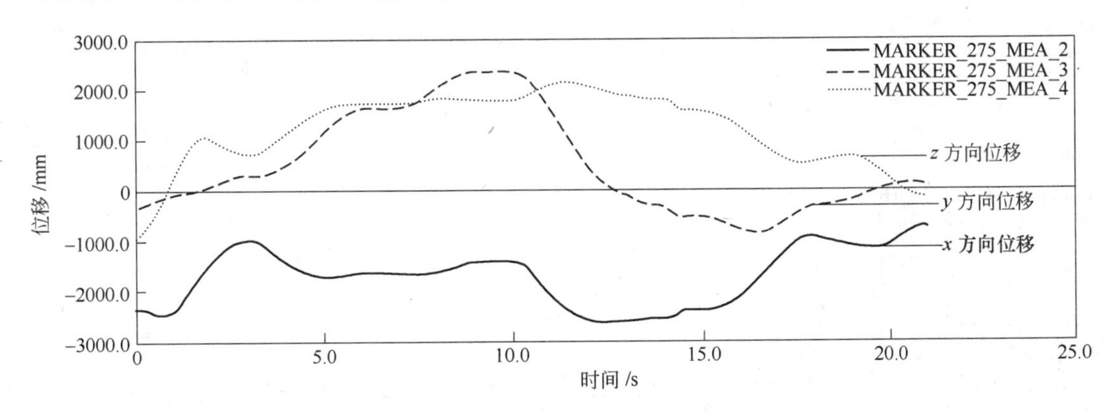

图 5－36 斗齿尖点 MARKER_ 275 在 *x*、*y*、*z* 方向的综合位移曲线图

综合扒渣机基本参数的定义，如图 5－36 所示，由 *x* 方向位移可以得到最大扒渣半径

是2643.4mm，由 y 方向可以得到最大扒渣深度是944.5mm、最大扒渣高度是2283.7mm和最大卸载高度是1857.2mm，由 z 方向可以得到最大回转半径是2094.4mm，将LWL－120型扒渣机工作时的相关工作参数见表5－7。

表5－7 LWL－120型扒渣机的主要工作尺寸值 （mm）

主要工作尺寸	最大扒渣半径	最大扒渣深度	最大卸载高度	最大扒渣高度	最大回转半径
仿真值	2643.4	944.5	1857.2	2283.7	2094.4

5.4.3.4 大臂和小臂的速度、加速度随时间变化曲线

在扒渣机扒渣装置的运动学分析中，对主要部件的速度、加速度进行分析是很重要的，下面对大臂和小臂进行了这方面的分析。以大臂为例，在ADAMS的模型中，选中其质心点MARKER_ 197点，右击选择Measure，在弹出的窗口中，在Characteristic下选择Translational velocity，Component下选择Mag，点击Apply，则可以得到大臂速度随时间变化的曲线。

同理，在Characteristic下选择Translational Acceleration，则可以得到大臂的加速度随时间变化的曲线。同理，按照这种方法，也可以得到小臂的速度、加速度随时间变化的曲线。将曲线整合之后，如图5－37和图5－38所示。

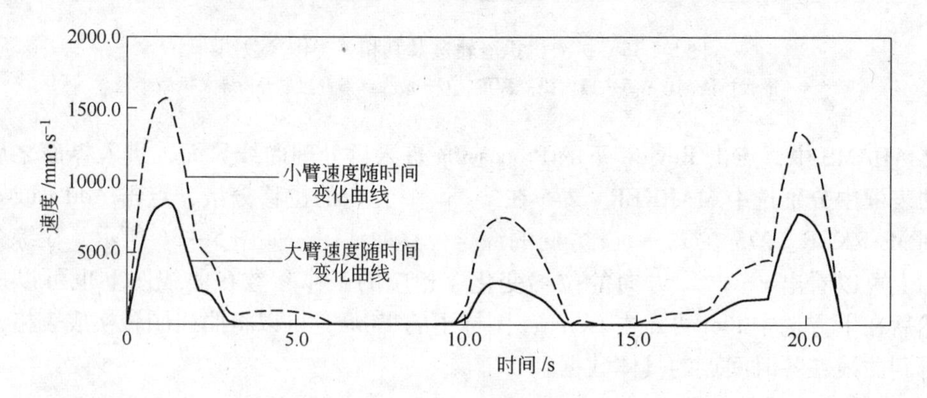

图5－37 大臂和小臂的速度随时间变化的曲线

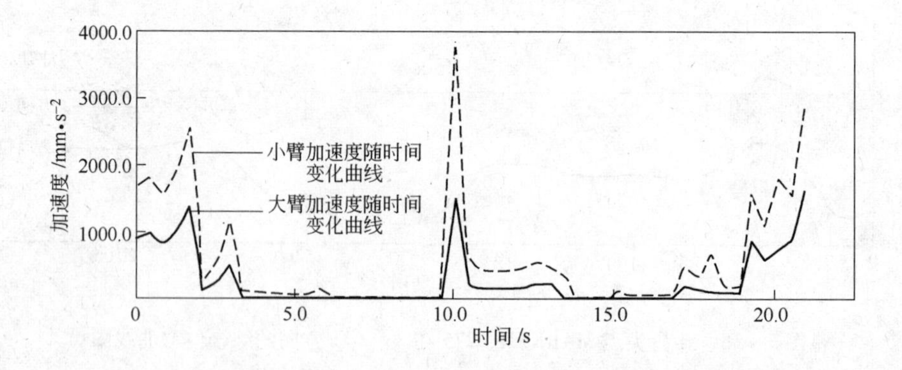

图5－38 大臂和小臂的加速度随时间变化的曲线

由图 5 - 37 和图 5 - 38 上的曲线和前面建立的 STEP 驱动函数分析可知，在 0 ~ 3s 之间，大臂和小臂相对于大臂座有一个转动，此时处于刚刚启动，速度发生了很大的变化，加速度也有一个急剧的变化，因此在曲线刚开始阶段会有一个比较大的变化，在接下来的 10 ~ 13s 附近和 15 ~ 19s 附近，又出现了 2 次比较明显的速度、加速度剧烈变化，这是由于各油缸之间的伸缩变化，大臂、小臂和铲斗之间姿态的相互变化调整，导致了速度和加速度的剧烈变化。而且可以看出，相互之间调整变化的时间段越窄，所产生的变化越剧烈，在最后的 19 ~ 21s 附近，由于大臂和小臂要回转到原来的位置，和刚开始一样，也出现了一个速度和加速度的剧烈变化，在这些时候，大臂、小臂所受到的冲击是比较大的，此时大臂、小臂容易出现疲劳现象，甚至出现损坏，而且这个冲击力会对大臂、小臂的应力变化产生很大的影响，因此，可以适当地增加各姿态调整的时间，减缓冲击，虽然在工作时有液压装置的缓冲，但是从曲线上可知冲击比较明显，所以在设计大臂和小臂时，应该考虑这个冲击的影响，在设计时增大其强度；在曲线中还可以发现，在大臂油缸和小臂油缸伸缩时，即在大臂和小臂运动时，才会出现速度、加速度的递增或递减，其他时刻是水平时，大臂和小臂是相对静止的，其他的部件在运动。同时由图 5 - 37 可知，大臂的最大速度为 0.838m/s，小臂的最大速度为 1.561m/s。由图 5 - 38 可知，大臂的最大加速度为 1.482m/s^2，小臂的最大加速度为 4.843m/s^2。

5.5 扒渣力仿真测试及扒渣装置的动力学仿真分析

5.5.1 扒渣力的仿真与测试

在扒渣机的扒渣性能中，扒渣力的测试是一个很重要的指标，如何对扒渣力进行仿真测试，是接下来需要研究的。在扒渣机扒渣的过程中，扒渣的方式可以分为大臂油缸扒渣、小臂油缸扒渣和扒斗油缸扒渣，但是大臂油缸在扒渣中提供的扒渣力比较小，通常在研究中对其不进行考虑。因此，主要仿真测试的是小臂油缸扒渣时的扒渣力和扒斗油缸扒渣时的扒渣力，而扒渣力主要是油缸压力经扒渣装置上的各个杆件，最后通过扒斗进行扒渣。本节测试扒渣力的原理是通过建立合适的弹簧来模拟测力计，来达到测试的目的。下面分别对小臂油缸扒渣时的扒渣力和扒斗油缸扒渣时的扒渣力进行仿真测试。

扒渣装置的模型在前面已经建立，在测试中，扒渣装置上的相关构件的初始位置要适当调整，有利于仿真的方便和准确。在 ADAMS 中进行位置的调整比较麻烦，可以将模型在 SolidWorks 中将初始位置调整好再导入 ADAMS，首先，是对扒斗油缸扒渣时的初始状态进行调整，调整小臂和扒斗的铰点到铲斗油缸的垂直距离最大，即要调整扒斗油缸活塞和扒斗油缸型腔之间的长度，使扒斗油缸对扒斗的铰销产生的力矩最大。然后，是对小臂油缸扒渣时的初始状态进行调整，使小臂和大臂的铰点与小臂油缸活塞和小臂的铰点的连线与小臂呈 90°，即要调整小臂油缸活塞和小臂油缸型腔之间的长度，使小臂油缸对小臂铰销产生的力矩最大。

5.5.1.1 扒斗油缸扒渣时的扒渣力仿真测试

扒斗油缸扒渣时扒渣力的仿真测试，首先应建立恰当的弹簧测力计，弹簧测力计的方向要与小臂、扒斗之间的铰点和扒斗齿的连线相垂直，然后建立的步骤如下：在坐标窗口中，将小臂和扒斗间的铰销中点 Q 获得，然后再将扒斗正中间的斗齿点 V 获取，连接这两个点，弹簧测力计的放置方向就是要与 QV 垂直，点击 Setting 下的 Working Grid，出现了工作栅格窗口，在下面的Set中选择，将工作栅格移至与两点连线垂直的平面，将其中的一个方向设置成与连线垂直的方向，在工作栅格中，选择一个合适的位置 I，建立一个 Marker 点，设置中选择 Set the Ground，将其定义在 Ground 上，连接 GV，则可以得到 QV 和 IV 是相垂直的。弹簧即要建立在 IV 连线上，点击弹簧按钮，选择 I 点和 V 点，则可以建立一个弹簧，右击弹簧，选择 Modify，修改弹簧参数，将 Stiffness Coefficient 改成 1.0E + 007N/m，将 Damping Coefficient 改成 2.5E +006N · s/m，弹簧建立好了，模拟出来的弹簧力取其相反数即为扒渣力的大小，弹簧建立后的模型如图 5 - 39 所示。

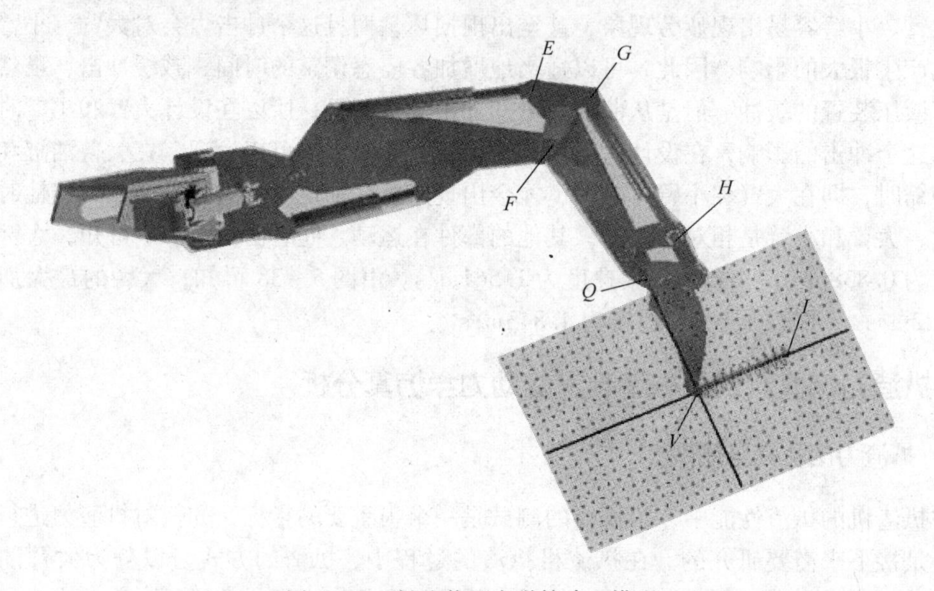

图 5 - 39　扒渣装置中弹簧建立模型

然后在扒斗油缸上建立单向作用力，点击 Force（Single - Component），在设置中选择 Body Moving，再选择扒斗油缸的活塞，点击其质心，建立的方向则沿着扒斗油缸活塞的直线方向再指向连杆机构与扒斗油缸活塞的铰点。最后确认这个单向作用力的大小，计算的过程如下：扒斗油缸的大腔作用面积 $A_3 = \pi r^2$，经过测量知扒斗油缸大腔半径为 31.5mm，即为 0.0315m，则 $A_3 = \pi r^2 = 3.14 \times 0.0315^2$，同时液压系统的工作压力为 P = 20MPa = 20×10^6Pa，则由公式 $F = P \times A_3$ 可以得到 $F = 20 \times 10^6 \times 3.14 \times 0.0315^2$ = 62313.3N。点击 SForce，右击 Modify，将 Function 中的数值改成 62313.3N，即扒斗油缸所能提供的液压力为 62313.3N。

最后修改各个液压缸的驱动函数，在前面运动分析中，已经建立好了驱动函数，在此，将大臂油缸、小臂油缸和回转油缸的驱动函数修改成 0 * time，再将扒斗油缸的驱动进行删除，这样做可以使大臂、小臂和回转装置不能运动，但是驱动还是存在的，也就是要使模型由建立的单向作用力来取决，结果也会更加准确。

开始仿真测试，将 End Time 改成 0.3s，Steps 改成 100，点击仿真按钮，模型开始仿真，仿真结束后，右击弹簧，选择 Measure，在特性栏下选择 Force，单击 Apply，则可以得到仿真后的曲线，如图 5 - 40 所示。

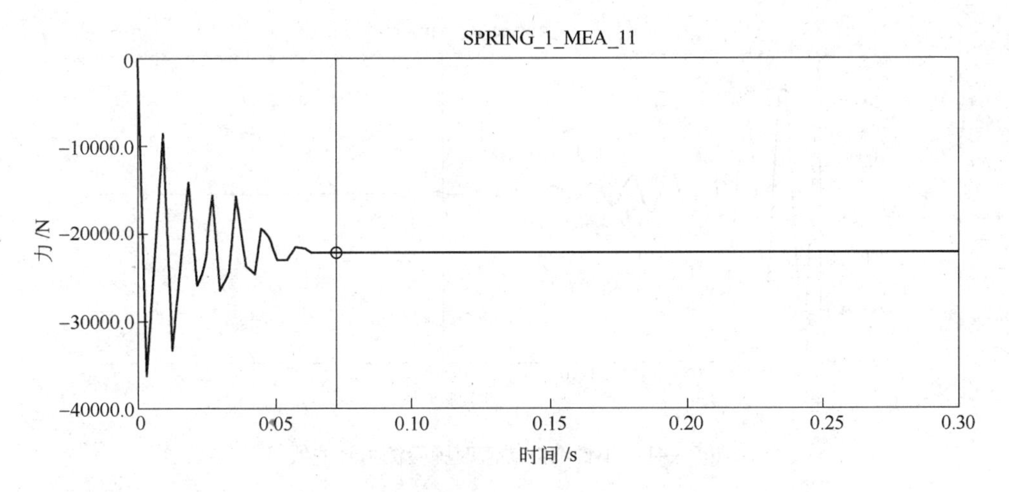

图5-40 扒斗油缸扒渣时弹簧测力计曲线

由图5-40可知，在0~0.072s之间，弹簧处在振荡阶段，在0.072s之后，弹簧慢慢地恢复到了平衡，在后处理界面中，可以得到这个平衡值的大小为-21457.16N，取其相反数为21457.16N，扒斗油缸扒渣时的扒渣力为21457.16N。进行了扒斗油缸扒渣时的扒渣力的理论计算，求得的值为21348.53N，误差很小，和测试的值基本上吻合，再一次验证了测试的准确性。

5.5.1.2 小臂油缸扒渣时的扒渣力仿真测试

小臂油缸扒渣时的扒渣力的仿真测试的基本方法和上面测试扒斗油缸扒渣时的扒渣力类似，首先获取小臂和大臂间的铰销中点 *F*，然后再将扒斗正中间的斗齿点 *V* 获取，连接这两个点，与前面一样，建立好正确的工作栅格，在工作栅格中，选择一个合适的位置 *J*，建立一个 Marker 点，将其定义在 Ground 上，连接 *JV*，则可以得到 *QV* 和 *JV* 是相垂直的。将弹簧建立在 *JV* 连线上，点击弹簧按钮，选择 *J* 点和 *V* 点，则可以建立一个弹簧，右击弹簧，选择 Modify，修改弹簧参数，将 Stiffness Coefficient 改成 9.0E+006N/m，将 Damping Coefficient 改成 2.2E+006N·s/m，则整个弹簧建立完毕。

然后在小臂油缸上建立单向作用力，点击 Force（Single-Component），选择 Body Moving，再选择小臂油缸活塞，点击其质心，建立的方向则沿着小臂油缸活塞的直线方向再指向小臂与小臂油缸活塞的铰点。最后确认这个单向作用力的大小，由于液压缸系统的工作压力是相等的，小臂油缸活塞的直径和扒斗油缸活塞的直径也是相等的，因此，小臂油缸所能提供的液压力也是相等的，即也为62313.3N。点击 SForce，右击 Modify，将 Function 中的数值改成62313.3N，即小臂油缸所能提供的液压力也为62313.3N。

最后根据前面测试时修改驱动函数时的方法，将大臂油缸、扒斗油缸和回转油缸的驱动函数修改成 0 * time，再将小臂油缸的驱动进行删除，这样做的目的和前面是一样的，必须确定仿真的结果是比较真实的。

开始仿真测试，将 End Time 改成0.3s，Steps 改成150，点击仿真按钮，模型开始仿真，仿真结束后，右击弹簧，选择 Measure，在特性栏下选择 Force，单击 Apply，则可以得到仿真后的曲线，如图5-41所示。

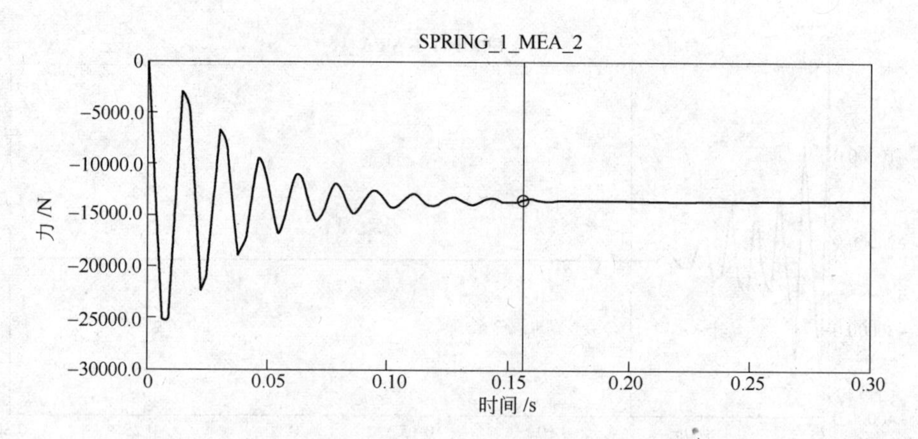

图5－41　小臂油缸扒渣时弹簧测力计曲线

由图5－41可知，在0～0.156s之间，弹簧处在振荡阶段，在0.156s之后，弹簧慢慢地恢复到了平衡，可以得到这个平衡值的大小为－14573.53N，取其相反数为14573.53N，小臂油缸扒渣时的扒渣力为14573.53N。

5.5.2　扒渣装置在扒渣工况下的动力学仿真分析

5.5.2.1　扒渣机在扒渣工况下的力学分析

在扒渣过程中，不考虑土壤推力与摩擦阻力。扒渣机扒渣装置主要受到扒渣阻力和扒渣的矿物自身所拥有的重力，同时扒渣的阻力可以分为切向方向的阻力和法向方向的阻力，根据经验公式可以求得这三个力的大小，将切向的阻力用 W_q 表示，法向的阻力用 W_f 表示，扒渣时矿物自身的重力用 G 表示。分别表示如下：

$$W_q = Kbh$$

$$W_f = \psi W_q$$

式中，K 为扒渣比阻力，N/cm²，即液压扒渣机扒斗每扒渣单位面积的土壤时需要克服的土壤或物料阻力，它综合反映了进行扒渣时摩擦力、土体破裂等阻力的总和；b 为扒斗斗宽，cm，即扒渣宽度，一般取 $h=(0.1\sim0.33)b$；ψ 为扒渣阻力系数，cm。

一般情况下，取土壤类型为Ⅲ级，则 $K=19.5\text{N/cm}^2$，经测量，知 $b=43\text{cm}$，则取 $h=0.33b=14\text{cm}$，取 $\psi=0.42$，并且将单位统一为牛顿，则可以求得：

$$W_q = Kbh = 19.5\times43\times14 = 11739\text{N}$$

$$W_f = \psi W_q = 0.42\times11739 = 4930\text{N}$$

在扒渣工况中，同时考虑土壤的重力，土壤重力的方向始终垂直向下指向地心，LWL－120型扒渣机的扒斗容量为0.6m³，取一般Ⅲ级土壤 ρ 为 $1.8\times10^3\text{kg/m}^3$，则扒斗内土壤的质量为 $m=\rho v=1.8\times10^3\times0.6=1.08\times10^3\text{kg}$，即其物料的重力为 $G=mg=1.08\times10^3\times9.8=10584\text{N}$。

5.5.2.2　载荷加载

在扒渣工况下，切向阻力加载在扒斗齿的中间，加载的方向沿着前面获得的扒渣轨迹的切线方向，法向阻力也加载在扒斗齿的中间，加载方向沿着轨迹的法线方向，扒渣的矿物的重力加载在扒斗的中心处，方向向下。在整个扒渣工况中，扒渣阻力的方向相对于扒斗不变，但相对于地面不断变化。

5.5.2.3 载荷的 STEP 函数表示

在前面的运动学分析建立的 STEP 函数中，可以分析在 13 ~ 18s，此时是处在扒渣工况，然后在 18s 以后完成扒渣。因此可以用 STEP 函数表示载荷的加载情况，见表 5 – 8。

表 5 – 8 载荷的 STEP 函数表

切向阻力	法向阻力	矿物的重力
STEP(time, 13, 0, 18, 11739) + STEP(time, 18, 0, 21, –11739)	STEP(time, 13, 0, 18, 4930) + STEP(time, 18, 0, 21, –4930)	STEP(time, 13, 0, 18, 10580) + STEP(time, 18, 0, 21, –10580)

载荷的 STEP 函数可以用表格表示，同时也可以将建立的 STEP 函数用图像形象的表示出来，在 ADAMS 中，选中加载的力的红色标记 SFORCE，然后击右键，选择 Measure，在弹出窗口中 Characteristic 下选择 Force，在 Component 下选中 Mag，然后单击 Apply，则出现了力随时间的变化图，即载荷的 STEP 函数图像。

在 ADAMS 的后处理 PostProcessing 中，在 Measure 下，选择切向阻力、法向阻力、矿物的重力这几个分量，然后单击 Add Curves，则出现了总的外载荷 STEP 函数变化图，如图 5 – 42 所示。

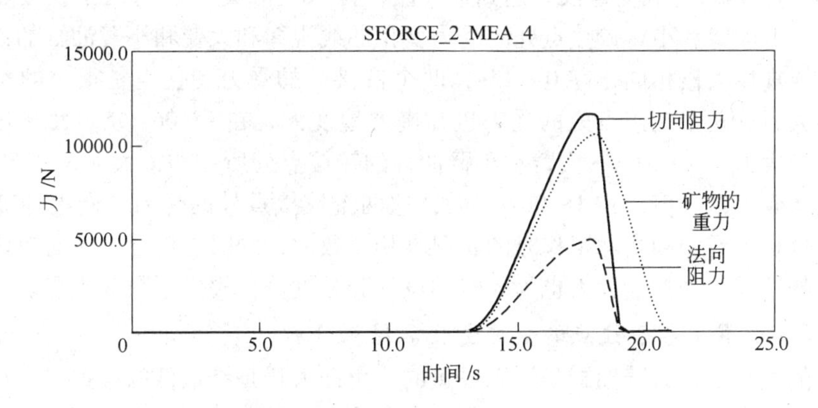

图 5 – 42 外载荷总 STEP 函数变化图

5.5.2.4 大臂上各个铰点的受力变化和结果分析

在扒渣工况中，大臂油缸缩到最短，调整斗杆油缸和扒斗油缸进行扒渣，当大臂处在最低位置，同时连接大臂和小臂间的铰点与小臂和小臂油缸活塞的铰点，当其垂直于小臂油缸时，扒渣的阻力是最大的，此时大臂受到的力也是最大的，即大臂处在危险的情况下，因此，接下来就是分析在这种情况下大臂上的各个铰点间的受力状况。将仿真的时间 t 设为 21s，选中各铰点处的 Joint，在弹出的窗口中选择 Force，然后点击 Apply，则可以得到各铰点的受力曲线。

进入 PostProcessing 后处理界面，然后依次选择大臂和大臂座铰点、大臂和大臂油缸活塞铰点、大臂和大臂油缸铰点和大臂和小臂铰点，再单击 Add Curves，可将各个铰点的受力曲线合在一起，有利于进行合理的分析，如图 5 – 43 所示。

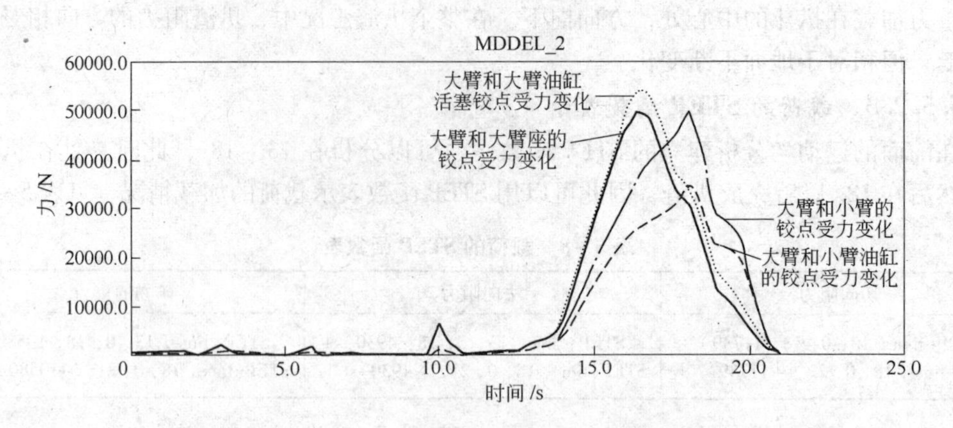

图5-43 大臂上的四个铰点处受力变化图

从图5-43曲线变化可知，大臂和大臂座的铰接点处的受力变化曲线规律与大臂和大臂油缸活塞铰接点处的受力变化规律大致相同，在0~13s的过程当中，由于各个部件之间的运动而对这两个铰接点处的受力变化产生了很小的影响，当从13s开始慢慢地加外载荷之后，随着外载荷的不断增大，这两个铰接点处的受力也在慢慢地变大，在16.38s处，大臂和大臂座的铰接点所受的最大力为49633N，大臂和大臂油缸活塞铰接点处所受的最大力是53811N，这时外载荷还没有达到最大值，在16.38s之后，这两个铰接点处的受力又慢慢地变小。大臂和小臂铰接点处的受力变化曲线规律和大臂和小臂油缸的铰接点处的受力变化曲线规律大概相同，在0~13s，两个铰接点的受力变化也是很小的，随着外载荷的不断增大，这两个铰接点处的受力也在慢慢地变大，在18.06s处，大臂和小臂铰接点处所受的最大力是50131N，大臂和小臂油缸的铰接点处所受的最大力是35392N，这时外载荷已经达到了最大值，在18.06s之后，这两个铰接点处的受力又慢慢地变小。经过图上的曲线分析来看，和实际工作时的状况是相一致的，同时在设计大臂时应该考虑这个受力最大时的情况，受的最大力也为大臂的设计和强度分析提供了数据来源。

5.5.2.5 小臂上各个铰点的受力变化和结果分析

在扒渣的过程中，大臂油缸是缩到最短的，也即大臂是在最低的位置，当小臂达到极限位置扒渣时，连接小臂和扒斗的铰点和扒斗齿尖的连线，当其和扒斗油缸呈90°时，此时小臂所受到的力是最大的，即在扒渣工况中，这个情况下的小臂是危险的。下面就分析在这种情况之下，小臂上面的各个铰点的受力变化情况。依次选择小臂上面的各个铰点Joint，然后点击右键，选择Measure，在弹出窗口中Characteristic下选择Force，Component下选中Mag，点击Apply则可以得到各铰点的受力变化曲线。

通过右击小臂和大臂铰点处受力变化曲线图，选中Transfer To Full Plot，进入后处理界面，然后依次选择小臂和小臂油缸活塞铰点、小臂和扒斗铰点、小臂和扒斗油缸型腔铰点，单击Add Curves，则可以得到总受力变化图，如图5-44所示。

由图5-44可知，在0~13s，和前面的大臂铰点受力分析类似，在没有加外载荷时，由于部件之间的运动，对小臂上面的各个铰点产生了很细小的波动，符合实际的情况。从13s开始，进入扒渣工况，外载荷开始加载，18s之后外载荷慢慢撤销，在13~18s之间，各个铰点的受力情况也是先随着外载荷变大而变大，之后慢慢地变小，将曲线图转换成表

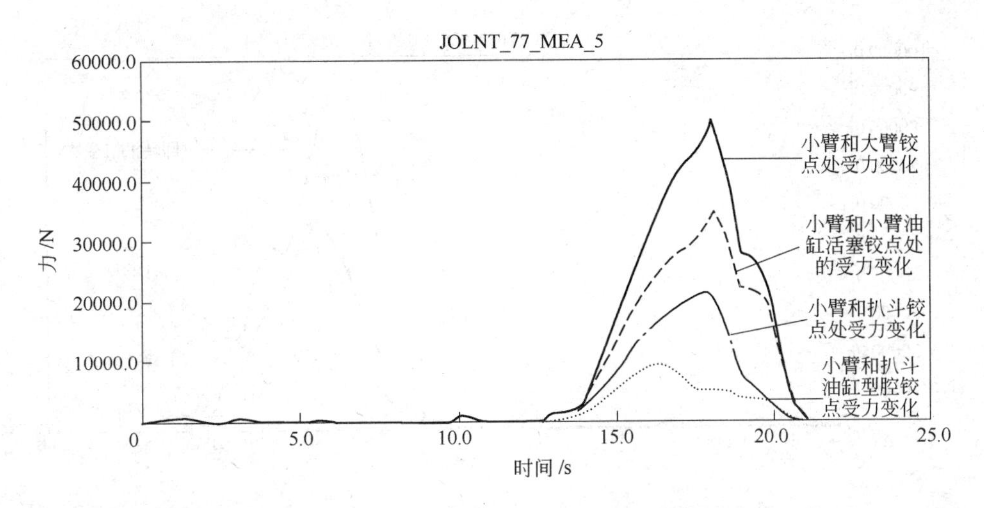

图5-44 小臂上四个铰点的受力变化总图

格之后可知，在18.06s，小臂和大臂的铰点处出现了峰值，为50131N；在18.06s，小臂和小臂油缸活塞铰点处出现峰值为35385N；在18.06s，小臂和扒斗铰点处也出现峰值为21210N；在16.38s，小臂和扒斗油缸型腔铰点处出现峰值为9466N。由得出的数据可知，在小臂处于危险工况的情况下，小臂和大臂的铰点处受到的力是最大的，在此铰点处的连接件要经过严格的校核，小臂和扒斗油缸型腔铰点处受到的力是最小的。仿真出来的情况和实际工作时的情况吻合，为小臂设计时的强度分析和优化提供了有效的数据。

5.5.2.6 扒渣装置上各油缸的受力变化分析

在扒渣工况外载荷加载之后，要得到各个油缸随着外载荷变化的受力变化曲线，在前面的运动学仿真中，已经建立了大臂油缸、小臂油缸、扒斗油缸和回转油缸的驱动Motion，在Motion中，可以得到各个油缸的受力变化曲线。以大臂油缸为例，选择大臂油缸的驱动Motion_ 26，点击右键，选择Measure，在弹出的窗口当中，在Characteristic中选择Force，在Component下选中Mag，然后单击Apply，则可以得到大臂油缸受力变化曲线。同理，可以得到小臂油缸、扒斗油缸和回转油缸的受力变化曲线。

选择大臂油缸的受力变化曲线，在其上面点击右键，选择Transfer To Full Plot，进入Postprocessing后处理曲线界面，在Result Set下，依次选择小臂油缸驱动Motion_ 25，扒斗油缸驱动Motion_ 27，回转油缸驱动Motion_ 28，然后再点击Add Curves，则出现了各个油缸的受力变化综合曲线图，如图5-45所示。

图5-45所示为扒渣机扒渣装置上各油缸受力变化总图，由图可知，在0~13s内，此时没有外载荷加载，由于液压油缸中油缸活塞和油缸型腔之间的运动，使油缸的受力产生了很细小的波动，从13s开始，进入了扒渣工况，开始有外载荷的加载，到18s结束，在13~18s这段时间内，油缸的受力变化比较激烈，从13s开始慢慢变大，中间达到一个峰值，之后由于外载荷的撤销又慢慢地变小。在16.38s，此时大臂油缸出现峰值53810N；在18.06s，小臂油缸出现峰值35388N；在16.38s，扒斗油缸出现峰值9466N；在15.96s，回转油缸出现峰值93248N。

在扒渣工况中，外载荷加载后，回转油缸的受力变化是最激烈的，其次则是大臂油缸

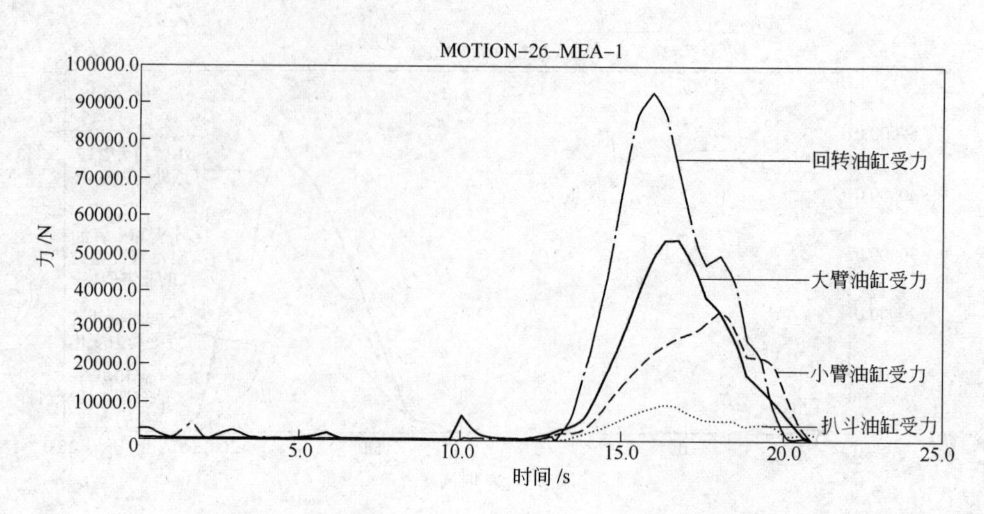

图5-45 各油缸受力变化总图

的受力变化，扒斗油缸的受力变化是最小的，但是这几个油缸的受力变化的总体趋势是差不多的，都是在外载荷变大时随着变大，在外载荷变小时随着变小。同时，各油缸的受力状况和实际的运动是相吻合的，在设计油缸时，应该考虑受力最大的情况，最大值也能为设计时提供数据来源。

6 大型梭车 CAD/CAE 设计案例

6.1 概述

梭车主要应用在大断面的隧道工程中，它是一种转载运输效率高、对环境适应性强并且还能够实现矿石转载和卸载一体化的一种运输设备。用于装载矿石的车厢安装在行走机构的转向架上，整车的行走通过机车的牵引带动。梭车刮板运输机构安装在车厢的底部，梭车工作时，在刮板运输机的牵引作用下矿石从梭车装载端向车厢的尾部运输。当整车装满后，梭车在机车的牵引作用下行至卸载地点，开动刮板运输机从梭车卸载端把整车的矿石卸载。为了突破巷道对矿车车厢宽度和长度的限制，使矿车能够在较小转弯半径的曲线轨道路线上行走，在梭车的行走机构部分安装了转向架，使得梭车不仅能适应隧道掘进工程中质量较差的运输线路，而且也方便了卸载，除了可以满足沿线路的中线直接卸载以及和线路中线形成有一定角度或者较大的倾斜角的工况场景直接卸载，还可以完成沿线路侧面工况场景的直接卸载。这点在很大程度上增强了梭车对复杂工况的适应能力，从而也使得其适应范围变得更加广泛。

该案例研究与江西某重工机械有限公司合作开发研究优化的 $25m^3$ 大型梭车，在原来梭车的基础上通过利用 CAD/CAM 技术，建立三维实体模型，利用 ANSYS Workbench 软件、数学分析工具 Matlab，进行仿真分析和优化，改善和弥补原来 $25m^3$ 矿山梭车的链轮磨损严重，耗能高等不足。对推动我国矿山机械设备行业的快速发展，提高国产梭车的生产效率，对推动我国矿山机械的研制方面有着一定的现实意义和学术价值。

基于 SolidWorks 软件完成了 $25m^3$ 大型梭车零件和装配体三维模型设计，经干涉检查验证了零部件模型机构及装配的正确性，另外通过 SolidWorks 插件和 3d Max 软件制作了梭车装配过程、工作运行情况动画。基于装配体的三维设计模型，根据实际运行情况对梭车刮板运输机进行运动仿真，揭示了链条位移、速度、加速度等运动规律，为后续的优化提供了方向。

为了解决梭车运行过程中能耗高问题，通过对梭车整机设计及相关参数进行分析和计算，在满足梭车正常运输条件、保证运输量不减小的基础上建立了以电动机功率为目标函数的数学模型，利用 Matlab 软件对其进行参数优化，揭示了车厢高度、宽、刮板间距、链条运行速度与电动机功率之间的关系，获得了一组优化车厢高、宽、刮板间距、链条运行速度参数，结果显示优化后的电动机功率减小了 1.6735kW，比优化前减小了约 4%。

针对梭车受力复杂、低速重载，以及链轮结构的特殊性（齿数为 4 个），链轮齿面极易产生疲劳点蚀问题，通过 ANSYSWorkbench 分析软件对链轮进行有限元接触分析，揭示了链轮啮合过程等效应力、接触应力分布规律和相关数值，结果显示链轮最大接触应力为 1333.1MPa，接近链轮许用最大接触应力。利用 ANSYSWorkbench 优化功能，在有限元接触分析的基础上，提取链轮结构参数作为设计变量，并根据链轮齿形要求为设计变量设置优化范围，以链轮许用接触应力为约束条件，以链轮最大接触应力为目标函数对链轮进行结构尺寸优化，获得了一组最佳齿面圆弧半径 R_e、齿沟圆弧半径 R_i、齿沟角 α 以及轴向齿廓倒角宽 b_a 参数，结果显示优化后链轮最大接触应力为 1034MPa，接触应力下降了约 22.45%。

6.2 梭车参数优化设计

6.2.1 参数优化设计概述

参数优化设计是众多优化设计方法中的一种。它需要将实际中的优化问题抽象化为特定格式下的数学模型，然后通过编写相应的计算机程序，再进行相关的计算，得到最佳的设计参数。梭车的参数优化具体包括以下两方面的内容：

（1）通过进行相关参数的研究和计算将梭车参数优化的实际问题抽象化为相应的数学模型，其实主要就是选择和确定需要优化的目标函数，根据梭车实际的运行情况选择合理的约束条件，以及相应的设计参数变量。参数优化的前提是建立合理的数学模型，数学模型建立的正确与否直接关系到优化结果，所以建立梭车数学模型是关键也是难点。

（2）选择合适的计算方法，编写正确合理的计算程序，求解梭车参数优化数学模型。参数优化数学模型的求解主要是借助于数学计算工具 Matlab 软件，通过了解优化工具程序包中的优化设计程序的结构、应用范围以及具体使用方法，然后结合梭车参数优化数学模型，对数学模型进行求解。

梭车参数优化的全过程可概括为以下几点：

1）根据梭车参数优化设计要求和目的定义优化设计问题；

2）梭车参数优化的数学模型的建立；

3）合理优化计算方法的选择；

4）相关数据以及设计初始点的选定；

5）数学模型程序以及优化设计算法程序的编写；

6）对计算结果进行分析，以及优化前后参数的比对分析。

在分析一个问题或者产品的系统时，一般很难直接分析该系统。通常是把这个系统抽象化为一些运算关系和相应的符号，也就是完成数学模型的建立。参数优化数学模型的正确建立是进行后续参数优化很重要的一步工作，这里描述的数学模型，就是把握问题的主要矛盾，忽略一些不相关因素建立起来的数学表达式。例如梭车参数优化设计问题，数学模型中要考虑梭车车厢高、宽和刮板的间距以及物料运输速度与驱动电动机功率关系等因素。因此数学模型的建立过程，就是寻找出其他相关因素与需要定义的问题之间的内部联系。

通过建立参数优化数学模型就是把现实具体的工程技术问题，通过抽象处理转化为相应的数学关系，从本质上来说就是系统化的思考过程。它可以帮助设计者系统性地分析、了解影响设计的各种因素及限制，并由整体系统的观点来分析设计问题。正确地定义优化设计的问题并建立模型需要大量专业领域知识，是设计工程师在进行最优化设计过程中最重要的工作。

优化设计的数学模型主要是由设计变量、目标函数、约束条件三个部分组成。具体情况如下：

求设计变量 $X=[x_1,x_2,\cdots,x_n]^T$

使目标函数 $f(X)\to \min f(X)$

同时满足约束条件 $g_u(X)\leqslant 0 \quad (u=1,2,\cdots,m)$

$h_v(X)\leqslant 0 \quad (v=1,2,\cdots,p)$

6.2.1.1 设计变量

在机械产品的设计过程中通常使用相互独立的设计参数来描述设计方案，设计参数通常是描述产品的结构外形、截面尺寸、位置尺寸等一些几何参数，也可以是表示构件质量、速度、加速度、力、力矩等的物理量。在一项设计的全部参数中，有些设计参数是始终保持恒定不变的，这些参数的数值是根据设计产品实际情况预先确定的，称为既定参数或者恒参数。而另外一些参数是优化设计过程中的设计变量，这些是需要优化的参数，这些参数的值是在约束范围内是不断变化的。优化设计变量即那些对设计目标有影响的，需要通过优化计算确定其数值的设计参数。一般来说是通过一个列阵来表示：

$$X=[x_1,x_2,\cdots,x_n]^T$$

6.2.1.2 目标函数

在优化设计时，通过对优化目标的预先确定，并且用数学方程来抽象地描述该优化目标和影响该优化目标的设计参数之间的关系，该数学方程称为优化设计过程中的目标函数。

目标函数是设计变量的函数，同时也是优化设计中需要求解得到的目标。通过给定设计变量的数值，以及相应的约束范围，从理论上来说就可以求出相应的目标函数值。目标函数通常表示为以下形式：

$$f(X)=f(x_1,x_2,\cdots,x_n)$$

优化的目标是确定一组设计变量使得目标函数值取得最优值，即 $f(X)\to$最优化。前已述及，求最优值在许多情况下就是求目标函数的最大值或最小值。由于求解目标函数 $f(X)$ 的最大值能够转化为求解目标函数 $-f(X)$ 的最小值，因此，优化设计的求解也就可以统一转换为求解目标函数最小值问题，即 $f(X)\to$最小值。

目标函数实际上是个评价设计优劣的准则。目标函数应直接反映用户或制造者的要求，例如，该案例是在保证梭车运输量、物料正常运输前提下，使梭车电动机功率达到最小，在确定目标函数时应注意有些性能指标的提高会使其他性能降低，所以应根据需要确定主要设计目标，并兼顾到次要目标。

6.2.1.3 约束条件

优化设计在寻求目标函数最佳值的过程中，还需要满足实际工作情况中一些附加的约束设计条件，也就是说，在优化设计时，设计变量的取值不是无限制的，优化变量的取值必须在各种约束条件的限制范围内。这里的约束条件就是对设计变量和产品性能加以限制。约束的形式一般分为两大类，即不等式约束和等式约束。

不等式约束，即

$$g_u(X)\leqslant 0 \quad 或 \quad g_u(X)\geqslant 0$$

等式约束,即

$$h_v(X)=0$$

6.2.2 梭车正常运输的条件

大型梭车主要是用于大断面隧道工程转载和卸载，在运输物料的过程中，主要相关的机构是其狭长的槽式车体以及安装在车体底部的刮板运输机，由于物料的高度远远高于刮板链条、刮板的高度，因此其运输过程属于高物料运输。与普通的刮板运输机运输机理不一样，普通的刮板运输机物料的运输过程中，物料与底面相对运动，而梭车运输物料时除了物料与底面有相对运动外，还要考虑物料与车厢两侧的相对运动。其力学模型和运输机理也和普通刮板运输机不同，梭车刮板运输机在运行过程中需要克服车厢底板以及车厢两侧对物料的摩擦力，又因为梭车刮板运输机运输物料属于松散体，所以在运输的过程中，需要保证物料与刮板不会产生相互错动，避免分层现象发生，这点主要是靠控制物料高宽比来实现的。合理的车厢高宽比是保证梭车物料正常运输的关键。

具体可总结归纳为以下两点：

（1）刮板间距内物料的内摩擦力必须大于或等于物料受到的外部摩擦力总和，物料才能够达到极限平衡状态，才能够随刮板链条一起运动。

（2）为了避免物料分层现象发生，保证整体物料随刮板链条一起运移，物料的高度不能超过物料整体位移的极限高度，否则将影响运输能力。

6.2.3 梭车优化设计相关参数

6.2.3.1 梭车车厢的静力学分析

根据静力学以及相关散体结构力学的知识，可以知道静止状态下的松散物料与梭车车厢侧壁存在着相互作用力，主要分为两部分：一部分是对车厢底部的垂直压力，另外一部分是对车厢侧壁的侧压力。

为了直观的分析物料对梭车车厢的作用力，取梭车简化断面示意图（图6－1）进行分析。梭车车厢底部受到的垂直压力 F_d 为物料的重力减去由物料对车厢侧壁压力产生的摩擦力，即

$$F_d=\gamma hB-\gamma h^2k_1f_1 \tag{6-1}$$

物料产生的侧压力 F_c 为：

$$F_c=\gamma h^2k_1 \tag{6-2}$$

式中，F_d 为物料对梭车车厢底部的垂直压力，N；F_c 为物料对车厢侧壁的压力，N；γ 为物料的容重，t/m³；h 为物料的高度，m；f_1 为物料与车厢的静摩擦力；k_1 为静止状态下，物料对车厢侧壁的侧压力系数。

6.2.3.2 物料极限高度

为了更直观地进行分析，我们取梭车刮板运输机两刮板间纵断面散体物料作为力学模型（图6－2）进行研究。

写出其平衡方程：

$$\overline{W}=F_1+F_2 \tag{6-3}$$

$$F_1=(G-F_2)f_2=(\gamma H_jBt_j-\gamma H_j^2f_1f_2t_j)f_2=\gamma H_jf_2t_j(B-H_jf_2f_1) \tag{6-4}$$

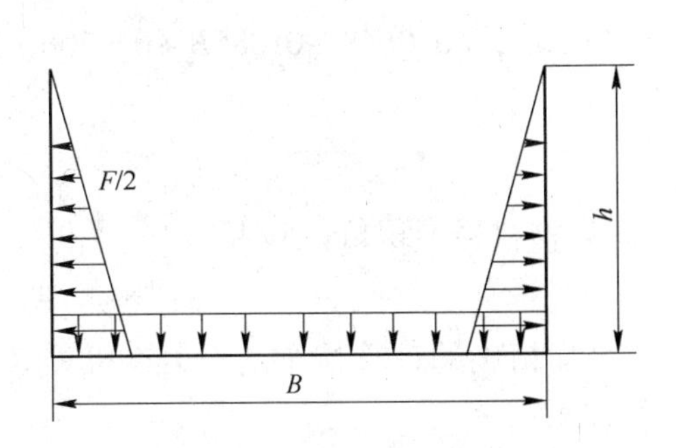

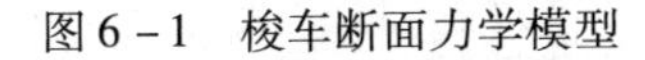

图6-1 梭车断面力学模型

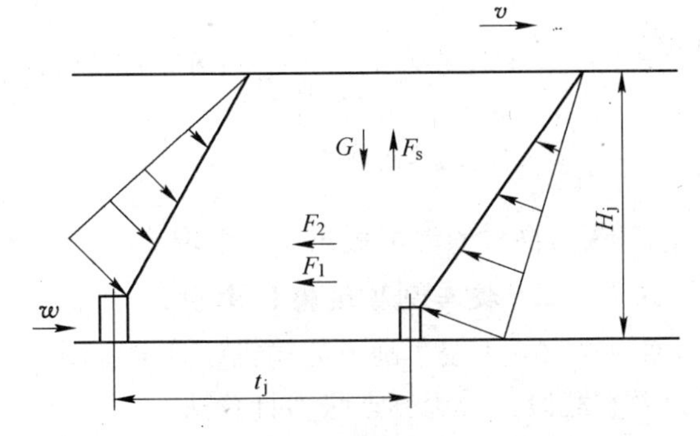

图6-2 物料运输力学模型

$$G=\gamma H_{\rm j}Bt_{\rm j} \tag{6-5}$$

$$F_2=\gamma H_{\rm j}^2 f_1 f_2 t_{\rm j} \tag{6-6}$$

式中，$\overline{W}$为每块刮板的平均牵引力，N；F_1 为物料与车厢底板之间的运动阻力，N；G 为两刮板间物料之重力，N；F_2 为运输机两侧壁保持物料高度的阻力，N；γ 为物料单位体积的重力，kN/m^3；$t_{\rm j}$ 为刮板的极限间距，m；B 为运输机机槽宽度，m；$H_{\rm j}$ 为物料的极限高度，m；f_1 为与输送物料内摩擦角和链速有关的侧压系数，$f_1=\dfrac{x}{1+\sin\phi}$，其中，$\phi$ 为物料内摩擦角；x 为动力系数，其数值的大小与刮板链速有关，$v\leqslant 0.32$m/s，$x=1.0$，$v>0.32$m/s，$x=1.5$；f_2为物料与运输机底板、侧壁间的综合阻力系数，$f_2=0.5\sim0.7$。

把式（6-4）~式（6-6）代入式（6-3）中得到：

$$H_{\rm j}=\frac{\sqrt{(\gamma t_{\rm j}Bf_2)^2+4f_2\gamma f_1(1-f_2)\overline{W}t_{\rm j}}-\gamma t_{\rm j}Bf_2}{2\gamma t_{\rm j}f_2f_1(1-f_2)} \tag{6-7}$$

6.2.3.3 梭车运输能力

梭车在运送物料时．运送刮板链条被埋在物料之中，工作状态与埋态刮板相似。

梭车输送量：

$$Q=3600Av\varphi\rho \tag{6-8}$$

式中，A 为梭车车厢槽体内物料断面面积；v 为刮板链条链速，m/s；φ 为满载系数；ρ 为运输物料密度，取 $\rho=1.5$t/m^3。

6.2.3.4 梭车物料断面面积

根据25m^3 梭车物料的断面示意图如图6-3所示，可以知道，总断面面积 S 由 A_1、A_2、A_3、A_4四部分组成，下面对各部分进行计算：

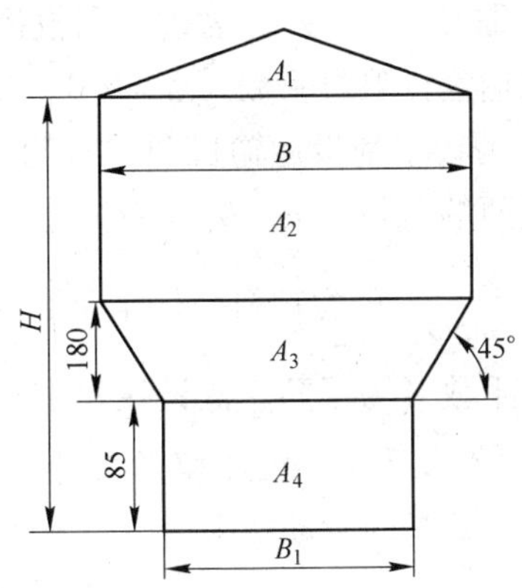

图6-3 物料断面示意图

（1）$A_1=\dfrac{1}{2B^2\tan\phi_1}=\dfrac{1}{2B^2\tan(0.35\times45°)}=\dfrac{1}{0.564B^2}$

（2）$A_2=B(H-0.085-0.18)=BH-0.265B$

（3）$A_3=\dfrac{0.18(B+B_1)}{2}=\dfrac{0.18(B+B-0.36)}{2}$

$=B^2-0.54B+0.0648$

（4）$A_4=0.085B_1=0.085(B-2\times0.18)=0.085B-$

0.0306

$$S = A_1 + A_2 + A_3 + A_4 = \frac{1}{0.564B^2} + BH - 0.265B + B^2 - 0.54B + 0.0648 + 0.085B + 0.0306$$

$$= \frac{1}{0.564B^2} + BH - 0.063$$

式中，ϕ_1 为物料的动堆积角，一般取 $\phi_1 \approx 0.35\phi$，ϕ 为物料静堆积角，取45°。

6.2.3.5 梭车刮板运输机牵引力

对照图6－4梭车刮板运输机计算示意图，为了更加精确的计算梭车刮板运输机重载段以及空载段，采用逐点张力计算法。

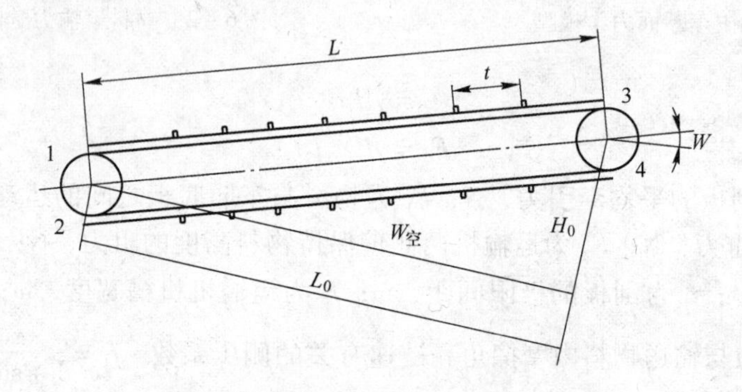

图6－4 梭车刮板运输机计算示意图

梭车刮板运输机重载分支的基本运行阻力 W_{zh}：

$$W_{zh} = W_{1-3} = [qf_2 + (q_1 + q_2)f_0]L\cos\beta + (q + q_1 + q_2)L\sin\beta + f_1 f_2 \gamma H^2 L \quad (6-9)$$

空载段运行阻力：

$$W_{kz} = W_{2-4} = (q_1 + q_2)(f_0 L\cos\beta - L\sin\beta) \quad (6-10)$$

刮板运输机总牵引力：

$$W = (W_{zh} + W_{kz})f_3 \quad (6-11)$$

$$W = [q(f_2 L_0 + H_0) + 2(q_1 + q_2)f_0 L_0 + f_1 f_2 \gamma H^2 L]f_3 \quad (6-12)$$

式中，q 为梭车刮板运输机单位长度物料的重力，N/m；q_1 为梭车刮板运输机单位长度链条重力，N/m；q_2 为梭车刮板运输机单位长度刮板重力，N/m；f_0 为梭车刮板运输机刮板运输运行阻力系数，$f_0 = 0.4 \sim 0.5$；L 为梭车刮板运输机驱动轮与从动轮的中心距，m；L_0 为梭车刮板运输机两端链轮中心距水平投影长度，m，$L_0 = L\cos\beta$；H_0 为梭车刮板运输机两端高差，m，$H_0 = L\sin\beta$；f_1 为与运输物料内摩擦角和链速有关的侧压系数，$f_1 = \frac{x}{1 + \sin\phi}$；$f_2$ 为物料与梭车车厢底板、侧壁间的综合阻力系数，$f_2 = 0.5 \sim 0.7$；f_3 为附加阻力系数（为了防止漂链梭车刮板运输机底板呈弧形导致的附加阻力），$f_3 = 1.1$。

6.2.3.6 梭车驱动功率

梭车的驱动功率由下式求得：

$$N = \frac{Wv}{1000\eta} = \frac{[q(f_2 L_0 + H_0) + 2(q_1 + q_2)f_0 L_0 + f_1 f_2 \gamma H^2 L]f_3 v}{1000\eta} \quad (6-13)$$

式中，η 为梭车效率，$\eta = 0.85 \sim 0.9$。

6.2.4 梭车参数优化设计

6.2.4.1 优化设计目标函数

把梭车所需驱动功率最小作为梭车参数优化设计的目标函数，见式（6－13）。把 $25m^3$ 梭车的实际工作运行数据代入式（6－13），得到下式：

$$N = \frac{Wv}{1000\eta} = \left(271.36\frac{1}{B^2} + 153.047BH + 9.525\frac{1}{t} + 81.960H^2 - 0.819\right)v \quad (6-14)$$

6.2.4.2 设计变量

一般来说，目标函数里面涉及的独立参数都能影响到目标函数的取值，通常都可以作为设计变量，但是对于在确定工况下设计的梭车，其物料的性质以及实际运行的条件都是可以确定的，因此与式（6－13）有关的 q、q_1、q_2、H_0、L_0、H、L、v 等参数在设计开始就可预先确定下来，并且在可能情况下，如果能将上述参数尽可能地减小，可以降低后续计算的难度，当然需要优化的功率也必然相应的减小，故对照式（6－15）选择梭车刮板运输机车厢高度 H、车厢宽度 B、刮板链速 v 以及刮板间距 t 作为优化设计变量，如下所示：

$$X = \begin{bmatrix} H \\ B \\ v \\ t \end{bmatrix} = \begin{bmatrix} x_1 \\ x_2 \\ x_3 \\ x_4 \end{bmatrix} \quad (6-15)$$

6.2.4.3 约束条件

（1）梭车车厢的高度不仅要保证物料运输中装载的物料不能溢出，而且要保证车厢高度不能超过物料整体运移的高度。优化目标的原高度为 1.1m，根据相关的论文和资料，由同类梭车统计数据及所运物料块度确定。得到：

$$1.0\text{m} \leqslant H \leqslant 2.0\text{m}$$

（2）梭车的宽和高也受巷道断面尺寸的限制，我国几个大型金属地下矿山，巷道断面为 3m×3m，众多的中小矿山为 2.5m×2.5m 和 2.2m×2.2m，墙高 1.8～2.1m。按安全规程规定，在运输巷道中设有人行道，其宽为 700～800mm，设备与巷道壁的距离为 200～300mm，因此大型梭车外形最大宽度不应超过 2m。根据某公司生产数据资料，煤矿的最大块度大约为 0.65m。梭车车厢宽度必须满足最大块度要求又必须满足梭车车厢最大宽度限制：

$$d_{\max} + 0.2 \leqslant B \leqslant B_{\max}$$

得到：

$$0.85\text{m} \leqslant B \leqslant 2\text{m}$$

（3）为了运移平稳，运移速度应限制在 $v_{\min} \leqslant v \leqslant v_{\max}$，优化目标原运移速度为 0.091m/s，根据相关的资料以其值上下 50% 为上下限，得到：

$$0.046\text{m/s} \leqslant v \leqslant 0.137\text{m/s}$$

（4）保证运输量 $Q \leqslant Q_e$。由式（6－8）得：

$$A=\frac{1}{0.564B^2}+BH-0.063=\frac{1}{0.564\times 1.49^2}+1.49\times 1.1-0.063\approx 2.375\text{m}^2$$

$$Q=3600Av\varphi\rho=3600\times 2.375\times 0.091\times 1.0\times 1.5=1166.6\text{t/h}$$

由 $Q_e \geqslant Q$，得到：

$$Q_e=3600\times\left(\frac{1}{0.564B^2}+BH-0.063\right)\times v\times 1.0\times 1.5$$

$$=\frac{9574.468v}{B^2}+5400BHv-340.2v\,\frac{9574.468v}{B^2}+$$

$$5400BHv-340.2v-1166.6\geqslant 0$$

根据某机械有限公司实际生产资料，取 $B=1.49\text{m}$，$H=1.1\text{m}$。

式中，A 为梭车车厢槽体内物料断面面积；v 为刮板链条链速，m/s，根据某公司实际生产的数据，$v=5.44\text{m/min}\approx 0.091\text{m/s}$；$\varphi$ 为满载系数，通常取 $\varphi=0.75$，由于上部尖形堆积的影响，取 $\varphi=1.0$；ρ 为运输物料密度，取 $\rho=1.5\text{t/m}^3$。

（5）根据梭车物料正常运输的条件，可知各作用力应满足$\overline{W}\geqslant F_1+F_2$，把 25m³ 梭车实际数据代入式（6-3）中，得到：

$$\overline{W}=\frac{[q(f_2L_0+H_0)+2(q_1+q_2)f_0L_0+f_1f_2\gamma H^2L]f_3}{L/t+1} \tag{6-16}$$

$$\overline{W}=\frac{\dfrac{249111.434}{B^2}+140497.5BH+\dfrac{8743.988}{t}+75240H^2-751.473}{L/t+1}$$

$$F_1=(\gamma HtB-\gamma H^2f_1f_2t)f_2=(1.5HtB-1.5\times 0.5\times 0.6H^2t)\times 0.5$$
$$=0.75BHt-0.225H^2t$$

$$F_2=\gamma H^2f_1f_2t=1.5\times 0.5\times 0.6H^2t=0.45H^2t$$

由$\overline{W}\geqslant F_1+F_2$ 可得到：

$$\frac{\dfrac{249111.434}{B^2}+140497.5BH+\dfrac{8743.988}{t}+75240H^2-751.473}{L/t+1}\geqslant 0.75BHt+0.225H^2t$$

（6）根据相关梭车刮板运输机资料统计，可确定梭车刮板的合理间距 t：

$$0.4\text{m}\leqslant t\leqslant 1.0\text{m}$$

整理得到数学模型为：

目标函数：
$$N=\frac{271.36x_3}{x_2^2}+153.047x_1x_2x_3+\frac{0.9525x_3}{x_4}+81.960x_1^2x_3-0.819x_3 \tag{6-17}$$

约束条件：

$$G(1)=1-x_1\leqslant 0$$
$$G(2)=x_1-2\leqslant 0$$
$$G(3)=0.85-x_2\leqslant 0$$
$$G(4)=x_2-2\leqslant 0$$
$$G(5)=0.046-x_3\leqslant 0$$
$$G(6)=x_3-0.137\leqslant 0$$
$$G(7)=0.4-x_4\leqslant 0$$

$$G(8)=x_4-1.0\leqslant 0$$

$$G(9)=1166.6-\frac{9574.468x_3}{x_2^2}-5400x_1x_2x_3+340.2x_3\leqslant 0$$

$$G(10)=0.75x_1x_2x_4+0.225x_1^2x_4-\frac{249111.434x_4}{(16.25+x_4)x_2^2}-\frac{140497.5x_1x_2x_4}{16.25+x_4}-$$

$$\frac{8743.988}{16.25+x_4}-\frac{75240x_1^2x_4}{16.25+x_4}-\frac{751.473x_4}{16.25+x_4}\leqslant 0$$

6.2.4.4 优化结果及其分析

根据整理得到的优化数学模型，利用 Matlab 软件编写目标函数、非线形约束、线形约束程序，利用 Matlab 软件优化工具箱中的 fmincon 优化函数，得到目标函数与优化参数之间的关系以及优化结果，如图 6－5～图 6－8 所示。

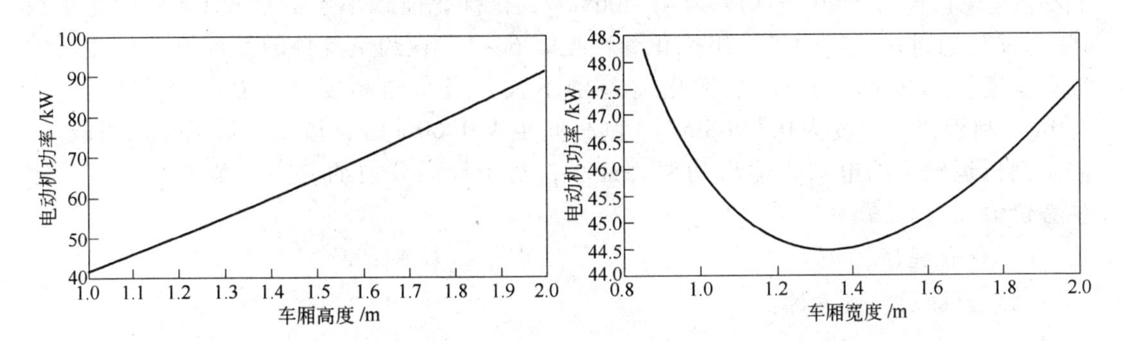

图 6－5　电动机输出功率随车厢高度变化关系　　图 6－6　电动机输出功率随车厢宽度变化关系

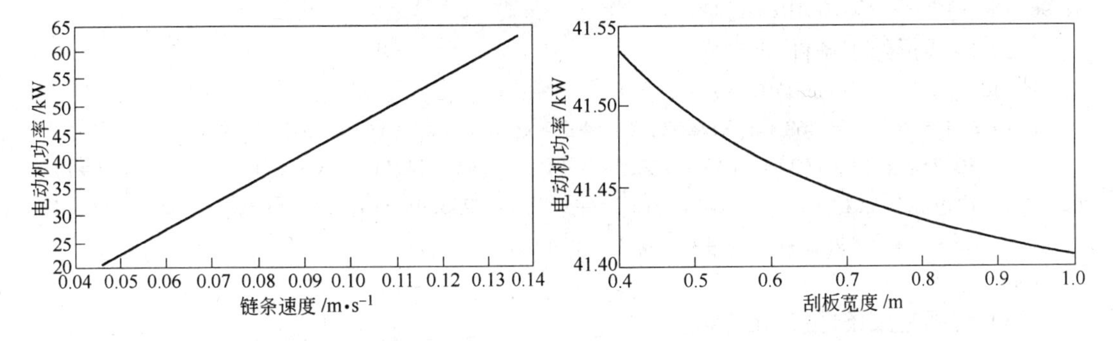

图 6－7　电动机输出功率随链条速度变化关系　　图 6－8　电动机输出功率随刮板宽度变化关系

刮板运输机输出电动机功率、优化参数优化前后对比见表 6－1。

表 6－1　梭车优化前后参数对比

参数	电动机功率/kW	运输量/$t\cdot h^{-1}$	车厢高度/m	车厢宽度/m	链条速度/$m\cdot s^{-1}$	刮板间距/m
优化前	43.0803	1166.6	1.1	1.49	0.091	0.48
优化后	41.4068	1167.1	1.0	2.0	0.0908	0.60

在满足约束条件的情况下，通过目标函数关系式和图6-5可以看出，电动机输出功率为车厢高度的二次函数，在车厢高度约束范围1.0~2.0m内，电动机输出功率随车厢高度的增高而增大。通过图6-6可以知道，在车厢宽度的约束范围0.8~2.0m内，随着车厢宽度的增加，电动机输出功率呈现出先减小后增大的规律。从图6-7以及目标函数可以看到，刮板链条速度与电动机输出功率成线形关系，在刮板链条速度的约束范围0.046~0.137m/s内，随着刮板链条速度的增大而增大。通过图6-8可以知道，目标函数电动机输出功率为优化变量刮板间距的反函数，在刮板间距的约束范围0.4~1.0m内，电动机输出功率随着刮板间距的增大呈现出减小的规律。

通过建立目标函数，得到目标函数梭车电动机输出功率与优化变量车厢高度、车厢宽度、刮板链条速度、刮板间距之间的数学关系，在保证梭车输送量不减小、物料正常运输的基础上，通过数学工具软件Matlab对目标函数进行求解，通过表6-1可以看到优化后的刮板运输机输出电动机的功率为41.4068kW，比优化前减小了1.6762kW，优化了约4%。并且通过优化得到了一组优化参数见表6-1，在约束条件的情况下，优化后的梭车运输量为1167.1t/h，与优化前差别不大，当车厢高度为1.0m，车厢宽度为2.0m，刮板链条速度为0.0908m/s、刮板间距为0.60m时，梭车刮板运输机满载时，梭车刮板运输机的电动机输出功率为最小，对于提高公司的效益、节能减排有一定参考价值。

A 优化程序

(1) 目标函数M文件：

```
function y = myfun1707(x)
y = 271.36 * x(3) * x(2)^(-2) + 153.047 * x(1) * x(2) * x(3) + 0.9525 * x(3) * x(4)^(-1) + 81.960 * x(1)^2 * x(3) - 0.819 * x(3);
```

(2) 非线形约束条件M文件：

```
function[c,ceq] = myconl1707(x)
c(1) = 1166.6 - 9574.468 * x(3)/x(2)^2 - 5400 * x(1) * x(2) * x(3) + 340.2 * x(3);
c(2) = 0.75 * x(1) * x(2) * x(4) + 0.225 * x(1)^2 * x(4) - 249111.434 * x(4)/((16.25 + x(4)) * x(2)^2) - 140497.5 * x(1) * x(2) * x(4)/(16.25 + x(4)) - 8743.988/(16.25 + x(4)) - 75240 * x(1)^2 * x(4)/(16.25 + x(4)) - 751.473 * x(4)/(16.25 + x(4));
ceq = [];
```

(3) 线形约束条件(线形矩阵)：

```
A = [-1,0,0,0;1,0,0,0;0,-1,0,0;0,1,0,0;0,0,-1,0;0,0,1,0;0,0,0,-1;0,0,0,1]
b = [-0.8;2;-0.85;2;-0.046;0.137;-0.4;1.0]
```

(4) 初始值：

```
x0 = [1.1,1.49,0.091,0.48]
```

(5) 优化函数调用：

```
[x,fval,exitflag,output] = fmincon(@e1511,x0,A,b,[],[],[],[],@myconl1707)
```

B 优化变量与目标函数关系曲线的绘制：

```
(1)x = linspace(1,2);y = 6.172 + 27.7933 * x + 7.442 * x.^2;plot(x,y); xlabel('车厢高度(m)'),ylabel('电动机功率(kW)');
```

(2)x = linspace(0.85,2); y = 7.4541 + 24.6395./x + 13.8967 * x; plot(x,y); xlabel('车厢宽度(m)'),ylabel('电动机功率(kW)');

(3)x = linspace(0.046,0.137); y = 456.0275 * x; plot(x,y); xlabel('链条速度(m/s)'),ylabel('电动机功率(kW)');

(4)x = linspace(0.4,1.0); y = 41.3208 + 0.0865./x; xlabel('刮板间距(m)'),ylabel('电动机功率(kW)')。

6.3 梭车三维模型的建立及刮板运输机运动学仿真

6.3.1 梭车三维模型的建立

零件三维设计是在 SolidWorks 设计软件中完成的，采用了自底向上的特征建模方式。首先综合分析 25m³ 矿山梭车的整机结构，确定子装配体及其所包含的所有零件后，建立所有零件的三维模型；然后根据子装配体的构造，将相关零件进行装配；最后将子装配体和相关零件根据整机构造进行组装，最终形成整机装配体。自底向上，逐级设计、建模和装配，整机建模设计思路明确，分工合作也容易实现。

三维建模是后续相关分析工作的基础，零件模型建立的准确性对相关分析工作的成败有很大的影响。正确的模型有利于促进零件的分析和装配顺利完成。在此，以 25m³ 矿山梭车为例，具体描述三维模型的创建。

梭车整体结构主要包括三部分，分别为车体部分、刮板运输机及传动部分、转向机构部分。现就三部分的具体建模过程介绍如下：

6.3.1.1 车体部分

车体部分主要包括前车体、后车体以及传动链张紧机构，其中前车体主要包括用于装载矿石的左右侧板和车厢底板组成，左右侧板外侧上焊接了用于加固的横肋板、竖肋板，考虑到车厢内部频繁的运输，磨损严重，在左右侧板内部焊接耐磨板。车厢底板内侧安装了耐磨底板，外侧安装有抵抗底板变形的槽型梁。另外在左右侧板的底部还安装了用于辅助刮板链条传动的托链板，在左右侧板的前部还焊接了用于固定传动轴的连接法兰，后车体与前车体类似，也在相应的位置上安装了横、竖肋板，耐磨板槽型梁，托链板以及连接法兰，唯一不同的是在车体的尾部增加了尾部左右侧板和日字框架板。具体的前、后车体装配图如图 6-9 和图 6-10 所示。

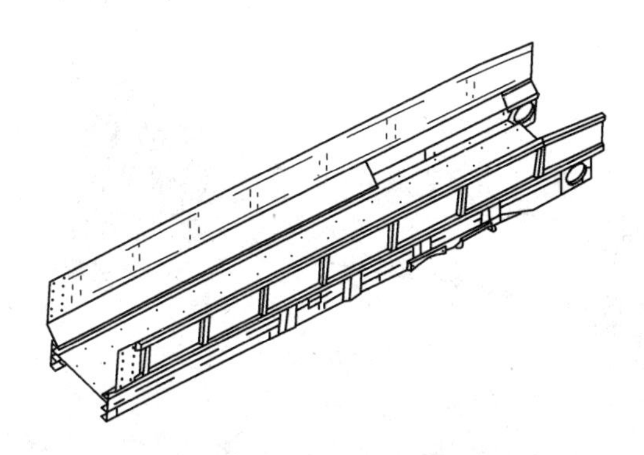

图 6-9 前车体装配图

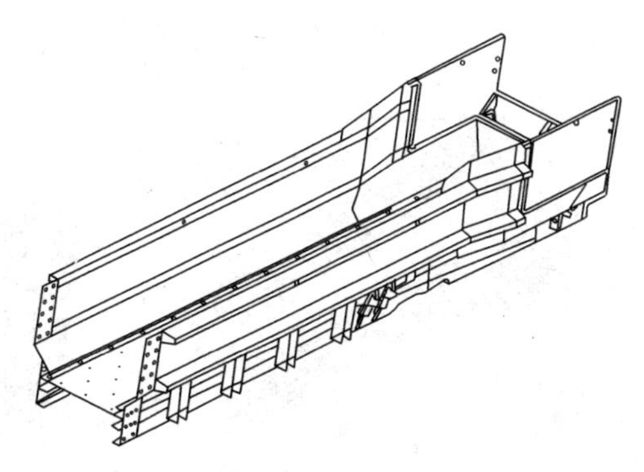

图 6-10 后车体装配图

传动链张紧机构主要包括调节螺杆、螺杆架、螺母、滚轮、滑动轴衬、滚轮轴、轴承、链轮、轴承盖、双口型油封、轴套、链轮轴、筋板、上托板支架、下托板、支撑块，如图6－11所示。

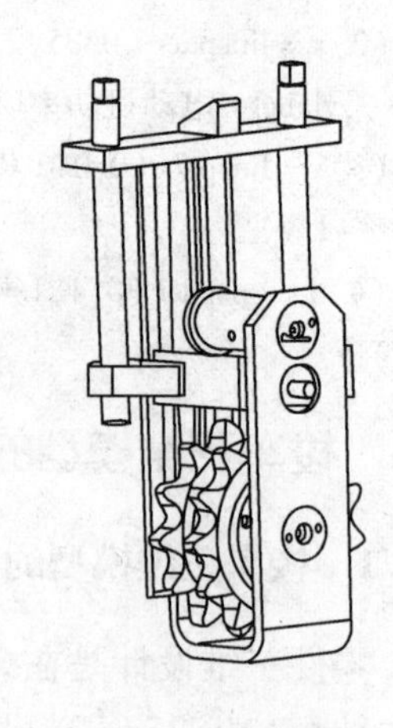

图6－11 传动链张紧机构体装配图

最后各个子装配体组装得到车体的总装配体，如图6－12所示。

6.3.1.2 刮板运输机及传动部分

刮板运输机及传动部分主要包括防爆电动机、行星减速器、驱动轴组件、张紧调节轴组件、传动链张紧机构、滚子链条、刮板链条以及刮板。

其中驱动轴组件包括驱动轴、空心套筒、刮板链轮、挡圈、轴承座、垫圈、螺栓、轴承螺钉、轴承密封压盖、传动大链轮调整垫、密封环、油杯，如图6－13～图6－16所示。

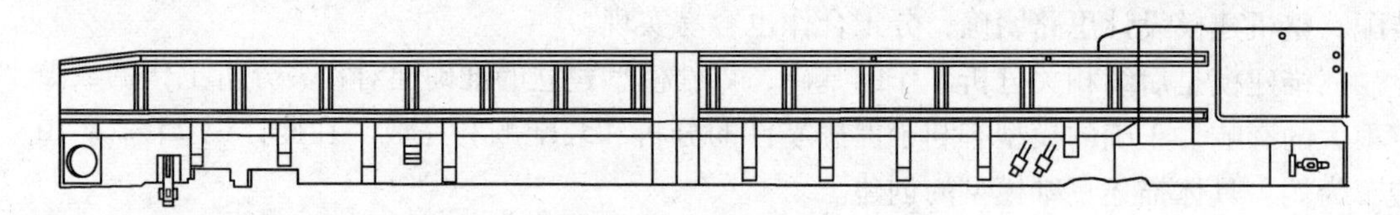

图6－12 车体总装配图

图6－13 驱动链轮零件图

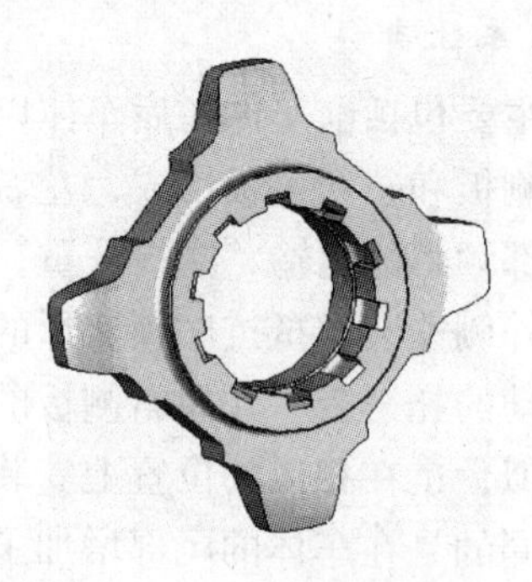

图6－14 刮板链轮零件图

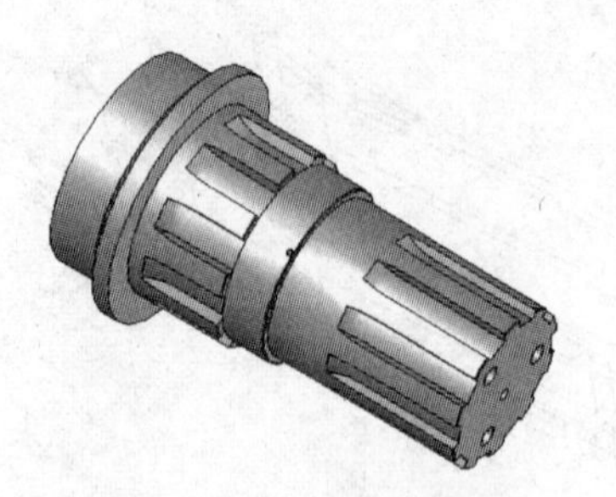

图6－15 驱动轴零件图

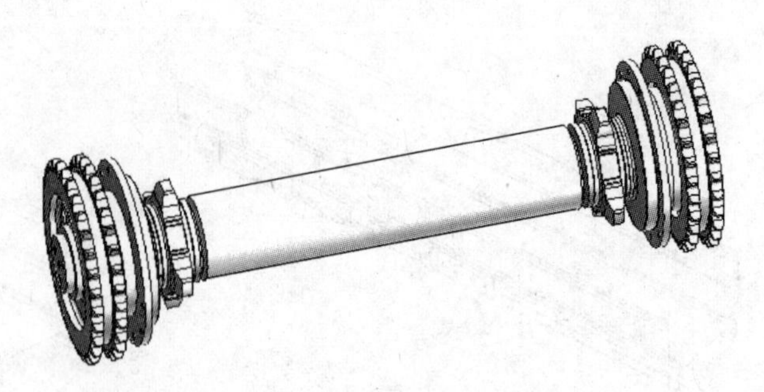

图6－16 驱动轴组件装配图

张紧调节轴组件主要包括螺母、螺钉、锁紧挡圈、滑动轴衬、从动链轮、张紧螺杆、从动轴，如图 6－17 所示。

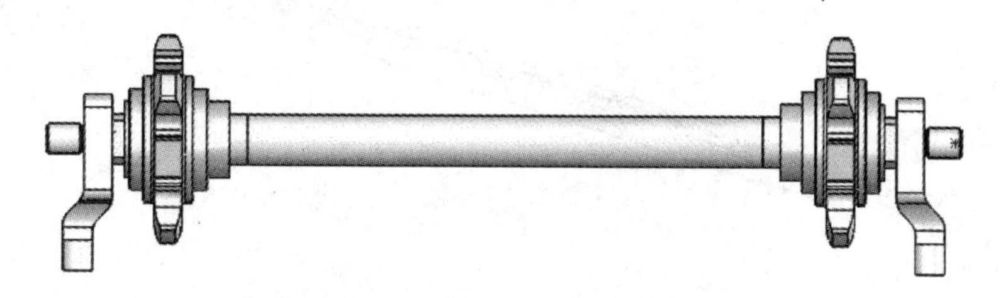

图 6－17 张紧调节轴组件装配图

最后把各个部分子装配体组装得到刮板运输机及其传动部分总装配体，如图 6－18 所示。

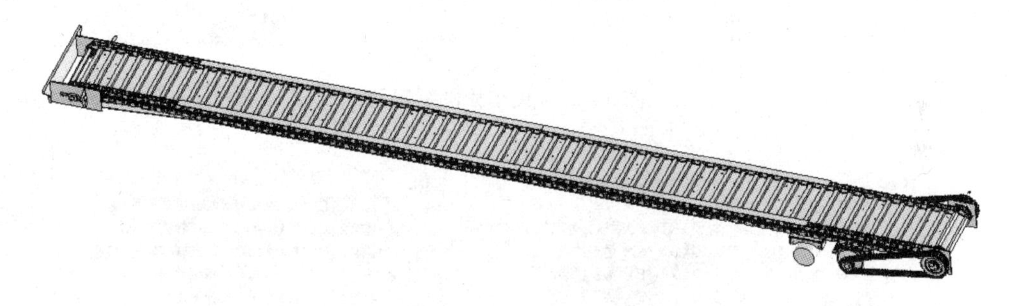

图 6－18 刮板运输机及其传动部分装配图

6.3.1.3 转向机构部分

转向机构主要包括转向架和牵引杆两部分。

转向架主要由轮组、挡座、螺栓、弹垫、轴、卡板、转向架体、板簧总成、上横梁、接盘、铜套、芯轴、轴承、O 型圈、螺母、垫圈、销、牵引托架、油杯、油嘴接头组成，如图 6－19 所示。

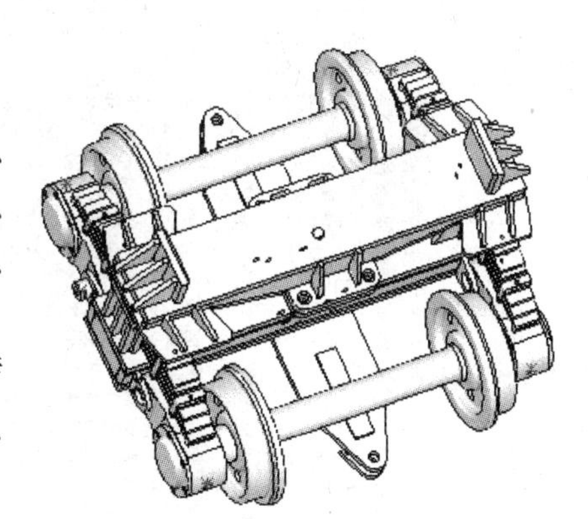

图 6－19 转向架装配图

牵引杆主要由拉杆、螺柱、弹簧、挡板、开口销、转筒、轴承、立轴、接手、轴端挡板、杆体、连接叉、销轴、螺母、螺栓、垫圈组成，如图 6－20 所示。

6.3.1.4 梭车总装配体

车体部分、刮板运输机及传动部分、转向机构三部分子装配体组装得到梭车的总装配体，如图 6－21 所示。

装配体模型仅仅视觉地反映各零部件相对位置关系，并不显示零部件的零件名称、装配顺序和配合约束关系等详细信息。要了解这些信息，可以通过位于界面左边的特征管理树来显示。通过特征管理树还可以直接从装配体中还原所有单个零件的模型及相关信息，添加或修改零件的配合约束关系等，这使对零部件的设计、修改和管理工作变得十分快捷方便。该设计中梭车刮板运输机部分装配体的特征管理树显示的装配信息如图 6－22 所示。

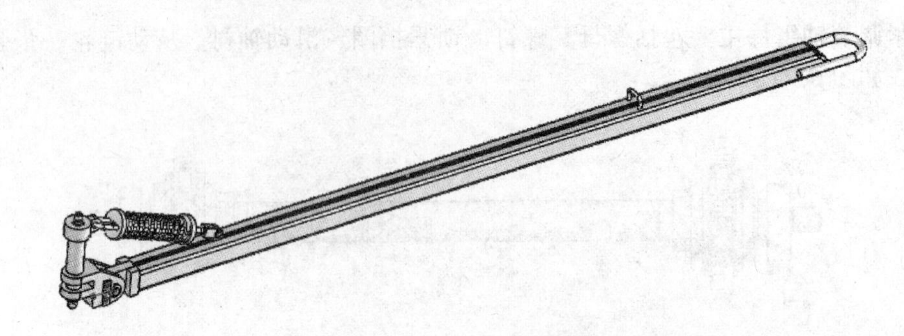

图6-20 牵引杆装配图

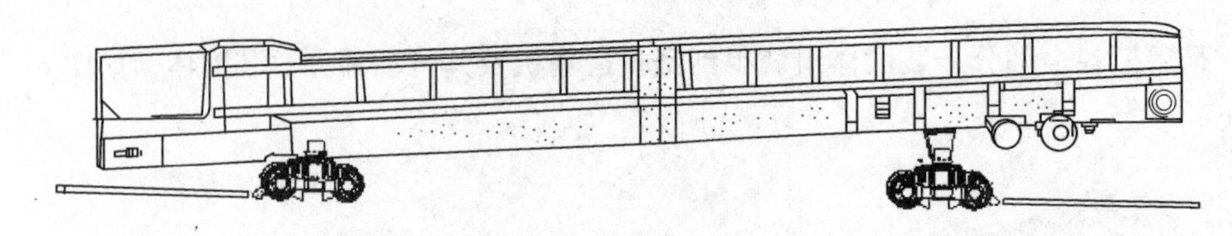

图6-21 梭车整机装配图

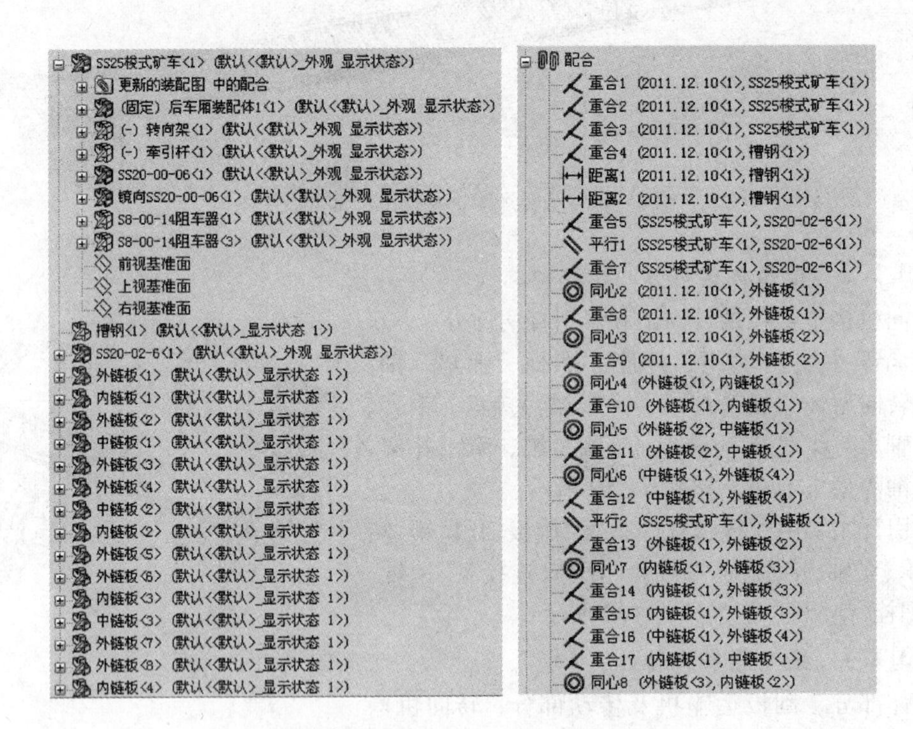

图6-22 特征管理树的装配信息显示图

6.3.1.5 装配体的干涉检查

要检查零件设计是否存在错误，装配体是否有不合理的安装，通过SolidWorks软件的干涉检查功能就能解决这一问题。干涉检查是检测零件可装配性的有效途径。干涉检查可以检测出零件在虚拟装配体中有无干涉，重色显示干涉部位并列出相应干涉的数据信息，这给零件设计错误的修改工作带来很大的方便。如果不用软件检查，只能根据用户的经验来对装配的可行性做出判断了。

干涉检查主要有两种方法：一是检查装配体的零部件在运动模拟中会不会彼此碰撞干涉的动态干涉检查，这种检查支持在完整的运动中进行，也可以将运动分阶段后逐段进行；二是静态干涉检查，本质上就是静态简化动态问题后再对其进行干涉检查。静态简化动态问题就是将零部件的运动轨迹做离散化处理，这样动态问题就离散成为一系列可解的静态问题。静态干涉检查方法广泛地应用在工程上，只是对运动轨迹离散化处理会不可避免地丢失轨迹上相邻离散点之间的信息。但当细化离散点，缩小相邻离散点的距离到一定值时，信息丢失的影响是可以忽略的。因此，取代动态干涉检查的系统静态干涉检查是可以满足工程的需要。

通过对梭车装配体进行的静态干涉检查结果显示，在刮板运输机部分的装配中没有存在零部件结构及装配的干涉现象。

6.3.2 动画制作

为了清楚展示梭车的装配过程和产品宣传需要，制作了动画装配视频。视频分4段，展现了机器的整个装配过程。每个视频在各个特定视角下，按顺序进行，这样能更好体现各个位置的装配情况。下面只对第一段视频的制作过程作介绍。

该段视频中装配体较简单，首先开启SolidWorks中的Animator插件，在装配体中打开爆炸视图，编辑爆炸步骤。从爆炸步骤1到爆炸步骤12，显示出装配体拆卸的过程，反过来则是其安装的过程。爆炸步骤完成后，开始生成动画，切换到“动画1”标签，点击工具栏中的“动画向导”选项按钮，弹出“选择动画类型”对话框，选择“解除爆炸”选项。在“动画控制选项”对话框，选择默认的时间长度设置，单击【完成】按钮。

在建立爆炸视图后，有两种方式记录动画：（1）通过动画控制器；（2）通过动画向导。通过动画控制器，这种方式进行屏幕捕捉时，一般来说，显示速度过快，而又由于无法调整速度快慢，因此获取的动画效果不理想。

通过动画向导，爆炸时间太短的问题在实际录制过程中得以解决，通过改变时间长度，就可以调整好最终生成的爆炸视频的速度。

点击工具栏中的“播放”按钮，播放完成后可以点击“保存”将动画模型保存为avi视频格式。等待SolidWorks界面中的爆炸动画缓慢结束后，视频即可生成。若需要改变装配体的显示大小、视角，可右击“视图定向”，取消“锁定”。这样通过改变装配体的显示大小以及视角到合适的位置，就可将装配体的动画状态最好地表现出来。

为了更好、更直观地描述梭车的工作过程，制作了梭车的工作过程动画，首先在SolidWorks里面建好梭车的三维装配图，然后导入到渲染能力更强的软件3d Max中，进行渲染、模拟真实的梭车工作情况，如图6－23所示。

6.3.3 梭车刮板运输机运动仿真

为了更好地对梭车刮板运输机工作情况进行分析研究和优化，先利用SolidWorks软件建立梭车刮板运输机三维模型，再利用SolidWorks软件中自带的运动分析软件COSMOS/Motion对刮板运输机运行情况进行仿真，介于大型梭车刮板运输机模型的庞大、复杂以及计算机硬件的限制，首先需要对模型进行相应的简化，然后再进行运动仿真的设置，最后

图 6 – 23　3d Max 渲染后的工作过程动画

通过分析运动仿真的结果来找出运动的规律，为进一步的研究和优化提供方向。

6.3.3.1　模型的简化

根据梭车刮板运输机的实际运行情况，主要研究梭车刮板运输机传动过程链轮和链条啮合状况，因此对刮板运输机空载工况进行运动仿真。

介于梭车刮板运输机模型的庞大、复杂以及计算机硬件的限制，现将梭车刮板运输机三维模型简化为如图 6 – 24 所示，梭车刮板运输机简化三维模型的建立过程中，最重要的也是难点就是链轮和链条的装配，这里需要用到皮带配合，这样才能保证在后续的运动仿真过程中链轮和链条能够合理的接触。运动仿真过程不允许任何的干涉，否则仿真将出现报错或者得到错误的仿真结果，所以还需要对装配体进行干涉检查。

6.3.3.2　运动仿真的设置

根据梭车刮板运输机实际运行过程，利用 SolidWorks 中装配体的装配关系，COS-MOS/Motion 可以自动将用户已经定义的装配约束关系映射为运动约束，本节中的梭车刮板运输机除了自动识别的约束外，根据梭车刮板运输机实际的运动情况还需要在 COS-MOS/Motion 界面中，选择 Motion 分析，添加链轮与链条之间的实体接触，链条与链条之间的实体接触，链条刮板与底板之间的摩擦，以及梭车刮板运输机的重力引力、旋转电动机、还有刮板链条和底板的线性阻尼，以及删除一些装配过程中用于定位的装配关系。具体设置如图 6 – 25 所示。

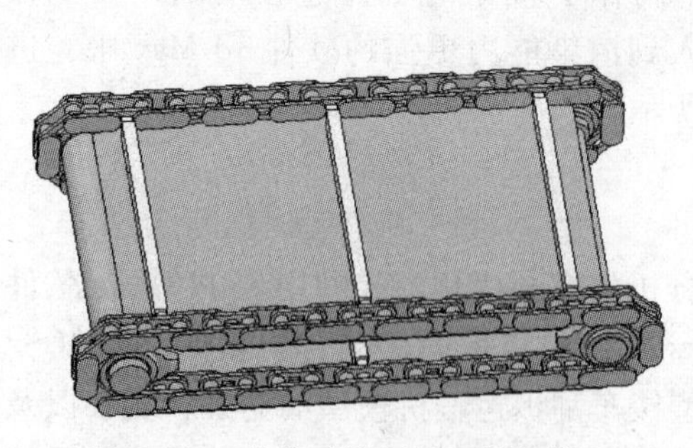

图 6 – 24　简化后的刮板运输机模型

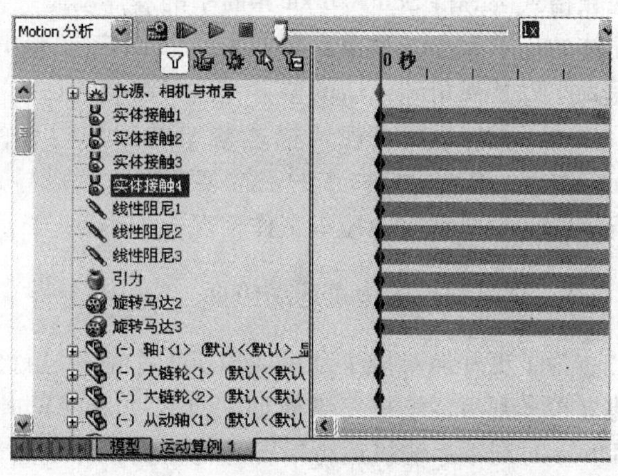

图 6 – 25　刮板运输机运动仿真的设置

6.3.3.3 运动仿真结果及其分析

利用 COSMOS/Motion 对刮板运输机运行情况进行运动仿真，调用 COSMOS/Motion 中的运行结果参数，输出结果如图 6-26 ~ 图 6-29 所示。

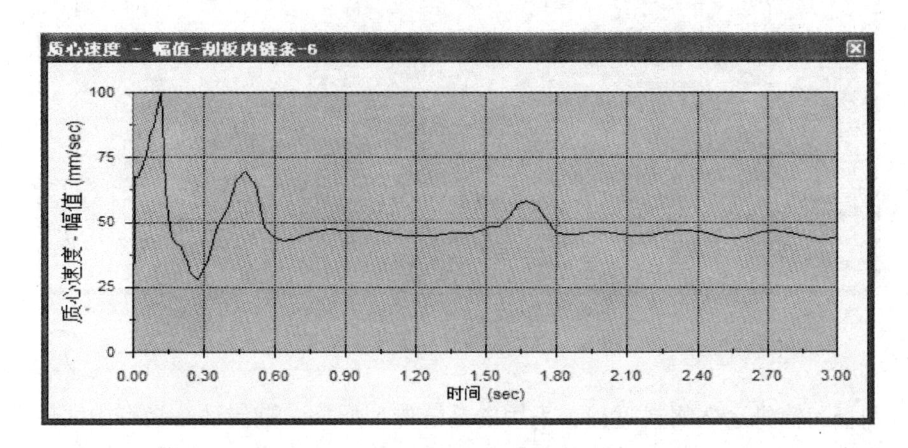

图 6-26 链条质心速度幅值

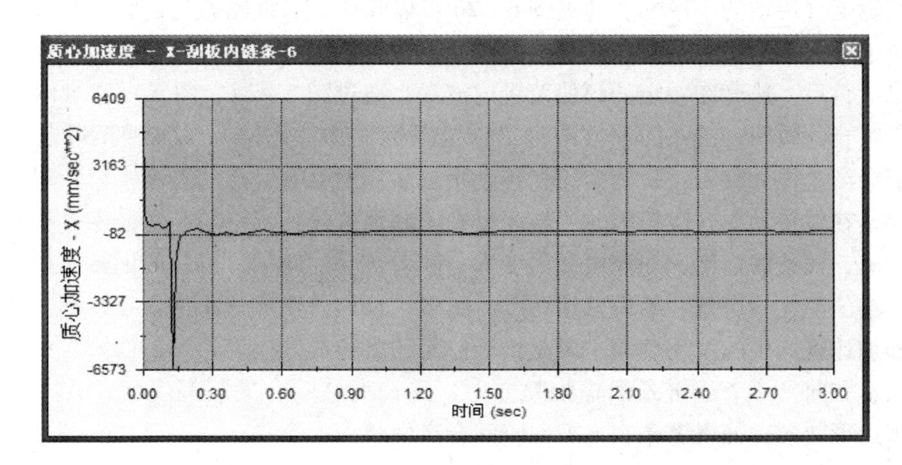

图 6-27 链条质心 x 方向加速度

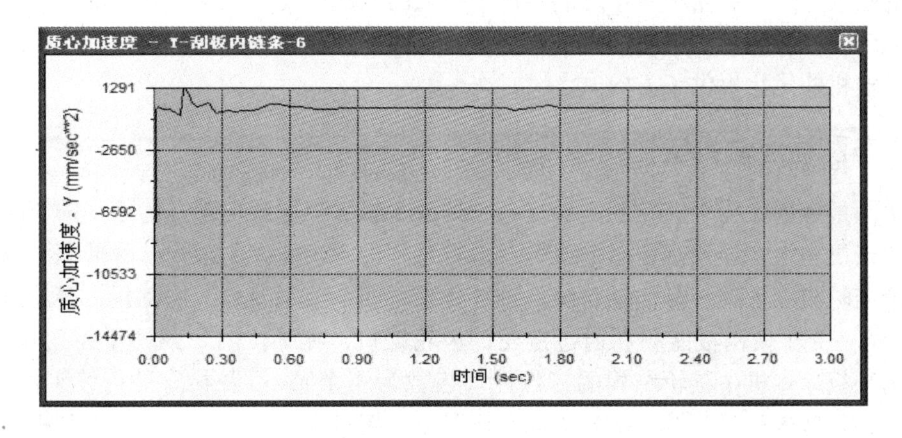

图 6-28 链条质心 y 方向加速度

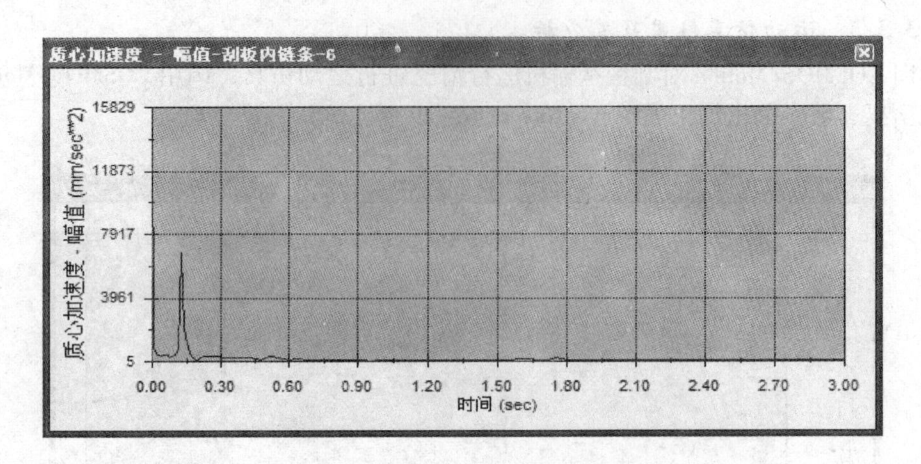

图6-29　链条质心加速度幅值

梭车刮板运输机运送物料过程，采用的是链传动形式，链传动是具有中间挠性件的啮合传动，具有带传动和齿轮传动的某些特征。受链传动啮合特性的限制，链传动无法做到像齿轮共轭啮合传动的平稳性。通过图6-26可以知道，当链轮做匀速转动时，其啮合传动的链条速度是不平稳的，与链轮啮合的瞬间，链条会产生很大的速度，接着速度开始下降，平稳运行后，速度在一定的幅值范围内波动；通过图6-27、图6-29可以看到在链轮和链条啮合的瞬间，链条的 x 方向（沿着链条运输物料方向）的加速度以及链条的加速度幅值会产生很大突变，瞬间变大，传动平稳后加速度有轻微的波动。以上现象产生的原因主要是在链传动中，链轮瞬时回转半径在不断地变化，当链轮和链条啮合瞬间，由于链轮的冲击，链条的速度、加速度突然变大，随着链轮的转动，链轮的回转半径开始由最大值向最小值变化，链条开始做减速运动，速度由最大值变成最小值，在传动平稳后，链条速度和加速度产生的波动现象主要是由于链轮的多边形效应导致的。由图6-28可以观察到链条 y 方向（垂直于链条运输物料方向）加速度在啮合的瞬间变大，其主要原因是链轮的多边形效应，使得链条在 y 方向瞬间会产生跳动。

由链条的运动特性可以知道，在啮合的过程中，由于链轮的多边形效应以及链条与链轮之间的啮入冲击，链轮和链条之间会产生很大的接触应力，如果这种状况长时间没有得到很好的改善，很容易在链轮的齿面产生疲劳点蚀，甚至导致链轮轮齿变形、裂纹，这也给刮板运输机的优化提供了方向。

6.4　梭车刮板运输机链轮有限元接触分析

梭车刮板运输机构中链轮和刮板链条长期处于恶劣工况条件下，巷道中的煤灰粉尘很容易落入该机构中，导致刮板运输机构在运行过程中产生更大的阻力，降低润滑效果，同时恶化了链轮与滚子的接触传动状况。刮板链条每四个节距要装一块刮板，链轮齿数取双数（$E=8$），为了使刮板能顺利通过链轮的齿轮缺口，在加工时每隔一个齿剔除掉一个。由于梭车刮板运输机中链轮结构的特殊性（齿数为4个），以及梭车的持续工作时间长，受力复杂并且低速重载，导致链轮齿面和链条滚子接触强度增加，从而导致刮板运输机构中的链轮极易产生疲劳点蚀、疲劳断裂、轮齿变形、裂纹等问题。

6.4.1 有限元接触分析理论

进行有限元接触分析，首先必须选定相应的接触面和目标面，然后在相应的接触面和目标面上分别生成接触单元和目标单元，如图6-30所示。当两个物体接触之后，接触面位移增量必须和目标面的位移增量相同，才能符合当前两个面之间的黏着接触和滑动接触条件。由于这种一致性的影响使得对应的接触节点位置上一定要符合相应的几何约束条件，这点可以通过迭代求解来实现。如果假设 t 时刻的响应已知，在计算 $t+\Delta t$ 时刻的响应时 $i-1$ 次的迭代已经结束。图6-31所示为由 A、B、C、D 组成的目标单元 j 与接触节点之间的接触情况。其中点 p 是对应于节点 k 的在目标单元 j 上的实际接触点，$\boldsymbol{n}_j$ 是接触单元的法向单位向量，指向内凹。

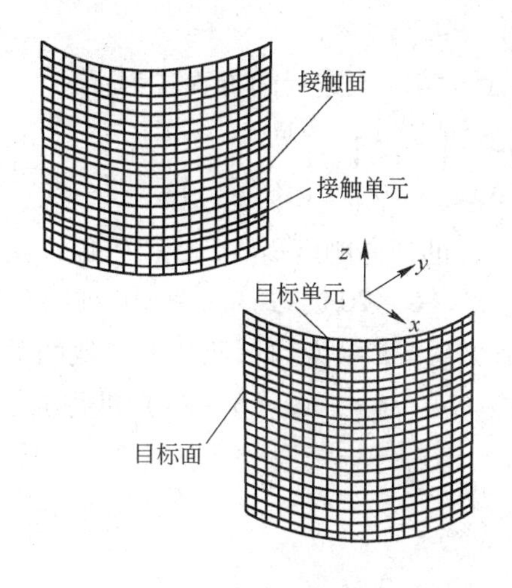

图6-30 接触单元和目标单元

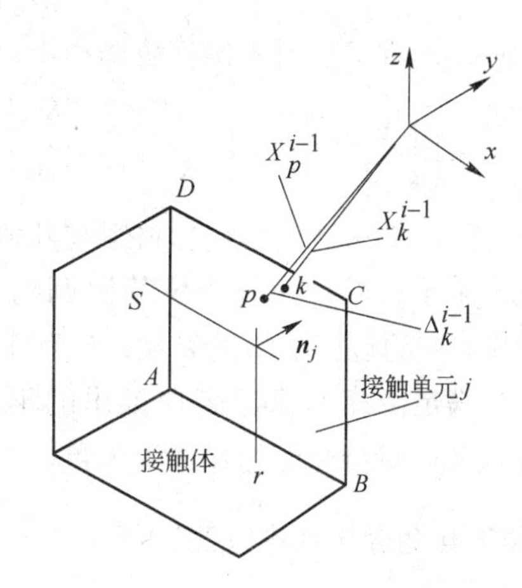

图6-31 接触体和接触单元

它满足：

$$X_p^{i-1}=X_k^{i-1}-\Delta_k^{i-1} \tag{6-18}$$

其中 X_p^{i-1} 和 X_k^{i-1} 是在 $t+\Delta t$ 时刻（以下推导均表示此时刻），$i-1$ 次迭代后全局坐标下点 p 和节点 k 的位移矢量；X_k^{i-1} 是接触节点 k 的材料穿透矢量，该矢量与 $\boldsymbol{n}_j$ 平行。当接触节点 k 和目标单元 j 在 $i-1$ 次迭代后处于黏着接触状况，点 p 和节点 k 在第 i 次迭代的位移为：

$$X_p^i=X_k^i \tag{6-19}$$

式（6-19）减去式（6-18），并以 $\Delta\mu_p^i$ 和 Δu_k^i 表示点 p 和节点 k 在第 i 次迭代的位移增量，得到：

$$\Delta u_p^i=\Delta u_k^i+\Delta_k^{i-1} \tag{6-20}$$

以上是黏着接触下位移协调约束条件。滑动接触下相应的位移协调约束为：

$$n_j^{\mathrm{T}}\Delta u_p^i=n_j^{\mathrm{T}}(\Delta u_k^j+\Delta_k^{i-1}) \tag{6-21}$$

并且在黏着和滑动摩擦中都必须满足：

$$\Delta_k^{i-1}+\delta\geqslant 0 \tag{6-22}$$

式中，δ 为给定的间隙量。如果在 $i-1$ 次迭代后节点 k 上的压力消除，则在第 i 次迭代时点 p 和节点 k 的位移增量互不相关。在 $i-1$ 次迭代后，根据外载荷、惯性力和节点力同单元应力的平衡关系可以估计出接触节点所受的力。通过迭代修正可得到符合库仑摩擦定律的准确值。以 T^j 表示单元 j 上总的接触力，则法向和切向接触力 T_n^j 和 T_τ^j 分别为：

$$T_n^j = (T^j)^T \cdot n_j \tag{6-23}$$

$$T_\tau^j = T^j - T_n^j \tag{6-24}$$

如果在 $i-1$ 次迭代后接触单元上没有压力，法向接触力小于零，即

$$(T^j)^T \cdot n_j < 0 \tag{6-25}$$

如果在 $i-1$ 次迭代后接触单元处于滑动摩擦状况，表明单元上总的切向力超过总的摩擦力：

$$T_\tau^j > \mu[(T^j)^T \cdot n_j] \tag{6-26}$$

其中 μ 是摩擦系数。如果处于黏着摩擦状态，则切向力不大于摩擦力：

$$T_\tau^j \leqslant \mu[(T^j)^T \cdot n_j] \tag{6-27}$$

用Lagrange乘子法引入位移协调约束，$t+\Delta t$ 时刻 i 次迭代的方程式为：

$$\left(\begin{bmatrix} K^{i-1} & 0 \\ 0 & 0 \end{bmatrix} + \begin{bmatrix} 0 & K_\lambda^{i-1} \\ (K_\lambda^{i-1})^T & 0 \end{bmatrix}\right)\begin{Bmatrix} \Delta U^i \\ \Delta\lambda^i \end{Bmatrix} = \begin{Bmatrix} F \\ 0 \end{Bmatrix} - \begin{Bmatrix} R^{i-1} \\ 0 \end{Bmatrix} + \begin{Bmatrix} F_c^{i-1} \\ \Delta_c^{i-1} \end{Bmatrix} \tag{6-28}$$

式中，K^{i-1} 为 $i-1$ 次迭代后包括材料和几何非线性的切向刚度矩阵；$\Delta\lambda^i$ 为保证接触约束的Lagrange乘子；K_λ^{i-1} 为包含位移协调约束等式（6-20）、式（6-21）的接触矩阵；ΔU^i 为所有节点的位移的增量矢量；F 为外载荷矢量；R^{i-1} 为和单元应力一致的节点力矢量；F_c^{i-1} 为满足由库仑摩擦定律推出的不等式（6-26）、式（6-27）的摩擦力矢量；Δ_c^{i-1} 为接触节点对目标面的穿透量矢量。

6.4.2 传统接触分析理论以及计算

根据赫兹弹性接触力学的理论，链轮和滚子的接触状况满足其理论的假设条件。因此可以利用其理论中弹性圆柱体接触表面最大接触应力的计算公式：

$$\sigma_H = \sqrt{\frac{K_1 K_2 \dfrac{2T}{dB}\left(\dfrac{1}{\rho_1} + \dfrac{1}{\rho_2}\right)}{\pi\left(\dfrac{1-\mu_1^2}{E_1} + \dfrac{1-\mu_2^2}{E_2}\right)}} \tag{6-29}$$

$$F = [q(f_2 L_0 + H_0) + 2(q_1 + q_2) f_0 L_0 + f_1 f_2 \gamma H^2 L] f_3 \tag{6-30}$$

$$T = Fd/2 \tag{6-31}$$

式中，T 为作用于链轮上的扭矩，N·m；q 为刮板运输机单位长度所运载物料的重力，N/m；q_1 为刮板运输机单位长度链条重力，N/m；q_2 为刮板运输机单位长度刮板重力，N/m（为简化计算，把刮板的重力平均分布到单位长上，即 $q_2 = G_1/t$，G_1 为单个刮板重力，当刮板具体结构、形状未定情况下，G_1 可按 $G_1 \approx Bq_1$ 近似确定）；f_0 为刮板运输机刮板运输运行阻力系数，$f_0 = 0.4 \sim 0.5$；L 为刮板运输机驱动链轮与从动链轮中心距，m；L_0 为刮板运输机驱动链轮与从动链轮中心距水平投影长度，m，$L_0 = L\cos\beta$；H_0 为运输机两端高差，$H_0 = L\sin\beta$，m；f_1 为与输送物料内摩擦角和链速有关的侧压系数，$f_1 = x/(1+\sin\phi)$；f_2 为物料与梭车车厢侧壁、车厢底板的综合阻力系数，$f_2 = 0.5 \sim 0.7$；f_3 为附加阻力系数（为了防止漂链梭车刮板运输机底板呈弧形导致的附加阻力），$f_3 = 1.1$；d 为链轮分度圆直

径，m；B 为初始接触长度，mm；ρ_1、ρ_2 分别为链轮和滚子初始接触线处的曲率半径，mm；μ_1、μ_2 分别为链轮和刮板链条滚子材料的泊松比；E_1、E_2 分别为链轮和滚子的弹性模量，GPa；K_1 为压力系数，根据链轮的结构参数，K_1 取 0.75；K_2 为动载系数，这里为静力学分析，K_2 取 1.0。

25m^3 梭车刮板运输机的实际参数见表 6－2，将它们代入式（6－29）～式（6－31）中，求出 $\sigma_H \approx 1380$MPa。

表 6－2 梭车刮板运输机相关参数

T/N·m	B/mm	d/mm	ρ_1/mm	ρ_2/mm	μ_1	μ_2	E_1/GPa	E_2/GPa
32176	44	313.58	59	46.4	0.3	0.3	202	202

6.4.3 链轮有限元接触分析

6.4.3.1 模型的建立

利用 SolidWorks 建立链轮、滚子三维零件模型，在新建的装配图中完成装配体模型的建立。ANSYS Workbench 13.0 软件对外部导入的模型中的中文不识别，并且只能识别外部模型中以 DS_ 为首的设计参数，为了实现三维模型设计参数的传输，把 SolidWorks 三维零件模型特性中的特征属性中文重命名为英文，然后在草图编辑状态下选择配置特征，在智能尺寸里面选择主要值选项，第一个是实现参数名的地方，第二个是实际值，把前者改为 DS_ chang，同理修改其他设计参数，然后把特征建模中的相同尺寸通过关联尺寸关联起来，完成三维模型的建立，利用数据无缝连接接口建立 SolidWorks 与 ANSYS Workbench 13.0 的数据连接，完成模型的导入。

6.4.3.2 设置接触对

刮板运输机构中链轮和刮板链条的传动过程是链轮带动链条滚子运行，对链轮与滚子接触进行分析。将装配好的链轮与滚子模型导入 Workbench 13.0 仿真环境中，Workbench 13.0 会自动在啮合处添加为绑定接触，删除绑定接触，建立摩擦接触，设定摩擦系数为 0.2。利用 Workbench 13.0 接触向导建立接触对，以链轮的轮廓面为接触面，滚子的外表面为目标面。设置法向接触刚度为 10.0，接触面参数的设置是仿真计算的关键，现实物理中，接触面和目标面之间相互不穿透，因此参数中的法向接触因子必须足够大以防止接触实体间相互穿透。理论上，法向接触因子越大，仿真越接近现实情况，穿透越小，精度也会提高，但是如果法向接触因子太大，容易产生病态的矩阵，从而使有限元模型不稳定、计算不收敛，接触刚度的选择是接触问题计算的难点，为了确定合适的接触刚度，应该从较小值开始，不断增大接触刚度值进行试算，直到穿透量很小、接触应力变化较小为止。非线性实体的表面接触，需要进行多次的迭代运算，算法的选择也是至关重要，一般选用罚函数或者增强拉格朗日算法，本书选用增强拉格朗日算法，因为增强拉格朗日算法在罚函数的基础上引入了接触力的参量，通过增加额外的自由度（接触力）来满足接触协调，这种算法使得接触力是作为一额外自由度直接求解，能够获得 0 或接近 0 的穿透量，计算精度高，具体设置如图 6－32 所示。

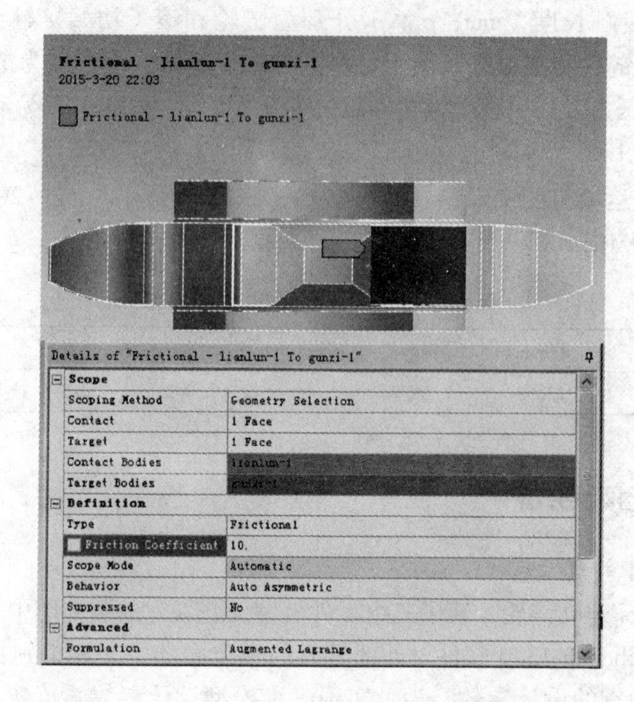

图6-32 链轮和滚子接触分析设置

6.4.3.3 设置材料属性

在Engineering Data选项中对链轮和滚子的材料进行设置，链轮和滚子的材料选择ZG310-570，调质处理HBC=197~237，链轮表面淬火HRC=40~50，其力学特性为：弹性模量为202GPa，泊松比为0.3，质量密度7850kg/m^3，材料的接触应力极限为1336MPa。

6.4.3.4 划分网格

在非线性接触分析中，网格质量好坏会直接影响到计算的结果，为了得到比较好的结果，在接触区域必须细化网格，本例对链轮和滚子两个部件首先采用整体网格大小控制划分一个初始精度比较低的网格，选用Element sizes为5mm，考虑到这次分析的重点为链轮与滚子的接触分析，为了得到更精确的分析结果，对接触对中接触面和目标面部分进行单元加密处理，选用Element sizes为0.2mm，划分后如图6-33和图6-34所示，得到节点数217579个，单元数143988个。

6.4.3.5 添加约束条件和施加载荷

根据梭车刮板运输机构的实际工作情况，链轮在正常工作下带动刮板链条滚子完成对物料的运输。在ANSYS Workbench 13.0的仿真环境中，链轮围绕其中心轴旋转，完成与刮板链条滚子的啮合。链轮中心轴的切线方向为自由的，在轴线方向和径向为固定的。因此在链轮的中心施加“Cylindrical Support”约束，将“Tangential”选项设定为“free”，将“Radial”和“Axial”选项设定为“Fixed”，在滚子的内孔表面施加“Fixed Support”，让其固定。然后在链轮的内表面加载逆时针方向的扭矩“moment”，这里是对链轮和链条的静力接触分析，根据梭车刮板运输机的实际工作情况设定“moment”的值为32176N·m，如图6-35所示。

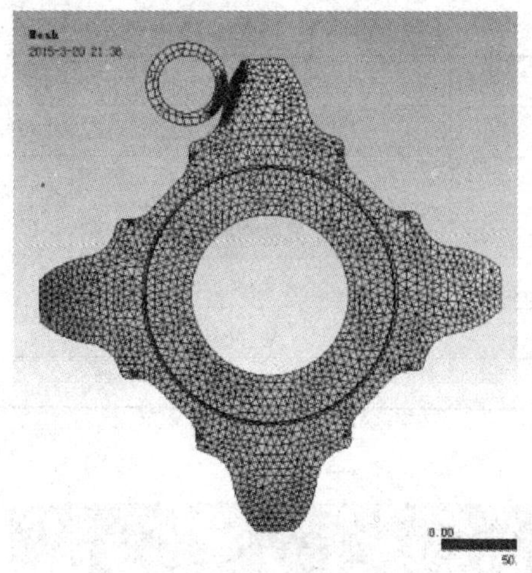

图 6－33　链轮和滚子有限元模型

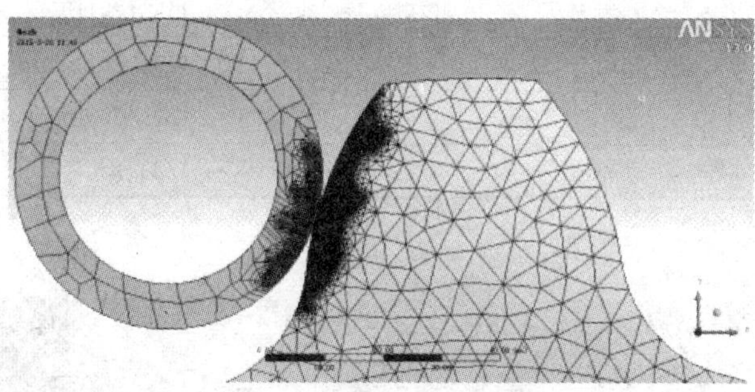

图 6－34　加密处理有限元模型

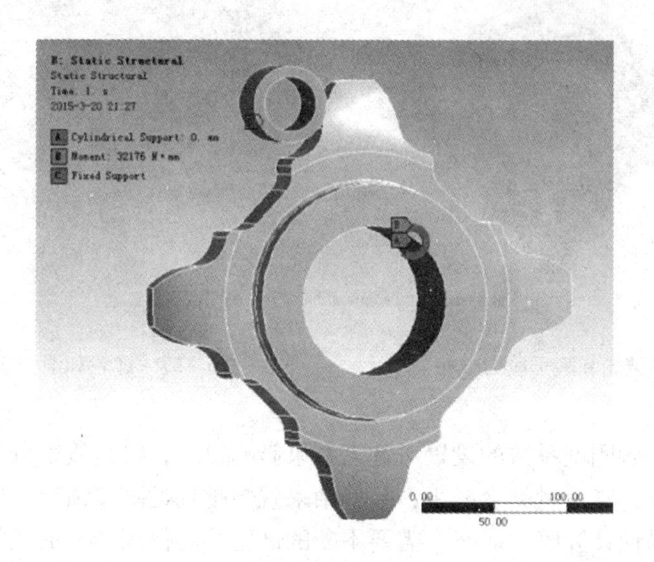

图 6－35　接触分析约束设置

6.4.3.6　非线性有限元求解及结果分析

接触是一种高度非线性行为，所以需要对其进行非线性求解。在 ANSYS Workbench 软件中通过选定接触面和目标面，设定合理的接触刚度系数，进行接触分析计算得到链轮和刮板链条滚子的应力分布图如图 6－36 所示，接触应力分布图如图 6－37 所示，不同刚度系数下的接触应力情况见表 6－3。

表 6－3　不同的刚度系数下的接触应力

接触刚度系数	最大接触应力/MPa	穿透量/mm
0.1	632.2	0.0017503
0.3	693.5	0.0010235
0.7	823.3	0.0008364

续表6-3

接触刚度系数	最大接触应力/MPa	穿透量/mm
1	978.6	0.0005362
3	1080.9	0.0002316
5	1183.6	0.0000936
7	1296.1	0.0000327
9	1321.6	0.0000235
10	1333.1	0.0000153

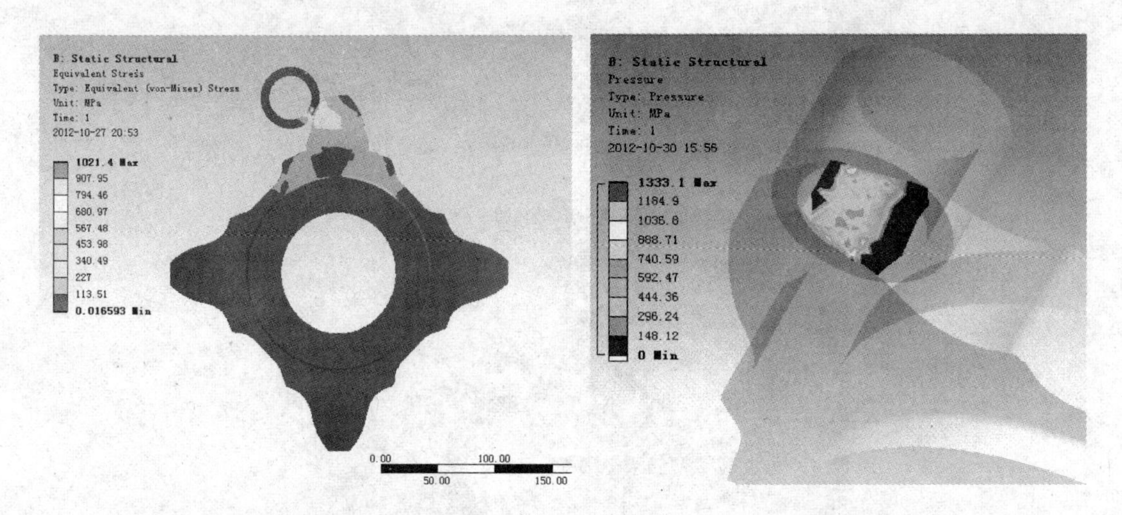

图6-36 链轮和滚子应力分布图　　图6-37 链轮和滚子接触应力分布图

接触分析中接触刚度系数的设置对计算结果影响很大，也是接触分析的难点。一般来说，刚度系数越大，穿透量就会越小，分析结果就会越接近真实情况。但是设置过大的接触刚度系数，容易使计算陷入病态。需要不断的试验才能得到合理的接触刚度系数，首先设置一个预估低的接触刚度系数，从最低的0.1开始试验，检查穿透量和接触应力。然后不断地增大刚度接触系数，相应的穿透量也不断地减小，直到接触应力变化很小为止。通过表6-3可以发现，刚度系数为7以后接触应力开始变化不大。当增大到10时，接触应力为1333.1MPa，接触应力变化不到1%，当接触刚度大于10以后，计算时间和迭代次数明显增加。所以取接触刚度系数为10。

通过图6-36可以看到，链轮和滚子的应力分布，最大等效应力为1021.4MPa，主要是分布在链轮和滚子的接触部位周围，其他部位应力很小。通过图6-37可以看出，链轮和滚子的接触面上的接触应力分布，最大接触应力出现在接触位置边缘，最大接触应力为1333.1MPa，比理论计算的1380MPa略小，误差不到3.4%，说明其结果是可信的。此应力值接近材料的接触应力极限，材料的接触应力极限为1336MPa，在反复高应力作用下，将很容易产生裂纹并不断扩展，最终导致传动链轮轮齿的断裂，所以需要对链轮进行机构优化，以改善其受力状况。

6.5 梭车刮板运输机链轮结构优化设计

6.5.1 结构优化理论

6.5.1.1 结构优化简介

结构优化设计是指在满足各种约束基础上，利用数学方法、力学原理和计算机技术找到一种最优解的工程结构设计方法。根据优化变量的不同，可将其分为三个级别，即尺寸优化、形状优化、拓扑优化。结构尺寸优化对应的是概念设计，是构件几何外形已经基本确定的情况下，对模型的关键尺寸做比较小的优化，即对模型的整体结构做出比较小的改进。所以在结构优化中，尺寸优化是处于初级阶段，基本上不改变模型的整体结构，只是通过模型中的某些关键尺寸做适当合理的优化。结构形状优化对应的是基本设计阶段，相比较尺寸优化就更高一个级别了，因为形状优化的优化区域较大，可以做比较大的改动，其应用范围也比较广泛。如某个构件在设计过程中，有比较大的拐角就容易导致构件的应力集中，从而使构件更容易失效，为了避免这种现象的发生，就必须对其进行必要的形状优化：在应力集中的位置倒圆角或是增加尺寸以达到提高刚度的目的。结构拓扑优化相对应的是详细设计阶段，是最高级别的优化设计，对模型的改动最大，可以对模型的整体结构做比较大的改进。在满足必要的约束条件和目标函数的情况下，求解得到模型的形状和尺寸的最优解。

目前，利用 ANSYS 有限元分析软件进行优化设计时，一般主要分以下两个阶段进行：

(1) 先进行零件的有限元分析，可以得到零件的应力分布图，找到零件的薄弱环节，其主要目的是明确零件的优化方向；

(2) 再进行零件的尺寸优化，选定目标函数、约束条件，对需要优化的尺寸做适当的改进，使零件的优化目标达到最佳。

6.5.1.2 结构优化变量选取的要求

A 设计变量的选取

设计变量为自变量，其值一般为正值，如半径、高度、厚度等物理参数。在优化中，利用不断改变设计变量的数值的方法，寻求目标函数的最佳优化结果。在选择模型的设计变量时必须考虑以下几点：

(1) 设计变量的数目一般不能超过 60 个，但应该尽量少的使用设计变量，太多了不仅会占用太多的计算时间，还可能使得设计变量不收敛，而设计变量太少了又可能使优化结果不理想；

(2) 在选取设计变量时，应考虑其值的变化是否影响到目标函数的改变；

(3) 合理设定设计变量的变化范围，范围过大可能使设计空间不理想，范围过小可能难以达到最优化的目标。

B 状态变量的选取

状态变量是约束设计的数值，是随着设计变量的变化而改变的，且可以通过分析计算而得到的值，如形变、应力、温度、频率等。一般状态变量的数目不超过 100 个，在选取状态变量时应记住以下两点：

(1) 状态变量数目的确定。如在应力分析求解过程中，最大应力的位置是不断变化的，所以尽量选择适当数量的状态变量来描述系统。

（2）在设定状态变量时，尽量避开在模型的奇异点数（如载荷集中的位置）附近选择状态变量。

C 目标函数的选取

目标函数是指定义的目标达到尽量减少或增加的数值，如质量、体积、面积、费用等，目标函数的变化是随着设计变量的变化而变化的，其值必须为正值，主要是由于负值很容易产生很多不必要的数据问题。

6.5.1.3 结构优化的方法

ANSYS软件采用了多种结构优化的方法，使得数学归纳法在结构优化方面得到了充分的应用。有限元软件主要提供了下面几种结构优化工具。

（1）单步法（Single Run）。软件每次循环时，都会进行一次FEA求解。在每次求解时，可以设定设计变量值，从而设计者可以做到结构目标函数和自变量之间的内在关系，这是通过了许多次的迭代单循环来实现的。

（2）剩子评估法（Factorial）。该工具是研究计算目标函数和自变量的相互关系的，它采用了二阶技术，该技术可以产生极值点上的一系列序列数值点。

（3）随机搜索法（Random Designs）。随机搜索法是从整体设计空间考虑的，可以为后面的设计研究提供合理的优化分析数据。通过多次循环，并且设计变量在每次循环中随机变化，当然设计者可以指定设计变量在循环中的合理设计值和最大的迭代次数。

（4）扫描法（DV Sweeps）。该工具是从设计的整体空间出发，并进行了扫描来实现的，而且每次扫描的步长是相等，即等步长的。

（5）最优梯度法（Gradient）。当要求研究目标函数和状态变量对自变量之间的敏感性时，该方法是很实用的。但也有一定局限性，比如研究优化时，尤其当目标函数、状态变量以及设计变量变化小时，优化效果不太好。该方法会分析空间内状态变量和目标函数的梯度关系，并采用差分方法来确定自变量的具体变化大小和方向。

（6）一阶优化方法（First-order）。该工具在优化过程中，首先求解目标函数和状态变量相对自变量的偏导数，并通过梯度来确定搜索方向。由于在优化过程中需要计算梯度以及搜索方向，所以该方法在优化过程中消耗的时间较长。

（7）子问题近似法（Sub-problem）。该工具是采用了零阶方法近似得到的，适合于绝大部分的实际工程问题。在优化过程中，将产生的状态变量、目标函数和自变量之间的关系，拟合成为曲面或者曲线，并在下一迭代计算中，程序将新的更合理的数据不断得到更新和完善原曲线或者曲面。所谓的零阶，在优化过程中，软件不计算梯度值，也不在每次循环中计算目标函数和状态变量的数值，而是通过分析，得到它们之间的拟合关系，进而得到所需合理解。

6.5.2 链轮的结构尺寸优化

尺寸优化是指在确定几何外形条件下，对模型进行分析、提取关键尺寸建立整体结构尺寸，然后以这些尺寸为参数建立起优化方程组，通过不断的改变设计参数来寻求目标函数的最优解，进而达到优化尺寸的目的。尺寸优化是结构优化中较低层次的，其不改变模型的整体结构，而只是通过某处或者某几处尺寸的改变进行优化。

6.5.2.1 链轮结构尺寸优化的基本流程

链轮的结构尺寸优化的基本流程如图 6 – 38 所示。

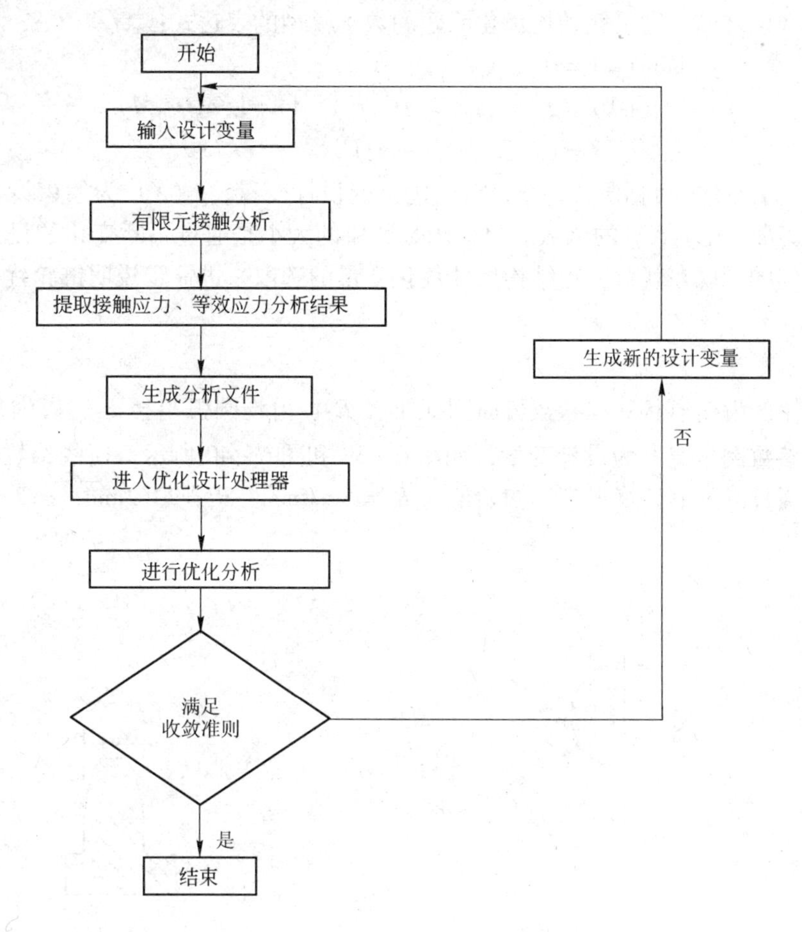

图 6 – 38 链轮的尺寸优化基本流程

根据图 6 – 38，具体步骤如下：

（1）输入设计变量。由链轮的有限元接触分析结果图 6 – 36 可以看出，链轮与滚子啮合传动时，最大接触应力集中在链轮齿面接触部位边缘，因此选取链轮齿形设计参数为设计变量。

（2）接触分析及分析结果。为保证链轮的优化精确和更好的定义状态变量，所以先对链轮进行有限元接触分析，得到链轮的等效应力分布云图和接触应力分布云图等数据，并定义链轮的接触应力为目标函数。

（3）生成分析文件。分析文件包括整个分析过程，是一个命令流文件，可用在优化运算的循环计算中。

（4）进入优化设计处理器。这是整个优化中最重要的步骤，包括优化方法的选择、优化变量的声明、状态变量的设定等。

（5）进行优化分析。设定好相关的优化参数就可以进行链轮的优化运算，得到关于链轮结构尺寸优化的设计点，最终的运算结果可以得到几组链轮优化尺寸和目标函数的最优解。

6.5.2.2　链轮结构尺寸优化变量的选取

在变量选取之前，先了解结构优化问题的数学模型的表达式：

$$\min f(X)=f(x_1,x_2,x_3,\cdots,x_n)$$
$$g_i(X)=g_i(x_1,x_2,x_3,\cdots,x_n)\quad(i=1,2,\cdots,M)$$
$$X=(x_1,x_2,x_3,\cdots,x_n)^{\mathrm{T}}$$

式中，$f(X)$ 为优化的目标函数；X 为需要优化的设计变量；$g_i(X)$ 为约束设计的状态变量；X 为自变量，是 $f(X)$ 的函数。目标函数数值的大小是通过不断变化的设计变量的值进行计算得到的。现在就对链轮结构尺寸优化变量的选取来进一步说明链轮优化数学模型的含义。

A　设计变量

选取链轮的齿槽形状基本参数齿面圆弧半径 R_e、齿沟圆弧半径 R_i、齿沟角 α 以及轴向齿廓设计参数倒角宽 b_a 为设计变量，如图6－39和图6－40所示，这些参数相对应的变化范围可以通过以下的计算得到，初始值为 $R_e=59.0\text{mm}$，$R_i=23.2\text{mm}$，$\alpha/2=60°$，$b_a=12\text{mm}$。

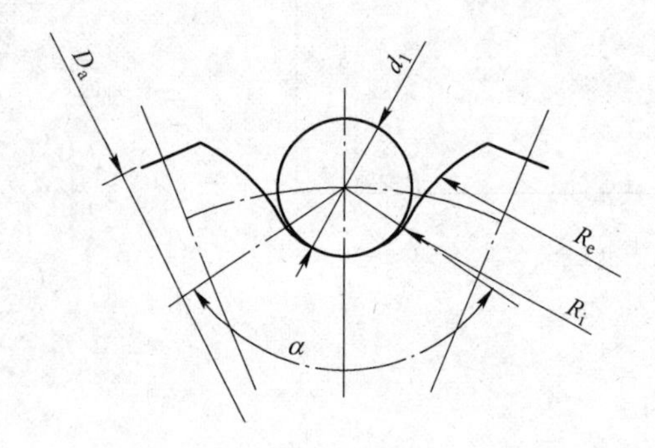

图6－39　链轮的齿槽设计参数

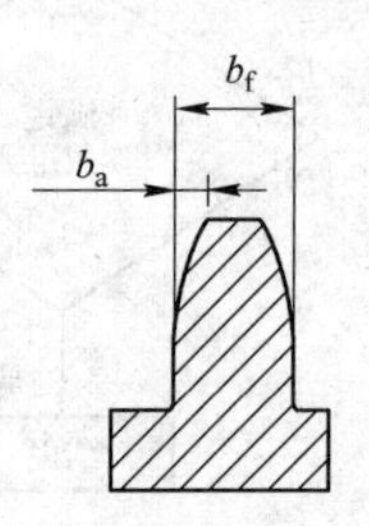

图6－40　链轮轴向齿廓设计参数

根据链轮设计参数的理论计算公式：

$$R_{\text{imax}}=0.505d_1,R_{\text{imin}}=0.505d_1+0.069\sqrt[3]{d_1}\tag{6－32}$$

$$\alpha_{\max}=140-\frac{90}{z},\alpha_{\min}=120-\frac{90}{z}\tag{6－33}$$

$$R_{\text{emax}}=0.12d_1(z+2),R_{\text{emin}}=0.008d_1(z^2+180)\tag{6－34}$$

$$b_{\text{amax}}=0.15p,b_{\text{amin}}=0.1p\tag{6－35}$$

式中，d_1 为链条滚子外径；z 为链轮齿数；p 为链条节距。

把 25m^3 梭车链轮和滚子的实际设计参数带入式（6－32）~式（6－35）中，得到各优化参数的变化范围为 $55.68\text{mm}\leqslant R_e\leqslant 90.57\text{mm}$，$45.085\text{mm}\leqslant 2R_i\leqslant 47.715\text{mm}$，$54.375°\leqslant\alpha/2\leqslant 64.375°$，$10\text{mm}\leqslant b_a\leqslant 15\text{mm}$。为了直观地了解各参数的变化范围，通过图6－41可以看到优化后的链轮齿形必须在最大齿形和最小齿形的范围内。

B　目标函数

根据链轮有限元接触分析，从接触分析的结果可知，最大接触应力在链轮的齿面接触位置边缘，为了改善其受力状况，提高链轮的安全系数和使用寿命，将链轮齿面的接触应力作为目标函数，相当于优化数学模型中的 $f(X)$，当求解得 $f(X)$ 的值最小时，相应的四个设计变量 x_1、x_2、x_3、x_4 的值就为最优解。

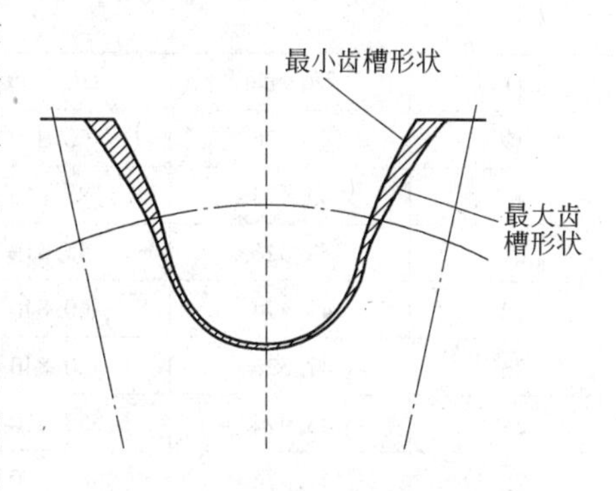

图 6－41 链轮最大齿槽形状和最小齿槽形状

C 约束条件

按照设计变量的性质不同，约束条件有边界约束和性能约束，性能约束是指设计要满足强度和刚度方面的要求，边界约束用于对变量的尺寸进行限制等。该案例将链轮最大许用接触应力作为性能约束条件，满足链轮最大接触应力小于许用应力 1336MPa，即

$$\sigma_{max} \leqslant [\sigma] = 1336\text{MPa}$$

将上述各设计变量的取值范围作为边界约束条件。

6.5.2.3 优化结果及其分析

利用 ANSYS Workbench 中目标驱动优化模块，先定义出链轮四个独立变量的合理变化范围，链轮的有限元接触分析可知，链轮的最大接触应力在链轮的齿面接触部位，设定接触应力为目标函数，进行优化，优化结果见表 6－4 和图 6－42。

表 6－4 基于 ANSYS 的链轮优化候选设计点的求解

设计点	$2R_i$/mm	R_e/mm	b_a/mm	$\alpha/2$/(°)	最大接触应力/GPa
1	46.400	73.125	12.500	59.375	1.237
2	45.085	73.125	12.500	59.375	1.364
3	47.715	73.125	12.500	59.375	1.034
4	46.400	55.680	12.500	59.375	1.768
5	46.400	90.570	12.500	59.375	2.815
6	46.400	73.125	10.000	59.375	1.191
7	46.400	73.125	15.000	59.375	2.573
8	46.400	73.125	12.500	54.375	1.249
9	46.400	73.125	12.500	64.375	1.249
10	45.474	60.840	10.739	55.854	1.396
11	47.326	60.840	10.739	55.854	1.106
12	45.474	85.410	10.739	55.854	1.083
13	47.326	85.410	10.739	55.854	2.474
14	45.474	60.840	14.261	55.854	2.029
15	47.326	60.840	14.261	55.854	2.219
16	45.474	85.410	14.261	55.854	2.927
17	47.326	85.410	14.261	55.854	1.338
18	45.474	60.840	10.739	62.896	1.519

续表6-4

设计点	$2R_i$/mm	R_e/mm	b_a/mm	$\alpha/2/(°)$	最大接触应力/GPa
19	47.326	60.840	10.739	62.896	1.294
20	45.474	85.410	10.739	62.896	3.169
21	47.326	85.410	10.739	62.896	2.919
22	45.474	60.840	14.261	62.896	1.699
23	47.326	60.840	14.261	62.896	1.323
24	45.474	85.410	14.261	62.896	1.795
25	47.326	85.410	14.261	62.896	1.949

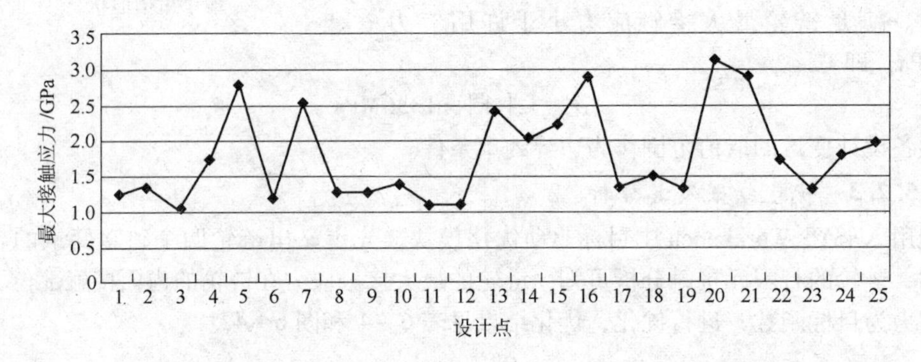

图6-42 链轮最大接触应力随候选点的变化关系

通过表6-4可以看出，通过设定各个设计变量的变化范围，选定目标函数，利用ANSYS Workbench中目标驱动优化模块，自动选出了25组优化参数候选点。通过观察表6-4中的数据可以知道，所选出的25组候选点中链轮机构参数全部在最大齿槽和最小齿槽的约束范围内。通过图6-42可以很直观地看到，链轮最大接触应力随候选点呈现出先增大后减小，再增大又减小的震荡变化规律，其中在第三个候选点链轮的最大接触应力为最小。但是通过仔细比对可以发现，25个候选点中有些候选点是不满足约束条件中链轮最大许用接触应力约束的，所以还需要对候选点进行筛选。

在筛选前，通过在ANSYS Workbench中优化模块中设定链轮最大接触应力的重要程度为高级，然后设定链轮最大接触应力小于等于其许用接触应力。最终得到三组优化的可选方案，见表6-5。

表6-5 基于ANSYS的链轮优化候选方案

候选方案	链轮最大接触应力/MPa	齿槽形状基本参数			轴向齿廓设计参数
		齿沟圆弧半径 R_i/mm	齿面圆弧半径 R_e/mm	齿沟角 $\alpha/(°)$	倒角宽 b_a/mm
A	1034	23.8575	73.125	118.75	12.5
B	1083	22.737	85.41	111.708	10.739
C	1106	23.663	60.84	111.708	10.739

由于本次优化的最终目的就是减小链轮的最大接触应力，改善链轮的受力状况，所以

这里选择链轮接触应力为最小的方案 A，见表 6-6。

表 6-6 链轮优化前后参数对比

参数	最大接触应力/MPa	齿面圆弧半径 R_e/mm	齿沟圆弧半径 R_i/mm	齿沟角 α/(°)	倒角宽 b_a/mm
优化前	1333.1	59	23.2	120	12
优化后	1034	73.125	23.8575	118.75	12.50

通过链轮接触分析可知，链轮和滚子的最大应力、最大接触应力出现在链轮和滚子接触位置边缘，最大接触应力为 1333.1MPa，为本次的链轮结构优化提供了依据。通过优化前后对比分析（见表 6-6），可以看到链轮的最大接触应力优化前为 1333.1MPa，优化后为 1034MPa，比优化前减小了 299.1MPa，应力下降了约 22.45%，改善了链轮的受力状况，优化后齿面圆弧半径、齿沟圆弧半径、倒角宽分别为 73.125mm、23.8575mm、12.5mm。这些参数相对于优化前都相应地增大了，优化后的齿沟角为 118.75°，比优化前略有减小。

7 气体压缩机工装夹具 CAD 设计案例

7.1 概述

气体压缩机作为一种通用机械设备，它的主要功能是利用气体弹性特性，通过压缩气体介质传递动力的机械，其主要构成零件有曲轴、连杆、十字头体、缸体、机身等。压缩空气在现代工业中的应用已日趋普遍和重要，几乎遍及工农业、交通运输、国防甚至生活的各个领域。这不仅是由于压缩空气的使用方便和安全，而且能够减轻工人的劳动强度，提高劳动生产率，所以说用压缩空气作为动力，在现代工业中的应用仅次于电力，并非夸大其词。

不论是传统制造，还是现代制造系统，夹具都是十分重要的。夹具对加工质量、生产率和产品成本都有直接的影响。花费在夹具设计和制造的时间不论在改进现有产品或开发新产品中，在生产周期中都占有较大的比重。所以，制造业中非常重视对夹具的研究。

该案例研究与江西某有限公司合作，用 VB 语言在 SolidWorks 进行开发气压机工装夹具设计系统，系统包含有工装夹具信息处理模块、三维参数化设计模块、夹具工艺过程模块、夹具性能评价模块、动画演示模块等五大模块，系统利用已有的气压机夹具设计经验，气压机加工工艺的经验，大大缩短夹具的设计与制造周期，提高工艺设计的效率，减少重复劳动，降低生产成本。

该案例建立了气体压缩机的工装夹具模型，实现气体压缩机工装夹具参数化，建立标准件库，在装配过程中能快速调用标准件。实现在 SolidWorks 环境下，调用加工气压机零件的工艺卡片，并可以根据现时加工需求直接修改工艺卡片，以达到用户的要求。开发了 SolidWorks 插件，即在 SolidWorks 环境下调用 avi 格式的动画播放装夹过程，即明确了工装夹具装配顺序，也能够看清楚装配体的内部结构。

7.2 气压机工装夹具设计系统的总体设计

7.2.1 设计思想

7.2.1.1 设计目标

通过对江西某机械厂的调研和相关文献的查阅，注意到其夹具设计具有以下几个目标：

（1）将设计人员从繁琐的重复性工作中解脱出来，将主要精力放在创新设计上，而不是重复劳动上。

（2）设计人员可按其设计意图，利用系统所提供的功能，简单、快速地设计出高质量的夹具。

（3）夹具系统须包含足够的夹具设计知识，使经验不足的设计人员也能顺利地完成设计任务。

（4）夹具系统的校验模块，对所设计的夹具进行了分析，尽可能地减少设计阶段的错误，提高夹具的一次成功率。

（5）构建一个快速设计制造的工艺流程，将设计和制造紧密的相连。打破了传统夹具的设计制造方法，将设计制造更好的结合起来，节省了制造者读图和制定加工方案的时间。

（6）整个系统本着面向设计制造者的思路作为起点、界面友好、操作方便快捷为主要的目的。

主要针对上述目标对气压机专用夹具的设计而提出了完整的系统。在设计整个系统时，采用面向对象的设计思路来开发相应的功能模块，使之能有效地利用设计制造人员的经验，来提高设计及制造的效率，同时也是为了能设计及制造出高质量、更实用的夹具。三维软件 SolidWorks 在这方面起到很好的作用：首先，三维软件比较直观、形象，设计者可以目测设计是否满足自己的意向；其次，在设计图上可以直接修改，直到符合尺寸要求；第三，SolidWorks 提供夹具装配图，在装配图中设计者可以设想整体装配图的夹具的结构，从而进行设计，或直接在装配体中进行设计。气压机工装夹具设计流程如图 7－1 所示。

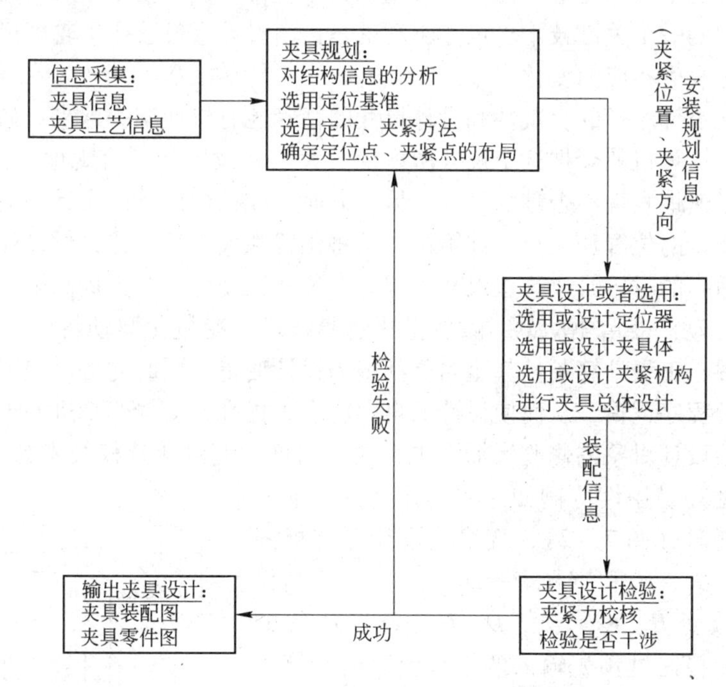

图 7－1　工装夹具设计流程

7.2.1.2　参数化技术概述

参数化设计是图形交互尺寸驱动方法的基础。参数化设计系统处理参数是以尺寸参数作为设计变量去驱动零件的几何模型，因此被称为尺寸驱动 CAD 系统。这样的功能有以下两个方面用途：其一，能显著提高仅在几何尺寸上不同的零件族的相似设计效率，从而快速地完成从设计到制造过程中的更新；其二，能对概念设计阶段不能精确定义的尺寸进行快速修改。目前已有多种实现尺寸驱动的方法，可分为两类：

(1) 高级语言编程法。用高级语言的尺寸参数为变量对设计进行编程。

(2) 图形交互参数法。主模型以图形交互设计，继而基于主模型自动产生尺寸变量。在文献中，Roll 提出一种交互产生尺寸参数和结构参数的设计方法，它通过使用命令来产生尺寸约束和几何约束，从而处理带尺寸拓扑参数的设计。

参数化技术出现的时间不长，目前正处于不断发展和完善的时间，新的思想和方法在实际中不断出现。下面论述参数化设计中所涉及的一些技术，如轮廓设计、尺寸驱动、变量驱动等：

(1) 轮廓设计。参数化设计系统引入了轮廓的概念，轮廓由若干首尾相接的直线或曲线组成，用来表达实体模型的截面形状或扫描路径。轮廓上的线段（直线或曲线）不能断开、错位或交叉。整个轮廓可以是封闭的，也可以不封闭。虽然轮廓与生成轮廓的原始线条看上去几乎一模一样，但是它们有本质的区别。轮廓上的线段不能被移到别处，而生成轮廓的原始线条可以被随便地拆散和移走。这些原始线条与通常的二维绘图系统中的线条本质是一样的。

(2) 尺寸驱动。如果给轮廓上加上尺寸，同时明确线段之间的约束，计算机就可以根据这些尺寸和约束控制轮廓的位置、形状和大小。计算机如何根据尺寸和约束正确地控制轮廓是参数化的一个关键技术。尺寸驱动就是指当设计人员改变了轮廓尺寸数值的大小时，轮廓将随之发生相应的变化。

尺寸驱动把设计图形的直观性和设计尺寸的精确性有机地统一起来。如果设计人员明确了设计尺寸，计算机就会把这个尺寸所体现的大小和位置信息直观地反馈给设计人员，设计人员可以迅速地发现不合理的尺寸。另一方面，在结构设计中设计人员可以在屏幕上大致勾画设计要素的位置和大小，计算机自动将位置和大小尺寸化，供设计人员参考，设计人员可以在适当的时候修改这些尺寸，因此，尺寸驱动可以大大提高设计效率和质量。

(3) 变量驱动。变量驱动也叫做变量化建模技术。变量化驱动将所有的设计要素如尺寸、约束条件、工程计算条件甚至名称都视为设计变量，同时允许用户定义这些变量之间的关系式以及程序逻辑，从而使设计的自由度大大提高。变量驱动进一步扩展了尺寸驱动这一技术，给设计对象的修改增加了更大的自由度。变量化建模技术为 CAD 软件带来了空前的适应性和易用性。例如，在设计夹具标准零件——固定钻套时（图 7－2），变量化设计允许把固定钻套高度 H、H_1、H_2和直径 D、D_1、D_2、D_3等当作设计变量，当改变 H、H_1、H_2、D、D_1、D_2、D_3等的值时，固定钻套将通过预先输入的变量值，由计算机正确处理这种设计上的变化，改变固定钻套的形状和大小。变量化技术极大地改变了设计的灵活性，这种技术进一步提高了设计自动化的程度。

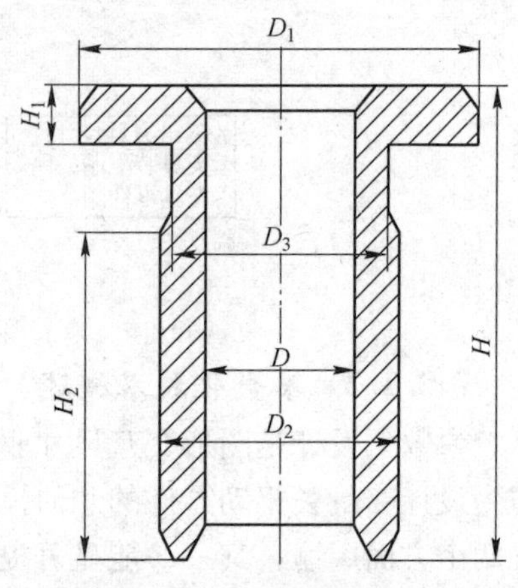

图 7－2　固定钻套变量设计

7.2.2　系统结构体系框架

针对气压机工装夹具的设计过程的特点，采用了模块化设计准则和面向对象的模块分解的方法对系统整体进行了规划，整个系统功能实现可划分为：工装夹具信息处理模块、三维参数化设计模块、夹具工艺过程模块、夹具性能评价模块、动画演示模块等五大模块，各模块又包括一些子模块或实用程序，每个模块或实用程序都能实现一定的设计功能。该系统不仅能够方便快速地生成一种夹具的不同尺寸系列的产品，而且能够在三维夹具图中直观形象地目测夹具结构的设计是否合理，也可以在装配体中检查夹具各零件是否相互干涉，这是三维软件特有的功能。另外，系统将设计夹具所需的资料存储，可以随时调用查看。而所有这些的操作都是在良好的人机交互界面上进行的，使得用户在使用过程中能够轻松的操作，这样才能达到设计系统的目的。系统的结构体系如图 7－3 所示。

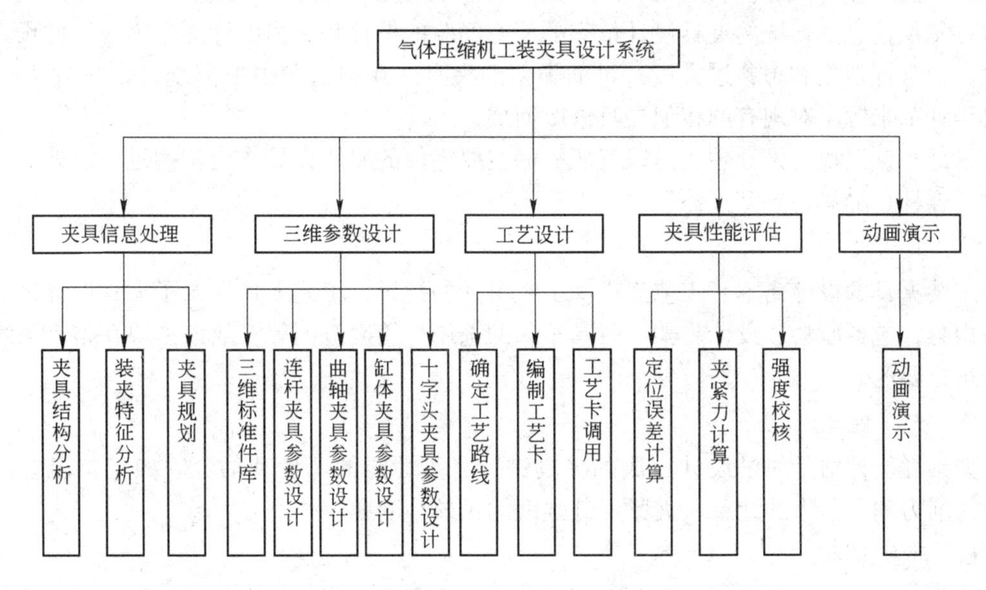

图 7－3　气压机工装夹具设计结构体系框架

7.2.3　系统的功能模块

7.2.3.1　模块化设计的概念及特点

模块化设计是在对一定范围内的产品或系统进行功能分析的基础上，划分并设计出一系列功能独立、结构独立的基本单元——模块，并使模块系列化、标准化，通过模块的选择和组合可以构成不同的产品或系统，以满足不同的需求的设计方法。模块化设计思想的核心内容是将系统按照功能分解为若干相对独立的模块，通过模块间的相互组合，可以得到不同品种、不同规格的产品。

把产品的模块化设计技术应用到夹具设计中，在进行夹具设计时，可以按照夹具各部分不同的功能先设计出各个组成部分，在此基础上，协调工件与夹具各装置、组件的布局，从而确定夹具的总体结构。模块化设计对夹具的设计能表现出很好的条理性。

模块化的特点如下：

（1）相对独立的特定功能——可以对模块单独进行设计、生产、调试、修改和储备；

（2）具有互换性——为此，模块配合部位的结构形状和尺寸必须标准化；

（3）具有通用性——不仅实现横系列、纵系列通用，而且实现跨系列通用。

7.2.3.2 各模块功能概述

A 夹具信息处理

夹具设计系统的输入信息是零件设计图和工艺过程信息，通过分析零件的结构、装夹特征以及工艺要求，做出夹具设计的决策，即决定定位和夹紧方法、夹具元件的选择以及夹具结构的布局。

B 三维参数设计

该模块对夹具进行三维实体建模，并利用程序，在人机交互界面上实现夹具尺寸参数设置，可随时修改尺寸重新建模，达到夹具尺寸系列化。另外，该模块也可以为夹具设计相似性提供信息。传统的夹具设计依靠的是有经验的设计师，当设计师考虑为工件设计夹具时，通常都搜集和想象过去设计过的类似的夹具。在制造业中根据统计，超过70%的夹具设计都来源于对现有的相似夹具修改而成。

另外，该模块的设计主要是以气压机的主要零件的专用夹具作为实例进行设计的，如曲轴、连杆、缸体、十字头体等。

C 工艺设计

工装夹具的设计离不开工艺规程即工艺卡片的指导，工艺卡片记录了夹具设计过程的全部内容，包括原料、设计步骤、刀具车床的选用、精度范围等，故该模块在整个系统中也是很重要的。

D 夹具性能评估

夹具性能评估是对已设计完成的夹具进行有关性能的评价和估算。如定位误差的计算、切削力和夹紧力的计算、夹紧元件强度的校核等问题。

E 动画演示

将装夹过程以动画的形式演示进行了说明。严格来讲，是把夹具与工件装配体的装配顺序和卸载顺序进行演示，从而能够目测装配体的内部结构。其装配过程基本上是按照定位件、夹紧件、支撑件、基础件的顺序由里向外装配的，卸载的顺序也就是装配的反序。

7.3 夹具信息处理

7.3.1 夹具设计过程分析

7.3.1.1 夹具定位原理概述

机械加工过程中，为保证工件某工序的加工要求，必须使工件在机床上相对刀具的切削成型运动处于准确的相对位置。当用夹具装夹加工一批工件时，是通过夹具来实现这一要求的。工件在夹具上的定位对保证本工序的加工要求有着重要的影响，准确的加工位置就是指工件处于能保证加工要求的几何位置。因此，一个工件在夹具中占有准确的加工位置是定位原理要解决的主要任务，工件在夹具中的定位原理具体可归结为如下两点：

（1）工件在夹具中的定位分析，可归结为在空间直角坐标系中，用定位元件来限制自由刚体（工件）的运动自由度问题。在空间处于自由状态的工件具有六个方向的自由度，即沿三个互相垂直坐标轴的移动自由度和绕此三个坐标轴转动的自由度。夹具与相应的定位元件限制了工件相应方向的自由度，使工件在夹具中占有准确的加工位置，以保证工序的加工要求。

(2) 夹具的定位元件以其定位工作面与工件相应的定位面相接触或配合来限制工件相应方向的自由度实现定位，定位元件的定位工作面与工件的定位面一旦脱离接触或配合，则定位元件就丧失了定位工件的作用。

根据夹具定位元件限制工件运动自由度的不同，工件在夹具中的定位有以下几种情况：

(1) 全定位。合理选用并布置定位元件，使工件具有的六个方向的自由度恰好全部被限制而在夹具中占有完全确定的唯一位置。

(2) 不完全定位（或部分定位）。部分限制了工件几个方向的自由度而没有全部限制六个方向的自由度，但已经能满足工序的加工要求。

(3) 欠定位。按工件的工序加工要求应该限制的那几个方向的自由度而实际上没有被完全限制，这种现象称为欠定位。

(4) 重复定位（或过定位）。这种情况是由几个定位元件重复限制工件的同一方向或同几个方向的自由度的现象，称为重复定位。

按照定位基本原理进行夹具定位分析，重点是解决单个工件在夹具中占有准确加工位置的问题。以下是基于定位原理对夹具设计作详细分析。

7.3.1.2 夹具设计过程分析

夹具设计过程是一种决策过程。图7－4所示为一种夹具设计过程的框架，该设计过程包含了输入信息、决策过程和夹具设计图的输出。夹具设计系统的输入信息是零件设计图和工艺过程信息。决策过程就是决定定位和夹紧方法，夹具元件的选择以及夹具结构的布局。输出是夹具设计装配图及夹具中的元件清单。夹具设计的典型过程包含以下五步：零件图的审阅、基准选择、决定定位方案、选择夹紧方法和夹具结构布局设计。专家设计夹具时，往往从审阅零件图和工艺过程开始，并联想以前设计过的类似夹具结构。

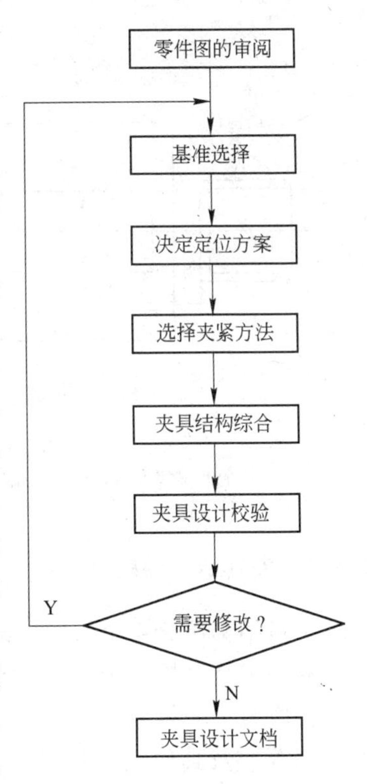

图7－4 夹具设计过程图

决定定位方法是夹具设计的主要任务。为保证加工精度要求需要一定的定位精度，而选定定位方法就要选择合适的基准面。夹紧结构的选择也受定位方法的限制，因为根据夹具设计原理，夹紧力应作用在定位元件的相对方向。夹具结构的布局基本上取决于定位方法和工件几何形状的类型。工件的定位方法可归纳为3类定位表面、5种基本的定位方法及其类型（图7－5和图7－6）。

这些平面和内外圆表面等用作定位面，并定义为可定位表面。基本的定位方法是3平面6点定位（3－2－1），一面两销、芯轴定位、V形块定位等。为了决定定位方法，需要对零件图上的可定位表面加以分析和识别。

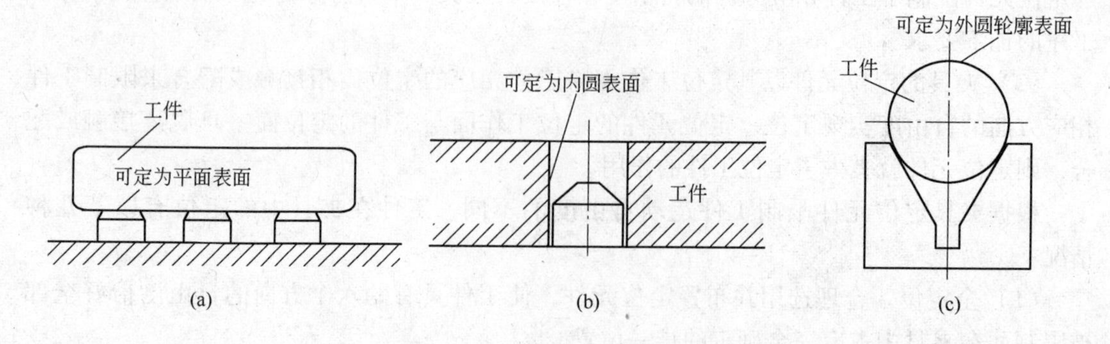

图7-5 可定为表面的基本类型

(a) 可定为平面表面；(b) 可定为同轴内圆表面；(c) 可定为外圆轮廓表面

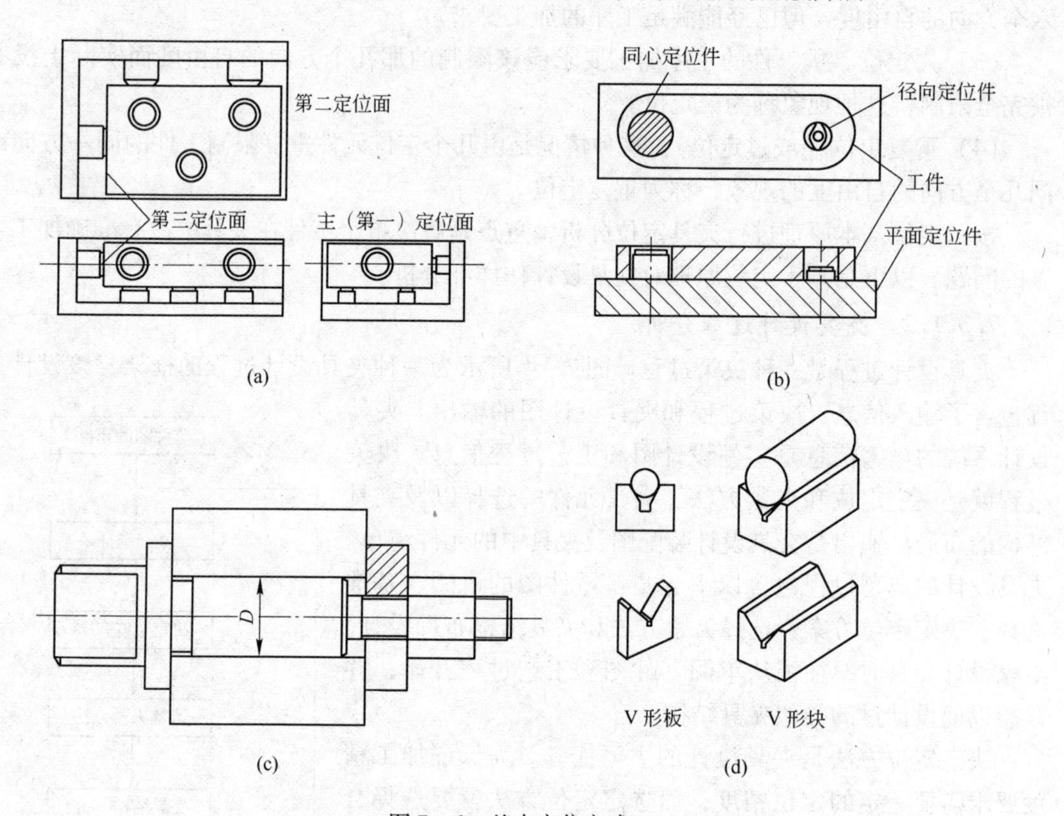

图7-6 基本定位方式

(a) 平面定位方式；(b) 一面两孔定位方式；(c) 芯轴定位方式；(d) V形板和V形块定位方式

7.3.2 夹具结构分析

夹具结构可分4个层次，即夹具总体、功能组件、夹具元件和功能表面。图7-7所示为此种夹具结构。带有一定定位顺序与布局的夹具元件构成总体夹具结构。一个夹具总体结构由若干功能组件组成，包括定位（6点定位，一面两销等）、夹紧（顶面压紧、侧面压紧等）及其他结构组件，而夹具组件由数个夹具元件组成；而在一个夹具元件上，又可能有数个功能表面。

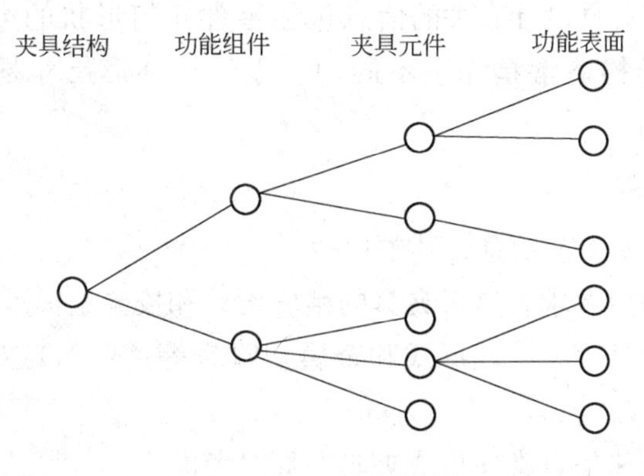

图 7－7 夹具结构层次

在这一结构模型中，夹具结构是夹具组件、夹具元件和功能表面之间的一种空间关系的模型。当夹具元件在一定的夹具布局下以特定的顺序置于其中，就产生了总体的夹具结构。在第二层面上，夹具组件又被分解成几个夹具元件；在第三层面上，夹具元件又由功能表面组成，如定位表面、夹紧面等，只有夹具元件功能表面与工件表面相接触。

当零件的几何形状和装夹要求信息从零件图中识别后，夹具设计就成为一个搜索装夹要求与夹具结构之间相互匹配的过程。工件与夹具之间的界面就是工件定位/夹紧表面与夹具元件功能表面。

7.3.3 装夹特征分析及其信息表达

夹具设计需要 3 类信息（无论是修改现有夹具，还是设计新夹具），即零件几何形状信息、工艺信息和装夹特征信息。这些信息需要在夹具设计开始时进行提取或识别。表 7－1 为从零件图和工艺过程中辨识的夹具设计信息。

表 7－1 零件图和工艺过程中的夹具设计信息

零件设计图	工 艺 过 程	装 夹 信 息
（1）形状分析； （2）长度； （3）宽度； （4）高度	（1）加工精度； （2）工件材料； （3）热处理； （4）毛坯类别； （5）材料去除量； （6）机床加工方法； （7）批量； （8）年产量	（1）加工表面； （2）可定为表面； （3）表面特征； （4）夹紧表面； （5）表面之间关系

7.3.3.1 零件几何形状信息

零件几何形状是设计夹具的基本信息，但并不是零件几何信息的一切细节都需要识别。零件几何模型中与夹具设计有关的信息包括零件几何形状的类型和外形尺寸。对不同的零件形状，夹具结构通常是完全不同的。零件的外形尺寸是选择基础板时的主要依据。

7.3.3.2 工艺信息

设计夹具时同样需要工艺信息，其中包括：

（1）零件的加工精度要求，这对夹具的精度设计和校验是很重要的；

（2）零件材料、热处理、毛坯形式和金属切除量等这些信息对切削力的估算和夹具稳定性设计是很重要的；

（3）加工类型和机床信息常在生成夹具布局时考虑；

（4）零件批量和年产量，通常会影响夹具设计时选择夹具的类型，如小批量试制品与大量生产时所选择设计的夹具类型是不一样的。

7.3.3.3 装夹特征信息

设计夹具主要涉及定位/夹紧方法选择与夹具结构生成，这就需要对工件的装夹特征进行描述和分析，装夹特征包括加工表面和装夹表面的特征、加工/装夹表面之间的相互关系。

A 加工表面信息

加工表面信息主要指加工表面的精度。加工表面的精度会直接影响到夹具的定位精度。

B 可定位表面及其特征

可定位表面可定义为具有一定装夹特征的表面，可用于工件定位。可定位表面的基本类型对应于基本的定位方法与元件有平面、内圆表面、外轮廓面等。分析与识别可定位表面是夹具设计中选择基准和定位方法的关键问题。当一个表面被考虑用作可定位表面时，其各项表面特征是考虑的因素。可定位表面的装夹特征包括定位精度、有效定位面积、表面粗糙度、公差和其他工艺特征。

a 夹紧表面

夹紧表面可被定义为相对于可定位表面的可用作夹紧的表面。因为夹紧表面应该是正对着一个定位表面，所以正对着可定位表面的零件另一面是否有夹紧表面也被视为定位表面的一个特征，尤其对于可定位平面更是如此。

b 各表面的相互关系

各表面的相互关系，不仅是可定位表面的特征，还有各可定位表面之间的相互关系，以及与加工面的关系，对确定定位方法是很重要的。不同的表面之间的相互关系就会有不同的定位方法。

7.3.3.4 装夹特征信息的表达

如前文所述，零件几何形状、工艺信息、装夹信息等都来源于对零件图和工艺过程设计的辨识，图7－8所示为识别这些信息的树状结构。

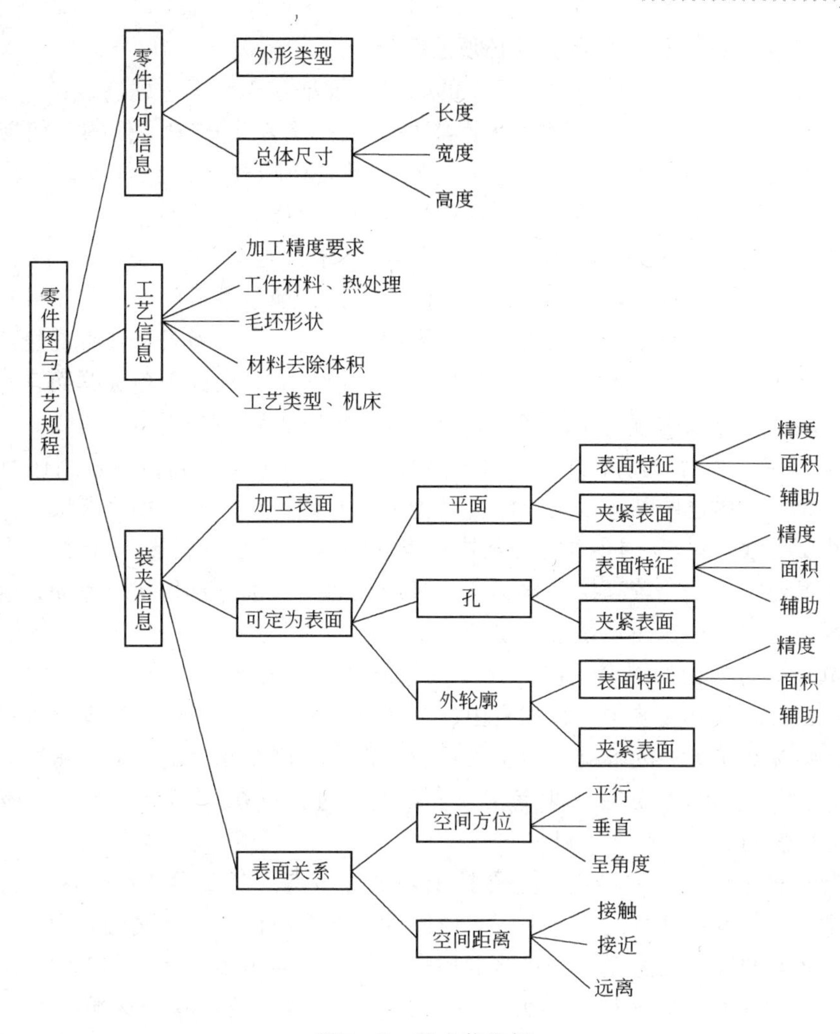

图 7－8 装夹信息树

7.3.4 夹具规划

7.3.4.1 夹具规划的基本要求

生产实际中，夹具规划受到一系列因素的限制，包括：

（1）工件设计，主要包括含几何形状和公差信息；

（2）安装规划，决定每次安装中的加工特征、所使用的刀具和机床；

（3）每次安装中工件最初和最终的形式；

（4）能适用的夹具组件。

为了确保夹具能使工件固定在正确的位置，制造过程能按设计技术要求进行。对一个可行的夹具规划，应满足以下条件：

（1）工件定位时限制所有的自由度；

（2）必须保证当前安装中的加工精度的要求；

（3）夹具设计必须足够稳定能抵御外力或力矩的影响；

（4）用现有的夹具组件必须容易到达装夹表面和点；

(5) 工件和夹具以及刀具和夹具必须没有干涉。

在这项研究中，前四个要求是较重要的。夹具规划基于以下考虑进行：

(1) 工件上可以选作装夹表面的表面类型。虽然实际生产中工件的几何形状非常复杂，但在大多数夹具设计中，当工件被固定时，平面和圆柱面（包含内孔）作为装夹特征容易到达和测量，所以在夹具规划中常用这两种表面作为装夹面。

(2) 装夹表面相对于刀具轴线的方位。CNC机床，尤其是加工中心，在一次安装中可以完成多步操作。但在大多数情况下，机床的刀具轴线是唯一的。一旦工件在特定安装中被固定后，工件在坐标系统中的方向和位置就是确定的了。考虑到装夹的稳定性，定位表面通常选择那些其表面法线方向与刀具轴线相反或垂直的表面。就夹紧而言，法线方向应该与刀具轴线一致或垂直，这是因为夹具设计中要求夹紧力向着定位组件。

(3) 候选装夹表面的精度要求。相对而言，需要加工的表面，存在用作位置和方位参考的基准面，依据这些基准面可以测量其他尺寸及其公差。表面精度等级是选择定位表面的一个重要因素。对于不同类型的公差和表面粗糙度的表面需要一个统一化的精度描述。在夹具规划中，具有较高统一化精度等级的表面应该优化选作定位表面，这样遗留的加工误差可以达到最小，而且很容易得到加工表面需要公差。

(4) 候选装夹表面的组合情况。在夹具规划中，通常选择不止一个工件表面作为定位和夹紧表面，以限制安装中工件的自由度。因此，除了单个表面的情况之外，现用定位表面的组合情况对于工件的准确定位也很重要。例如，两个垂直的表面由于准确、可靠及工件在水平方向定位的方便性（两点在一个面上，另一点在另一个面上）应该优先考虑作为侧面定位表面。

(5) 装夹稳定性。装夹稳定性是夹具规划中应该考虑的十分重要的因素，特别在定位夹紧组件的装夹位置确定之后。由于定位组件和夹紧组件与工件接触，为了确保装夹的稳定性，装夹点的分布要遵循一个严格的规定。例如，为了稳定地固定工件，由三个底部定位支承组成的三角区应该尽可能大，而且工件重心应该落在这个区域之中。在夹紧方面，压板应该放在定位组件的对面以确保装夹的稳定性。

(6) 装夹表面的可及性。对于一个可行的夹具设计来说，装夹表面对夹具组件应具有可及性。装夹表面的有效面积应足够大以和定位或夹紧组件的功能表面相配。表面的有效面积应除去工件几何形状复杂而被其他表面阻挡的部分。除考虑装夹表面外，表面上可能用装夹的点对最终决定装夹点的分布也很重要。

7.3.4.2 夹具规划的总体策略

图7-9所示为自动夹具规划系统的总体流程图。夹具规划过程主要可以分为五个阶段：输入、分析、规划、确认和输出。

输入数据包括含有工件几何形状和公差特征信息的CAD模型以及含有每次安装中待加工特征及机床类型的安装规划信息。这些数据既可以从CAD数据库中提取，也可以由用户用CAD系统交互式输入。

分析就是从候选装夹特征中提取包含精度信息的那些装夹特征以及对可及性的评估。在该例中的研究工作中，主要考虑用平面和圆柱面来装夹。

规划的任务是在当前的安装中自动决定主定位方向以及选择理想的定位/夹紧表面和点。

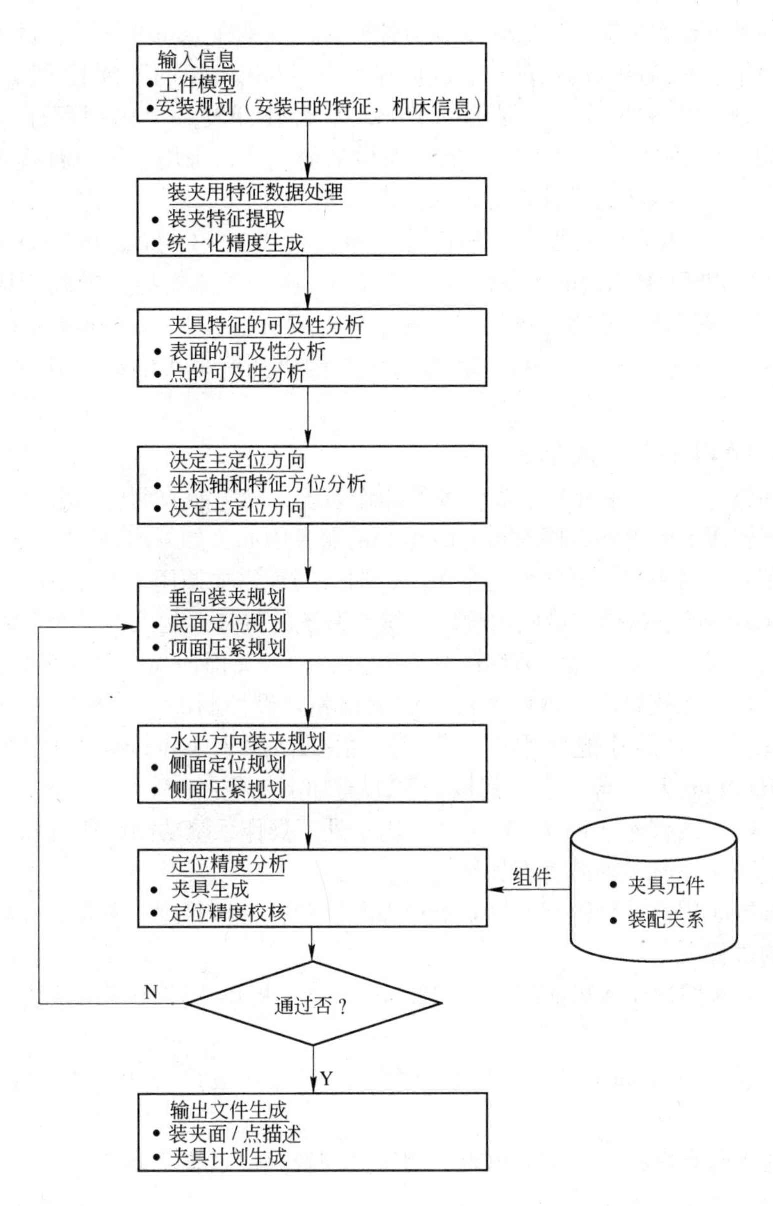

图 7－9　夹具规划流程图

精确的定位是确保工件加工精度的一个重要因素。一旦决定了定位/夹紧方案，就可以利用已经开发的夹具结构设计系统产生符合装夹点要求的夹具组件。

7.4　工装夹具三维参数化设计

7.4.1　SolidWorks 二次开发

7.4.1.1　概述

SolidWorks 是一个开发的系统，它提供了强大的 API（Application Programming Interface，应用程序编程接口）函数，允许对其进行本地化和专业化的二次开发工作。

使用SolidWorks API进行二次开发有两种模式：一是在SolidWorks平台下进行二次开发，即开发一个SolidWorks的插件，表现形式为在SolidWorks的平台下增加一组菜单或工具条，用以实现所需的操作；二是SolidWorks平台外开发一个应用程序（*.exe）对SolidWorks调用，以实现预定的功能。在该案例的研究中，采用了第一种模式，用以满足气压机工装夹具三维参数化设计系统的功能开发要求。

SolidWorks二次开发工具很多，任何支持OLE（Object Linking and Embedding，对象的链接与嵌入）和COM（Component Object Model，组件对象模型）的编程语言都可以用作其开发工具。根据这一原则，满足条件的编程开发语言有Visual Basic 6.0、C、C++、Visual C++ 6.0、C#、Visual Basic.net等。该案例研究所采用的编程开发语言是Visual Basic 6.0。

7.4.1.2 API函数的概念

众所周知，Windows系统是个多任务的操作系统，除了能协调应用程序的执行、内存的分配、系统资源的管理外，同时也是一个大的服务中心，如开启视窗、描绘图形、使用周边设备等服务，当用户需要使用这个中心的服务时就需要调用API来实现。

API是Windows系统提供给应用程序与操作系统的接口，是构筑整个Windows系统框架的基石，在下与Windows操作系统的核心联系，在上又面向Windows的应用程序。API实际上是Windows系统提供给用户进行系统编程和外设控制的函库，是一组由C语言编写的系统函数，可以供其他应用程序调用。主要存放于Windows系统的动态链接库（DLL，Dynamic Link Library）中，其核心DLL有如下一些：

（1）Windows内核库（Kernel32.du），用于处理操作系统功能的所有核心工作，如多任务、内存、系统注册表等的管理；

（2）Windows用户界面管理库（User32.du），包括窗口管理、菜单、光标、定时器和通信等有关的过程；

（3）Windows图形设备界面库（Gdi32.du），该库提供了用于管理系统支持的所有图形设备的函数；

（4）多媒体库（Winmm.du），该库函数可用于播放波形音频、MIDI音乐和数字式影像。

此外，还不断有新的API函数出现，用于处理新操作系统功能的扩展，如E-mail、联网、新外设等。

7.4.1.3 VB调用API函数的注意事项

在VB的环境下对API函数调用实现气压机工装夹具参数化设计系统。VB作为一种高效编程环境，它封装了部分Windows API函数，但也牺牲了一些API的功能。调用API时稍有不慎就可能导致API编程错误，出现难于捕获或间歇性错误，甚至出现程序崩溃。要减少API编程错误，提高VB调用API时的安全性，应重点注意下列问题：

（1）指定“Option Explicit”。编程前最好将VB编程环境中的“Require Variable Declaration”（要求变量申明）项选中。如果该项未被指定，任何简单的录入错误都可能会产生一个“Variant”变量，在调用API时，VB对该变量进行强制转换以避免冲突，这样一来，VB就会为字符串、长整数、整数、浮点数等各种类型传递NULL值，导致程序无法正常运行。

（2）勿忘 ByVal，确保函数声明的完整性。ByVal 是“按值”调用，参数传递时，不是将指向 DLL 的指针传递给参数变量本身，而是将传递的参数值拷贝一份给 DLL。比如传递字符串参数时，VB 与 DLL 之间的接口支持两种类型的字符串，如未使用 ByVal 关键字，VB 将指向 DLL 的函数指针传递给一个 OLE 2.0 字符串（即 BSYR 数据类型），而 Windows API 函数往往不支持这种数据类型，导致错误。而使用 ByVal 关键字后 VB 将字符串转变换成 C 语言格式的“空终止”串，能被 API 正确使用。

（3）注意检查参数类型。如果声明的参数类型不同，被 VB 视为 Variant 传递给 API 函数，会出现“错误的 DLL 调用规范”的消息。

（4）跟踪检查参数、返回类型和返回值。VB 具有立即模式和单步调试功能，利用这个优势，确保函数声明类型明确（API 不返回 Variant 类型），通过跟踪和检查参数的来源及类型，可以排除参数的错误传递。

若要对返回结果进行测试，用 VB 的 Err 对象的 LastDllError 方法可查阅这些信息，对错误可针对 API 函数调用，取回 API 函数 GeflastError 的结果，以修改声明，达到正确调用 API 函数之目的。

（5）预先初始化字符串，以免造成冲突。如果 API 函数要求一个指向缓冲区的指针，以便从中载入数据，而此时传递的是字符串变量，应该先初始化字符串长度。因为 API 无法知道字符串的长度——API 默认已为其分配有足够的长度。没有初始化字符串，分配给字符串的缓冲区有可能会不足，API 函数将有可能在缓冲区末尾反复改写，内存里字符串后面的内容将会改写得一塌糊涂。程序表现为突然终止或间歇性错误。

7.4.2 标准件库的创建

在夹具设计中，设计人员通常要选用标准件如螺钉、螺母、垫圈、螺栓、销等进行修改设计。如果每次设计人员都要对这些零件进行重新造型，势必造成大量的重复性工作。为此，建立夹具设计标准件库是避免这种重复劳动的有效方法。该案例创建了常用标准件以供备用。标准件都是采用 Microsoft Excel 表格的方法在三维软件 SolidWorks 中建立了具有开放性的系列零件设计表标准件库。设计人员只需从标准件库选择所需要的标准件的规格和尺寸，直接从标准件库调用该规格的标准件，将其插入到所需要的装配体上即可。例如，某装配体上需要螺钉的型号是圆柱头内六角螺钉（GB 70—85），大小是 M20，此时只需在标准件库找到并打开该型号尺寸的三维图形，重新将其保存，然后直接将保存的零件插入到装配体中即可。以下就是建库的方法，现用创建圆柱头内六角螺钉（GB 70—85）过程实例来说明。

7.4.2.1 建立系列零件设计表

首先应做好插入系列零件设计表的准备工作：

（1）单击【工具(T)】/【选项(P)】，在系统选项标签上，单击【一般】。

（2）确定没有选择在单独的窗口中编辑系列零件设计表复选框，然后单击确定按钮。

（3）单击等轴测图标 。

（4）按 Z 以缩小或按 Shift + Z 以放大，并调整零件的大小，将零件的尺寸按顺序排好，防止建表时出现混乱。如果需要，可以使用平移工具 将零件移至窗口的右下角。

（5）单击选择 以取消选择任何激活的视图工具。

7.4.2.2 插入系列零件设计表

在设计好的标准件图上，做好以上准备工作后就可以插入新的系列零件设计表了。整个设计过程可以分为以下几个步骤：

（1）单击【插入(I)】/【系列零件设计表(D)】，然后单击新建。此时，一个 Excel 工作表出现在零件文件窗口中，该表可以创建一种零件的一系列不同的尺寸。Excel 表中横行代表标准件的一种规格，从第二列起代表此种标准件的一个尺寸特征。现将列标题单元格 B2 激活，即单击此单元格。

（2）在图形区域中双击尺寸数值。该尺寸的特征或名称插入单元格 B2 中，而尺寸值插入单元格 B3 中。相邻列标题单元格 C2 自动被激活。这样依次将该标准件的所有特征尺寸都插入到单元格中，那么，第一行就是该标准件的所有特征，而第二行依次对应特征的尺寸。根据《机械设计手册》可以将该标准件的所有其他型号的尺寸按照第一行指定的特征顺序输入。如图 7－10 所示。

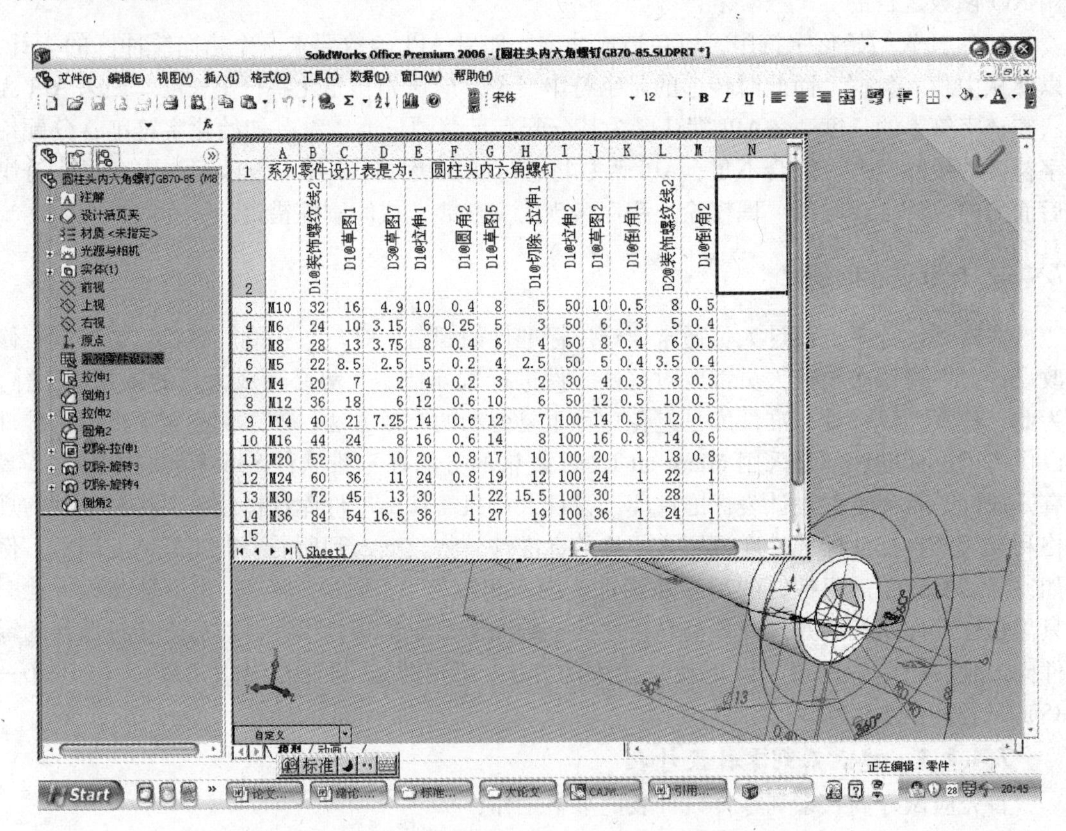

系列零件设计表是为：圆柱头内六角螺钉

	D1@装饰螺纹线2	D1@草图1	D3@草图7	D1@拉伸1	D1@圆角2	D1@草图5	D1@切除-拉伸1	D1@拉伸2	D1@草图2	D1@倒角1	D2@装饰螺纹线2	D1@倒角2
M10	32	16	4.9	10	0.4	8	5	50	10	0.5	8	0.5
M6	24	10	3.15	6	0.25	5	3	50	6	0.3	5	0.4
M8	28	13	3.75	8	0.4	6	4	50	8	0.4	6	0.5
M5	22	8.5	2.5	5	0.2	4	2.5	50	5	0.4	3.5	0.4
M4	20	7	2	4	0.2	3	2	30	4	0.3	3	0.3
M12	36	18	6	12	0.6	10	6	50	12	0.5	10	0.5
M14	40	21	7.25	14	0.6	12	7	100	14	0.5	12	0.6
M16	44	24	8	16	0.6	14	8	100	16	0.8	14	0.6
M20	52	30	10	20	0.8	17	10	100	20	1	18	0.8
M24	60	36	11	24	0.8	19	12	100	24	1	22	1
M30	72	45	13	30	1	22	15.5	100	30	1	28	1
M36	84	54	16.5	36	1	27	19	100	36	1	24	1

图 7－10　创建零件设计表的单元格

（3）表格创建好以后，双击窗口，在设计树种就出现系列零件设计表 系列零件设计表 拉伸1，在窗口点击 Configuration Manager 时就会出现建好的标准件库，点击任何一格规格的尺寸，窗口中就会相应的设计出该尺寸码的标准件，如图 7－11 所示。

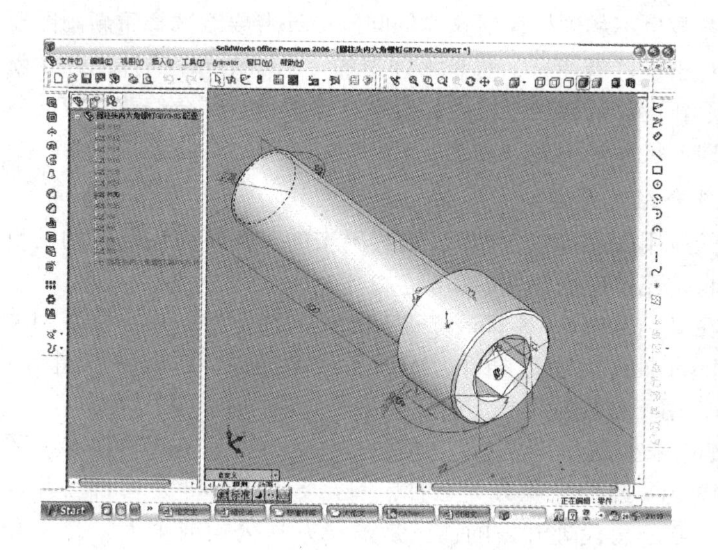

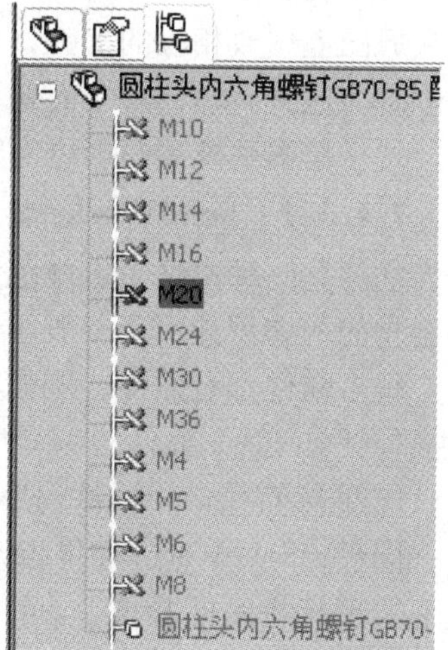

图 7－11 系列零件设计表

在最初设计零件时，为了使以后尺寸规格改变而零件的形状不走样，必须使设计过程的各个轮廓线相关。例如在旋转切除六角螺母的外边时，若草图绘制成图 7－12 的情况，采用剪切多余线构建旋转切除的轮廓，则此次建模成功。但是作为标准件库，若要选取该零件的其他规格时，由于垂直线 1 和水平线 2 能够随尺寸规格变化，而斜线 3 还是保持原来的位置及长度，故三线可能存在不相交，则就不能完成零件建模。但如果采取图 7－13 的情况，就会有所不同。此图中三线在草图设计时，采取了三条线的端点相重合的规则，故无论三角形的大小如何变化，都是一个闭合的三角形，旋转切除可成功。零件越是复杂越要注意此种情况。

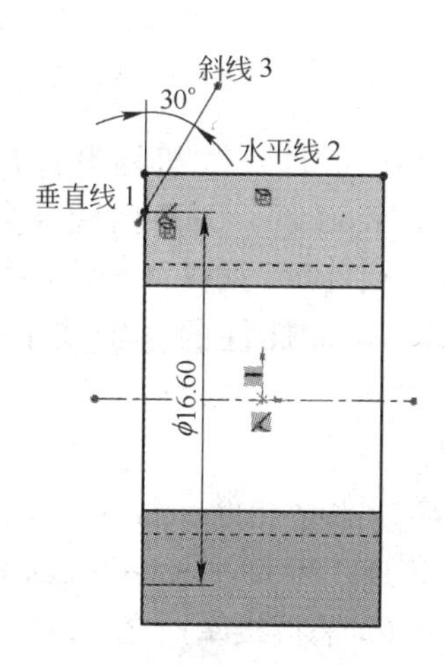

图 7－12 设计情况一

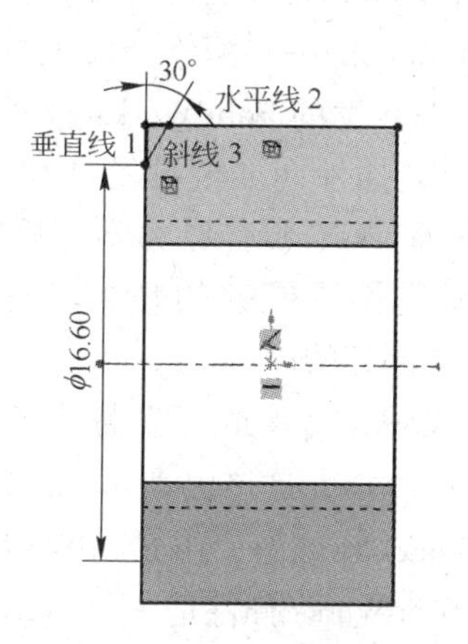

图 7－13 设计情况二

7.4.3 SolidWorks 插件开发

在设计三维图形时，常常会碰到这样的问题：同种形状的三维实体往往并不止一种型号，即不同型号时对应的尺寸参数也不相同。面对这样的问题设计者要么选择重新画图要么在原图上修改相应的参数，对于设计者而言，都是不理想的。SolidWorks 插件的开发就可以解决这类问题，对于需要重新设计的同种三维图，直接在参数设置部分修改对应的参数，然后单击建模按钮即可实现该尺寸的模型。

7.4.3.1 SolidWorks 插件介绍及开发

插件是一种遵循一定规范的应用程序接口（API）编写出来的寄托某应用软件的实现特定功能的应用程序，一般用来扩充该应用软件的功能。

很多软件都有插件，例如在 IE（Internet Explorer，微软的网页浏览器）中，安装相关的插件（如 Flash 插件、RealPlayer 插件、MMS 插件、MIDI 五线谱插件、ActiveX 插件等）后，IE 能够直接调用插件程序，用于处理特定类型的文件从而实现特定的功能。

同理，SolidWorks 插件也是用来扩充 SolidWorks 功能的应用程序，它在 SolidWorks 环境下实现其特定的功能。SolidWorks 插件来源分为三种：一是 SolidWorks 公司自己开发的；二是 SolidWorks 公司请第三方公司代理开发的；三是第三方（公司或个人）自主开发的。前两种插件 SolidWorks 公司会把它集成到最新版的 SolidWorks 中去。在 SolidWorks 2006 中主要集成了以下插件：

（1）PhotoWorks——图片逼真渲染工具；

（2）FeatureWorks——特征识别工具；

（3）Animator——零件/装配体的动画制作工具；

（4）Toolbox——标准零件库；

（5）Piping——管道设计工具；

（6）eDrawing——基于 E-mail 的设计交流工具；

（7）Viewer——SolidWorks 文件浏览器；

（8）SolidWorks Explorer——文件交流工具；

（9）3D Instant Website——即时网页发布工具；

（10）3D Meeting——网络会议工具。

第三方代理开发的 SolidWorks 插件主要分为 CAD 插件（如机构设计计算辅助插件 MechSoft）、CAM 插件（如模具设计和分析插件 MoldWorks）、CAE 插件（如有限元分析插件 COSMOS/Works、流体动力学分析插件 FloWorks）、PDM 插件（如产品数据管理插件 SolidPDM）。该案例所研究的是第三种，包括 SolidWorks 插件的开发技术和创建 SolidWorks 插件两个部分的内容。

A SolidWorks 插件的开发技术

SolidWorks 编程人员可以利用 SolidWorks API 的功能来开发 SolidWorks 插件，并将其集成于 SolidWorks 环境中，由 SolidWorks 程序进行管理。用户在 SolidWorks 环境下使用其特定的功能。SolidWorks 插件是一个 ActiveX DLL 文件（动态链接库）。在开发 SolidWorks 插件（即生成相应 ActiveX DLL 文件）时，必须先定义 ActiveX DLL 文件与 SolidWorks 连接的接口，实现这一目的的 API 函数为：SwAddin. ConnectToSW 和 SwAddin. DisconnectFromSW。

由于 SolidWorks 是一款完全按 Windows 风格而设计的三维软件，其功能实现基本上为用户通过使用下拉式菜单、弹出式菜单、工具条按钮来直接或间接（调出相应对话框）达到目的，所以 SolidWorks 插件的开发工作包括下面几个部分：

（1）下拉式菜单的开发。在 SolidWorks 用户界面上的菜单栏增加一个下拉式菜单，包括主菜单和子菜单，方法分别是 SldWorks. AddMenu 和 SldWorks. AddMenuItem2。

（2）弹出式菜单的开发。在 SolidWorks 用户界面上增加一个快捷方式的弹出式菜单（右键弹出），方法是 SldWorks. AddMenuPopupItem2。

（3）工具条的开发。在 SolidWorks 用户界面上创建一个 Windows 类型的工具条，包括工具条和按钮命令，方法分别为 SldWorks. AddToolbar4 和 SldWorks. AddToolbarCommand2。

（4）对话框的开发。在 SolidWorks 用户界面上创建由下拉式菜单、弹出式菜单或工具条按钮调出的 SolidWorks 和用户交互的图形界面。这和一般的交互式图形界面开发相同。

B　创建 SolidWorks 插件

开发生成的 ActiveX DLL 文件还不能真正称为 SolidWorks 插件，还不能为 SolidWorks 直接识别，必须在外面做相应的处理，才能在 SolidWorks 环境中生效。ActiveX DLL 文件转化为 SolidWorks 插件有两种方法，即直接打开和写注册表：

（1）直接运用 SolidWorks 打开的方法创建 SolidWorks 插件。在 SolidWorks 软件环境中，点击【文件(F)】→【打开(O)】，选择相应 ActiveX DLL 文件的路径（如 F:\），并在文件类型中选择“Add - Ins（ * . DLL)”，选择要创建 SolidWorks 插件的 ActiveX DLL 文件名（如 jcexp. dll），然后单击【打开（O)】，如图 7 - 14 所示。这样相关的菜单和工具条就加入到了 SolidWorks 环境中。

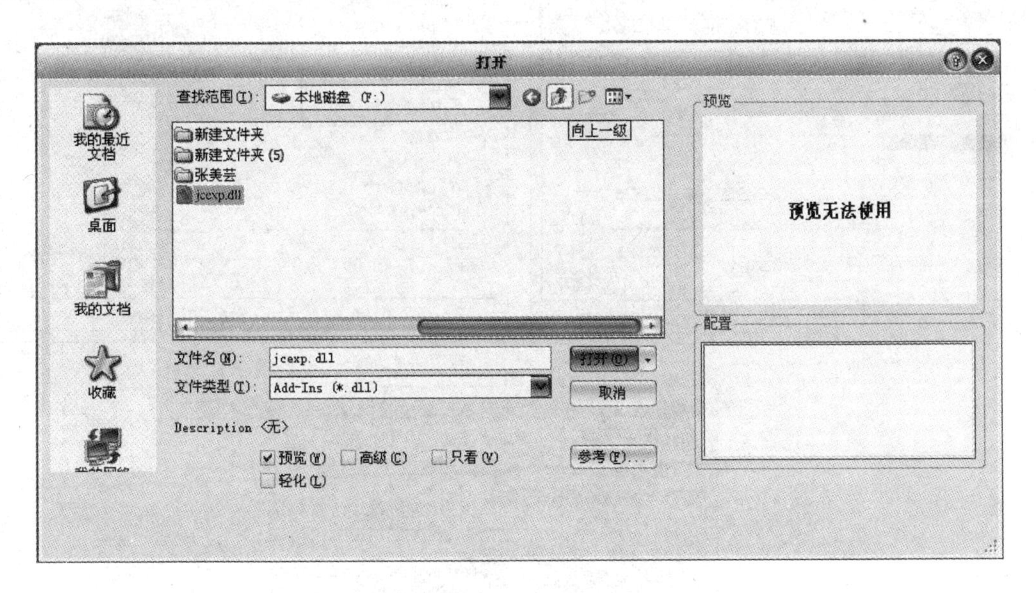

图 7 - 14　直接打开 ActiveX DLL 创建 SolidWorks 插件

（2）操作注册表创建 SolidWorks 插件。在 Windows 界面下，点击【开始】→【运行】，输入“Regsvr32 F:\ jcexp. dll”（依 ActiveX DLL 文件路径后面的参数会改变），然后按【开始】系统显示文件注册成功，如图 7 - 15 所示，表示创建 SolidWorks 插件成功。

7. 4. 3. 2　气压机工装夹具三维参数化设计系统插件开发

研究的气压机工装夹具三维参数化设计系统的开发是采用 Visual Basic 完成的。同样，

图 7－15 注册成功信息

气压机工装夹具三维参数化设计的 SolidWorks 插件开发也是使用 VB 来进行的。

A 开发前的准备工作

启动 VB，新建一个 ActiveX DLL 项目工程。添加三个必要的引用："SolidWorks 2006 exposed Type Libraries For add－in Use"（SolidWorks 插件库文件）、"SolidWorks 2006 Type Libray"（SolidWorks 库文件）、"SolidWorks 2006 Consant Type Libray"（SolidWorks 常数库）。

修改工程资源管理器中类模块（CLASS1）的名称为"Application"，工程 1 修改为"jcexp"，并储存项目为"jcexp"。设置工程"jcexp"属性，如图 7－16 所示。

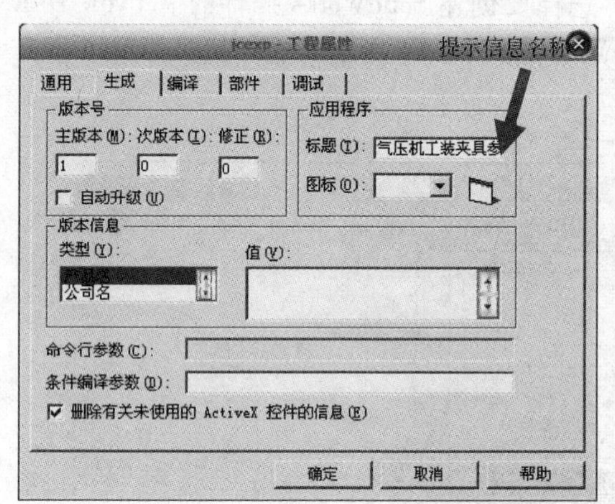

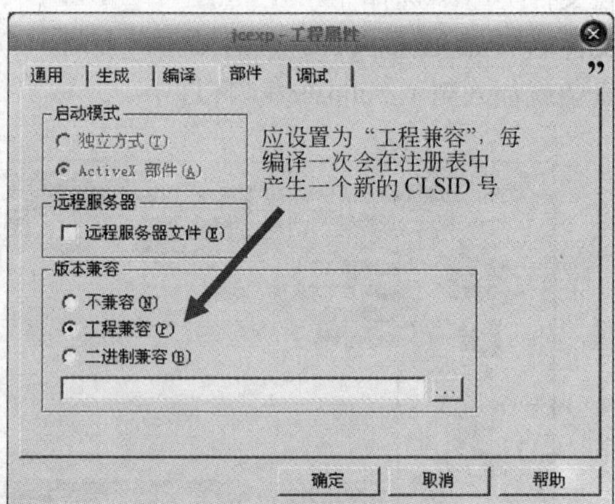

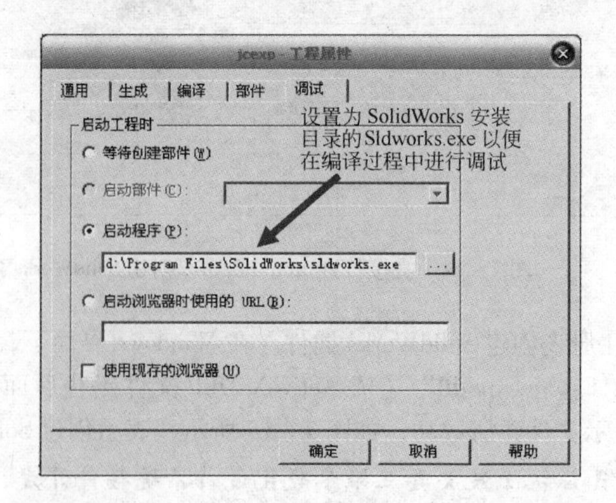

图 7－16 插件的属性设置

B 变量及函数的定义

双击类模块“Application”，打开代码窗口输入下列内容：

```
Implements SWPublished. SwAddin
Dim iSldWorks      As SldWorks. SldWorks
Dim iCookie        As Long
Dim iToolbarID     As Long
Dim swApp, ModelDoc, Feature As Object
```

点击代码窗口上的【通用】选择“SwAddin”，“ConnectToSW”和“DisconnectFromSW”，程序会自动产生下面两个函数：

```
Private Function SwAddin_ ConnectToSW (ByVal ThisSW As Object, ByVal Cookie
                                                        As Long) As Boolean
End Function
```

与

```
Private Function SwAddin_DisconnectFromSW( ) As Boolean
End Function
```

C 建立与 SolidWorks 链接关系

该部分通过程序实现在 SolidWorks 环境下建立新的菜单，也可以用程序实现主菜单下再建子菜单。对于该例实现的主菜单是“气压机工装夹具三维参数化设计模块（P）”，其下属子菜单有专用件、通用件、缸体参数化夹具件、曲轴参数化夹具件、连杆参数化夹具件、十字头体参数化夹具件。其后又各有子菜单。实际效果如图 7－17 所示。

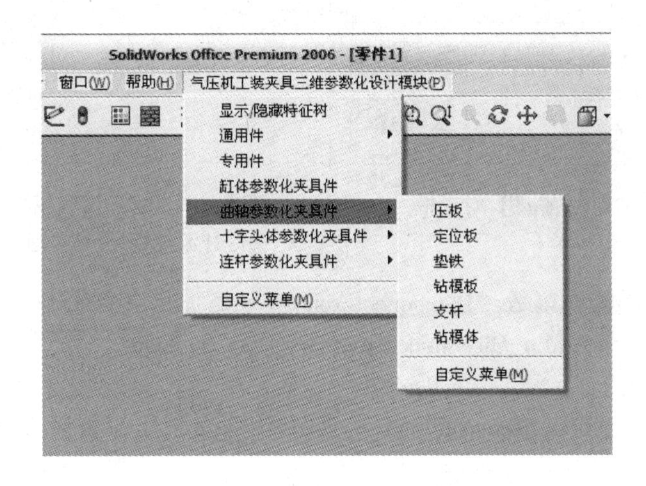

图 7－17 气压机工装夹具参数化菜单

D 各子菜单功能的开发

在这里以子菜单“通用件”的开发为例进行阐述。“通用件”子菜单又有下级子菜单，因各个子菜单零件各不相同，故其对应的参数个数设置也是不同的。实现子菜单“通用件”与其下级子菜单“GY103 螺母”的上下级关系的代码是：

```
bRet = iSldWorks. AddMenuItem2(swDocPART, iCookie, "GY103 螺母@通用件@气压
```

机工装夹具三维参数化设计模块(&P)", 13, "DocPART_Item13", "DocPART_ItemUpdate", "查看工装夹具三维实体设计。") '定义子菜单

而子菜单"GY103 螺母"功能函数"DocPART_ Item13"的代码如下:

```
Public Function DocPART_Item13( )
GY103 螺母 . Show
End Function
```

该函数只一条代码，为了能在 SolidWorks 界面上显示【GY103 螺母】对话框，设置参数后点击"创作零件"按钮即可显示所需的三维实体，如图 7-18 所示。插件为用户开发夹具提供了直观方便的效果。类似该对话框的功能代码在此不予详述。

E 断开插件与 SolidWorks 连接

当希望在 SolidWorks 的环境中不显示菜单"气压机工装夹具三维参数化设计系统模块(P)"及其子菜单时，就需要断开其与 SolidWorks 连接，具体操作方法为：在 SolidWorks 菜单栏上先后选择【工具(T)】→【插件(D)】弹出插件管理对话框，去掉"jcexp"前面的"✓"，如图 7-19 所示。

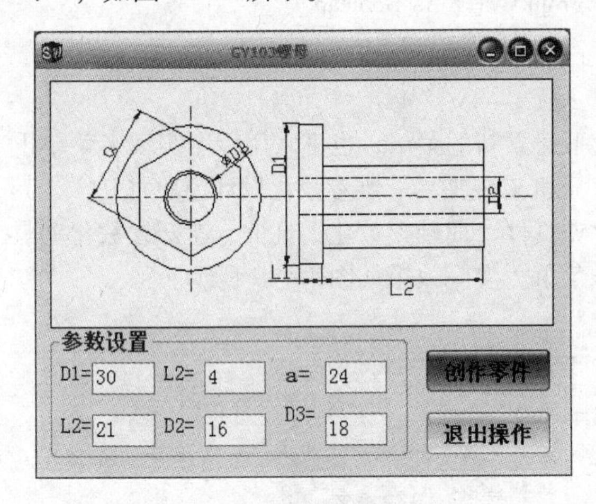

图 7-18 【GY103 螺母】对话框

图 7-19 断开"气压机工装夹具三维参数化设计系统模块(P)"插件与 SolidWorks 连接

要实现上述功能需在函数"DisconnectFromSW"添加相应的代码，如下：

```
Private Function SwAddin_DisconnectFromSW( ) As Boolean
    Dim bRet              As Boolean
    bRet = iSldWorks. RemoveMenu( swDocPART, "气压机工装夹具三维参数化模块
(P)", "")
    Set iSldWorks = Nothing
    SwAddin_DisconnectFromSW = True
End Function
```

7.4.4 三维参数化设计系统模块的功能实现

7.4.4.1 三维建模与设计

气压机工装夹具三维建模主要围绕气压机的主要零件连杆、缸体、曲轴、十字头体等

的工装夹具进行三维建模的。它们彼此的机械功效是:电动机带动曲轴回转,曲轴推动连杆,使回转运动变为往复运动。连杆的运动又推动着十字头体做往复直线运动。连杆夹具的设计过程与其他典型夹具设计是一样的,也是会用到定位件和支撑件与工件表面接触,以限制工件包括移动和旋转在内的六个自由度,用夹紧来抵消切削力,以保证工件牢固定位。

SolidWorks 有全面的零件实体建模功能，其丰富程度有时会出乎设计者的期望。变量化的草图轮廓绘制，并能够自动进行动态过约束检查。用 SolidWorks 的拉伸、旋转、倒角、抽壳和倒圆角等功能可以更简便地得到要设计的实体模型。高级的抽壳可以在同一实体上定义不同的抽壳壁厚。在用户可定义坐标系，能自动计算零部件的物性和进行可控制的几何测量。用高级放样、扫描和曲面拱顶等功能可以生成形状复杂的构造曲面。通过直接对曲面的操作，能控制参数曲面的形状。通过简单地点取并延伸分型线，能生成非平面的分型面。典型应用是模具的设计。在三维模型上标注，标注的内容支持超链接。把有公共边界线的曲面缝接成单一曲面。所有特征都可以用拖动手柄改变尺寸，并有动态的形状变化预览。从独特的、支持 Internet 的特征模板中用拖动放置的操作引用特征。特征管理器（Feature Manager）对模型捕捉设计意图，双重支持几何选择，拖动放置特征换序。支持产品配置的控制和设计表的系列定义。另外，该软件也可以在建好三维模型中修改特征数值。

气压机夹具建模时，首先要在 SolidWorks 界面下选择基准面，然后根据夹具具体的特征，结合 SolidWorks 软件的功能效果，有步骤地完成模型设计。常用的功能是：画轮廓草图、拉伸、切除、倒角等，每步还有具体的细节。以连杆夹具定位块建模为例来进行简单说明：

（1）初进入该软件要先选择作图的基准面，然后按尺寸画轮廓图，一般尺寸以坐标点为参考点，如图 7－20 所示。

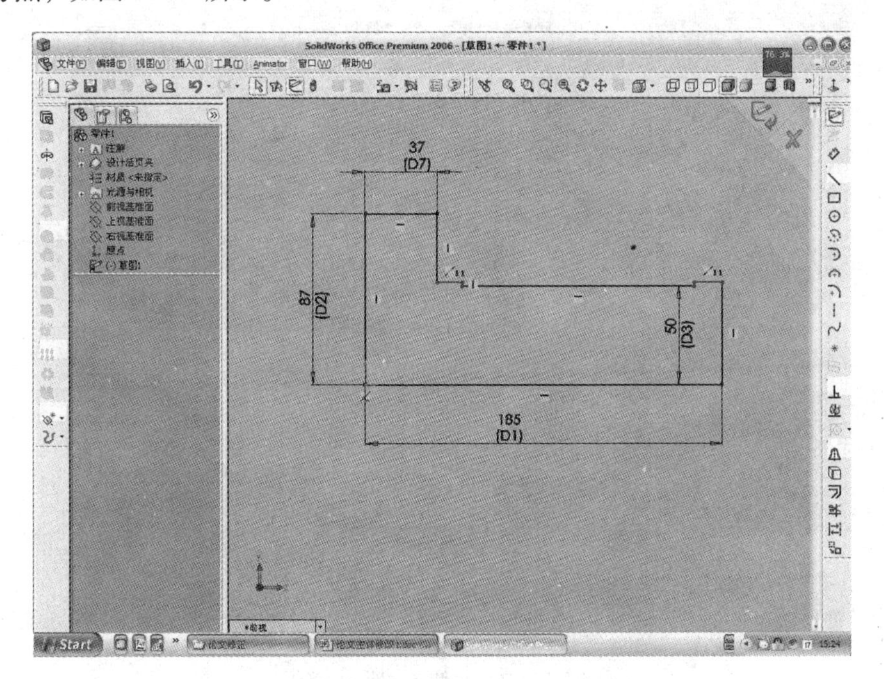

图 7－20 夹具定位块建模的草图

（2）草图作完后，选择“拉伸”功能将草图变为三维造型，如图7－21所示。

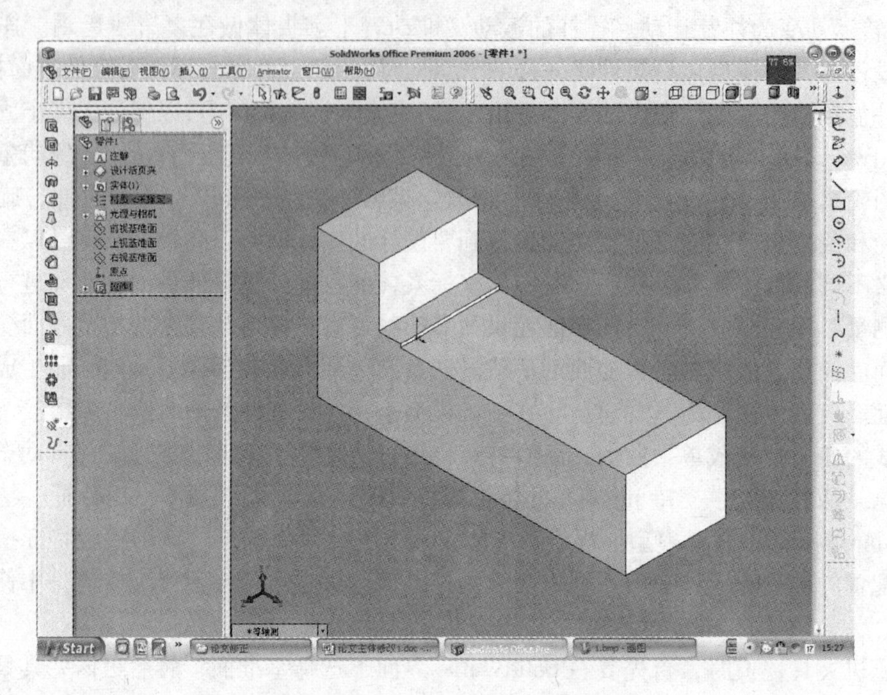

图7－21 草图拉伸60mm三维造型

（3）做孔特征时，必须要先选到一个面（选到时该平面变为绿色），在此面上再做草图，然后选择“拉伸—切除”功能，在特性里选择“完全贯穿”，即可达到想要的效果，如图7－22所示。

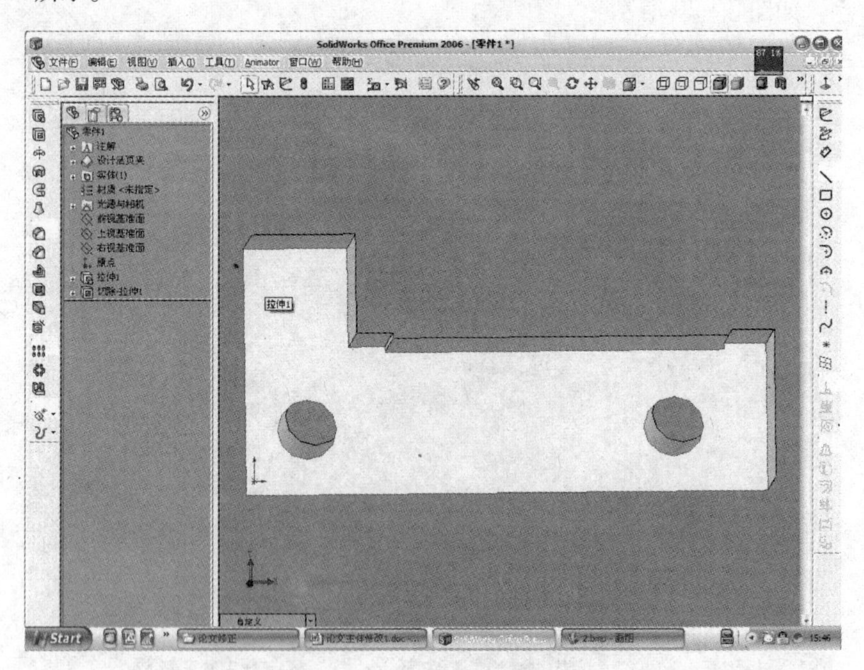

图7－22 拉伸—切除孔特征

(4) 其他类似的特征按 (3) 中的做法依次做完，就可以生成定位块完整的三维实体图，如图 7－23 所示。

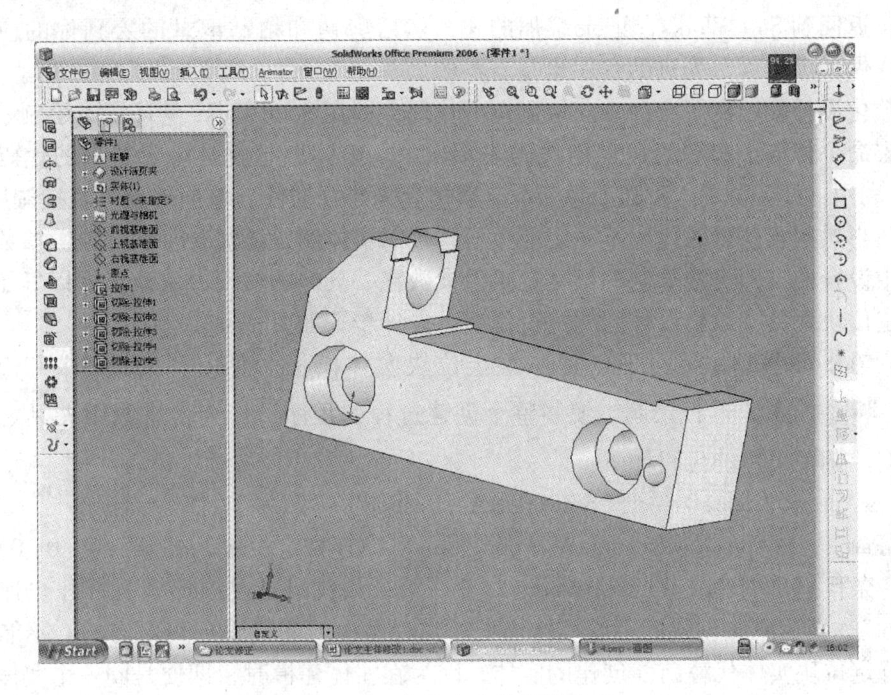

图 7－23 夹具定位块建模成型

在 SolidWorks 界面的左边，清楚地显示了三维建模的过程及顺序。另外，对于已成型如有不满意的地方，可以在图上直接修改。气压机的其他夹具建模时也是一样的，此处不一一详述。

7.4.4.2 参数化设计

界面设计是程序设计中的一个重要方面，有必要对其中的基本问题进行讲解。系统界面是人机交互的接口，包括人如何命令系统以及系统如何向用户提交信息。一个设计良好的用户界面使得用户更容易掌握系统，从而增加用户对系统的接受程度。此外，系统用户界面直接影响用户在使用系统时的情绪，下面一些情形无疑会使用户感到厌倦：

(1) 过于花哨的界面，使用户难以理解其具体含义，不知如何下手；

(2) 模棱两可的提示；

(3) 长时间（超过 10s）的反应时间；

(4) 额外的操作（用户本意是只做这件事情，但是系统除了完成这件事之外，还做了另一件事情）。

与之相反，一个成功的界面必然是以用户为中心的、集成的和互动的。

尽管目前图形用户界面（GUI，Graphical User Interface）已经被广泛地应用，并且有很多界面设计工具的支持，但是由于上述的原因，在系统开发过程中应该将界面设计放在非常重要的位置上。本例的界面是在 VB 的窗体上设计的。

宏是一系列命令的集合，相当于 DOS 下的批处理。用户可以录制使用 SolidWorks 用户界面执行的操作，然后使用 SolidWorks 宏重新执行这些操作。宏所包含的调用相当于使用用户界面执行操作时对 API 的调用。通过记录宏和交互式的执行任务，可以在所需的代码上获得命令和语法上的飞跃。在写任何代码前，记录宏用做工程的基础。当向程序添加功能时，返回到 SolidWorks，记录添加的宏。然后剪切和粘贴记录的宏到你的应用代码中，这样做，即使对最先进的程序也是有益的。

参数化设计就用到了宏命令获取制图的代码，即在 SolidWorks 的环境下绘制三维图的同时，宏命令将整个制图的过程用代码表示出来。整体思想就是将宏获得的代码拷贝到 VB 里，利用 API 函数将 VB 和 SolidWorks 连接起来建立插件，该插件就可直接调用 VB 中的代码。当然用宏获得的代码不一定能生成正确的实体图，还需要多次修改。参数化也是在程序中设置的，即将宏录制的尺寸定量值参数化。具体的实现方法及步骤以气压机零件连杆的定位块夹具参数化设计为例进行说明，设计步骤如下：

（1）在 SolidWorks 界面下创建三维定位块实体模板，要用“宏命令”（即按钮 ▷ ■ II● ）进行录制，编制整个创建过程的程序，作为将来调用夹具定位块模板的依据。调用模板的代码如下：

```
Set swApp = CreateObject("Sldworks. Application")
Set Part = swApp. NewDocument(App. Path + "\连杆定位块 . prtdot", 0, 0, 0)
```

第一条代码是创建或获取 SldWorks 对象，第二条代码是在该环境下打开“连杆定位块 . prtdot”，即为刚才创建的三维实体模型，与程序中的宏代码是相对应的，不能再随便造个连杆定位块实体代替前面创建的实体，因为在实体建模时，即便是同一个实体，也有不同的建模顺序，顺序不同，相对应的代码也就有出入。

另外，在宏录制过程中要注意以下几点：

1）在宏录制时不能随便打开其他 SolidWorks 图，否则也将其录入，影响程序运行。

2）在 SolidWorks 中，对于连续拉伸或切除和画中心线时无需有“插入草图”此步骤，系统本身对此是默认的，但对于宏命令必须有该步，否则三维造型失败。

3）宏录制程序中的数据不一定完全正确，这是检查程序时容易疏忽的方面。

（2）在 VB 界面上通过各种控件的功能对定位块的尺寸设置相应的参数，当然参数设置对应的图是不可少的，窗体中的二维图是用 CAD 来完成的。而读入设计变量的步骤是通过 VB 调用 SolidWorks 提供的 API 函数对象来实现的。更新模型的步骤主要体现在 VB 的编程代码中。其设计过程如图 7－24 所示。

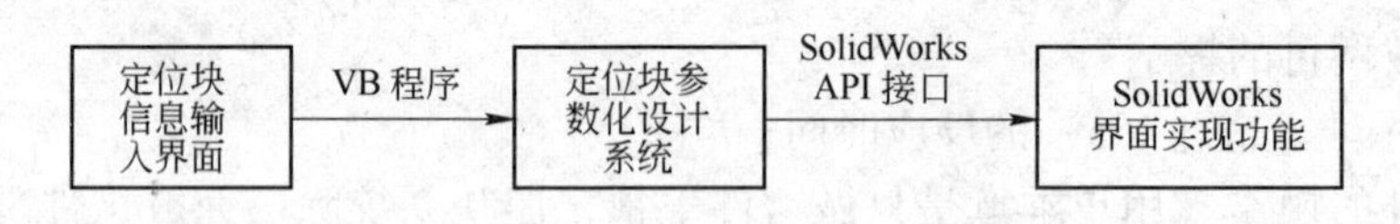

图 7－24　设计过程示意图

其中对变量代码设置如下：

```
boolstatus = Part. Extension. SelectByID2("D1@草图1@零件3. SLDPRT", "DIMEN-
        SION", 0, 0, 0, False, 0, Nothing, 0)
Part. Parameter("D2@草图1"). SystemValue = 120
```

修改以后为：

Part. Parameter("D2@ 草图 1"). SystemValue = b

这是其中定位块参数设置的一个变量，和对话框中的 b= 120 相对应，120 是默认的值，也是和 CAD 图中的尺寸相对应的，其他变量设置类似。

（3）在 SolidWorks 的平台下增加一组菜单即在 SolidWorks 中建立插件。其步骤如下：

1）将步骤（2）中编制的程序生成 . dll 文件，并保存。

2）在【文件（F）】的下拉菜单中点【打开（O）】，选择刚保存的 . dll 文件，将其打开，此时在 SolidWorks 的菜单中就增加了所需要的插件。当然，也可以卸载掉，前面已叙述过了。

3）运行参数化设计模块，即插件菜单，在对话框中对定位块进行参数设置，要对应到窗体中的 CAD 图中，如图 7 - 25 所示。点击【创建零件】按钮，即可在 SolidWorks 中直接生成该三维图，不需一步步做图，方便快捷。实现功能如图 7 - 26 所示，当尺寸设置改变时，三维实体只改变其大小，而不改变形状。

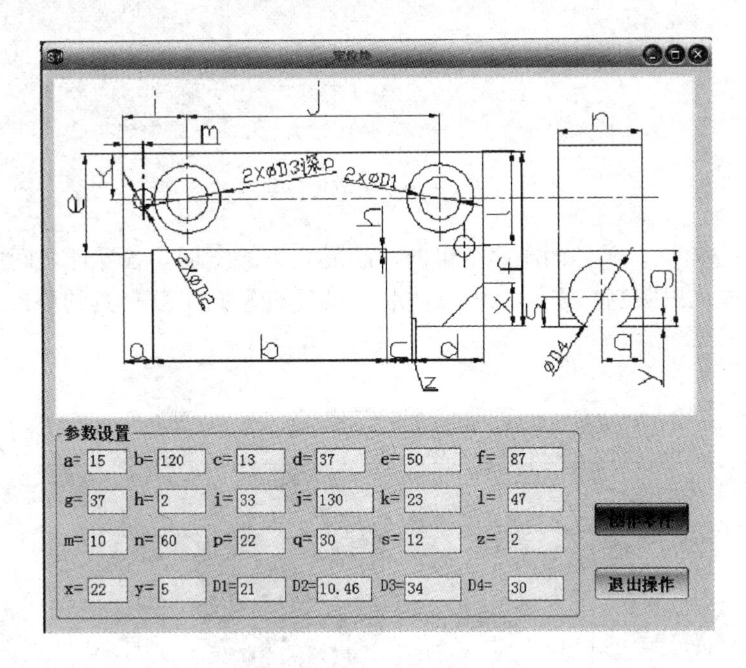

图 7 - 25 定位块参数化设置

在最后生成的三维图中如果对设计有不满意的地方可以直接在图上修改，也可以增加其他特征等。

7.4.4.3 气压机工装夹具装配

装配设计在实际的设计中是至关重要的一环，设计的各个零件只有正确地装配在一起，才能检验其功能，体现其价值。

在 SolidWorks 中，装配是简洁而又符合实际情况的，只要通过很少的步骤就可以将各种零件按要求装配在一起，进而还可以检查零件间关联情况，是否有干涉发生，甚至可以模拟机构的运动情况，验证整个产品设计的正确性。

在装配时一般第一个零件在默认情况下是不可移动的，后面加入的其他的零件将按定

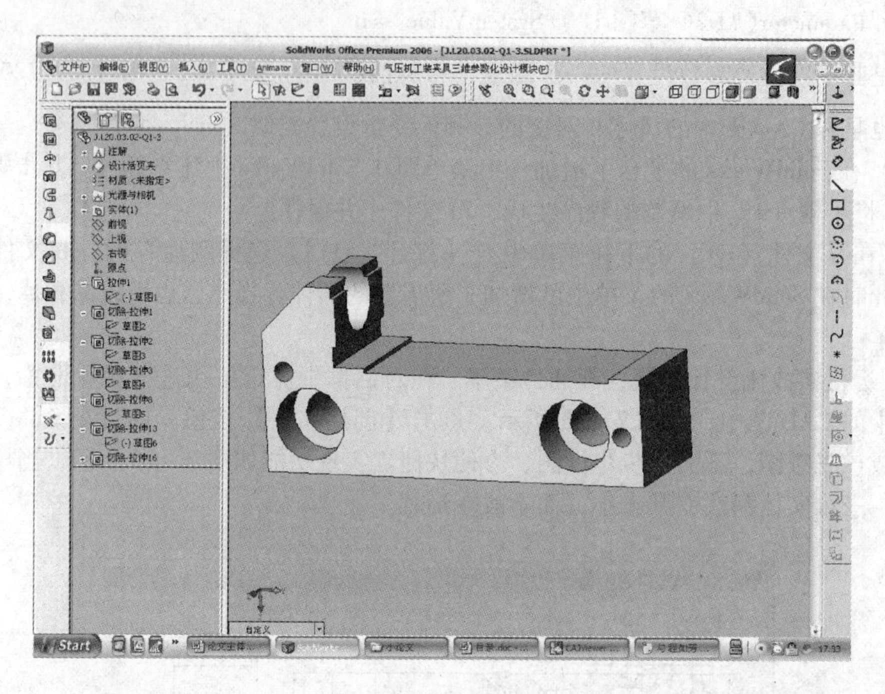

图 7－26　生成定位块

位件、夹紧件、支撑件、基础件的顺序由里向外装配在它的上面。各零件之间的位置关系可以用“配合”功能加以限制。采用上述方法装配的连杆钻孔工装夹具的装配体如图 7－27 所示。

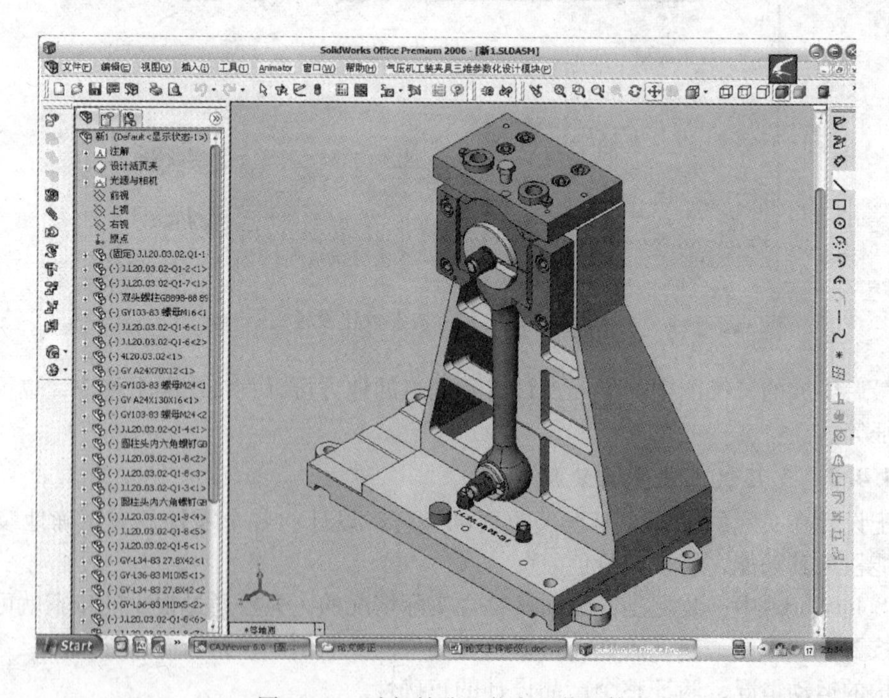

图 7－27　连杆钻孔工装夹具装配体

另外一个插件就是把装配的整个过程用 avi 文件的格式播放装配过程，该部分同样也是在 SolidWorks 环境下运行，建立的插件“气压机动画演示装配过程”与前面建立插件时的方法相同。不同之处是借助 VB 程序将 Windows Media Player 播放器调出来播放 avi 格式的夹具装配动画（图 7 – 28 和图 7 – 29）。动画的制作是在 SolidWorks 软件下完成的。首先，利用 SolidWorks 的菜单 Animator 将夹具的拆卸和装配过程按顺序录制下来（图 7 – 30），然后将录制下来的保存为 avi 格式的文件即可。

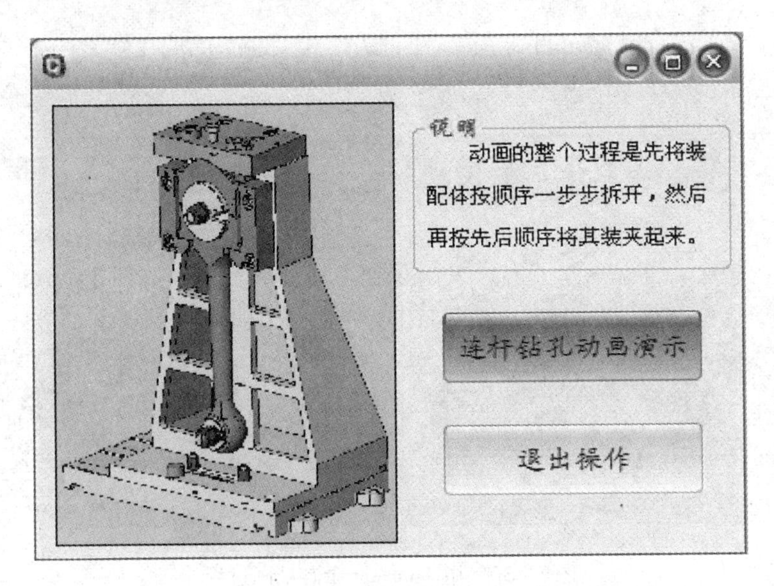

图 7 – 28 气压机工装夹具装配动画窗体设计

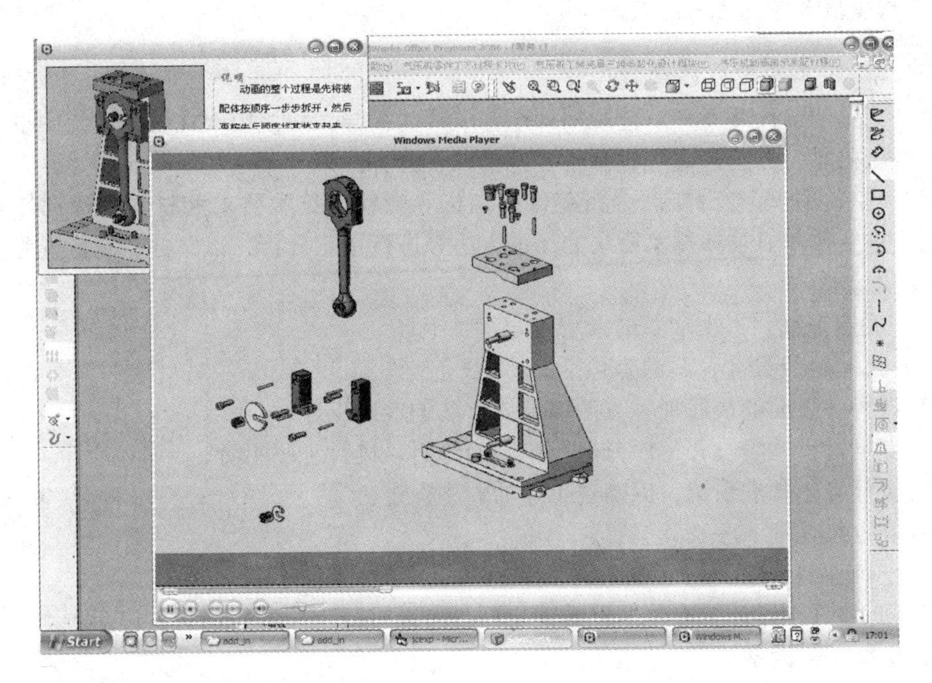

图 7 – 29 调用 Windows Media Player 播放工装夹具动画

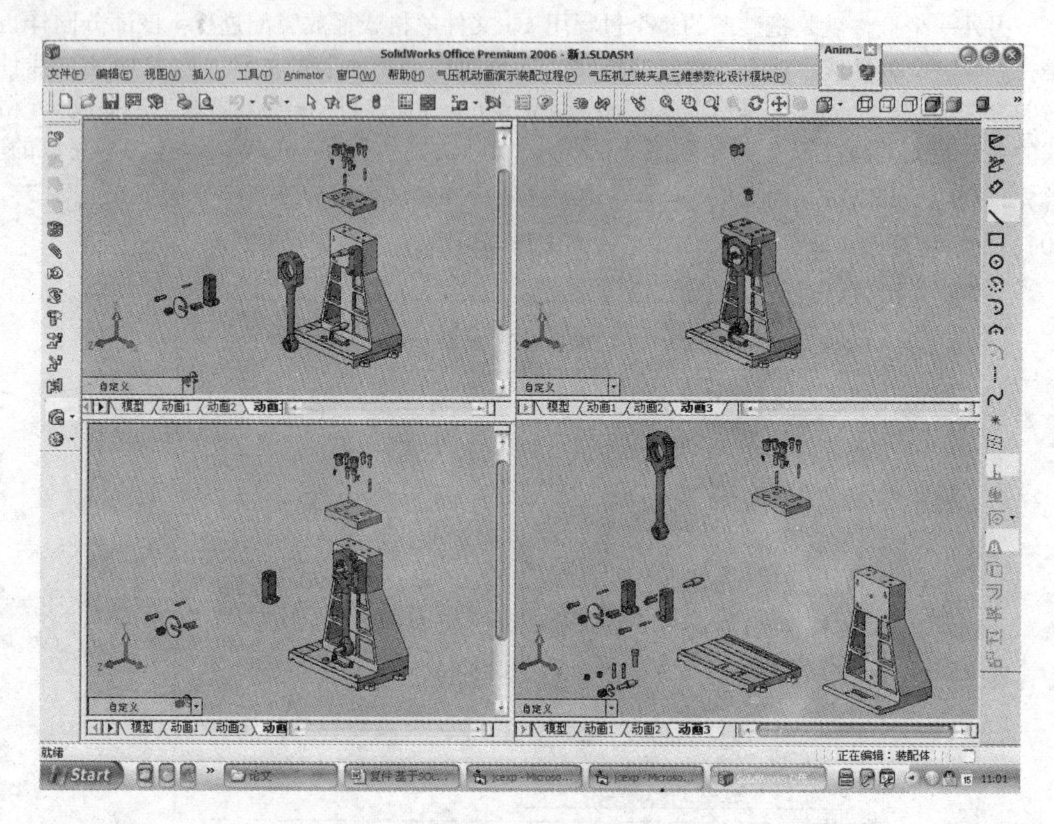

图 7－30　用 Animator 录制动画过程

7.4.5　气压机零件工艺卡片设计

7.4.5.1　工艺规程的设计

工装夹具的设计离不开工艺规程即工艺卡片的指导，故该模块在整个系统中也是很重要的。气压机零件的工艺规程设计主要包括以下内容：

（1）零件图的工艺分析。分析零件的结构和形状、技术要求和材料，特别是对零件的型面、重要技术要求和技术要求的保证方法等进行重点分析，以掌握在制造过程中的工艺关键问题。

（2）确定毛坯。根据加工的要求确定零件毛坯。

（3）工艺路线设计。其内容包括：

1）选择各表面的最后加工方法以及该方法的准确工序；

2）依据过程的阶段和工序分散等原则的分析，进行工序组合；

3）设计工艺基准系统，以确定工序的顺序安排；

4）确定热处理工序及其位置；

5）安排辅助工序。

（4）工序详细设计。在工艺路线确定后，可以进行工序内容设计，包括：

1）选择加工设备；

2）安排工步内容及其顺序；

3）确定加工余量；

4）计算尺寸及其偏差；

5）填写工艺卡片。

7.4.5.2 工艺卡片调用

通过采用 VB 对 Auto CAD 的二次开发可以实现直接在 SolidWorks 环境下调用加工气压机零件的工艺卡片，并可以根据现时加工需求直接修改工艺卡片，以达到用户的要求。具体实现过程如下：

（1）首先在 SolidWorks 下创建插件（与前面创建插件的方法相同），并命名为“气压机零件工艺卡片”。

（2）设计 VB 窗体，图 7 - 31 所示为加工连杆工艺的窗体。

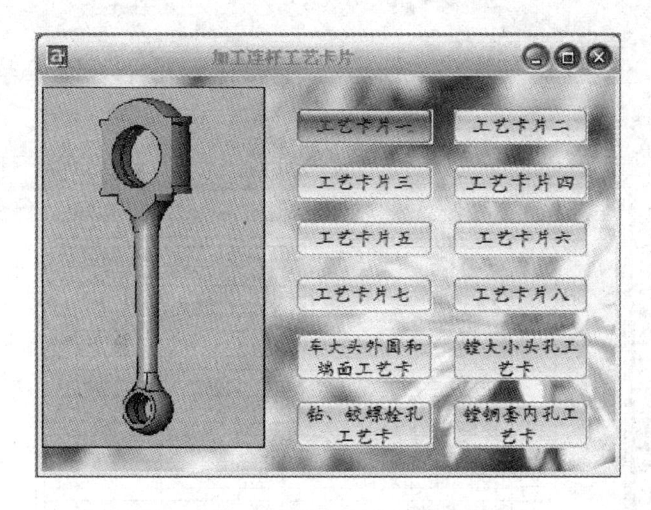

图 7 - 31 加工连杆工艺的窗体设计

（3）加载程序，实现在 SolidWorks 下直接调用 AutoCAD 工艺卡片。程序如下：

```
Set acadapp = GetObject( , "autocad. application" )
acadapp. ActiveDocument. Width = acadapp. Width / 2
acadapp. ActiveDocument. Height = acadapp. Height / 2
If Dir( myfilename) < > "" Then
acadapp. Documents. Open myfilename
Else
MsgBox ( "文件" & myfilename & "不存在" )
End If
If Err Then
Err. Clear
Set acadapp = CreateObject( "autocad. application" )
myfilename = "D:\张美芸\工艺卡片系统\连杆工艺卡片\卡片一. dwg"
If Dir( myfilename) < > "" Then
acadapp. Documents. Open myfilename
Else
```

```
MsgBox ("文件" & myfilename & "不存在")
End If
If Err Then
MsgBox ("不能运行 AutoCAD,请检查是否安装了 AutoCAD")
Exit Sub
End If
End If
Acadapp. Visible = True
End Sub
```

通过上述程序，可以调用到 AutoCAD 工艺卡片，如图 7－32 所示。

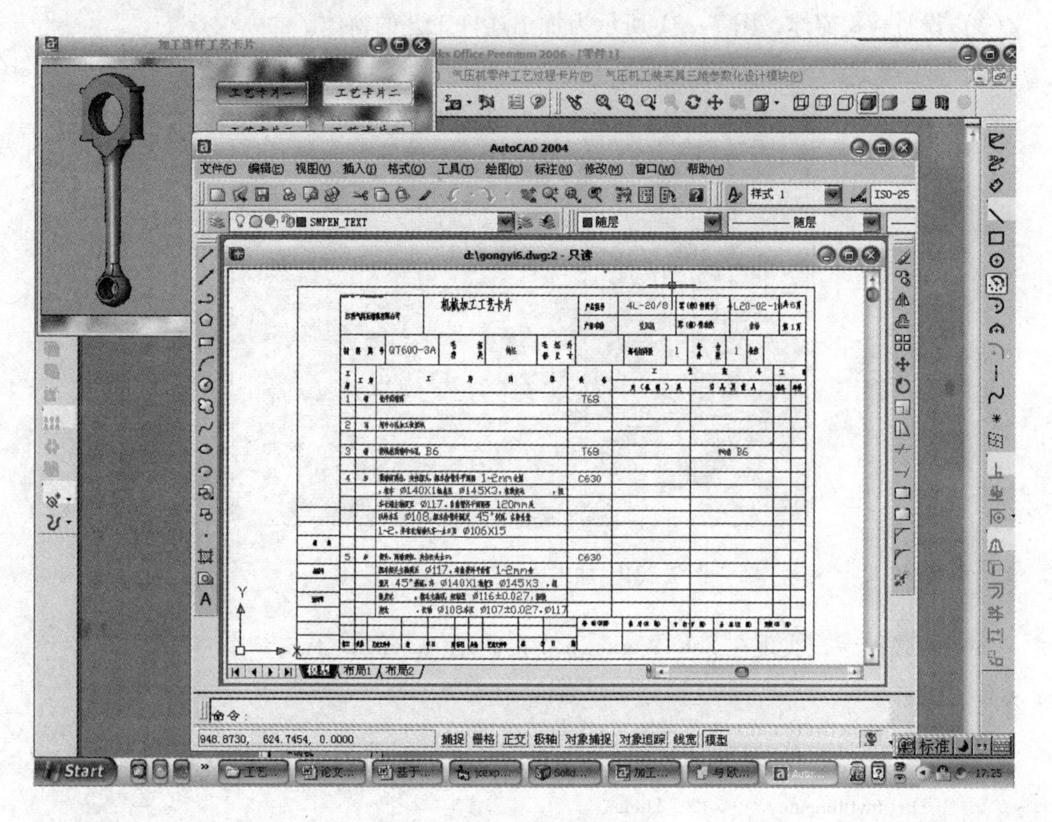

图 7－32　工艺卡片调用

8 中小型企业产品数据管理系统（PDM）开发案例

8.1 概述

PDM的中文名称为产品数据管理（Product Data Management）。PDM是一门用来管理所有与产品相关信息（包括零件信息、配置、文档、CAD文件、结构、权限信息等）和所有与产品相关过程（包括过程定义和管理）的技术。PDM以软件为基础，提供产品全生命周期的信息管理，并可在企业范围内为产品设计和制造建立一个并行化的协作环境。

PDM的基本原理是，在逻辑上将各个CAX信息化孤岛集成起来，利用计算机系统控制整个产品的开发设计过程，通过逐步建立虚拟的产品模型，最终形成完整的产品描述、生产过程描述以及生产过程控制数据。技术信息系统和管理信息系统的有机集成，构成了支持整个产品形成过程的信息系统，同时也建立了CIMS的技术基础。通过建立虚拟的产品模型，PDM系统可以有效、实时、完整地控制从产品规划到产品报废处理的整个产品生命周期中的各种复杂的数字化信息。

PDM是一门管理的技术，它和企业的实际情况密切相关，PDM是依托IT技术实现企业最优化管理的有效方法，是科学的管理框架与企业现实问题相结合的产物，是计算技术与企业文化相结合的一种产品。所以，PDM不只是一个简单的技术模型，实施PDM必须站在企业管理的高度，并给企业提供相应的方法论，建立一个正确的信息模型，为系统的实施打下坚实的基础。

我国企业与国外企业相比有其独特的管理模式和生产模式，国外成熟的商品化PDM软件也要经过大量开发才能适应国内企业。因此，实施PDM时，必须考虑到企业的实际特点，结合该企业的经营观念，实施新的管理模式，从PDM的基本思想入手，研究开发适合企业自身特点的PDM系统。而盲目引进国外的PDM产品，可能造成不必要的资源浪费。

该案例研究与上海某工程技术公司合作，系统是根据上海某公司的企业管理、业务流程、企业组织及产品设计等方面的特点，量身定做而建立的一个完善功能的新模式中小企业的PDM系统。新模式指的是公司生产模式为两头在内、中间在外，即设计与采购、销售、装配任务大，加工制造任务小，是一种分散型零件加工模式。根据公司的特色开发上海新模式中小型企业PDM系统，这也是当今制造业发展的趋势。

经过仔细地对用户进行需求调研和分析，充分了解上海某工程技术公司设计工作特点及企业管理流程特点之后，根据多年的产品数据管理项目实施经验，总结、归纳并成功推出了适合于离散型企业运作模式的“中小型企业产品数据管理系统”，此系统完全满足离散型企业实施成本低、培训周期短的要求，同时又能很好地满足设计部门级产品数据的控制，充分利用已有设计成果，大大缩短新产品研发周期，满足协同开发的需求，对提高企业的生产效率和管理水平有非常好的效果。

系统前台采用面向对象的 Visual Basic 语言，设计用户界面，后台采用 SQL Server 数据库软件及 ODBC 技术，开发数据库系统，在 Windows 2000 上运行。系统功能模块分为系统维护，图纸管理，销售管理，采购管理，生产管理，质量管理，权限管理等。

系统建立了图纸管理模型、人员管理模型和产品数据模型三大模型。系统采用了一系列新的思路和算法，包括图纸信息嵌套提取的算法、图纸信息错误判断与提示算法、明细栏嵌套查询算法、标题栏嵌套查询算法，实现了 CAD 图纸的标题栏属性自动提取、明细栏属性嵌套提取等功能，图档管理的高度智能化与自动化。系统实现了钢结构图纸的双向设计，建立各种型钢的数据库，实现单重、总重数据的自动计算和更新。系统的设计运行与业务流程密切联系，实现了相关文档的动态链接和产品数据的实时更新，保证产、供、销的产品数据一致。系统实现物料清单管理自动化，通过不同的配置条件迅速给出相应的明细表，自动生成不同类型的 BOM。系统实现产品数据的多视图管理，可从产品结构树角度，从借用关系角度，或根据产品的设计属性管理产品数据。系统提供方便的查询功能，对零部件相关图档进行动态浏览与导航，实现 CAD 图纸的模糊查询、图纸的浏览和打开功能。实现了合同、订购清单与图纸信息的关联，把分类的明细表与厂家、价格、合同、清单相连接。完成了配套表、加工车间台账、装配车间台账的制定和管理，实现了进度表、检验计划的实时管理。整个系统根据上海某工程技术有限公司的特点量身定做，具有一定的创新性与很强的实用性。

8.2 PDM 技术研究

8.2.1 PDM 在企业中的地位

8.2.1.1 PDM 是 CAD/CAPP/CAM 的集成平台

目前，已有许多性能优良的商品化的 CAD、CAPP、CAM 系统。这些独立的系统分别在产品设计自动化、工艺过程设计自动化和数据编程自动化方面起到了重要的作用。但是，采用这些各自独立的系统，不能实现系统之间信息的自动化传递和交换。用 CAD 系统进行产品设计的结果是只能输出图纸和有关的技术文档。这些信息，不能直接为 CAPP 系统所接收，进行工艺过程设计时，还需由人工将这些图样、文档等纸面上的文件转换成 CAPP 系统所需的输入数据，并通过人机交互方式输入给 CAPP 系统进行处理，处理后的结果输出成加工工艺规程。

而当使用 CAM 系统进行计算机辅助数控编程时，同样需要人工将 CAPP 系统输出的纸面文件转换成 CAM 系统所需的输入文件和数据，然后再输入到 CAM 系统中。由于各自独立的系统所产生的信息需经人工转换，这不但影响工程设计效率的进一步提高，而且，在人工转换过程中，难免发生错误并给生产带来潜在的危害。即使是采用 IGES 或 STEP 标准进行数据交换，依然无法自动从 CAD 中抽取 CAPP 所必需的全部信息。对于不同的 CAM 系统，也很难实现从 CAPP 到 CAM 通用的信息传递。

CAD 系统无法把产品加工信息传递到后续环节，阻碍了计算机应用技术的进一步发展。目前，只有把 CAD 和生产制造结合成一体，才能进一步提高生产力和加工精度。随着计算机应用的日益广泛和深入，人们很快发现，只有当 CAD 系统一次性输入的信息能在后续环节（如CAPP、CAM中）一再被应用，才是最经济的。所以，人们首先致力于把已经存在的CAD、CAPP、CAM系统通过工程数据库及有关应用接口，实现CAD/CAM/CAPP的集成，才能实现设计生产的自动化。

自20世纪70年代起，人们就开始研究CAD、CAPP、CAM之间数据和信息的自动化传递与转换问题，即3C集成技术。目前，PDM系统是最好的3C集成平台，它可以把与产品有关的信息统一管理起来，并将信息按不同的用途分门别类地进行有条不紊的管理。不同的CAD/CAPP/CAM系统都可以从PDM中提取各自所需要的信息，再把结果放回PDM中，从而真正实现3C集成。

8.2.1.2 PDM是产品信息传递的桥梁

人、财、物、产、供、销六大部门是企业的经营管理与决策部门。目前，人们已将信息管理系统MIS和制造资源规划MRPⅡ集成在一起，成为企业资源计划管理系统(ERP)。PDM作为3C的集成平台，用计算机技术完整地描述了产品整个生命周期的数据和模型，是ERP中有关产品全部数据的来源。PDM是沟通产品设计工艺部门和管理信息系统及制造资源系统之间信息传递的桥梁，使MIS和MRPⅡ从PDM集成平台自动得到所需的产品信息，如材料清单BOM等，而无需再用人工从键盘一一敲入。ERP也可通过PDM这一桥梁将有关信息自动传递或交换给3C系统。

8.2.1.3 PDM支持并行工程与协同工作

并行工程以缩短产品开发周期、降低成本、提高质量为目标，把先进的管理思想和先进的自动化技术结合起来，采用集成化和并行化的思想设计产品及其相关过程，在产品开发的早期就充分考虑产品生命周期中相关环节的影响，力争设计一次完成，并且将产品开发过程的其他阶段尽量提前。它在优化的重组产品开发过程的同时，不仅要实现多学科领域专家群体协同工作，而且要求把产品信息和开发过程有机地集成起来，做到把正确的信息、在正确时间、以正确的方式、传递给正确的人。这是目前最高层次的信息管理要求。

PDM作为支持协同工作的使能技术，首先，能支持异构计算机环境，包括不同的网络与数据库；其次，能实现产品数据的统一管理与共享，提供单一的产品数据源；第三，PDM能方便地实现对应用工具的封装，便于有效地管理全部应用工具产生的信息，提供应用系统之间的信息传递与交换平台；最后，它可以提供过程管理与监控，为协同工作中的过程集成提供必要的支持。综合上述四个方式，PDM在突出产品数据管理的基础上，正逐步完善其作为制造业领域集成框架的功能，为协同工作实施提供更强有力的自动化环境。

8.2.1.4 PDM是CIMS的集成框架

集成框架是在异构、分布式计算机环境中能使企业内各类应用系统实现信息集成、功能集成和过程集成的软件系统。

信息集成平台的发展经历了计算机通信、局域网络、集中式数据库、分布式数据库等阶段。随着CIMS技术的不断深入发展和应用规模的不断扩大，企业集成信息模型越来越复杂，对信息控制和维护的有效性、可靠性和实时性要求越来越高，迫切需要寻求更高层次上的集成技术，提供高层信息集成管理机制，提高运作效率。

目前，国内外的技术人员对新一代信息集成平台做了大量的研究开发工作，也推出了多种平台，典型的是面向对象数据库及面向对象工程数据库管理系统。虽然这些面向对象技术已部分商品化，但还没有在企业中得到全面应用和成功实施，技术仍不成熟。具有对象特性的数据库二次开发环境，由于其开放性、可靠性等方面明显不足，无法胜任 CIMS 大规模实施应用的需求。而在关系数据库基础上开发的具有对象特性的 PDM 系统由于其技术的先进性和合理性，近年来得到了飞速发展和应用，成为新一代信息集成平台中最为成熟的技术，是支持并行工程领域的框架系统。

PDM 不仅向 ERP 自动传递所需的全部产品信息，而且 ERP 中生成的与产品有关的生产计划、材料、维修服务等信息，也可由 PDM 系统统一管理和传递。因此，PDM 是企业的集成框架，如图 8－1 所示。

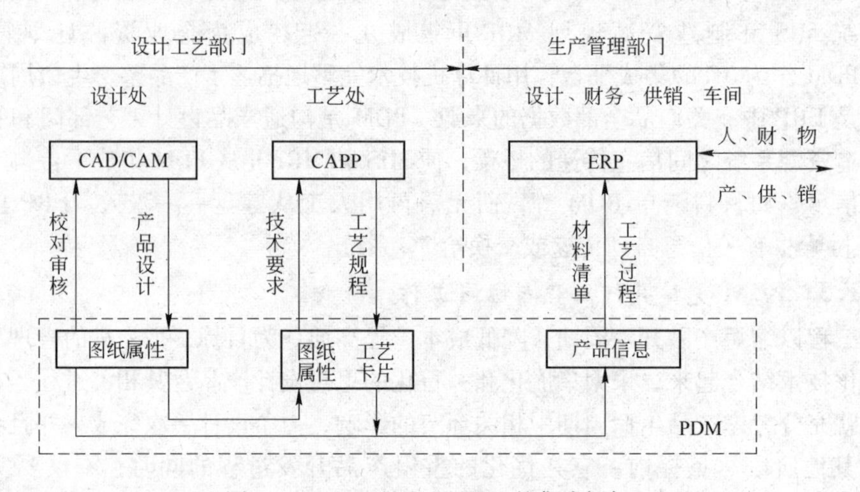

图 8－1　PDM 是企业 CIMS 的集成框架

8.2.2　PDM 的体系结构

PDM 系统的体系结构可分为四层，它们是用户界面层、功能模块及开发工具层、框架核心层和系统支撑层，如图 8－2 所示。

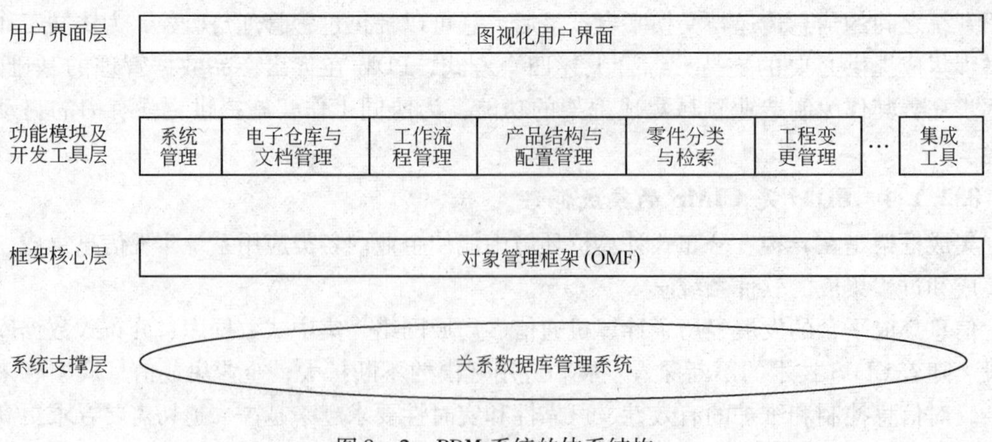

图 8－2　PDM 系统的体系结构

用户界面层：向用户提供交互式的图形界面，包括图示化的浏览器、各种菜单、对话框等，用于支持命令的操作与信息的输入输出。通过PDM提供的图视化用户界面，用户可以直观方便地完成管理整个系统中各种对象的操作。它是实现PDM各种功能的手段、媒介，处于最上层。

功能模块及开发工具层：除了系统管理外，PDM为用户提供的主要功能模块有电子仓库与文档管理、工作流程管理、零件分类与检索、工程变更管理、产品结构与配置管理、集成工具等。

框架核心层：提供实现PDM各种功能的核心结构与架构，由于PDM系统的对象管理框架具有屏蔽异构操作系统、网络、数据库的特性，用户在应用PDM系统的各种功能时，实现了对数据的透明化操作、应用的透明化调用和过程的透明化管理等。

系统支撑层：以目前流行的关系数据库系统为PDM的支持平台，通过关系数据库提供的数据操作功能支持PDM系统对象在底层数据库的管理。

8.2.3 PDM实现的相关技术

8.2.3.1 面向对象技术

面向对象技术近几年得到了较大的发展与应用，已经成为20世纪90年代软件开发技术发展的主流。它提高了程序代码的重用性和开放性，使编程效率大大提高。它在PDM系统中的应用主要表现在面向对象数据库的底层支持、面向对象的PDM系统结构、面向对象的产品数据定义等。

8.2.3.2 数据库技术

数据库系统是计算机系统的重要组成部分。数据库是借助于计算机保存和管理大量复杂的数据和信息的软件工具。数据库技术研究的主要问题是如何科学地组织和存储数据，如何高效地获取数据、更新数据和加工处理数据，并保证数据的安全性、可靠性和持久性。传统的管理系统大多建立在关系数据库基础上。但是关系数据库存在语义不丰富、建模手段不足等问题。为了解决这些问题，近几年来有关面向对象数据库、演绎数据库、知识数据库的研究不断取得突破，从而将推动PDM的发展进步。

8.2.3.3 客户/服务器技术

客户/服务器的实质是请求和服务。客户机向服务器发出请求，服务器根据客户的请求完成相应的任务，并将处理后的结果返回给客户机，客户机只需要了解服务器的界面而不必知道服务器的具体处理过程。

采用客户/服务器方式构造应用系统的好处是非常多的。采用了客户/服务器体系结构的PDM系统能够通过合理的安装和配置满足不同企业的要求，以适应从工作组级、部门级到企业级范围的业务需要。客户/服务器体系结构能使得数据按类别集中存放在不同的服务机器中，有利于管理和维护，同时在处理数据时分散，缓解了服务器的压力。因此客户/服务器成为当前PDM系统体系结构的必然选择。

8.2.3.4 邮件与传输技术

当前，各种商用的PDM系统广泛采用了电子邮件和文件传输技术。由于PDM系统通常都是工作组级、部门级或者企业级的，拥有数量众多的用户。这些用户，在地理位置上又可能是分散的，在工作中，需要建立有效的信息交流手段，及时地交换各种意见，如发布各种通知消息、处理冲突并协调工作进程等，电子邮件正好满足了这种要求，因此，电子邮件成为当前PDM系统的必备功能。另外，作为PDM系统基本功能之一的文档管理，其实现离不开文件传输技术。在PDM系统中，用户可以将自己的文件传递给其他用户，也可以从其他用户处获取文件，实现文件的共享，这些功能离不开FTP（文件传输协议）的支持。

8.2.3.5 WEB和INTERNET技术

为了满足电子商务时代企业的需要，PDM系统必须架构在Internet/Intranet/Extranet之上，必须提供企业产品开发的电子商务解决方案。这是新一代PDM技术的目标，也是解决国内企业采用PDM系统时所遇到的问题的基础。这种技术使企业能够以Internet/Intranet的发展速度快速超越其竞争对手，得到重要的战略利益。

8.2.4 PDM的实施

PDM是框架型的软件，它在企业中能否发挥作用，关键看如何实施。一般实施费用与软件的费用是对等的。实施是系统工程，如果没有科学的实施方法做保证，则实施效果很难理想。

8.2.4.1 PDM实施目标

一个企业之所以要实施PDM系统，就是要利用它解决企业运行过程中存在的问题。企业的情况千差万别，具体的实施目标也会有较大差异，但是一些基本的总体目标是一致的：

（1）在企业中建立起一整套科学的管理制度，使整个企业的运行能够满足信息化管理的要求。

（2）建立一系列信息模型，使它们能够反映企业中的所有产品信息以及这些信息之间的关系，并能够为PDM系统提供完整、规范的产品信息。

（3）引入PDM系统，以解决产品全生命周期内的信息管理问题，从而进一步提高生产效率。

8.2.4.2 PDM实施步骤

A 系统规划

a 需求分析

需求分析也就是问题识别（Problem Identification），即了解需要解决什么问题、为什么要解决、谁负责完成任务、在哪里解决问题和什么时间解决（What、Why、Who、Where、When）。要了解企业目标、现行的企业系统存在的问题、企业的信息战略，然后才是如何用PDM技术解决这些问题。

b 可行性（Feasibility）分析

可行性分析是指在当前的具体条件下，系统开发工作必须具备的资源和条件，是否满足系统目标的要求。在系统开发过程中进行可行性分析，对于保证资源的合理使用，避免浪费和一些不必要的失败，都是十分重要的。可行性分析主要包括目标和方案的可行性，技术方面的可行性（人员和技术力量、基础管理、组织系统开发方案、计算机软硬件、环境条件和运行技术方面），经济方面的可行性（组织的人力、物力、财力）以及社会方面（社会的或人的因素）组织原因、制度问题、管理模式的改变。

B　系统开发

a　系统开发原则

系统开发原则是领导参加、优化与创新、实用与时效、规范和扩充。

b　开发前的准备工作

基础工作准备：要有科学与合理的管理体制、完善的规章制度和科学的管理方法，管理工作要科学化，具体方法要程序化、规范化，要做好基础数据管理工作。

人员组织准备：领导是否参与开发是确保系统开发能否成功的关键因素，建立一支由系统分析员、管理岗位业务员和信息技术人员组成的调研队伍，明确各类人员的职责。

c　系统开发策略

采用迭代式的开发策略，即当问题具有一定难度和复杂度，开始不能完全确定时，就需要进行反复分析和设计，随时反馈信息，一旦发现问题，即修正开发过程。这种策略一般花费较大，耗时较多，但是对用户和开发的要求较低。

d　开发步骤和方法

用系统工程的思想和工程化方法，按用户至上的原则，结构化、模块化、自顶向下地对系统进行分析与设计。具体地说，就是先将整个信息系统的开发过程划分为若干个相对独立的阶段，如系统规划、系统分析、系统设计、系统实施等。前三个阶段是自顶向下地对系统进行结构划分，在系统实施阶段则坚持自底向上地逐步实施。

8.2.4.3　实施结果的评价指标

PDM 为企业带来的具体收益可以从以下三个指标体系进行衡量：

（1）时间指标。它包括产品开发周期、工程变更执行周期、新产品销售的百分比、标准部件采用的百分比、设计迭代化次数。

（2）质量指标。它包括制造过程的能力、工程图纸发布到制造部门后改动次数、返工和废料成本、物料清单的准确性。

（3）效率指标。它包括单个项目成本、单个变更单成本、手工输入的数量。

8.3　中小型企业 PDM 系统建模

8.3.1　面向对象的建模方法

8.3.1.1　面向对象的概念

对象：在自然界中，对象是描述客观世界的实体。自然实体对象在计算机系统中的内部表示被称为对象。在面向对象的系统中，对象是外部属性数据和这些属性数据上允许操作的抽象封装。

类：具有相同属性和允许操作的一组对象的一般描述，称为对象类，简称为类。类中的每个对象都是该类的对象实例。每个对象都有各自的属性，而拥有共享的操作。

属性：属性表达了类的对象所具有的资源。属性的类型可以是系统或用户定义的数据类型，也可以是一个抽象数据类型。在一个类中，每个属性名要求是唯一的。对于一个给定的属性而言，不同的对象实例可以有相同或不同的属性值。

消息：消息是对象之间进行通信的一种方式，有发送对象向接受对象发出的调用某个对象操作的请求，必要时还包括适当的参数传送。

对象标识：对象创建时，由系统定义赋给对象的唯一标识，在整个生命周期内不可改变。对象标识是有力的数据操纵原语，可以成为集合、元组和递归等复合对象操作的基础。

继承性：继承是指子类除自身特有的属性和方法外，还可以继承父类的部分或全部属性和方法。继承是对象类实现可重用性和可扩充性的重要特征。

多态性：多态性是指用相同的接口形式表示不同对象类中的不同实现的能力。类似于操作重载的概念，相同的对象操作在不同对象中可以有不同的解释而产生不同的执行结果。

动态联编：在面向对象的语言中，联编是把一个消息和一个对象相结合。在程序运行时，联编可以在编辑和链接时进行，叫做静态联编或运行时联编。一般面向对象语言支持动态联编。

封装性：封装性又称为信息隐藏性，是将其他对象可以访问的外部内容与对象隐藏的内部细节分开。这一特征保证了对象的界面独立于对象的内部表达。对象的操作方法和结构是不可见的，接口是作用于对象上的操作集的说明，这是对象的唯一可见部分。封装使数据和操作有了统一的模型界面，提供了一种逻辑数据的独立性。

8.3.1.2 面向对象建模方法

面向对象方法包括面向对象分析、面向对象设计和面向对象编程三个方面。从建模角度主要涉及前两个部分。

A 面向对象分析

面向对象分析的目的是要构造能理解的实际系统的模型。基本分析过程如图 8 – 3 所示。分析从用户或开发者提供的问题描述开始，这一描述是非完整或非形式化的。分析使它更精确。接下来必须理解问题描述的实际系统，并且将它的重要性抽象成模型。分析模型强调对象的三个方面：静态模型、动态模型和功能模型。模型用对象、关系、动态控制

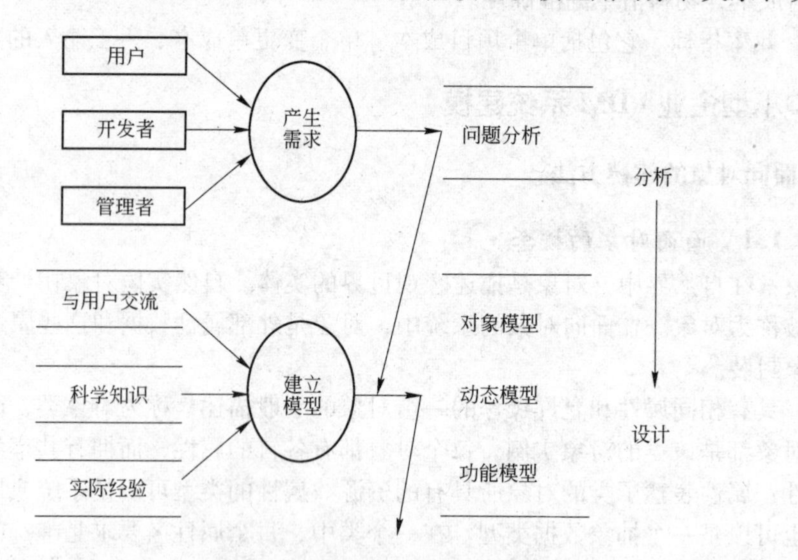

图 8 – 3 面向对象分析过程

流和功能转换等来描述，并不断获取需求信息，且把与客户间的交流贯穿整个分析过程。

B 面向对象设计

面向对象设计包括系统设计与对象设计。系统设计是为实现需求目标而对软件的系统结构进行的总体设计，包括系统层次结构设计、系统数据存储设计、系统资源访问设计、网络与分布设计、并发性设计、对象互操作方式设计等。对象设计是根据具体的实施策略，对分析模型进行扩充的过程，包括静态结构设计和动态行为模型设计。通过对象设计及系统设计就可以获得设计模型，这是系统实现的基础。

8.3.1.3 对象建模技术

OMT（Object Modeling Technique）方法定义了三个模型：对象模型、动态模型和功能模型，这些模型贯穿于每个步骤，在每个步骤中不断地细化和扩充。

A 对象模型描述

对象模型描述的基本内容有单个类的描述、超子类关系描述、类的关联关系描述和类的聚合关系描述。图 8－4 所示为单个类的描述，包括类的名称、类的属性与类的操作方法。图 8－5 描述了超子类关系，上层为超类，下层为子类，子类继承其超类的所有属性和方法，子类也可以作为其他子类的超类。如图 8－6 所示，图 8－6（a）所示为两个类之间的关联定义，图 8－6（b）所示为关联定义中的各种对应关系，或称为关联的阶。关联定义可以是二元关联、三元关联甚至更高元的关联。图 8－7 描述了聚合关系。聚合关系表示的是“部分—总体”的关系。

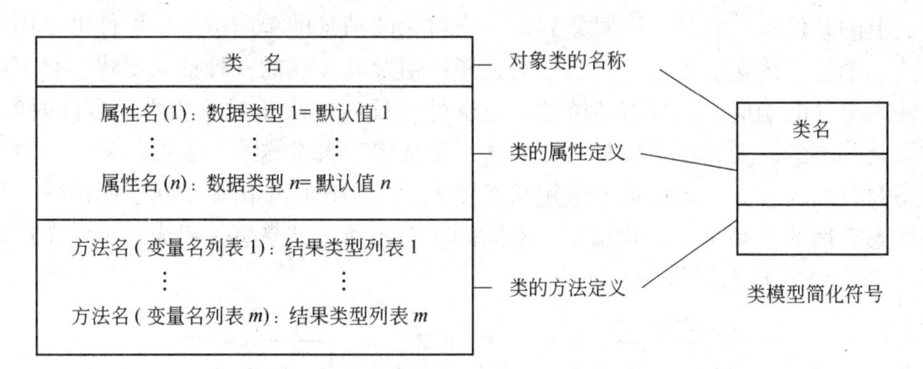

图 8－4 单个类的对象模型符号

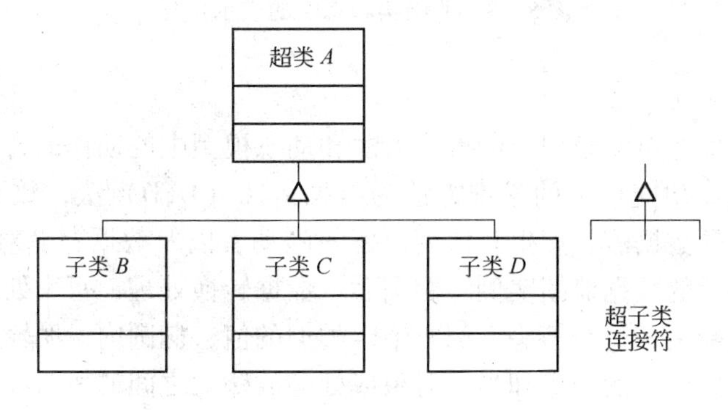

图 8－5 超子类关系及连接符

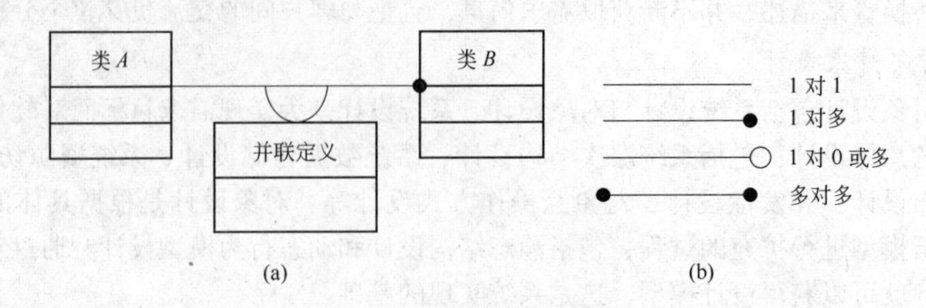

图 8-6　类的关联及关联的阶
（a）类的关联定义；（b）关联的阶

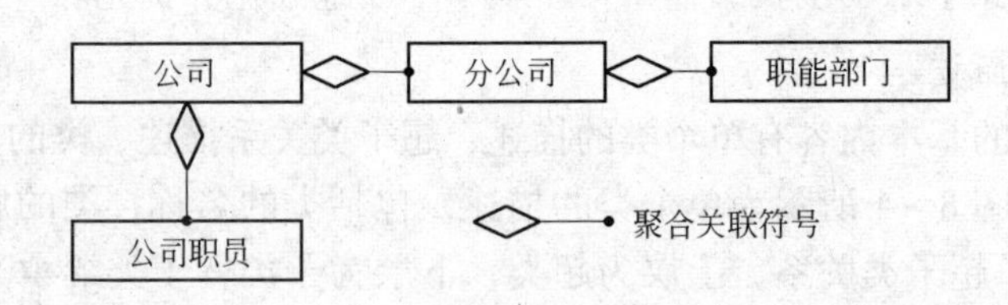

图 8-7　聚合关系

B　动态模型描述

动态模型的描述依赖于事件、状态以及事件和状态组成的状态图。事件是指发生于某一时间点上的某件事，它是一个对象到另一个对象的消息的单向传送。事件可以用来在对象之间传送消息或传送数据值。状态是对象属性值及其关联的一种抽象形式。状态说明了对象对输入事件的响应，它具有持续性。对事件的反应取决于对象接受该事件时的状态，反应可以是状态的改变，也可以是对原发送对象或第三者发送另一事件。某一类对象的事件、状态及状态迁移方式可以抽象地用状态图表示。动态模型由多个状态图组成，每个具有重要动态特性的类都有一个状态图，不同的状态图通过共享事件组成一个动态模型。图 8-8 所示为非结构状态图的表示符号。

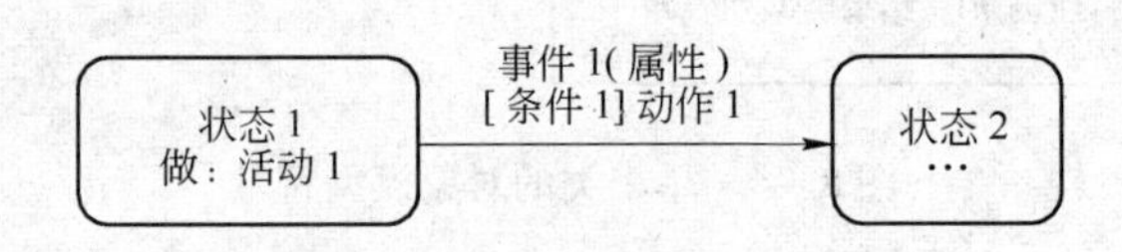

图 8-8　非结构状态图的表示符号

C　功能模型描述

功能模型用于描述对象模型中的操作方法和动态模型中的动作的含义，以及对象模型中的所有约束。描述功能模型的基本方法为数据流图（DFD）法，数据流图包括数据转换处理、转移数据的数据流、产生和使用数据的施动者以及数据存储对象。图 8-9 所示为操作窗口图形显示的数据流图实例。椭圆表示数据转换处理，每个处理有一定量的给定数据的输入和输出箭头，每个箭头上都有给定类型的值，椭圆内说明输入值到输出值的计算；对象或数据转换处理的输出和另一对象或处理的输入之间的箭头线表示数据流，箭头上标出数据描述，通常是数据名或类型，同一数据可输出到多个地方。矩形表示施动者，施动者是通过产生或使用数据来驱动数据流图的主动对象，所以，每个矩形方框又表示一个对象；中间带名称的平行线符号表示数据存储对象，数据存储对象是指数据流图中为后续访问而存储数据的被动对象，它不像施动者，本身不能产生任何操作，仅仅是对存储和访问数据请求的响应。

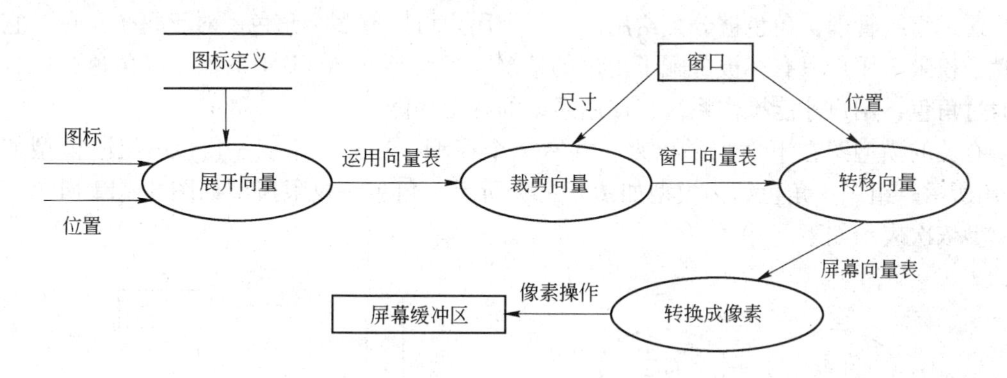

图 8-9 操作窗口图形显示的数据流图

8.3.2 系统的三大模型

中小型企业 PDM 系统选用的是面向对象的方法建模。为了实现 PDM 的管理功能，在系统中建立了图纸管理模型、人员管理模型和产品数据模型三大模型。通过建立上述三个模型，在计算机环境中实现产品数据自动化录入和查询、人员重组和产品数据重组。从人工管理模式过渡到先进的自动化管理体系。

8.3.2.1 图纸管理模型

图纸管理模型是一套功能完善的全新的图纸管理模型，实现了图纸信息自动提取和快速查询。建立了图纸信息智能提取模型、图纸信息嵌套查询模型、钢结构图纸的双向设计模型等。

8.3.2.2 人员管理模型

人员管理模型实际上是用户—组织—角色—权限管理模型。它规定了 PDM 实施范围内的用户、组织、角色和操作权限，是设置 PDM 工作环境的基础。首先介绍几个基本概念：

用户：用户指的是所有使用 PDM 系统的人员，既包括企业内的人员，也包括外来访问者。用户一般有以下几个属性：用户登录名称、用户登录密码、用户所属部门和用户个人信息。

组织：组织指的是企业中的人员组织方式。不同的企业有不同的人员组织方式，即使在同一个企业中，由于产品开发的不同情况也会有不同的组织方式，概括地说，有静态组织和动态组织两种方式。静态组织是一种相对固定的工作组织，如设计部门，工艺部门，制造部门等；动态组织一般是根据某一项目，临时组织起来的工作组，它一般是由各部门人员组成的，当项目结束时候，动态组织就会解体。

角色：角色是指承担的岗位责任。每个用户必须拥有一个或一个以上的角色。每一种角色都有它的 PDM 系统操作权限。

权限：权限指的是可以执行的操作。权限的设置一般包括两个方面，一方面是设定权限所控制的对象，另一方面是设定角色对控制对象的读、写、删、改等操作的权限。

使用PDM的企业人员首先被注册为PDM用户，每一用户都隶属于不同的组织，一个用户只能隶属于一个静态组织但可以隶属于多个动态组织，每一个组织都有一些岗位即角色。通过组织管理，角色被分配给用户，一个用户可以有多个角色。对于每个角色，它都被赋予权限。用户只有在被分配了角色的情况下才可以进入PDM系统，以角色为主，只有通过角色，用户才能操作系统，使用系统的各个功能。

有关的模型图在下面列举出来。共有三个模型：用户—组织—角色—权限模型如图8－10所示，组织—角色结构模型如图8－11所示，角色—权限模型如图8－12所示。具体模型依次表示如下。

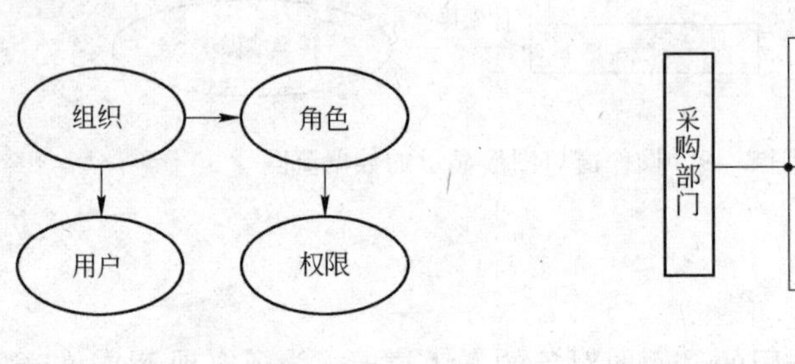

图8－10　用户—组织—角色—权限模型整体图

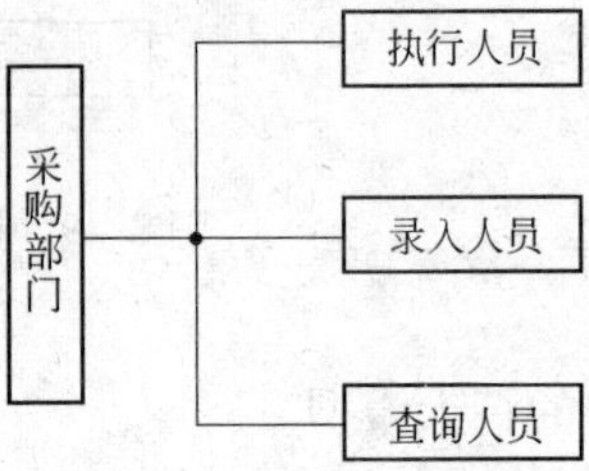

图8－11　组织—角色结构例图

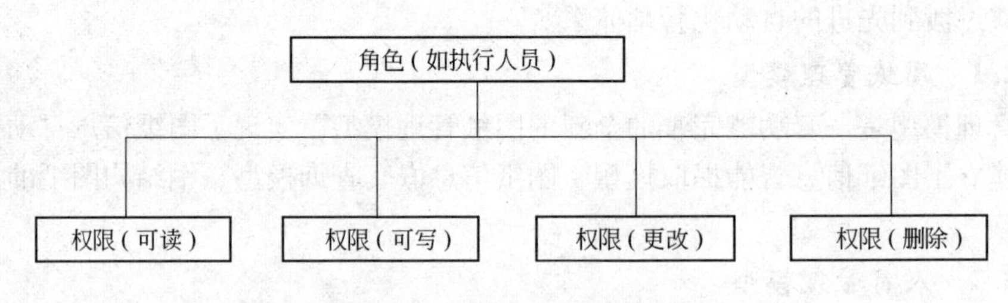

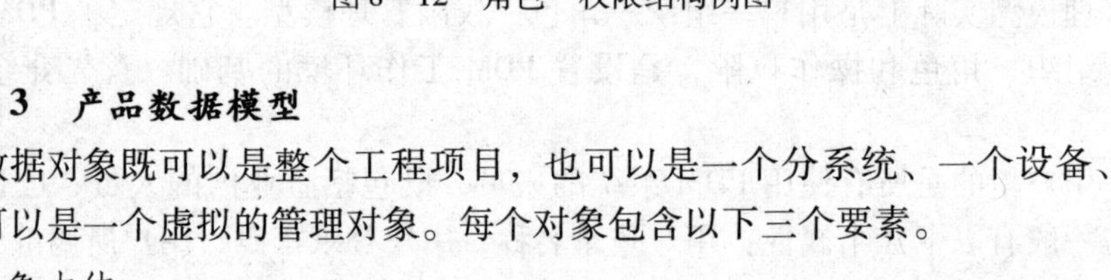

图8－12　角色—权限结构例图

8.3.2.3　产品数据模型

产品数据对象既可以是整个工程项目，也可以是一个分系统、一个设备、一个螺丝钉，甚至可以是一个虚拟的管理对象。每个对象包含以下三个要素。

A　对象本体

作为产品对象本身，在设计、施工、制造过程中，它可能包含以下几类数据：

（1）文字数据，包括调研报告、立项报告、可行性报告、阶段评审报告、技术说明书、使用说明书、维修服务指南。

（2）图形数据，包括图像文件、立体模型、工程图纸。

（3）数字数据，包括有限元分析结果、数字分析结果、动态模拟数据。

（4）表格数据，包括图样目录、设备汇总、材料统计、成本核算。

（5）指针数据，包括标准件、通用件、借用件。

（6）图文数据，包括工艺流程、施工文档。

每个产品数据对象好比一个抽屉，每个抽屉内有若干个格子，每个格子预先规定好指定类型的数据。

为了完整描述整个产品的信息，用一棵结构树来描述全部对象之间的隶属关系，如图 8-13 所示。于是一个产品结构树的根节点便是整个项目本身，它的分支描述分系统对象，每个枝杈又代表着下一级子系统对象，每个叶接点则代表具体的某一个部件、零件等独立的对象。这就好比每棵树对应一个文件柜，柜内每一层对应一个分系统，每层中不同格对应不同的子系统，格内每个抽屉存放独立对象的全部数据，每级对象各自都有与之对应的抽屉存放相关的全部数据，如图 8-14 所示。

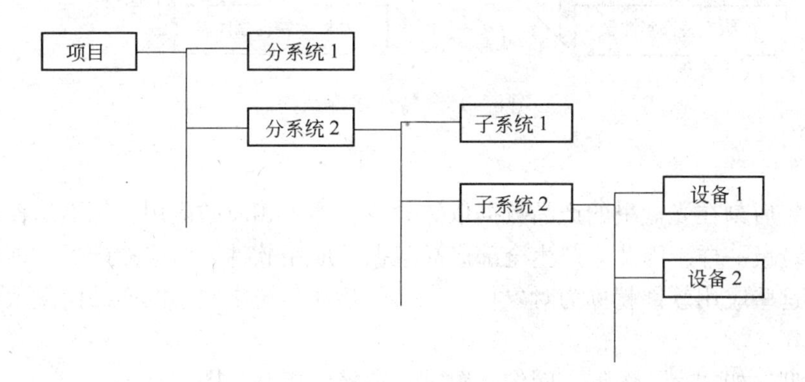

图 8-13　对象逻辑关系—结构图

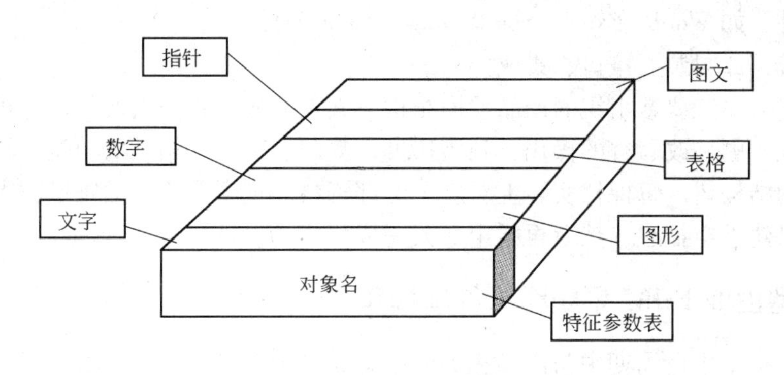

图 8-14　对象本体数据结构——抽屉

B　对象属性

一个产品对象可能包含几十个甚至几万个对象，为了有效地进行分类管理，首先将全部对象分成若干类型，每类对象定义若干种属性。考虑到每类对象在它的生命周期内会有若干次变形（或称为版本），每类对象的属性又可分成基本属性和特殊属性。属性表中，可以由用户自行定义全部必需的基本属性和特殊属性。每个对象都有基本属性和缺省的特殊属性。其中基本属性放在主属性表中，特殊属性放在特征属性表中，如图 8-15 所示。

具体的一个对象信息应该是某一个版本的特殊属性与对象本体加上基本属性与对象本体的信息之和。换而言之，每个版本都必须继承其父节点全部特征信息才是完整的对象。而不带版本的父节点仅仅描述了该对象的通常信息，而不是该对象的全部描述。

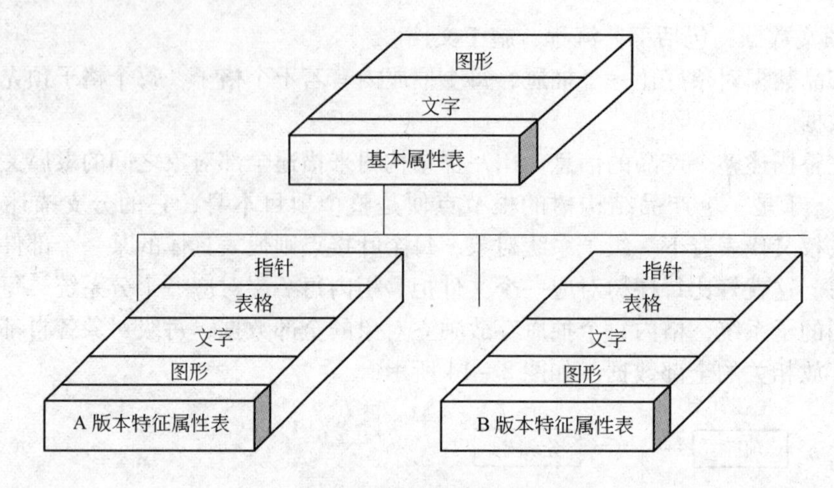

图 8－15 特征属性结构

C 对象行为

在一百年后刻在光盘里的产品数据依然如故，如果相应的应用软件不复存在的话，这些数据如同垃圾一样。因此，产生全部产品数据的应用软件与对应的产品数据具有同等重要的价值。这些应用软件就称为对象行为。为了建立系统中完整的产品信息，需要做好以下的分析工作：

数据类型，如文字、图形、图像、数字、表格、指针、图文；

存储形式，如文件、目录、数据库；

应用软件，如 Word、Excel、SolidWorks、AutoCAD；

管理模式，如封装、接口、集成。

根据上述对象三要素组织的产品数据结构，大大方便了各类人员在计算机上对各类信息进行存、取、删、改、查的操作，利用拷贝、复制、剪切、粘贴的功能，轻而易举地构造出一棵新的结构树。每棵树实际上对应了全部资料的逻辑关系，抽屉里的内容可以完全照抄，也可以建立空抽屉，然后再指定专人完成相应的设计任务。

8.4 中小型企业 PDM 系统图纸管理模型

在产品的整个生命周期中与产品相关的信息是多种多样的，而图纸中所包含的产品数据又是所有这些信息中最基本、最重要的数据信息。为了能高效、快速、准确地输入或查询图纸信息，结合该公司现有图纸的实际情况，该案例提出了图纸信息的嵌套提取、图纸信息的错误判断提示和图纸信息的嵌套查询等概念，建立了图纸信息智能提取模型、图纸信息嵌套查询模型和钢结构图纸的双向设计模型，由这三大模型共同组成了系统功能强大的图纸管理模型。

8.4.1 CAD 图纸的整理和规范化

8.4.1.1 明细栏、标题栏图块的整理和规范化

上海某技术工程有限公司是一家集设计、生产、制造于一体的大型连铸机生产制造企业，早在 1990 年就开始采用 AutoCAD 进行设计制图。在长期的生产和销售过程中积累了

丰富的数据信息资料，包括不同类型的电子文档资料和大量 CAD 图纸，对 CAD 图纸进行整理，是建立在以上需求基础之上的。其中的 CAD 图纸信息，尤其是明细栏中的信息对企业的信息系统来说是十分需要的，因此有从 DWG 文件中直接提取信息的要求。在此需求的基础上，来谈对明细栏和标题栏进行规范的必要性才有意义：

第一，CAD 图整理。AutoCAD 具有使用灵活的特点，在绘制图形时可以使用各种对象，不同的设计人员在绘图时会使用不同的对象，这与设计者个人的喜好与习惯有关。以明细栏为例，有的设计人员习惯用画线的方式制表，然后用文字对象添加文字，而有的设计人员习惯使用属性块对象。这就使得 CAD 图纸内部所采用的对象的极其不统一，这种情况在浏览和打印时，并无任何区别，然而对于使用 Automation 接口的客户程序而言却截然不同，这种不统一所带来的影响或者说困难是十分巨大的。即便这种困难在技术上能够克服，随之而来的系统开销从长远看也是令人难以容忍的。为了有利于 Automation 客户程序的处理，必须对 AutoCAD 图纸进行必要的整理和规范。

第二，属性块的使用规范。提高信息化水平所追求的目标是达到最大的整体效益与效率。这几乎不可避免地会导致局部灵活性的部分丧失。设计环节作为系统的一部分，应该对此有所贡献。实际上，对明细栏所做的这种整理并未给设计环节带来多少不便，而对系统则有明显的益处。

通过对上海某技术工程有限公司的 CAD 图纸的整理，规范了上海某技术工程有限公司 CAD 图纸明细栏和标题栏图块的使用，见表 8－1。

表 8－1 块名表

项 目	块的名称	含 义
图 框	WPP1	A1 零件图框
	WPP1－S	A1 部件图框
	WPP2	A2 零件图框
	WPP2－S	A2 部件图框
	WPP3	A3 零件图框
	WPP3－S	A3 部件图框
	WPP4	A4 零件图框
	WPP4－S	A4 部件图框
	MX	部件图上的明细栏

8.4.1.2 CAD 图纸命名和存储的规范化

上海某技术工程有限公司 PDM 系统文档管理的基础是 CAD 图纸信息的自动嵌套录入。由于该公司生产的连铸机设备体积庞大，零部件的种类和数量繁多，在长期的设计生产实践中其 CAD 图纸形成了几个显著特点，即图纸的数量多、图纸的层次多、图纸的借用量大。针对上述特点，为了能够高效地管理图纸，要制定规范的图纸命名原则和储存方式。这种规范的管理方式是系统能嵌套提取图纸的信息前提和基础。

A 图号的确定

（1）项目图号：由英文字母＋六位数字构成，例如：

SU	1992	01
重矿	年份	项目代号

其中，英文字母表示公司代号，如 SU、PEC、TZ 等（SU 是该公司最常用的加工件标记）。六位数字前四位数字表示年份，如 1992、2003 分别表示 1992 年、2003 年，后两位数字表示项目代号，如 01、02 分别表示当年第一个、第二个项目。项目图号中“英文字母 + 六位数字”应与项目编号相一致。

（2）部件图号：由项目图号 +“.”+后缀构成，例如：

SU　1992　01　.　04

项目图号　　部件号

后缀表示部件号，如 01、02 分别表示该项目的第一个、第二个部件。

子部件图号：由上级部件图号 +“.” +后缀构成，例如：

SU　1992　01　. 04　.　01

上级部件号　　下级部件号

后缀表示下级部件号，如 01、02 分别表示该部件的第一个、第二个子部件。

（3）零件图号：由部件图号 + “－” +后缀构成，例如：

SU 1992 01 . 04 . 01　－　02

上级部件号　　零件号

后缀表示零件号，如 01、02 分别表示该部件的第一个、第二个子零件。

B　文件名的建立

各技术文件的计算机文件名应与所对应的图纸或文字资料相一致，计算机文件名尽可能用英文小写字母表示。

计算机文件名必须与图纸图号一致，不得随意命名，见表 8 -2。

表 8 -2　零部件图纸文件名表

图　　纸	计算机文件名
SU199201. 05. 12. 1	su199201. 05. 12. 1. dwg
SU199201. 05. 12 - 1	su199201. 05. 12 - 1. dwg
SU199201. 05. 12. 4	su199201. 05. 12. 4. dwg

对一些特殊情况的处理方法如下：

（1）同一部件或零件多张图纸的处理。同一部件或同一零件有多张图纸，那么在文件名后加 - A、- B 等表示，见表 8 -3。

表 8 -3　多图纸文件名表

图　　纸	计算机文件名
SU199201. 05. 12. 1 第一张	su199201. 05. 12. 1 - a. dwg
SU199201. 05. 12. 1 第二张	su199201. 05. 12. 1 - b. dwg
SU199201. 05. 12. 1 第三张	su199201. 05. 12. 1 - c. dwg

（2）图纸修改后加标记的处理。图纸已经过制造，又要进行修改，修改后的图纸加标记，计算机文件名应对这种变化做出相应的表示，见表 8 -4。

表 8－4 多版本多图纸文件名表

图 纸	计算机文件名
SU199201. 05. 12. 1A 第一张	su199201. 05. 12. 1a－a. dwg
SU199201. 05. 12. 1A 第二张	su199201. 05. 12. 1a－b. dwg
SU199201. 05. 12. 1A 第三张	su199201. 05. 12. 1a－c. dwg

C CAD 文件的存储

在 C/S 体系结构的产品数据管理系统中，CAD 图纸文件存放在服务器上，是有访问权限的用户的共享资源。上海某技术工程有限公司为 CAD 图纸文件设立了名为“design”的共享文件夹，所有图纸均存储在这个文件夹下。“design” 文件夹下以项目号为名称建立一级文件夹，在一级文件夹下以该项目的部件号为名称建立二级文件夹，CAD 图纸最终以部件为单位存放。

CAD 图纸带属性图块的规范使用，为系统嵌套提取图纸信息提供了可能；CAD 图纸规范的命名和存储，为嵌套提取 CAD 图纸信息时快速定位图纸奠定了坚实的基础。这些都是该公司 PDM 系统文档管理模型建立的基础。

8.4.2 图纸信息智能提取模型

8.4.2.1 图纸信息嵌套提取的思路和算法

图纸信息嵌套提取的基本思路如下:(1)提取总部件的标题栏存入总标题表、明细栏存入过渡表。(2)从过渡表的第一条记录开始,对代号进行判断。(3)判断是不是加工件,如果不是,则把该记录存入总明细表后删除它,刷新过渡表,返回第二步重复进行;如果是,则进入第四步。(4)判断是不是借用件,如果是,则把代号和当前图号存入借用关系表,把该记录存入总明细表后删除它,刷新过渡表,返回第二步重复进行;如果不是,借用件则进入第五步。(5)判断是不是部件,如果不是部件,就根据代号确定 CAD 图纸文件名和文件位置,然后打开该图纸,提取标题栏进总标题表,把该记录存入总明细表后删除它,刷新过渡表,返回第二步重复进行;如果是部件,就根据代号打开该图纸,提取标题栏存入总标题表,有明细栏时提取明细栏存入过渡表,把该记录存入总明细表后删除它,刷新过渡表,回到第二步重复进行。部件图纸信息嵌套提取流程图如图 8－16 所示。

上述过程的关键是要保证不遗漏任何一个零部件，达到一次录入一个部件内的所有图纸信息（包括借用图纸的借用关系信息），不论该部件有多少层嵌套关系。因此需要五个指针：一个总标题表指针，用于增加新记录到总标题表；一个总明细表指针，用于增加新记录到总明细栏表；一个借用关系表指针，用于增加新记录到借用关系表；两相互独立的过渡表指针，第一个用于过渡表的逐条遍例和删除记录，第二个用于增加新记录到过渡表，整个过程中，第一个指针不断地删除过渡表的记录，第二个指针间断地增加过渡表的记录，当过渡表的记录数等于零时，整个嵌套提取过程就完成了。CAD 图纸信息的嵌套提取，采用的是自上向下的方式。也就是说，部件 CAD 图纸信息提取时，不影响上级零部件的信息，但会覆盖下级非借用的加工零部件信息。

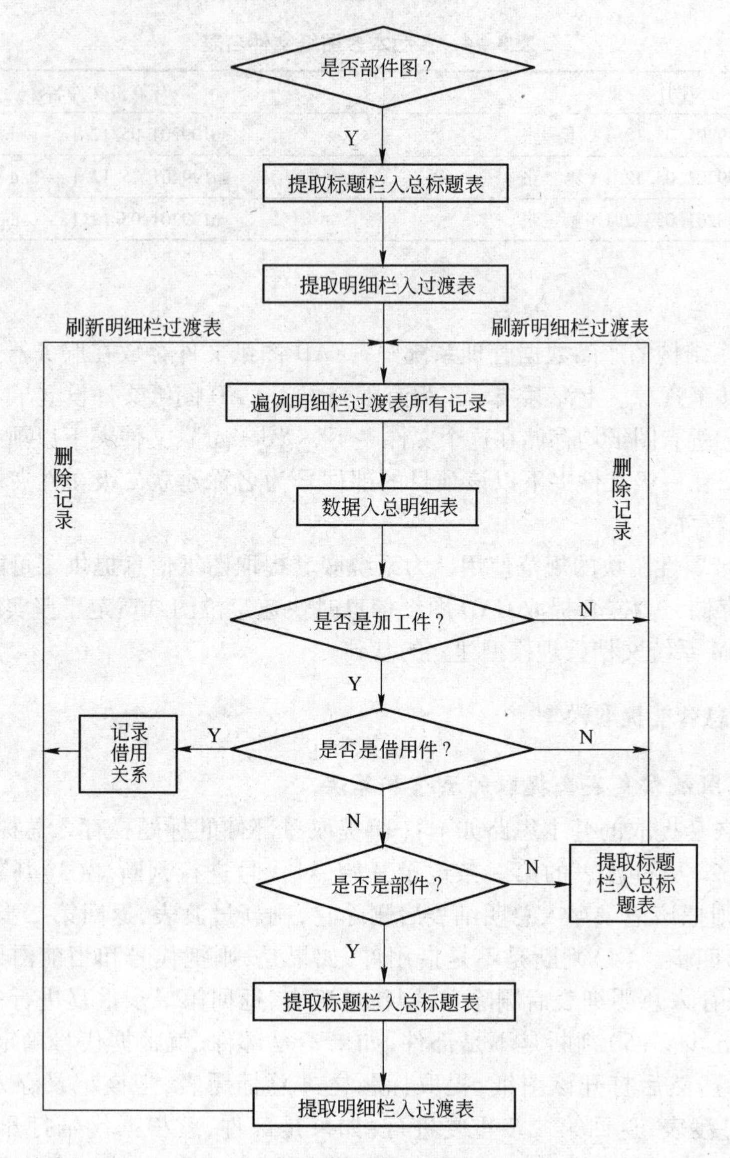

图 8－16 部件图纸信息嵌套提取流程图

8.4.2.2 图纸信息错误判断提示的思路和算法

系统开发用 VB 6.0，图纸信息提取用的是“attext”命令，根据前述制定的明细栏和标题栏的图块，分别建立了明细栏和标题栏的样本文件：MXYB. txth 和 BTYB. txt。针对过渡时期一些老图纸图块不完全符合规范的情况，另外多建立了一个标题栏的样本文件 BTYBold. txt。表 8－5 所示为样本文件表。

图纸信息嵌套提取过程的自动化程度很高：一方面系统要根据零部件的代号，自动地确定它的图纸的名称和位置；另一方面由于新旧两个标题栏样本文件的同时应用，使系统在提取标题栏图块的属性时，自动判断从而交替使用两种样本；还有，为了避免把错误的图纸信息录入数据库，系统能够自动判断图纸的错误，提示设计人员纠正错误，达到智能化的模式。

表 8-5 样本文件表

明细栏样本 MXYB. txt		标题栏样本 BTYB. txt		标题栏样本（2） BTYBold. txt	
bl：name	C010000	bl：name	C010000	Bl ：name	010000
XH	C010000	DWG_ NAME	C040000	NAME	C040000
DRW.	C025000	DWG_ NUMBER	C040000	D_ N	C040000
NAME	C030000	DESIGN	C020000	I_ N	C020000
SIZE	C022000	DRAW	C020000	DATE	C016000
CONT	C012000	DATE	C016000	SACLE	C010000
MATL	C020000	SCALE	C010000	MATERAL	C030000
SG-W	C016000	MATERIAL	C030000	WT	C010000
TL-W	C016000	WEIGHT	C010000	PAGES	C010000
REMARK	C030000	PAGES	C010000	NO	C010000
		NO	C010000		

图纸信息嵌套提取过程中的错误判断分析，是个复杂的过程。图 8-17 所示为图纸信息错误判断提示流程图，椭圆框内是系统的错误提示内容。每一个提示预示几种可能的图纸错误，如图 8-18 所示，提示的可能错误。检查图纸并更改相应错误后进行补充录入，可以使提取的所有图纸信息完整无误。

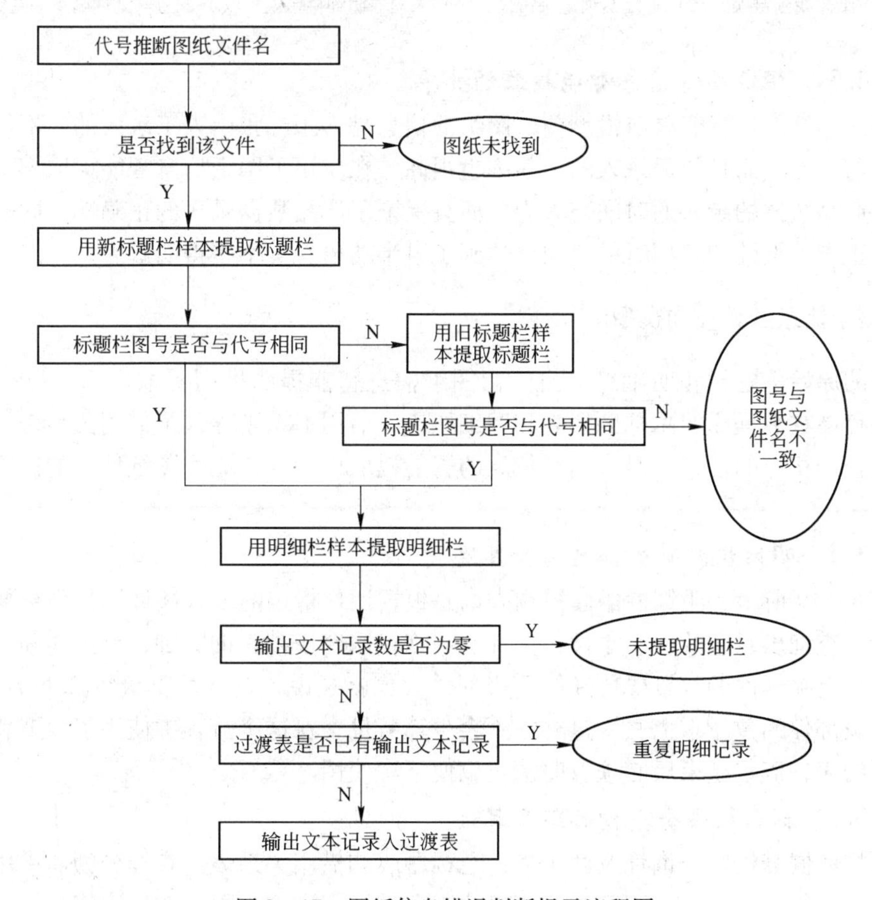

图 8-17 图纸信息错误判断提示流程图

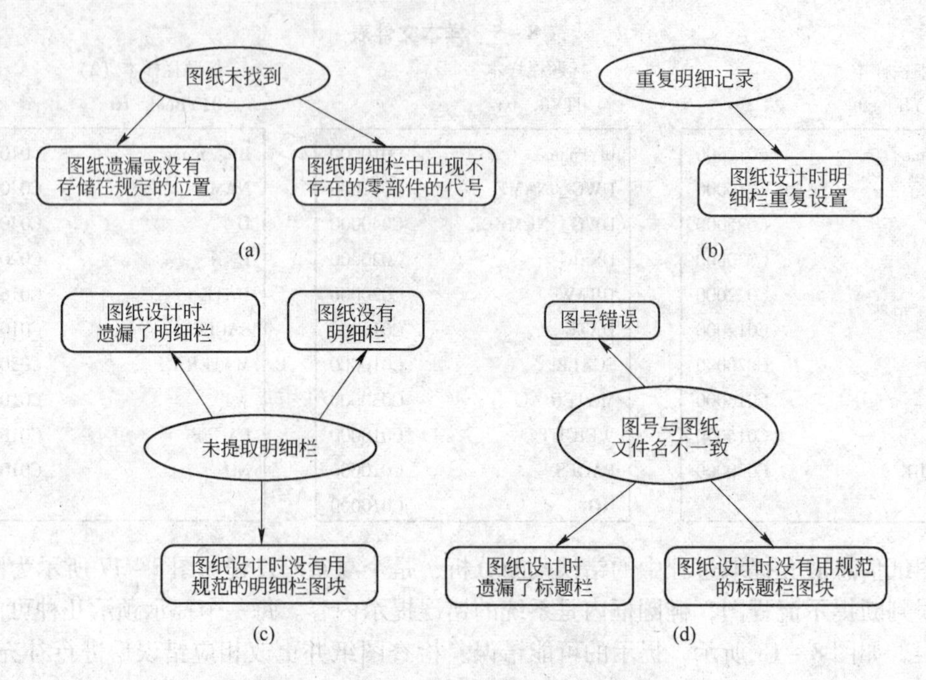

图 8－18　错误提示预示的可能错误

（a）图纸未找到错误；（b）重复明细记录错误；（c）未提取明细栏错误；（d）图号与文件名不一致错误

8.4.2.3　CAD 图纸信息智能提取的效率

在应用图纸信息智能提取模型前，图纸的信息是一张一张由人工录入的，不仅耗费大量的时间与人力，而且数据录入的错误率也很高。在应用了图纸信息智能提取模型后，不仅节省了产品数据的录入的时间与人力，而且保证了产品数据录入的正确性，同时设计人员还能纠正图纸设计和归档时的错误，达到了事半功倍、一举多得的效果。

8.4.3　图纸信息嵌套查询模型

图纸的原始标题栏和明细栏信息，由图纸信息智能提取模型提取出后，以图号为标识，分别存储在数据库的总标题栏表和明细栏表，借用关系则存入了借用关系表。为了快速准确地查询相应的信息，对应图纸信息的智能提取模型，建立了图纸信息的嵌套模糊查询模型。

8.4.3.1　明细栏嵌套查询思路和算法

如图 8－19 所示，明细栏嵌套模糊查询是根据用户指定的复合条件，从系统数据库的总明细表中查询出对应的所有零件或部件。明细栏嵌套模糊查询关键，是不能漏掉一个零部件，而且上级部件的数量要传递给下级部件，也就是说，在计算下级零部件的数量时，要把它上级部件的数量乘上去，这样才不会少算数量，在这个流程中使用了表 1 和表 2 两个过渡用的表，流程结束后必须及时清空以便下次使用。

8.4.3.2　标题栏嵌套查询思路和算法

标题栏的嵌套模糊查询涉及两个表：总标题表和借用关系表。查询分为非借用件和借用件两部分进行。图 8－20 所示为标题栏的嵌套模糊查询流程图。在借用部分中，首先定

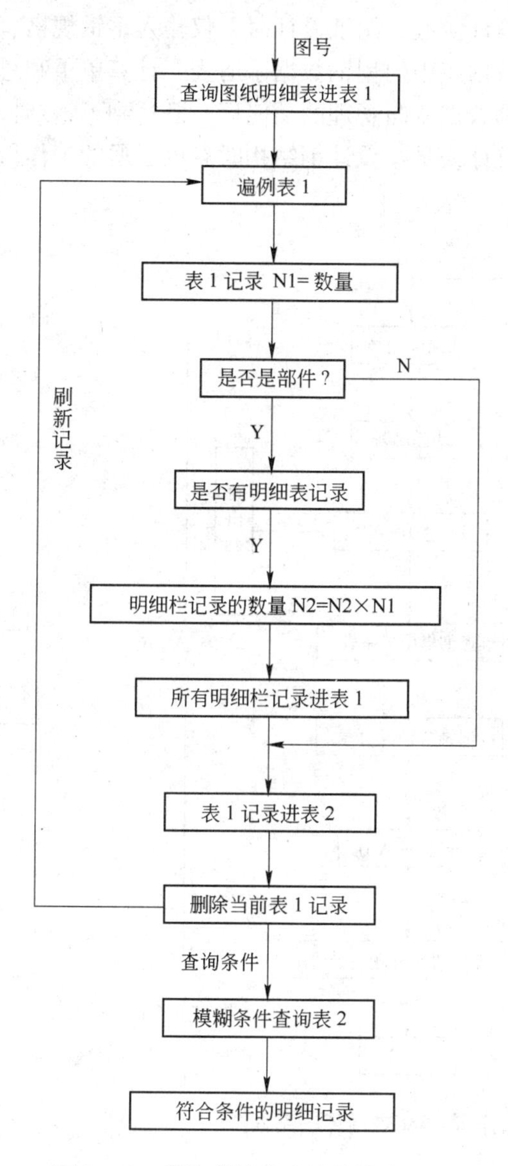

图 8－19 明细栏嵌套查询算法流程图

义了一个一维数组 A(500)，赋图号给 A(0)。接下来进行一种递归操作：按数组 A(i) 的索引号从前向后查询借用关系表，将查询到的借用子图号追加在 A(i) 后面，循环过程直到 A(i) 值为空时结束，最终得到表 1 中的查询结果。

8.4.4 钢结构图纸的双向设计模型

钢结构图纸的双向设计，指的是钢结构图纸信息的提取和数据更新两方面内容。

钢结构与一般的部件不一样，它完全由各种型钢焊接而成，图纸不存在嵌套，明细栏中的型钢单重是根据型钢的尺寸规格，查询机械零件手册获得，总重则是数量、长度与单重的乘积。在进行钢结构图纸信息提取前，先把常用型钢的标准数据录入系统数据库，建立各种型钢，包括工字钢、槽钢、角钢、圆钢、方钢、冷拉圆钢、冷拉方钢等的数据库。

钢结构图纸的双向设计流程，图纸设计时，仅输入型钢规格、数量和长度。进行属性提取后，系统自动查询数据库中的型钢数据手册表，计算单重和总重，最后返回到钢结构图纸中。实现了这种产品数据双向管理的功能后，既达到了钢结构图纸信息的自动录入的目标，又极大地减轻了设计人员在设计钢结构时查询手册的工作量。图 8－21 所示为钢结构信息提取流程图。

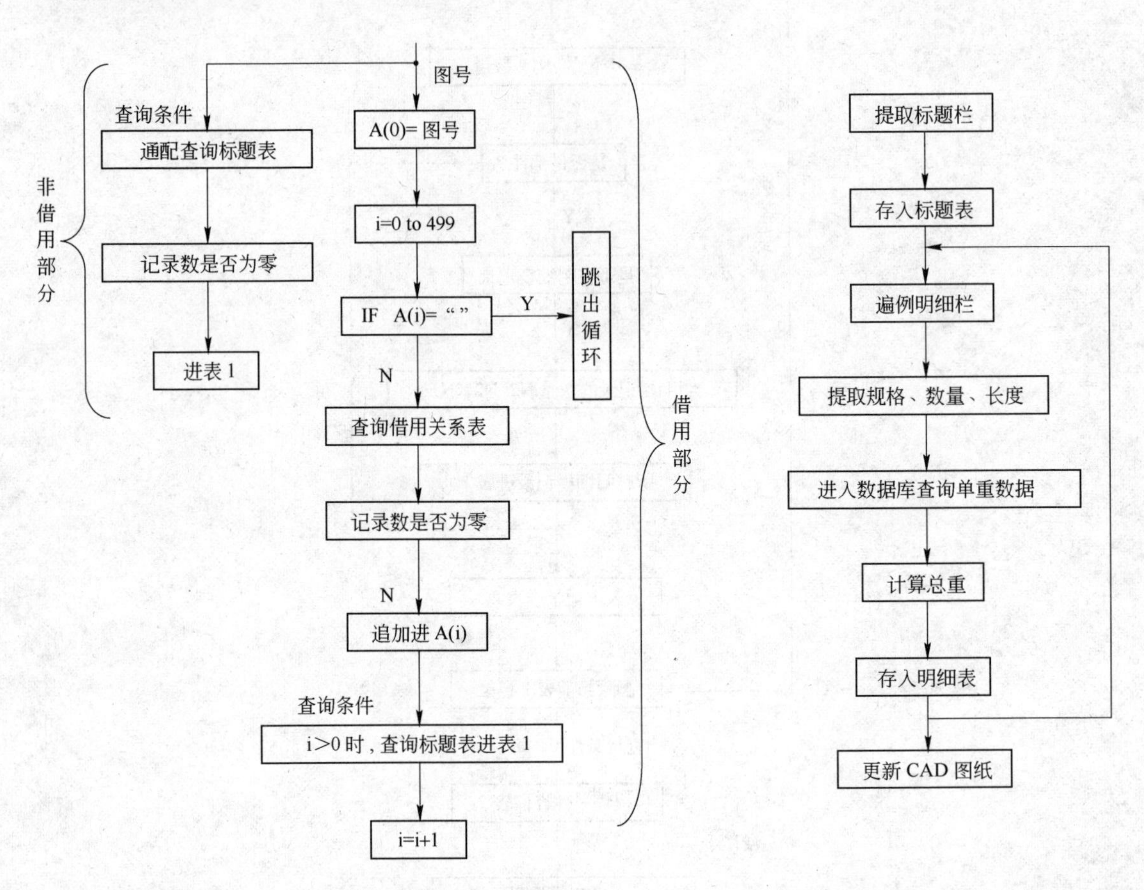

图 8－20 标题栏的嵌套模糊查询算法流程图

图 8－21 钢结构信息提取流程图

8.5 中小型企业 PDM 系统的数据库系统

8.5.1 数据库技术概述

8.5.1.1 数据模型

数据模型是实现数据抽象的主要工具。它决定了数据库系统的结构、数据定义语言和数据操纵语言、数据库的设计方法、数据库管理系统软件的设计与实现。一般来讲，数据模型是严格定义的概念的集合。这些概念精确地描述系统的静态特性、动态特性和完整的约束条件。

数据模型的发展经历了由层次模型、网状模型到关系模型，现在又面临着第三代新型的面向对象的数据库系统的发展。

(1) 层次数据模型。客观世界中大量存在具有层次关系的数据，如学校、系和班级之间关系。层次模型用反映基本数据之间的父子关系的层次树来表达，基本关系表现为两个记录之间一对多 (1：n) 的关系。

(2) 网状数据模型。网状模型可以表达大部分的层次和非层次数据，数据之间采用系 (Set) 来表示两条记录型之间一对多 (1：n) 的关系，一个记录可以成为多个首记录的属记录，突破了层次数据模型的限制。

(3) 关系数据模型。关系数据模型将事物的特征抽取出来作为属性，对象可以用多个关系来描述，关系 (Relation) 是关系数据模型中描述对象的基本手段，是定义在它的所有属性域上的笛卡尔子集。从形式上看，关系相当于一个二维表 (Table)，并且表中不出现组合数据。表的列对应于属性，而表的行对应于元组。

(4) E-R数据模型 (Entity-Relation Data Model)。E-R模型不同于前三种传统的数据模型，它不是面向实现而是面向现实世界，其出发点是自然、有效地模拟现实世界。E-R模型将可以相互区别而又可以被人们认识的事、物、概念等抽象为实体，实体的特征抽象为属性，实体之间的关系抽象为联系，二元联系可以反映记录之间一对多 (1：n)、多对一 (n：1) 以及多对多 (m：n) 的关系。E－R模型的应用相当广泛。

(5) 面向对象数据模型 (Object-Oriented Data Model)：面向对象数据模型中将所有现实世界的实体都模拟为对象，它吸收了语义数据模型和知识表示模型的基本概念，借鉴面向对象的设计思想而形成。对象将数据与其上的操作封装在一起，其根本优点在于将数据从被动型转变为主动型，使得数据成为真正的独立实体，拥有自己的操作。面向对象的抽象、封装、继承和多态性使得数据库更有效地模拟现实世界，实现数据的管理与操作。

数据模型是数据库系统的一个核心问题，数据库系统大都是基于某种数据模型的。本系统建立了关系数据模型，采用了数据库软件 SQL Server 2000。

8.5.1.2 数据库的体系结构

随着计算机软硬件技术的发展、支撑环境的变化以及应用领域需求的不同，数据库的体系结构大致经历了四个阶段：

(1) 集中式数据库系统。该系统出现于20世纪60年代中后期，数据的存储和处理都集中于大型机或高档小型机中，由于硬件价格昂贵，用户只能通过终端访问主机上的数据，数据库系统的所有功能从不同的用户接口到DBMS核心都集中在DBMS所在的计算机上。

(2) 客户机/服务器数据库系统。该系统出现于20世纪70年代，是微机性能提高和网络技术发展的产物，在这个系统中，有一至多台称为客户机的计算机和一至多台称为服务器的计算机，它们通过网络相连。其特点是数据集中存放在服务器中，但数据的处理是分散在客户机中。本系统采用的就是这种体系的数据库系统。

(3) 分布式数据库系统。该系统出现于20世纪70年代后期，集中式结构在可扩充性，系统管理及网络负担上的困难，以及微机的逐步普及，为分布式数据库系统的发展提供了空间，其特点是数据的存放和处理都是分散的，数据物理上分布，逻辑上集中。

(4) 联邦式数据库系统。该系统克服了分布式数据的局限性，特点是节点自治和没有全局数据模式，节点间数据共享由双边协商确定。组成数据库系统的各个节点上的局部数据库不是同一数据模式的分解，而是不同的数据模式，甚至可以不是同一种数据模型。

8.5.1.3 数据库的访问技术

目前，数据库服务器的主流标准接口有 ODBC、OLE DB 和 ADO。下面分别对这三种接口进行概要介绍。

A 开放数据库连接（ODBC）

开放数据库连接（Open Database Connectivity，ODBC）是由微软公司定义的一种数据库访问标准。使用 ODBC 应用程序不仅可以访问储存在本地计算机的桌面型数据库中的数据，而且可以访问异构平台上的数据库，例如可以访问 SQL Server、Oracle、Informix 或 DB2 等。

ODBC 是一种重要的访问数据库的应用程序编程接口（Application Programming Interface，API），基于标准的 SQL 语句，它的核心就是 SQL 语句，因此，为了通过 ODBC 访问数据库服务器，数据库服务器必须支持 SQL 语句。

ODBC 通过一组标准的函数（ODBC API）调用来实现数据库的访问，但是程序员不必理解这些 ODBC API 就可以轻松开发基于 ODBC 的客户机/服务器应用程序。这是因为在很多流行的程序开发语言中，如 Visual Basic、PowerBuilder、Visual C + + 等，都提供了封装 ODBC 各种标准函数的代码层，开发人员可以直接使用这些标准函数。本系统中应用了 ODBC 接口方式，设置了名为“tzgl”的系统 ODBC 数据源。

B OLE DB

OLE DB 是微软公司提供的关于数据库系统级程序的接口（System - Level Programming Interface），是微软数据库访问的基础。OLE DB 实际上是微软 OLE 对象标准的一个实现。OLE DB 对象本身是 COM（组件对象模型）对象并支持这种对象的所有必需的接口。

一般说来，OLE DB 提供了两种访问数据库的方法：一种是通过 ODBC 驱动器访问支持 SQL 语言的数据库服务器：另一种是直接通过原始的 OLE DB 提供程序。因为 ODBC 只适用于支持 SQL 语言的数据库，因此 ODBC 的使用范围过于狭窄，目前微软正在逐步用 OLE DB 来取代 ODBC。

因为，OLE DB 是一个面向对象的接口，特别适合于面向对象语言。然而，许多数据库应用开发者使用 VBScript 和 JScript 等脚本语言开发程序，所以微软公司在 OLE DB 对象的基础上定义了 ADO。

C 动态数据对象（ADO）

动态数据对象（Active Data Object，ADO）是一种简单的对象模型，可以被数据消费者用来处理任何 OLE DB 数据。可以由脚本语言或高级脚本语言调用。ADO 对数据库提供了应用程序水平级的接口（Application - Level Programming Interface），几乎所有的语言的程序员都能够通过使用 ADO 来使用 OLE DB 的功能。微软声称，ADO 将替换所有其他的数据访问方式，所以 ADO 对于任何使用微软产品数据应用是至关重要的。

ADO 中包含了 7 种独立的对象，有链接对象（Connection）、记录集对象（Recordset）、命令对象（Command）、域对象（Field）、参数对象（Parameter）、属性对象（Property）和错误对象（Error）等，这 7 种对象既有联系又有各自的独特性能。

8.5.2 系统数据库设计

8.5.2.1 设计数据库的一般过程

目前，数据库设计一般都遵循软件的生命周期理论，分为6个阶段进行，即需求分析、概念结构设计、逻辑结构设计、物理结构设计、数据库实施和数据库的运行与维护。

需求分析：这一阶段主要是与系统用户相互交流，了解他们对数据的要求及已有的业务流程，并把这些信息用数据流图和数据字典等图表或文字的形式记录下来，最终与用户对系统的要求取得一致认识。

概念设计：概念设计阶段要对需求分析中收集的信息和数据惊醒分析和抽象，确定实体、属性及它们之间的联系，将各个用户的局部视图合并成一个总的全局视图，形成对立于计算机的反映用户需求的概念模型。概念模型是数据库结构的高级描述，独立于用来实现数据库的特定的 DBMS。一般地说，概念设计的目的是描述数据库的信息内容。

逻辑设计：逻辑设计是在概念模型的基础上导出数据库的逻辑模型。逻辑模式是可被 DBMS 所处理的数据库逻辑结构。它包括数据项、记录及记录间的联系、安全性和一致性约束等。导出的逻辑结构是否与概念模型一致，从功能和性质上是否满足用户的要求，要进行模式评价。如果达不到用户要求，还要反复、修正或重新设计。

物理设计：在物理设计阶段根据 DBMS 的特点和处理的需要，进行物理存储的安排，建立索引，形成数据库的内模式。

数据库的实施：数据库的实施阶段是建立数据库的实际性阶段，在该阶段将建立实际数据库结构，装入数据、完成编码和进行测试，最终使系统投入使用。

数据库的运行和维护：使用和维护阶段是整个数据库生存期中最长的时间段。在该阶段设计者需要根据系统运行中产生的问题及用户的新需求不断完善系统功能和提高系统性能，以延长数据库使用时间。

8.5.2.2 数据库开发工具

SQL Server 是一种面向高端的数据库管理系统。SQL Server 具有强大的数据管理功能，提供了丰富的管理工具支持数据的完整性管理、安全性管理和作业管理。SQL Server 具有分布式数据库和数据仓库功能，能进行分布式事物处理和联机分析处理，支持客户机/服务器结构。SQL Server 支持标准的 ANSI SQL，还把标准 SQL 扩展成为更为实用的 Transact - SQL。另外，SQL Server 还具有强大的网络功能，支持发布 Web 页面以及接收电子邮件。SQL Server 2000 被称为新一代大型电子商务、数据仓库和数据库解决方案。因此，应用 SQL Server 2000 管理开发系统数据库是一个很好的选择。

8.5.2.3 系统的数据字典

数据字典用来对系统中的各类数据进行详尽的描述。对数据库设计来讲，数据字典是进行详细的数据收集和数据分析所获得的主要成果。数据字典中的内容是在数据库设计的过程中，不断修改、充实、完善的最终结果。

根据数据分析，建立了本系统的数据字典。以下列举了部分内容：

（1）总明细表（totaldetail）。总明细表存储部件图纸的明细栏信息。除了序号、代号、名称、数量、材料、单重、总重、备注这八项明细栏数据，还有所属项目号、所属设备名称、所属设备规格、录入时间以及加工件代号标记等数据内容。

（2）总标题表（totaltitle）。总标题表存储全部图纸的标题栏信息。除了图号、名称、材料、比例、重量、共_ 页、第_ 页、设计、制图、日期这十项栏标题栏数据，同样还有所属项目号、所属设备名称、所属设备规格、录入时间等数据内容。

（3）借用关系表(jyrelatiton)。借用关系表存储图纸的借用关系,有父图号(fathergrap_num)和子图号（babygrap_ num）两个字段。

（4）权限表（pwd）。权限表存储系统所有用户的使用权限信息，包括用户名、密码及各个部门的访问权限和角色类型。以用户名和密码为联合索引，保证记录的唯一性。

（5）加工件标记表（jgjbj）。由于该公司在图纸设计中，出现了多个自制零部件的标记符号（SU、DDSHB、ZG、ZGX），所以设立了加工件标记表。目的是为了在 CAD 图纸嵌套提取过程中，能识别自制零部件而继续打开图纸提取信息。它包含编号（为索引）和标记符号两个字段。

（6）客户单位表（dwmc）和供应厂商表（maker）。这两种表分别存储公司的上级客户单位和下级协作单位的基本信息，包括编号（索引）、单位名称、单位地址、法人代表、委托代理人、联系人、电话、开户银行、账号、税号、邮编等内容。

（7）设备编码表和设备规格表。设备编码表存储出产的设备的编码和名称。设备规格表存储设备的各种规格名称和规格编码。

（8）图样清单表和图样清单记录表。这两种表分别存储图样清单的各种基本数据和图样清单的记录内容。以图样清单编号为指针链接。

（9）图样目录表和图样目录记录表。这两种表分别存储图样目录的各种基本数据和图样目录的记录内容。以图样目录编号为指针链接。

（10）易损件目录表和易损件目录记录表。这两种表分别存储易损件目录的各种基本数据和易损件目录的记录内容。以易损件目录编号为指针链接。

（11）安装用图目录表和安装用图目录记录表。这两种表分别存储安装用图目录的各种基本数据和安装用图目录的记录内容。以安装用图目录编号为指针链接。

（12）销售合同表和销售合同记录表。这两种表分别存储销售合同的各种基本数据和销售合同的记录内容。以合同编号为指针链接。

（13）备件合同表和备件合同记录表。这两种表分别存储备件合同的各种基本数据和备件合同的记录内容。以合同表编号为指针链接。

（14）制造合同表和制造合同记录表。这两种表分别存储制造合同的各种基本数据和制造合同的记录内容。以合同编号为指针链接。

（15）委托清单表和委托清单记录表。这两种表分别存储委托清单的各种基本数据和委托清单的记录内容。以清单编号为指针链接。

（16）委托订购清单表和委托订购清单记录表。这两种表分别存储委托订购清单的各种基本数据和委托订购清单的记录内容。以委托订购清单编号为指针链接。

（17）机加工台账表和机加工台账记录表。这两种表分别存储机加工台账的各种基本数据和机加工台账的记录内容。以机加工台账编号为指针链接。

（18）装配台账表和装配台账记录表。这两种表分别存储装配台账的各种基本数据和装配台账的记录内容。以装配台账编号为指针链接。

(19) 报检计划表。存储报检计划表的记录内容，包括检验序号、合同号、图号、名称、数量、交货日期、制造合同、提供单位、用户单位、检验员和备注等内容。

(20) 进度表和进度记录表。这两种表分别存储进度表的各种基本数据和进度表的记录内容。以进度表的单位为指针链接。

(21) 设备配套表和设备配套记录表。这两种表分别存储设备配套表的各种基本数据和设备配套的记录内容。以设备配套表编号为指针链接。

(22) 明细栏类型表和钢结构明细栏类型表。这两种表分别存储一般图纸和钢结构图纸明细栏中的名称种类。为明细栏的模糊查询设置基本参数。

(23) 方钢、圆钢、工字钢、槽钢、角钢、冷拉圆钢、冷拉方钢等型钢参数表。这些表分别存储了方钢、圆钢、工字钢、槽钢、角钢、冷拉圆钢、冷拉方钢等型钢的尺寸规格、截面面积和理论质量参数。用于钢结构重量的自动计算。

(24) 钢结构明细表。钢结构明细表存储钢结构图纸的明细栏信息。除了序号、名称、规格、长度、数量、单重、总重、备注这八项明细栏数据，还有所属项目号、所属设备名称、所属设备规格、录入时间等数据内容。

(25) 钢结构标题表。钢结构标题表存储钢结构图纸的标题栏信息。除了图号、名称、材料、比例、重量、共_页、第_页、设计、制图、日期这十项栏标题栏数据，同样还有所属项目号、所属设备名称、所属设备规格、录入时间等数据内容。

此外，系统数据库中还有一些用于临时存储数据的过渡表，此处不一一列举。

8.5.2.4　系统数据库的安全管理

本系统后台数据库采用的是SQL Server 2000，故以下讨论SQL Server的登录身份认证、身份认证模式、数据库使用账号和角色。

SQL Server对用户的权限验证采用双重验证机制：(1) 登录身份验证 (login)；(2) 对数据库用户账号 (user account) 及用户角色 (role) 所具有的权限 (permission) 的验证。身份验证用来确认进行登录的用户，仅检查该用户是否可以和SQL Server进行连接。如果身份认证成功，那么被允许连接到SQL Server上。然后，用户对数据的操作又必须符合其被赋予的数据访问权限。这通过为用户账号和角色分配其对特定数据的具体权限来实现，即用户在SQL Server上可以执行何种操作。

A　登录身份认证

用户必须使用一个有效的登录账号才能连接到SQL Server上。SQL Server提供了两种登录认证机制，即基于SQL Server数据库本身和基于Windows的身份认证：

(1) SQL Server身份认证。当采用SQL Server身份认证时，由SQL Server系统管理员来设置并给出有效的登录账号和密码。用户在试图与SQL Server连接时，须提供此有效的SQL Server登录账号和密码。

(2) Windows身份认证。当采用Windows身份认证时，通过Windows用户或用户组 (group) 来控制对SQL Server的访问在连接时，Windows用户不需要提供SQL Server登录账号。当然，SQL Server系统管理员必须把正确的Windows用户或用户组定义为合法的SQL Server登录用户。

B　身份认证模式

前面讲述了两种身份认证机制，下面讨论基于这两种机制的工作模式。当SQL Server

运行在 Windows 2000 上时，系统管理员可以指定以下两种身份认证模式：

（1）Windows 身份认证模式。仅允许 Windows 身份认证。用户不需提供 SQL Server 登录账号。

（2）混合模式。当使用这种身份认证模式时，用户可以使用 Windows 身份认证或 SQL Server 身份认证与 SQL Server 连接。本系统数据库采用了这种认证模式。

C　数据库用户账号和角色

在用户通过了身份验证，被允许登录到 SQL Server 后，对具体数据库中数据进行操作时，必须具有数据库用户账号。用户账号和角色能够标记数据库用户、控制对象的所有权和执行语句的权限。

数据库用户账号：用于实施安全权限的用户账号可以是 Windows 用户、用户组或是 SQL Server 登录账号。SQL Server 作为数据库服务器，可运行多个数据库。用户账号对应于众多数据库中的特定数据库。

角色：角色是指聚集多个用户形成一个单元，一起实施权限分配。SQL Server 提供了预定义的服务器角色和数据库角色用于公共的管理功能，以便管理员可以方便地给用户授予一组管理权限。另外，还可以创建用户自定义数据库角色。

8.6　中小型企业 PDM 系统设计与实现

8.6.1　企业需求分析与方案拟订

需求分析是开发大型应用系统必不可少的环节，也是最重要的阶段，是实施其他步骤的基础。开发一个针对某个特定企业的大型应用系统，了解企业的实际情况是必需的。同时，在了解实际情况的基础上进行分析和总结，找出该企业的一般性和特殊性，分情况、有重点地不同对待。如果需求分析不正确的话，将影响到整个的开发过程，使其偏离主方向，最后无法到达目的地，可见需求分析在整个开发过程中的重要地位。

8.6.1.1　企业开发 PDM 系统的背景

A　企业业务流程特点

上海某工程技术有限公司是大型连铸机设备的生产厂。图 8－22 所示为上海某工程技术有限公司业务流程图。企业的生产经营具有几个典型的特点：

（1）该企业的业务具有两头大、中间较小的特点。就是说该企业的业务是介于上级客户和下级协作厂家之间的中间传承阶段。签订销售合同（或备件合同）和完成各种的采购计划（签订制造合同和制定委托订购清单）的任务重。企业的加工任务相对较小。

（2）为了完成采购任务，该企业的生产计划部门需要统计出各种类型的物料清单，而且要求准确性高。

（3）为了能准时的完成销售合同，该企业进行了动态的生产进度管理和质量检验管理。

B　企业产品设计的特点

（1）上海某工程技术有限公司 1990 年开始应用美国 Autodesk 公司的 AutoCAD 软件，设计方面已经达到甩图板，目前全部产品都采用了计算机绘图。十多年来共有几百万张 CAD 图纸存入了机内，产品数据急剧膨胀。

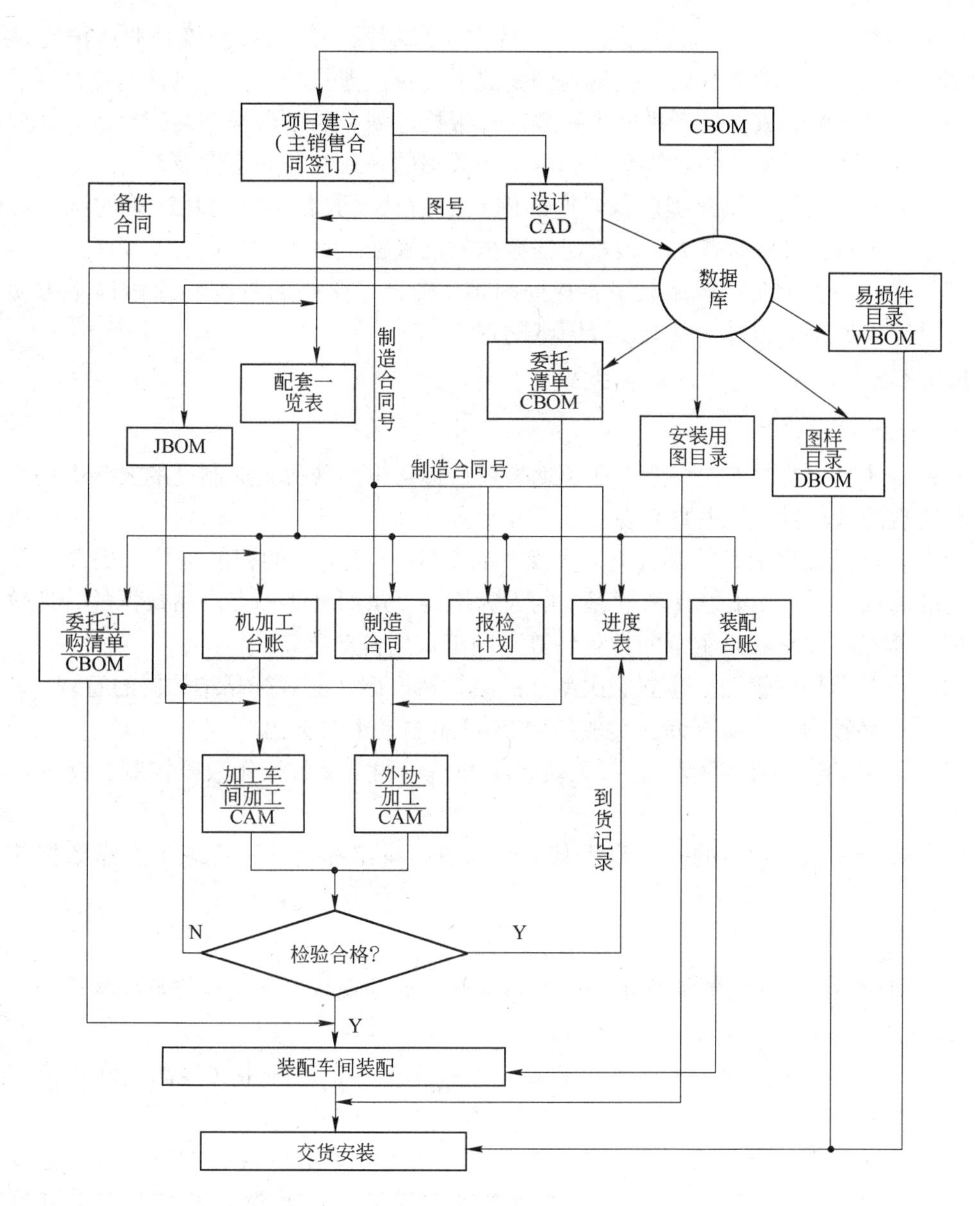

图 8－22　上海某技术工程有限公司工作流程图

（2）生产的连铸机设备是超大型的设备，体积庞大，零部件数量很多。产品的设计图纸包含的子部件数量多，嵌套的层次数高。

（3）设计部门在产品设计中使用了大量的借用零部件。这些借用零部件的使用使得新产品的设计工作量得以减少，但是却使图纸之间的借用关系变得复杂。

C　企业计算机应用和产品数据管理现状

在全部产品都采用了计算机绘图的基础上，2000 年企业配置了服务器，配合近百台微机组成了企业局域网。企业中计算机技术的应用范围不断扩展，应用程度不断深入。虽然，随着企业逐步建立完善的现代企业制度，计算机应用得到了不断发展，但是，企业在产品数据管理方面却出现了许多问题，主要表现在：

（1）文档存储分散，一致性差。虽然建立了局域网，但是目前该企业还没有建立产品数据管理系统，在缺乏有效数据管理的情况下，企业涉及的文档，包括制造合同、委托订购清单、设备配套表、生产进度表、零部件报检计划、加工台账和装配台账等，分散在网络中不同的计算机里，各自为政，使得文档数据的一致性和动态性极差。

（2）数据处理的自动化程度低。产品图纸的信息提取和各种物料清单的统计工作完全依靠手工进行，既费时费力又很难保证数据的准确性。

（3）数据查询困难。产品数据的查询困难，图档、文档的查询和检索极不方便，甚至出现设计人员找不到自己以前设计图纸的现象。

8.6.1.2 系统实现的目标和达到的性能

A 系统实现的目标

根据企业提出的要求，结合企业长期发展目标，按照现代企业制度的要求，确立了系统所要实现的基本目标。主要表现在以下几个方面：

（1）在产品数据信息的录入上，实现产品 CAD 图纸信息的智能提取，提高产品数据录入的准确性，纠正图纸设计和管理中的人为错误，从而最终提高产品数据的管理效率。

（2）钢结构单重和总重量的自动计算，图纸数据自动更新。

（3）产品结构树管理，建立层次型产品结构树模型，实现产品结构树的管理。

（4）产品数据的模糊查询，实现各种 BOM 的自动汇总输出。

（5）设置 PDM 工作环境，包括人员组织和角色的定义、操作权限控制，保证产品数据安全统一。

（6）在分析企业现有的作业流程基础上，进行重组和优化，实现了产品数据的动态更新。

B 系统达到的性能

为了使此系统的实施能够真正的改善目前该企业的现状，使企业能够摆脱困境，在性能上要求达到以下几个方面：

（1）系统界面要友好。为此系统开发采用基于 Windows 的中文界面这样方便人机交互，对操作人员的要求也不是很高。

（2）系统运行效率要高。例如系统查询的结果要正确和快速，如果查询的速度还不如手工进行得快，那么此系统就不能达到性能要求，这就需要从多方面着手进行查询优化。

（3）系统的开放性要好。要使该系统的功能能够根据特定的用户需求方便地扩充，提高系统的适应性和灵活性。

（4）对硬件的依赖性小。软件开发应尽量提升到硬件无关性，考虑多种硬件需求，使得系统可以适应各种硬件配置的要求。

总之，该系统应具有良好的性能，但是也不能一味地追求高性能，而忽略了企业能够承受的价格，应该使性能价格比达到最高。

8.6.1.3 总体方案的拟定

系统的总体方案的选定对于系统的开发是至关重要的，因此在选择方案时应该仔细衡量，做出周全的考虑。

一般的国外软件过于昂贵，使得企业难于承受，而且现行的企业管理模式难以与国际接轨，盲目的引进国外的软件产品，又不能消化吸收，最后既浪费国家资源，又不能解决企业现在所面临的实际问题。因此，在实施的初级阶段，提出了企业与科研院校合作自行开发的方案，同时，考虑到生产规模、管理模式、传统习惯、企业文化在不同的企业之间存在较大的差异性，所以不存在一个能够适合所有企业的PDM系统。因此，与科研院校合作，同时结合企业具体情况，在调研分析讨论的基础上，建立开发企业自己的PDM系统。量身定做，一方面适当地调整企业原有计算机资源，把计算机应用水平带到一个新的高度；另一方面锻炼队伍，培养人才，借此机会优化重组企业组织管理模式，使PDM的应用能真正有效地长期开展下去。在企业达到了一定的水平，软硬件设施都具备的情况下，再考虑与国际企业接轨。

8.6.2 系统的整体设计

整体设计对于开发一个大型系统是必需的，它是其他设计的基础，把握着整个设计的主导方向，同时为项目成员的分工协作起到统帅作用。任何局部的设计都不能脱离整体设计的思想，都要为整体设计思想实现而服务。

8.6.2.1 系统设计总体思路

PDM不仅是一种软件，更是一项系统工程，它不仅涉及技术因素，同时涉及组织与管理等诸多因素，不可能在短时间内开发完成并马上得到广泛的应用。PDM的实施必然会对企业原有的管理组织模式产生冲击，因此，企业与员工需要一个慢慢适应的过程。由此可见，开发企业的PDM系统是一项长期的工程，需要企业和院校加强合作，发挥各自的长处，不断完善。

设计的总体思路是：分阶段、分步骤地实现和完善系统各大功能。

8.6.2.2 系统开发平台选择

A 操作系统

操作系统从Unix发展到Windows，目前，微机上的Windows操作系统以其友好的界面逐步成为市场的主流。经过几年的发展，Windows操作系统在性能上不断完善，在功能、安全性和稳定性方面不断接近Unix。其中Windows NT是较安全和稳定的Windows操作系统，有Workstation和Server两个版本可以分别用于客户机和服务器，有利于实现网络中计算机的合理分工协作和安全管理。Windows 2000则在Windows NT基础上将Windows 98的特有的优点包含进来，使得Windows操作系统在性能上更加强大。

B 开发软件

a 数据库管理工具

从PDM功能上，可以发现PDM是建立在数据库基础上的，所以选择好的数据库平台对于开发一个好的大型应用软件是很重要的。在分析该企业实际情况的基础上，结合自身的实际情况，采用SQL Server作为建立数据库和管理数据库的工具。

b 前端界面开发工具

SQL Server是一个数据库的后端管理工具，人机交互性较差，界面不友好，对操作人员的要求比较高，因此必须借助于一个较好的前端界面开发工具，才能使用户较为方便地访问和利用数据库中的数据,增强人机交互性,同时降低对操作人员的计算机水平的要求。

Visual Basic 是一种可视化的,面向对象和采用事件驱动方式的结构化高级程序设计语言,可用于开发 Windows 环境下的各类应用程序。总的来看, Visual Basic 有几大特点:(1)实现了可视化编程;(2)采用面向对象的程序设计;(3)采用结构化程序设计语言;(4)采用事件驱动编程机制;(5)强大的数据库连接和管理功能;(6)实现动态数据交换(DDE);(7)强大的对象链接与嵌入(OLE)功能;(8)利用动态链接库(DLL),实现与其他应用程序的完美接口;(9)高效编译,快速产生本机代码。因此 Visual Basic 是一个很好的选择。

综上所述，软件开发选择 Windows 2000 作为操作系统，采用 SQL Server 作为建立和管理数据库的工具，采用 Visual Basic 作为其前端开发工具，以实现系统的各项功能。

C　系统体系结构

整个系统的计算机体系结构采用 C/S（客户/服务器）的体系结构。客户/服务器系统是第四代计算机系统，用户在客户端并行进行的工作通过服务器对所有数据进行统一的管理和规划，通过网络连接应用程序和服务器，突破了主机系统基于 PC/LAN 的系统的局限，分散了处理任务。而客户端与服务器端各种不同类型的数据库，如 DB2、Oracle、SQL Server 和 Fox Pro 等的连接是通过 ODBC（开放式数据连接）来实现的。

8.6.2.3　系统整体架构及功能细化

PDM 的体系结构，构建了中小型企业 PDM 系统的整体架构，如图 8 - 23 所示。

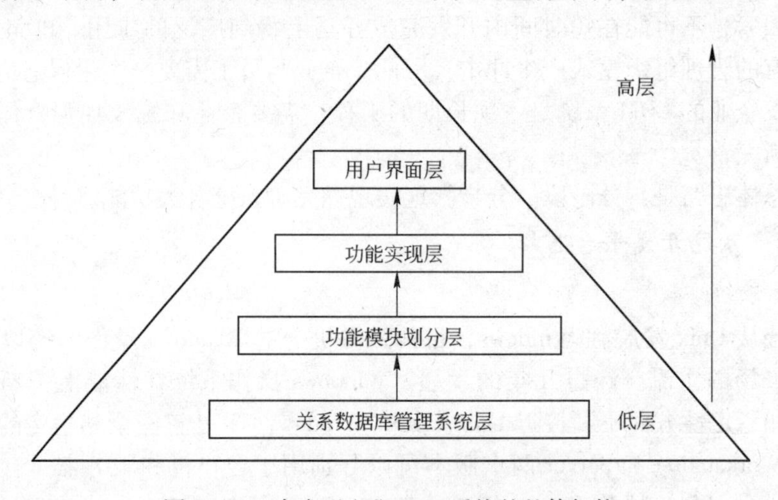

图 8 - 23　中小型企业 PDM 系统的整体架构

第一层：关系数据库管理系统层。在该层选用 SQL Server 作为数据库的创建、修改、维护和备份的工具，处理数据库的日常工作。同时为 PDM 各功能模块的实现提供数据来源。

第二层：功能模块划分层。分析 PDM 系统所应具备的功能，划分为各自独立的模块，同时找出各模块之间的联系，为系统的开发做准备。

第三层：功能实现层。利用 Visual Basic 作为开发工具，采用面向对象的思想实现系统应该具备的各种功能。

第四层：用户界面层。展示给用户一个基于窗口的友好界面，方便用户操作，同时提供帮助指导用户进行他们所需要的操作。

总之，在这四层的系统整体架构中，最底层的关系数据库管理系统层是最重要的。它就像是金字塔的底层，如果地基建得不牢固，那么就不会有高大雄伟的金字塔了。同样，数据库的好坏将直接影响到整个系统开发的成败。

8.6.2.4　系统开发步骤

系统的开发分为两个阶段五个步骤。

第一阶段：建立系统的核心框架。其具体步骤如下：

（1）需求分析阶段。依据项目开发需要，企业与院校建立相应的开发小组，进行调研和方案论证。收集分析产品数据，在此阶段制定详细的需求分析书。

（2）系统核心模块开发。它包括系统建模、电子仓库的建立和文档管理模块的实现，数据库选用，开发平台和开发语言选用；人员与操作管理模块，包括人员组织、角色定义、操作权限管理、操作命令的规定；产品结构树的建立与管理。

（3）系统测试与试运行。核心模块开发完成后，系统试运行，检验系统稳定性，发现问题，与企业讨论，对软件和企业设计、管理模式作相应的调整。

第二阶段：系统高级开发。其具体步骤如下：

（1）系统增强模块开发。与其他应用系统的集成，包括与其他 CAD/CAM/CAPP 软件系统的接口，以及 Word、Excel 等办公工具的集成。

（2）系统验收和维护。系统鉴定，长期维护。

8.6.3　系统功能的实现

系统操作菜单按部门划分，分为系统维护、销售管理、图纸录入、图纸查询、采购管理、质量管理、用户管理、帮助等八个部分。系统的各种功能模块分散在各个菜单的操作中。图 8－24 所示为系统主窗口，图 8－25 所示为系统功能框图。

图 8－24　系统主窗口

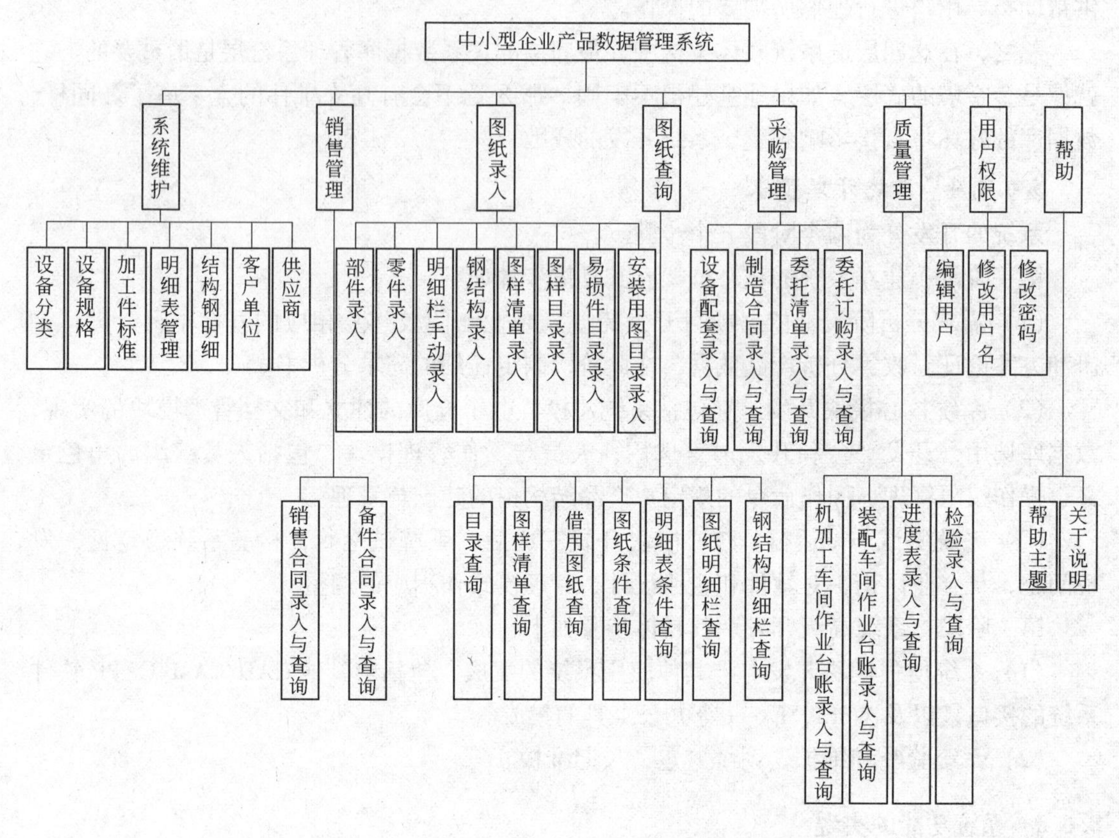

图 8－25　PDM 系统功能框图

8.6.3.1　系统维护

为了维护系统的正常运行，许多常用而且变化不多的数据在该模块进行管理。这项功能只有管理级角色的用户才能应用，管理的具体内容有：

（1）设备分类或设备规格，用于增加、修改、删除设备名称或设备规格。记录了该企业所生产的设备类型的基本数据资料。

（2）加工件管理，用于增加、修改、删除加工件标记。加工件标记，是加工零部件的图纸代号的前几位字母，用于标识加工件类型，使后续程序可自动识别出加工件。如后面嵌套提取明细栏信息时就需要程序能自动识别加工件，如图 8－26 所示。

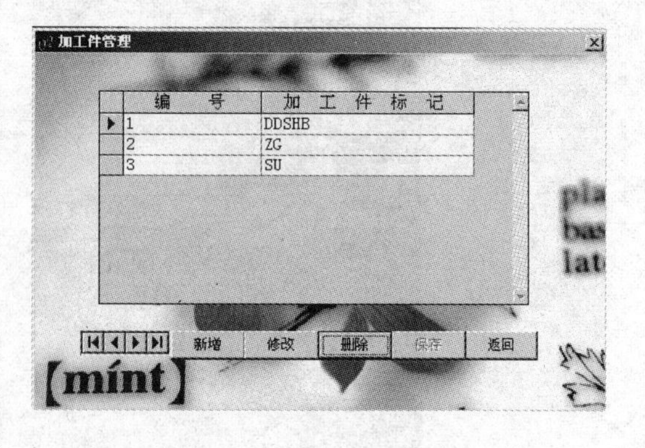

图 8－26　加工件管理窗口

（3）明细表或钢结构明细表管理，用于增加、修改、删除明细表或钢结构明细表的查询种类项。明细表管理，实际上是为后面的明细表查询做查询分类，以便在明细表或钢结构明细表查询窗口中直接点取，如图 8－27 所示。

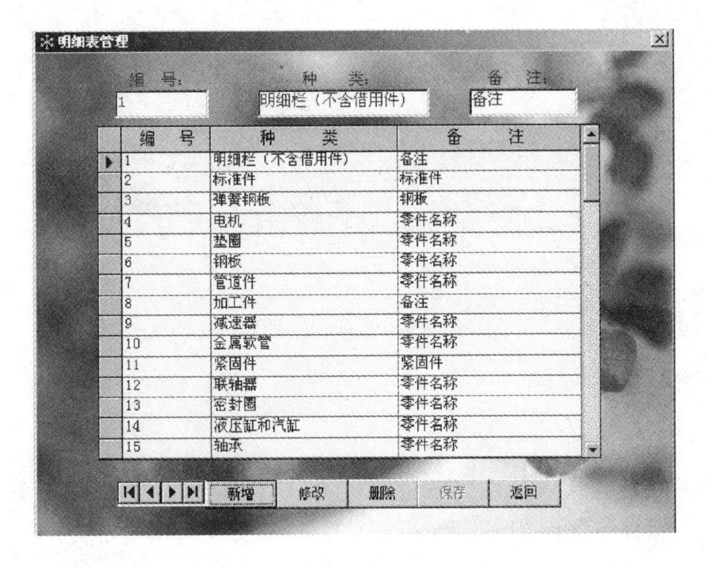

图8-27 明细表管理窗口

(4) 客户单位或供应商，用于增加、修改、删除客户单位或供应商的所有信息。主要是把客户单位或供应商的信息存入数据库，以便在后续窗口中可自动获得这些信息，减少重复的输入，如图8-28所示。

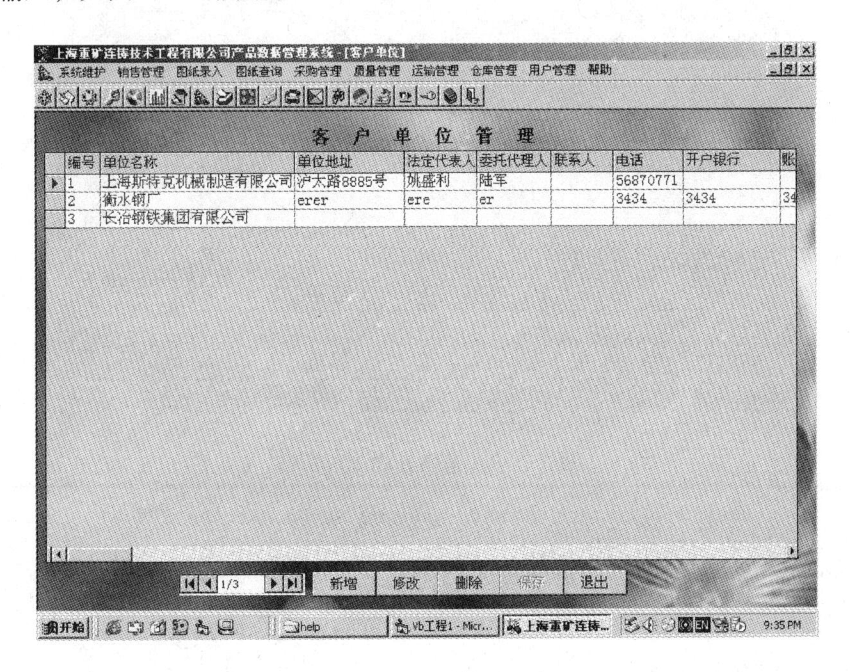

图8-28 客户单位管理窗口

(5) 数据库管理，为了方便数据库的管理，系统设置了数据库备份窗口，使管理员在系统中就可以备份数据库，不需要到服务器上进行这项操作，如图8-29所示。

8.6.3.2 销售管理模块

销售管理模块包括销售合同录入、备件合同录入、销售合同查询、备件合同查询等四

图 8－29 数据库管理窗口

项功能。

A 销售合同或备件合同录入

销售合同或备件合同录入分别完成企业与用户单位之间工矿产品主销售合同或备件合同的增加、修改、保存、删除以及打印报表功能，如图 8－30 所示。

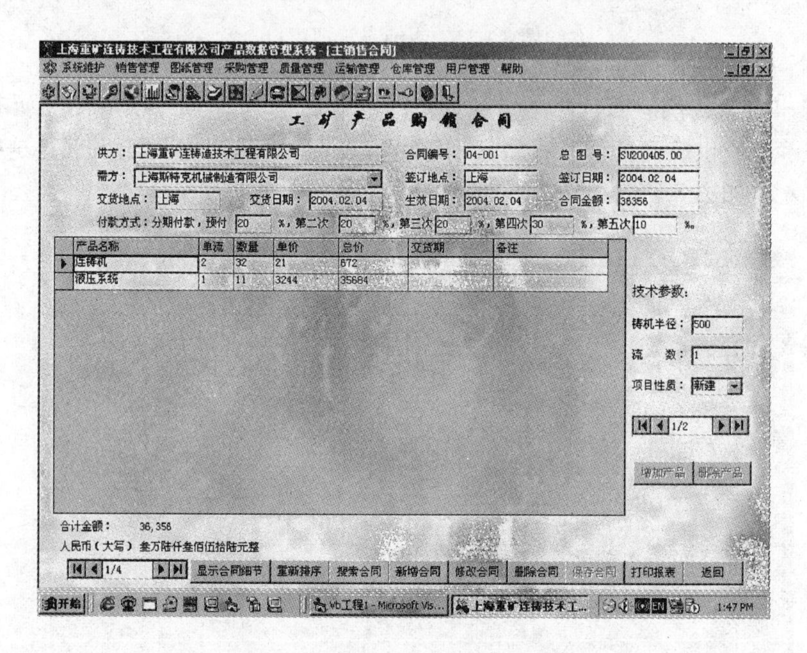

图 8－30 销售合同录入窗口

B 销售合同或备件合同查询

销售合同或备件合同查询完成销售合同或备件合同的模糊查询。根据合同号、用户单位、签订日期和交货日期等条件查询销售合同并打印相应合同报表。

8.6.3.3 图纸录入模块

图纸录入模块包括部件录入、零件录入、明细栏手动录入、钢结构录入、图样清单录入、图样目录录入、易损件目录录入、安装用图目录录入等八项功能。

部件录入是图纸信息智能提取模型应用窗口。图 8－31 所示为部件录入窗口。在遇到图纸错误时，提取过程并不中断，而是在完成整个过程后，系统以四个表格来提示这些错误。如果提取完成后，四个表格中的记录都是零，说明所有提取的图纸都没有错误，图纸信息是完全正确的。

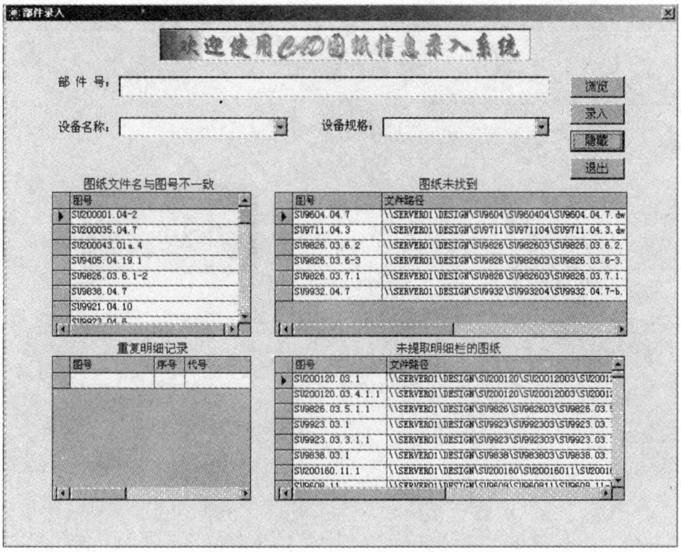

图 8－31　部件录入窗口

零件录入用于零件标题栏的补充录入，明细栏手动录入用于手工录入不符合智能提取模型图纸的明细栏信息。如图 8－32 所示。

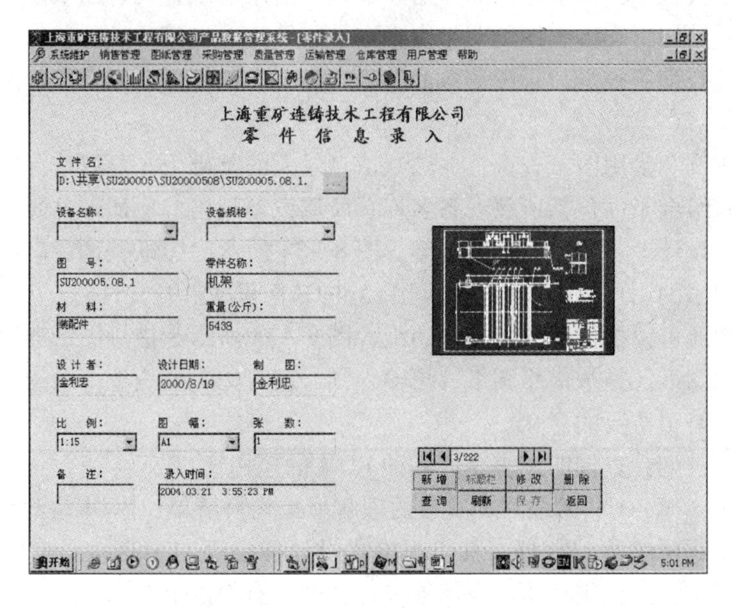

图 8－32　零件录入窗口

钢结构录入是钢结构双向设计的应用窗口。实现信息提取与数据更新。如图 8－33 钢结构信息录入窗口。

目录、图样清单录入：录入图样目录、易损件目录、安装用图目录和图样清单。可通过查询明细栏自动录入。

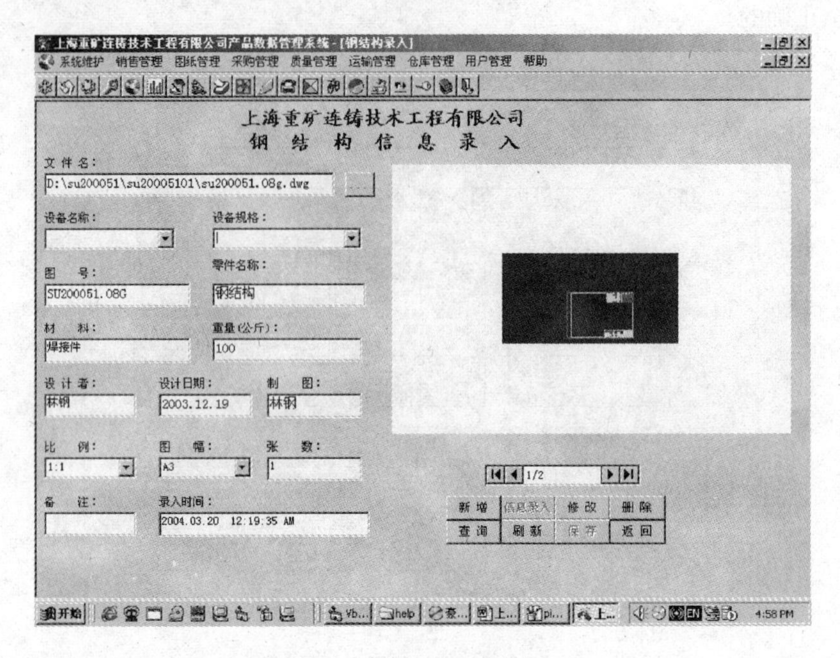

图 8－33　钢结构信息录入窗口

8.6.3.4　图纸查询模块

图纸查询模块包括目录查询、图样清单查询、借用图纸查询、图纸条件查询、明细表条件查询、产品结构树查询、图纸明细表查询、钢结构查询等八项功能。

目录或清单查询：根据目录或清单的编号、类型、部件号或项目号等条件查询目录或清单。

图纸条件查询和借用图纸查询：在图纸信息录入的基础上，可以按标题栏包含的属性进行组合查询。组合条件包括所属设备名称、所属设备规格、所属部件号、图纸图号、零件名称、材料、设计者、设计日期范围等。图 8－34 所示为图纸查询窗口，右下角是图形浏览部分。有权限的用户双击图形区可调用 AutoCAD 程序打开文件。

图纸查询中还可以按借用关系查询图纸，图 8－35 所示为借用图纸查询窗口，先选择查询方向是借用图纸还是被借用图纸，再输入图号就可以完成查询。借用图纸查询对设计部门更新图纸具有很重要的意义。

明细表条件查询：查询明细表生成各种 BOM 的应用窗口。

BOM 是 Bill of Material 的缩写，直接的理解就是物料清单。BOM 是 PDM/MRPⅡ/ERP 信息化系统中最重要的基础数据，其组织格式设计和合理与否直接影响到系统的处理性能，因此，根据实际的使用环境，灵活地设计合理且有效的 BOM 是十分重要的。

系统涉及的 BOM 种类有：（1）设计 BOM，包括产品明细表、图样目录、材料定额明细表等。（2）制造 BOM，包括工艺路线表、关键工序汇总表、重要件关键件明细表、自制件明细表、通用件明细表、通用专用工装明细表、设备明细表等。（3）客户 BOM，包括安装用图目录等。（4）销售 BOM，包括基本件明细表、通用件明细表、专用件明细表、选装件明细表、替换件明细表、特殊要求更改通知单等。（5）维修 BOM，包括消耗件清

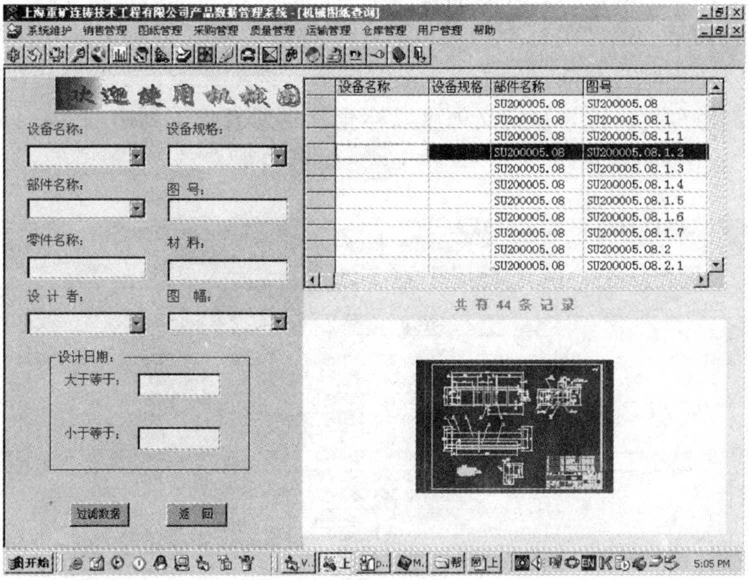

图8-34 图纸查询窗口

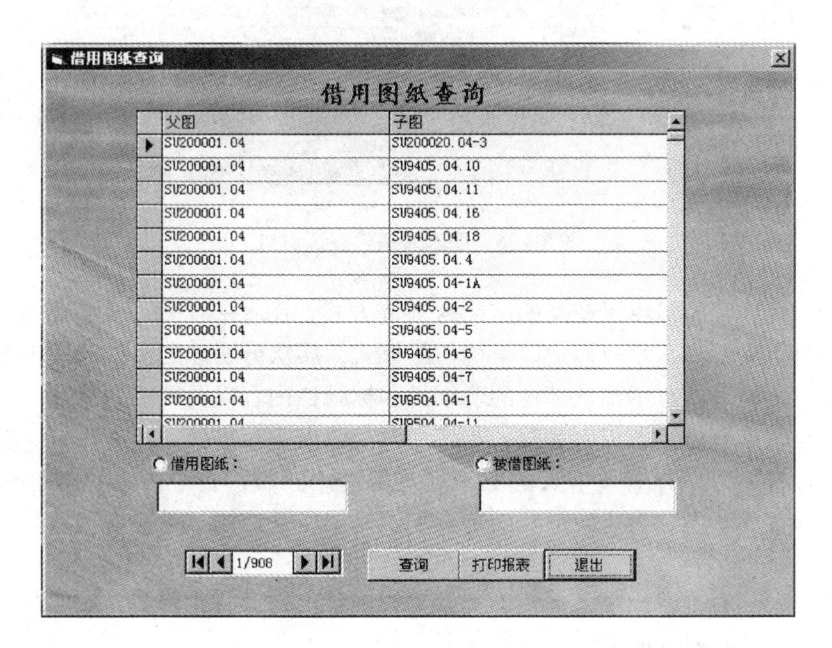

图8-35 借用图纸查询窗口

单、备用件清单、易损易耗件清单等。(6) 采购BOM包括外购件明细表、外协件明细表、自制件明细表和材料明细汇总表。

BOM的自动生成来源于系统对明细表记录按条件的累加统计。在系统完成CAD图纸信息的录入后，形成了基础的设计BOM（DBOM）库，任何种类的BOM都可以通过对DBOM的分类检索自动生成。BOM自动生成的方法：在明细栏查询窗口输入部件号，在列表框选择要查询的种类（可以多重选择），系统将过滤出该部件（包括其子部件）中所有符合条件的零部件明细记录，并累加相同零部件的重量和数量，即形成一种符合需要的BOM。例如，查询某一部件的标准件可以产生该部件的委托订购清单，查询一个部件的加工件，就可以产生制造合同报价所需的委托清单，诸如此类，非常方便快捷。列表框列出了常用的零部件种类，选择自定义项可以补充过滤列表框未列出的零部件种类。图8-36所示为明细表条件查询窗口。

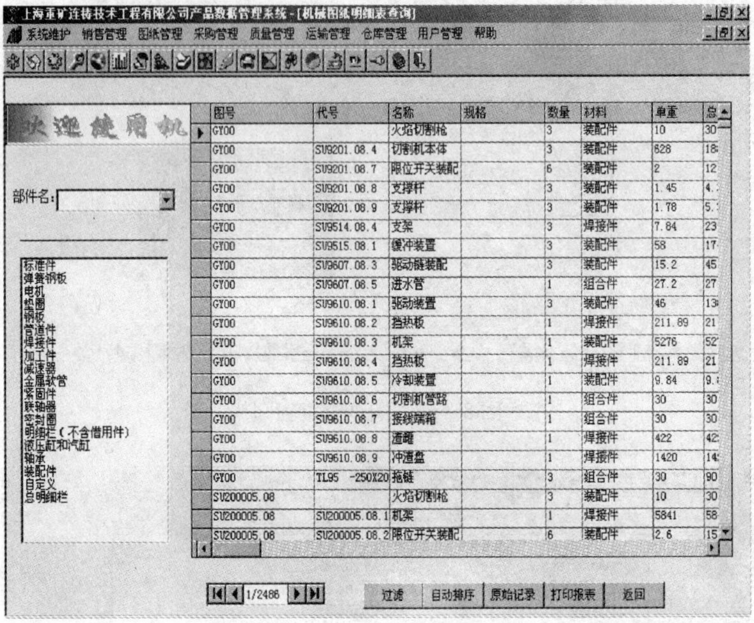

图8-36　明细表条件查询窗口

结构树查询：系统提供了产品的结构树查询方式，图8-37所示为产品结构树窗口。输入部件编号后按回车，窗口左边以结构树的形式，层次分明地列出该部件包含的所有零部件。右边以表格形式显示出该部件的明细栏和标题栏内容以及图纸的预览。结构树上带有加号的节点表示部件，可以再细分；不带加号的节点表示零件，不可再分。点击任何一个节点前的加号，可以查看该节点的下一级零部件。同时，右边表格的内容和图纸的预览，也相应地变化。图标为齿轮形状的节点表示是加工件，图标为文本形状的表示是标准件或外购件。

钢结构明细表查询：用于条件查询钢结构明细栏内容并打印报表，如图8-38所示。

8.6.3.5　采购管理模块

采购管理模块包括设备配套录入、制造合同录入、委托清单录入、委托订购录入、设备配套查询、制造合同查询、委托清单查询、委托订购查询等八项功能。

设备配套录入：设备制造配套一览表窗口用于完成设备制造配套一览表的增加、修改、保存、删除以及打印报表功能，如图8-39所示。设备配套一览表用于记录客户单位订购的设备的完整来源，设备配套表与主销售合同是一一对应的关系。配套表的部分信息会由制造合同自动刷新。

制造合同录入：制造合同是该公司与外协厂商签订的工矿产品制造合同。该窗口完成

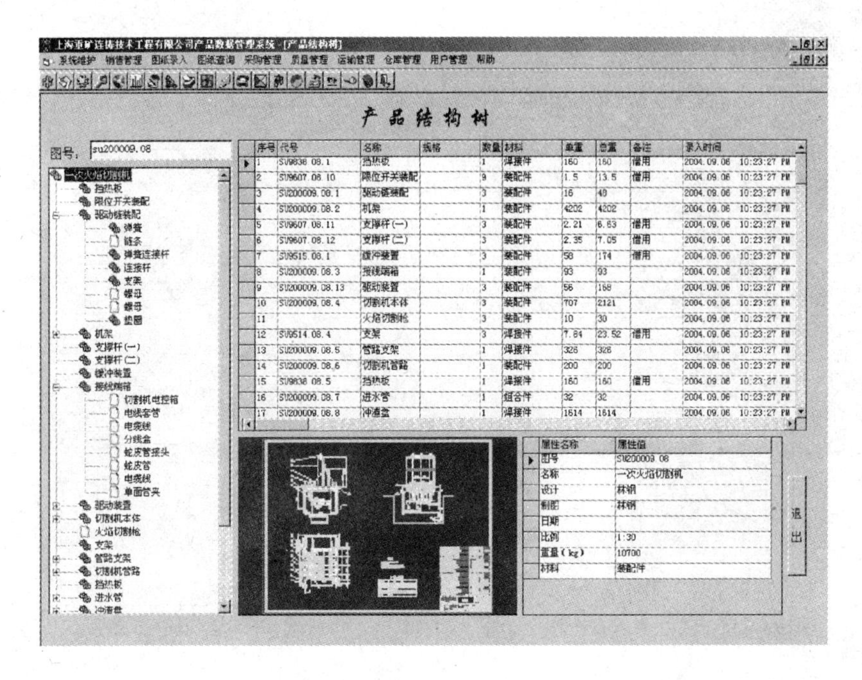

图 8 – 37 产品结构树窗口

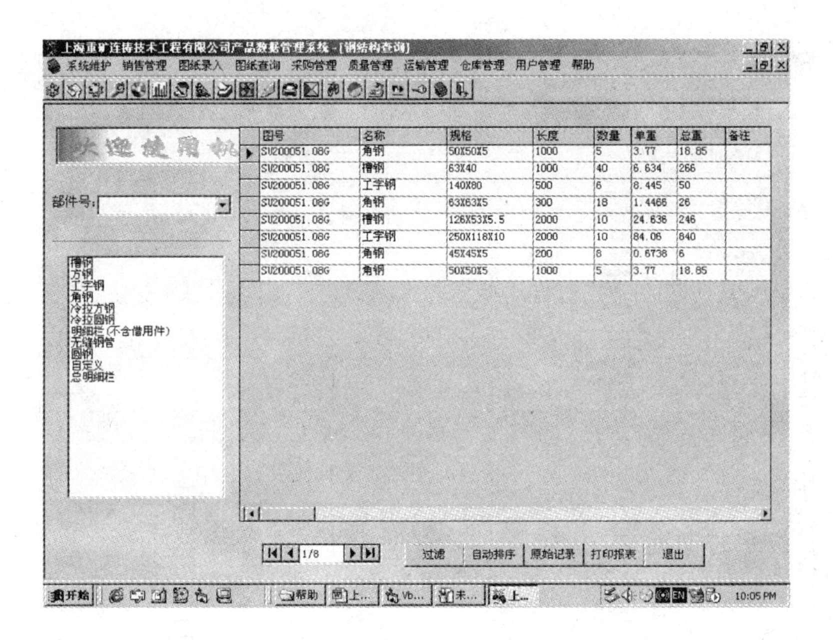

图 8 – 38 钢结构明细表查询

制造合同的增加、修改、保存、删除以及打印报表功能，如图 8 – 40 所示。

该模块管理功能中包含产品数据的动态管理。上海某技术工程有限公司的业务流程相对比较固定，大致的内容是：（1）设计部设计产品，产生 CAD 图纸，提取图纸信息存入系统数据库；（2）生产计划部查询数据库，制定设备配套一览表，制定采购 BOM、加工 BOM（外协加工 BOM 和机加工 BOM）；（3）采购部门根据采购 BOM，签订委托订购清单

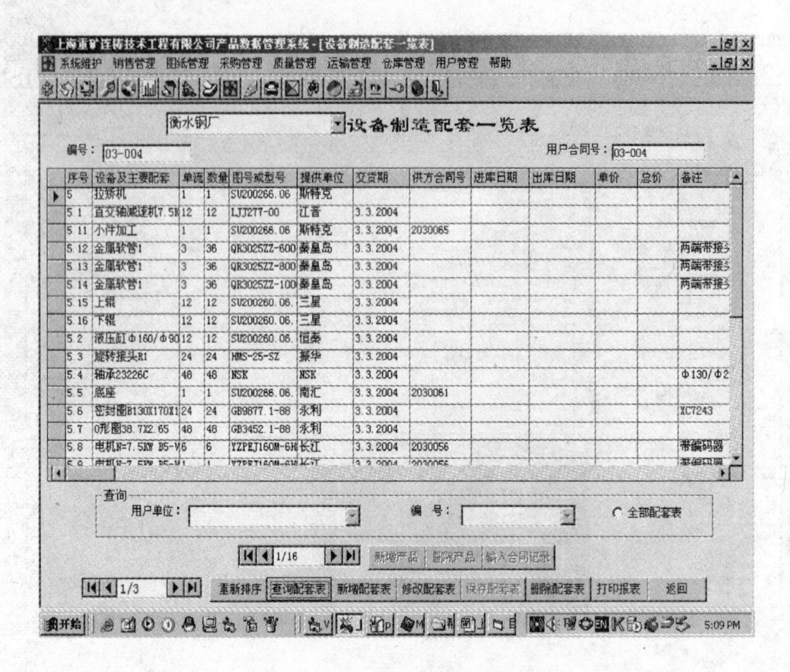

图 8－39 设备配套一览表

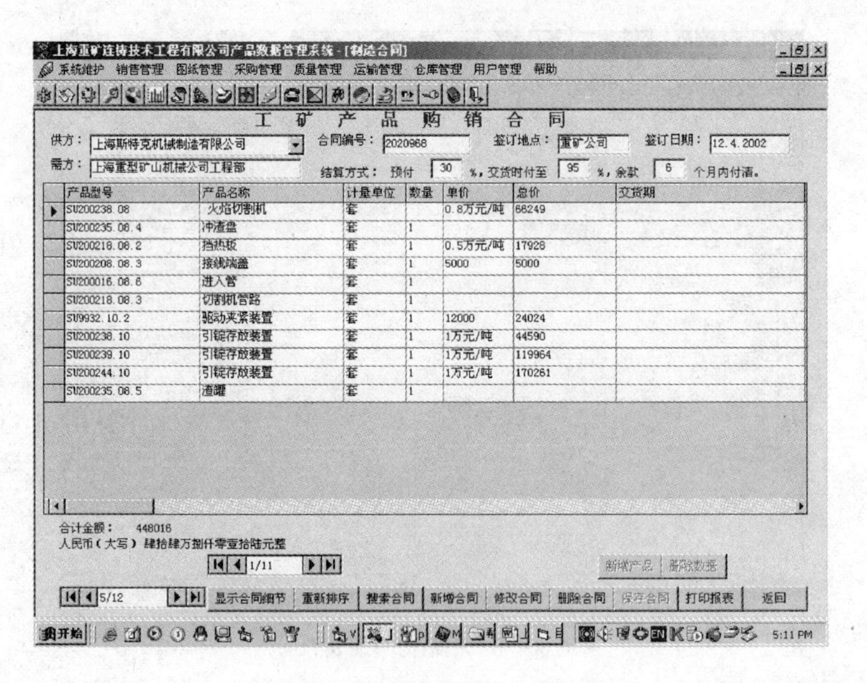

图 8－40 制造合同录入窗口

和制造合同，生产部门根据加工 BOM，制定机加工车间工作台账和装配车间工作台账；（4）质量管理部门制定进度表和检验计划。

产品数据流与它的业务流程密切相关。企业的产品数据顺着业务流程在各个部门流动，形成产品数据流。在整个流程中，产品的数据基本上是单向流动的。但是有几处存在数据的反馈：制造合同编号和供货单位、委托订购清单编号和供货单位等数据，要反馈进入设备配套一览表。结合企业工作流程，系统实现了相关产品数据的动态管理和更新，主要是：(1) 制造合同签订后，合同编号和供货单位等数据，自动反馈进入设备配套一览表，合同中的产品记录自动导入进度表和检验计划。(2) 委托订购清单签订后，清单的编号和供货单位等数据，自动反馈进入设备配套一览表。(3) 自加工产品检验不合格时，加工车间工作台账自动更新。

委托清单录入：委托清单是该公司签订制造合同时，用于记录产品数量和计算产品总重及核定成本的产品清单。委托清单录入窗口完成委托清单的增加、修改、保存、删除以及打印报表功能。

委托订购录入：委托订购清单是用于对外委托订购标准零部件的订购清单。委托订购清单窗口完成委托订购清单的增加、修改、保存、删除以及打印报表功能。

8.6.3.6　质量管理模块

质量管理模块包括机加工车间台账录入、装配车间台账录入、进度表录入、检验录入、机加工车间台账查询、装配车间台账查询、进度表查询、检验查询等八项功能。

机加工车间台账录入：机加工车间台账是该公司机加工车间的作业台账。机加工车间作业台账录入窗口完成机加工车间作业台账的增加、修改、保存、删除以及打印报表功能，如图 8－41 所示。

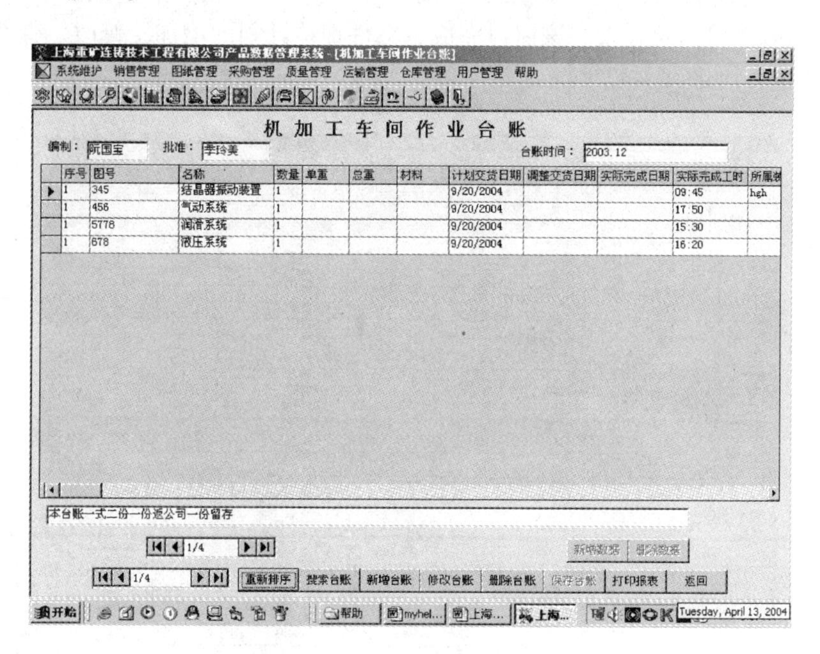

图 8－41　机加工车间台账录入窗口

装配车间台账录入：装配车间台账是该公司装配车间的作业台账。装配车间作业台账录入窗口完成装配车间作业台账的增加、修改、保存、删除以及打印报表功能。

进度表录入：进度表以用户单位为编号进行生产进度管理。进度表的部分信息会由制造合同自动导入。该窗口完成进度表记录的增加、修改、保存、删除以及打印报表功能，如图 8－42 所示。

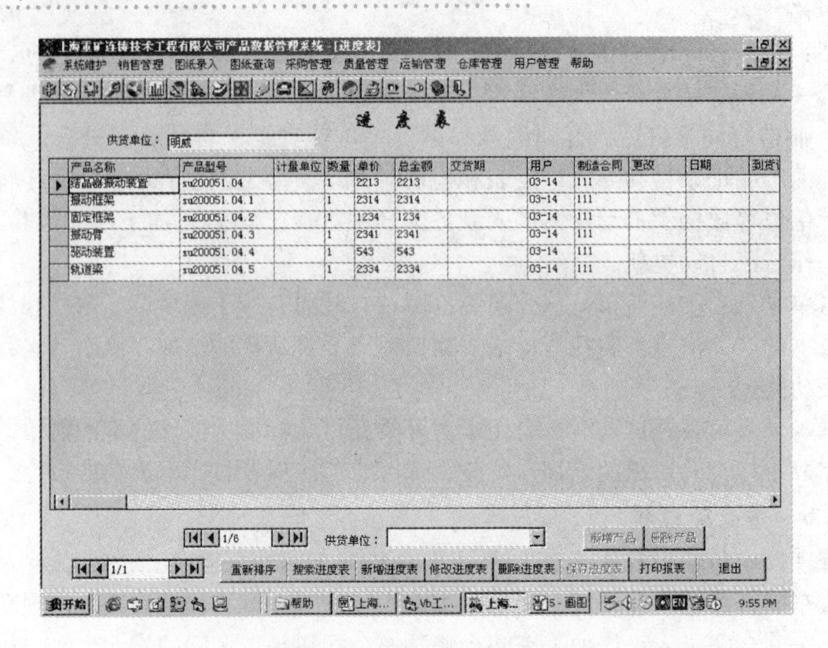

图 8－42　进度表录入窗口

检验录入：零部件报检计划是该公司制定的报检计划。部件（零件）报检计划的部分信息会由制造合同自动导入。该窗口完成零部件报检计划的增加、修改、保存、删除以及打印报表功能，如图 8－43 所示。

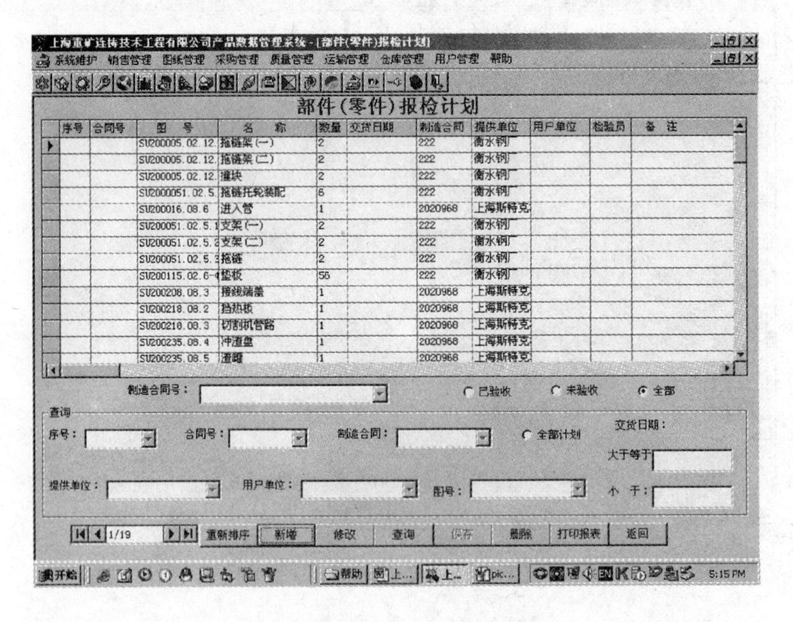

图 8－43　零部件报检计划窗口

8.6.3.7　用户管理模块

根据企业需要系统设置了四种级别的角色：查询级，只具有读的权限，不具备写、删和修改权限；录入级，具备读和写的权限，不具备删和改的权限；执行级，具备读、写、删和改所有权限，管理级，除了和执行级一样的权限外，还有系统维护权限（可以对系统数据库进行管理）和用户管理权限（可以对系统用户进行管理），这是系统的最高权限。每个用户设置了四属性：用户登录名称、用户登录密码、角色级别（本系统一个用户拥有一个角色）、用户所属部门（可以同时属于多个部门）。

管理员可以进入用户管理窗口，对系统用户进行管理，可以新增用户，删除用户和修改用户属性。图 8 - 44 所示为用户管理窗口。每个用户进入系统后，可以更改自己的登录密码。

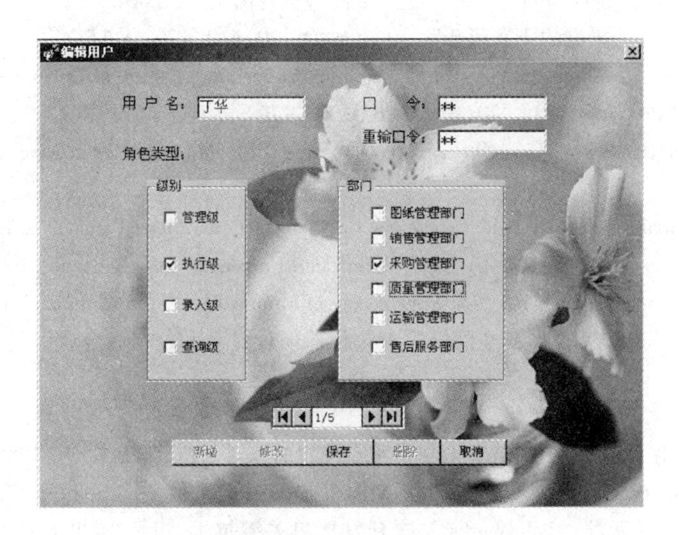

图 8 - 44　用户管理窗口

参 考 文 献

[1] 高伟强，成思源，胡伟，等．机械 CAD/CAE/CAM 技术 [M]. 武汉：华中科技大学出版社，2012.
[2] 张英杰．CAD/CAM 原理及应用 [M]. 北京：高等教育出版社，2007.
[3] 万振江．针织工艺与服装 CAD/CAM [M]. 北京：化学工业出版社，2004.
[4] 裴民，赵栋伟，杨彬，等．如何使用 Visual C + +6.0 [M]. 北京：机械工业出版社，1999.
[5] 郭年琴，郭晟．颚式破碎机现代设计方法 [M]. 北京：冶金工业出版社，2012.
[6] 刘极峰．计算机辅助设计与制造 [M]. 北京：高等教育出版社，2004.
[7] 饶绮麟．21 世纪矿山机械的研究和开发 [J]. 矿冶，2003，1（2）：1～5.
[8] Olawale J O, Ibitoye S A, Shittu M D, et al. A Study of Premature Failure of Crusher Jaws. Journal of Failure Analysis and Prevention [J]. 2011, 11 (6): 705～709.
[9] Lindqvist M, Evertsson C M. Liner Wear in Jaw Crushers [J]. Minerals Engineering, 2003, 16 (1): 1～12.
[10] Golikov N S. Analysis of the Single Toggle Jaw Crusher Operation Mode Parameters. Innovations in Geoscience, Geoengineering and Metallurgy [J]. Technische Universitat Bergakademie, 2008, 3: 161～163.
[11] Telsmith Inc. New Jaw Crushers [J]. Engineering & Mining Journal, 2011, 212 (3): 68.
[12] 郭年琴，聂周荣．复摆颚式破碎机机构参数化双向设计 [J]. 有色金属（选矿部分），2005，2：24～27.
[13] 郭年琴．复摆颚式破碎机运动学解析法分析 [J]. 选矿机械，1986，(3)：15～20.
[14] 郭年琴，张岐生．复摆颚式破碎机肘板支承点位置的探讨 [J]. 矿山机械，1985（9）：26～28.
[15] 郭年琴．颚式破碎机齿板磨损分析 [J]. 矿山机械，1992，(4)：31～33.
[16] 陆园，罗中先，戴跃洪．SolidWorks 二次开发接口关键技术 [J]. 四川工业学院学报，2003，22（1）：12～15.
[17] 上官林建，赵健．基于 VB 对 SolidWorks 的二次开发技术 [J]. 模具制造，2003，6（23）：6～9.
[18] Brian Siler, Jeff Spotts. Visual Basic 6 开发使用手册 [M]. 北京：机械工业出版社，1999.
[19] 赵光峰，崔瑞海．Visual Basic 程序设计教程 [M]. 北京：高等教育出版社，2000.
[20] 贾岗，等．Access 数据库应用教程 [M]. 北京：希望电子出版社，2003.
[21] 谢炎桦．Visual Basic & Access 数据库管理系统构建实例 [M]. 北京：清华大学出版社，2001.
[22] 黄鹏鹏，郭年琴．颚式破碎机机构特性的动态模拟分析 [J]. 南方冶金学院学报，1998，19（1）：27～31.
[23] 郎宝贤，郎世平．颚式破碎机设计与检修 [M]. 北京：机械工业出版社，1990：3.
[24] Guo Nianqin, Huang Pengpeng, Ye Qianyuan. A CAD System for Single－toggle Jaw Crusher [C]. Proceeding of the Innovation in Mineral Processing Conference, Canada, 1994: 383～389.
[25] 郭年琴．复摆颚式破碎机机构受力计算机计算与分析 [J]. 南方冶金学院学报，1993，14（1）：43～48.
[26] 郎宝贤，郎世平．破碎机 [M]. 北京：冶金工业出版社，2008.
[27] 周恩浦，等．矿山机械（选矿机械部分）[M]. 北京：冶金工业出版社，1986.
[28] 赵常云．基于 SolidWorks 的产品三维参数化设计与虚拟装配研究 [D]. 沈阳：东北大学，2008.
[29] 欧阳镇堂，郭年琴，黄跃飞．用 AUTO LISP 语言实现颚式破碎机参数化绘图 [J]. 南方冶金学院学报，1995，16（1）：93～98.
[30] 郭年琴，黄鹏鹏，龚姚腾，等．矿山选厂设备 CAD 系统 [J]. 计算机辅助设计与制造，1997，(3)：40～42.
[31] 江洪，李仲兴，邢启恩．SolidWorks 二次开发基础与实例教程 [M]. 北京：电子工业出版社，2003.

[32] 孙家广. 计算机辅助设计技术基础 [M]. 北京: 清华大学出版社, 2000.
[33] 刘兵吉, 郭年琴. 复摆颚式破碎机三维模型图设计 [J]. 江西冶金, 2002, 22 (6): 36~38.
[34] 黄鸿源, 等. SolidWorks 2001 入门与实例应用 (中文版) [M]. 北京: 北京大学出版社, 2002.
[35] 高志清, 等. 3DS MAXScript 动画制作基础 [M]. 北京: 人民邮电出版社, 2000.
[36] 郭年琴, 张岐生, 李德麟. 负悬挂颚式破碎机的研究和实践 [J]. 矿山机械, 1988 (10): 27~30.
[37] 郭年琴, 沈云. 细碎机三维动态模拟图形设计 [J]. 南方冶金学院学报, 2004, 25 (1): 29~31.
[38] 张斌. 美国矿业局发展地下硬岩矿用轻便破碎机 [J]. 国际工业导报, 1992, (10): 22~25.
[39] 机械工业部洛阳矿山机械研究所. 井下移动式破碎设备 [J]. 国外矿山机械动态, 1984, (4): 14~16.
[40] 郭年琴, 张岐生, 李德麟. PEQ400X600 倾斜式破碎机的研制 [J]. 南方冶金学院学报, 1996, 17 (4): 247~253.
[41] 郭年琴, 刘静. 新型低矮式破碎机的虚拟设计与运动仿真 [J]. 煤矿机械, 2009, 30 (5): 42~44.
[42] 周为民. 美卓 C 系列颚式破碎机的使用分析 [J]. 矿业快报, 2006, 451 (11): 61~63.
[43] 赵玲, 冯启明. 结构分析中的模拟与仿真技术研究 [J]. 自然灾害学报, 2001, 10 (1): 114~119.
[44] 二代龙震工作室. SolidWorks + Motion + Simulation 建模/机构/结构综合实训教程 [M]. 北京: 清华大学出版社, 2009.
[45] 陈爽, 郭年琴. 复摆颚式破碎机三维模型及运动模拟研究 [J]. 煤矿机械, 2009, 30 (9): 78~81.
[46] 郭年琴, 张岐生. 破碎功示波曲线及飞轮设计的探讨 [J]. 矿山机械, 1989 (2): 47~49.
[47] 何正惠, 郭年琴, 张岐生. 颚式细碎机的优化设计 [J]. 南方冶金学院学报, 1989, 10 (4): 30~37.
[48] 陈立周, 等. 机械优化设计方法 [M]. 北京: 冶金工业出版社, 1985.
[49] 郭年琴. 复摆颚式破碎机动颚有限元计算与电测应力分析 [J]. 矿山机械, 1990, (10): 6~9.
[50] 郭年琴, 郭晟, 黄伟平. PC5282 颚式破碎机动颚有限元优化设计 [J]. 煤矿机械, 2013, 34 (4): 22~24.
[51] 谢贻权, 等. 弹性和塑性力学中的有限单元法 [M]. 北京: 机械工业出版社, 1981.
[52] 郭年琴, 丁凌蓉. 复摆颚式破碎机机架的三维有限元计算与分析 [J]. CAD/CAM 与制造业信息化, 2004, (3): 45~46.
[53] 郭年琴. 复摆颚式破碎机机架强度的有限元及电测应力分析 [J]. 江西冶金学院学报, 1988 (9): 40~45.
[54] 丁凌蓉, 郭年琴. 复摆颚式破碎机调整座有限元优化设计与分析 [J]. 煤矿机械, 2005, (9): 23~25.
[55] 姚践谦, 郭年琴, 等. 层压破碎机理 [J]. 中国有色金属学报, 1992 (4): 15~20.
[56] 郭年琴, 丁凌蓉, 黄冬明. 层压破碎模型及破碎特性研究 [J]. 矿山机械, 2005, 33 (7): 10~12.
[57] 郭年琴, 张美芸, 黄冬明. 层压破碎三维建模系统研究开发 [J]. 中国钨业, 2006, 21 (1): 39~42.
[58] 郭年琴, 王庆, 吴陆恒. 矿山机电设备维修 CAD 系统 [J]. 矿山机械, 2000, (1): 53~54.
[59] 李卫红, 郭年琴, 陈晓梅, 等. 矿山选厂设备易损件参数化设计 [J]. 江西有色金属, 1999, (1): 45~48.
[60] 郭年琴, 沈绍刚. 矿山设备标准件参数化设计 [J]. 南方冶金学院学报, 2000, 21 (1): 27~30.
[61] 郭年琴. 机械 CAD 样板图的设计 [J]. 南方冶金学院学报, 2001, 22 (3): 205~208.
[62] 刘静, 郭年琴. 新型低矮式破碎机的机构参数和三维模型设计[J]. 矿山机械, 2008, 36 (17): 78~

81.
[63] 郭年琴，张岐生．倾斜式破碎机的设计与实验［J］．有色金属（选矿部分），1995，(6)：22 ~ 26.
[64] Guo Nianqin, Huang Weipin. Finite Element Optimization Design of the Movable Jaw on PC5282 Jaw Crusher [J]. Advanced Materials Research, 2012, 430 ~ 432: 1614 ~ 1618.
[65] Guo Sheng, Huan Weipin, Guo Nianqin. Finite Element Optimization Design on the Back Frame of the Jaw Crusher PC5282 [J]. Advanced Materials Research, 2012, 472 ~ 475: 2024 ~ 2028.
[66] 闻邦春，刘树英．振动机械的理论与动态设计方法［M］．北京：机械工业出版社，2001.
[67] 郭年琴，匡永江．振动筛国内外研究现状及发展［J］．世界有色金属，2009，(5)：26 ~ 28.
[68] 陈文华，贺青川，张旦闻．ADAMS2007 机构设计与分析范例［M］．北京：机械工业出版社，2009.
[69] 郭晟，郭年琴．2YAC2460 超重型振动筛虚拟设计与研究［J］．矿冶，2013，22（1）：72 ~ 76.
[70] Guo Nianqin, Guo Sheng, Luo Leping. Modal Characteristics and Finite Element Analysis of Screen Box for Ultra-heavy Vibrating Screen [C]. 2010 Third International Conference on Information and Computing Science, IEEE Computer Society (CPS), Wuxi, 2010: 284 ~ 287.
[71] Chen Shuang, Guo Nianqin. Optimization of Super-heavy Vibration Screen Based on MATLAB [C]. 2010 Third International Conference on Information and Computing Science, IEEE Computer Society (CPS), Wuxi, 2010: 262 ~ 264.
[72] Chen Shuang, Guo Nianqin. The Simulation of Resonance Phenomenon of Super-heavy Vibrating Screen [J]. Applied Mechanics and Materials, 2011, 44 ~ 47: 3322 ~ 3327.
[73] Guo Nianqin, Lin Jingyao, Huang Weiping. Development of 2YAC2460 Super-heavy Vibrating Screen [C]. 2011 Second International Conference on Mechanic Automation and Control Engineering, IEEE, 2011: 1225 ~ 1227.
[74] 薛定宇，陈阳泉．基于 MATLAB/SIMULINK 的系统仿真技术与应用［M］．北京：清华大学出版社，2002.
[75] 张胜民．基于有限元软件 ANSYS 7.0 的结构分析［M］．北京：清华大学出版社，2003.
[76] 方志华，赵爽．基于 ANSYS 的振动筛筛箱强度的有限元分析及改进设计［J］．煤矿机械，2007，28（12）：143 ~ 144.
[77] 温玉春，胡志勇，胡永刚．Pro/E 与 ANSYS 模型数据转换的研究［J］．信息技术，2007，(7)：123 ~ 124.
[78] 郭年琴，罗乐平．超重型振动筛筛箱有限元及模态特性分析［J］．机电工程技术，2011，(4)：32 ~ 35.
[79] 郭年琴，文铁琦，陈鹏，等．U3-500H 型轧钢机轧制力计算与仿真研究［J］．钢铁，2014，(5)：55 ~ 59.
[80] Guo Nianqin, Lou Hongmin, Huang Weiping. Design and Research on the New Combining Vibrating Screen [J]. Advanced Materials Research, 2011, 201 ~ 203: 504 ~ 509.
[81] Guo Nianqin, Huang Weiping, Lin Jingyao. Kinematical Simulation and Analysis of the Combining Vibrating Screen [J]. Advanced Materials Research, 2011, 308 ~ 310: 2334 ~ 2339.
[82] Guo Nianqin, Liu Wei, Huang Weiping. Finite Element Analysis of the Screen Box of the Combined Vibrating Screen Based on ANSYS [J]. Applied Mechanics and Materials, 2012, 128 ~ 129: 1316 ~ 1320.
[83] 潘国柱．多层摇床机构设计研讨［J］．有色金属（选矿部分），1984，(1)：49 ~ 55.
[84] 刘小平，郑建荣，朱治国，等．SolidWorks 与 ADAMS/View 之间的图形数据交换研究［J］．机械工程师，2003，(12)：26 ~ 28.
[85] 黎建国．悬挂三层摇床［J］．昆明工学院学报，1985，22（3）：22 ~ 28.
[86] 郭年琴，黄国平，等．矿井通风网络三维仿真系统的开发［J］．中国钨业，2005，20（5）：42 ~ 45.

[87] 郭年琴，王胜平，郭晟．新型三层悬挂式摇床三维设计及运动学仿真分析［J］．矿山机械，2013，41（3）：96～100．

[88] 胡明振，郭年琴．矿用电动轮汽车运行效率及维修成本数学模型［J］．煤炭学报，2009，34（11）：1574～1578．

[89] 王玉良．挖掘装载机的发展现状、趋势及研制思路［J］．工程机械，2003，34（3）：39～41．

[90] 孔凡宏．国内挖掘装载机市场前景浅析［J］．中国工程机械学报，2005，3（2）：250～252．

[91] 张辉，张俊俊．装载机工作装置建模和运动学仿真［J］．机床与液压，2010，38（7）：106～108．

[92] 杨林，杨洋．扒渣机液压系统设计与仿真分析［J］．机床与液压，2003，41（20）：82～86．

[93] 郭年琴，梁玉．电铲维修成本的数学模型［J］．煤炭学报，2007，32（3）：321～326．

[94] 郭年琴，胡明振，李文斌．矿用电动轮汽车使用寿命周期内停机损失规律研究［J］．矿山机械，2008，36（9）：22～26．

[95] 郭年琴，陈鹏，文铁琦，等．LWL-120 扒渣机挖掘装置液压缸驱动函数的建立及其运动学分析[J]．煤矿机械，2014，(4)：56～58．

[96] 郑东京，吕新民，秦贞沛．基于 ADAMS 的农用挖掘机工作装置的动力学仿真［J］．农机化研究，2011（5）：52～55．

[97] 陈立平，张云清，付卫群，等．机械系统动力学分析及 ADAMS 应用教程［M］．北京：清华大学出版社，2005．

[98] 王志强．梭式动车刮板运输机构的分析［J］．现代机械，2007，(06)：29～30．

[99] 王树义．梭式动车转载机构阻力系数的分析．矿山机械，1978，(05)：19～20．

[100] 宋明江，仇卫建，康鹏，等．梭车刮板运输机驱动功率及机构设计的探讨［J］．煤矿机械，2009，(11)：12～16．

[101] 郭年琴，刘超，胡明振．U3-500H 型钢轧机机架的有限元分析［J］．机械设计，2008，25（9）：74～76．

[102] 黄冬明，郭年琴．选矿厂磨矿过程的三维动画设计与研究［J］．有色金属（选矿部分）2003，(1)：27～29．

[103] 郭年琴，许赟赟．大型梭车刮板运输机链轮接触分析及优化［J］．矿山机械，2013，41（3）：24～28．

[104] 江洪，陆利锋，魏峥．SolidWorks 动画演示与运动分析实例解析［M］．北京：机械工业出版社，2005．

[105] 郭年琴，黄鹏鹏，吴陆恒，等．对矿山选厂设备维修管理专家系统的探讨［J］．矿山机械，2002，(4)：43～45．

[106] 兰成均．基于特征建模与 Web 技术的机床夹具 CAD 系统研究［D］．成都：四川大学，2002．

[107] 融亦鸣，朱耀祥，罗振璧．计算机辅助夹具设计［M］．北京：机械工业出版社，2002．

[108] 杜玲玲．API 函数在 VB 开发中的应用［J］．计算机与现代化，2005，2（2）：93～95．

[109] 郭年琴，张美芸，关航健．基于 SolidWorks 平台开发气压机工装夹具系统．机械设计与制造［J］．2007，(11)：195～197．

[110] 郭年琴，黄鹏鹏，吴陆恒，等．选矿厂设备维修管理专家系统的知识库与推理机研究［J］．有色金属（选矿部分），2002，(4)：27～30．

[111] 童秉枢，李建明．产品数据管理（PDM）技术［M］．北京：清华大学出版社，Springer，2000．

[112] 代红，郭钢，王宁，等．现代企业对 PDM 的新要求［J］．重庆大学学报，2003，26（1）：116～118．

[113] 张晋西．Visual Basic 与 AutoCAD 二次开发［M］．北京：清华大学出版社，2002．

[114] 王建伟，李延如，王晓红．Crystal Reports 水晶报表设计与开发实务［M］．北京：电子工业出版

社，2003.

[115] 张莉，王强，赵文，等. SQL Server 数据库原理及应用教程［M］. 北京：清华大学出版社，2003.

[116] 苏金明. 用 Visual Basic 开发交互式 CAD 系统［M］. 北京：电子工业出版社，2003.

[117] 梁玉，许俊，郭年琴. 矿山采矿资料信息管理系统［J］. 矿山机械，2002，(7)：74～75.

[118] 郭年琴，钟映春，谭鹊珍. 德兴铜矿大山选厂设备图纸信息管理系统［J］. 南方冶金学院学报，1997，18（4）：304～308.

[119] 龚姚腾，郭年琴，黄鹏鹏. CAD 技术在矿山设备中的开发应用［J］. 中国钨业，1998，(3)：38～40.

[120] 郭年琴. 选矿厂生产报表管理系统的开发［J］. 有色金属（选矿部分），2003，(4)：39～41.

[121] 郭年琴，王庆，刘静，等. 用 VB 开发矿山设备图纸管理系统［J］. 计算机应用研究，1999，(3)：85～86.

[122] 王庆，郭年琴. 矿山机电设备图纸管理及 CAD 系统［J］. 南方冶金学院学报，2001，22（2）：132～135.

[123] 郭年琴，沈澐. PDM 下图纸信息的智能提取模型研究［J］. 机械设计与制造，2006，(4)：144～146.

[124] 沈澐，郭年琴. 图档信息提取与工程数据管理系统的设计与实现［J］. 矿山机械，2008，36（6）：47～50.

[125] 郭年琴，钱志森，甘正圣，等. 基于 B/S 的钨矿企业设备与图档管理信息系统的设计与实现［J］. 中国钨业，2008，23（2）：45～48.

[126] 郭年琴，郭晟. 浅谈中小企业信息化的发展模式［J］. 中国制造业信息化，2010，39（1）：19～21.